“十二五”普通高等教育本科国家级规划教材
普通高等教育“十一五”国家级规划教材
河南省“十四五”普通高等教育规划教材

工程地质及水文地质

（第6版）

主　编　华北水利水电大学　李志萍

中国水利水电出版社
www.waterpub.com.cn
·北京·

内 容 提 要

全书共三篇十七章，主要内容有地球的基本知识、岩石、地质构造、自然地质作用、地下水概论、地下水运动与动态、不同含水介质中的地下水、建筑物地区的渗流问题研究、地下水资源评价、岩体结构的工程地质研究、坝的工程地质研究、边坡的工程地质研究、渠道的工程地质研究、地下洞室的工程地质研究、水库的工程地质研究、环境地质问题、工程地质及水文地质勘察。

本书可作为水利水电工程、农业水利工程、水文与水资源工程、港口航道及海岸工程等专业的教材，也可供高等院校及中等专科学校相关专业师生以及工程技术人员参考。

图书在版编目（CIP）数据

工程地质及水文地质 / 李志萍主编. -- 6版. -- 北京 : 中国水利水电出版社, 2022.5(2025.12重印).
"十二五"普通高等教育本科国家级规划教材 普通高等教育"十一五"国家级规划教材 河南省"十四五"普通高等教育规划教材
ISBN 978-7-5226-0640-8

Ⅰ. ①工… Ⅱ. ①李… Ⅲ. ①工程地质－高等学校－教材②水文地质－高等学校－教材 Ⅳ. ①P64

中国版本图书馆CIP数据核字(2022)第066665号

审图号：GS（2022）1558号

书　　名	"十二五"普通高等教育本科国家级规划教材 普通高等教育"十一五"国家级规划教材 河南省"十四五"普通高等教育规划教材 **工程地质及水文地质**（第6版） GONGCHENG DIZHI JI SHUIWEN DIZHI
作　　者	主　编　华北水利水电大学　李志萍
出版发行	中国水利水电出版社 （北京市海淀区玉渊潭南路1号D座　100038） 网址：www.waterpub.com.cn E-mail：sales@mwr.gov.cn 电话：（010）68545888（营销中心）
经　　售	北京科水图书销售有限公司 电话：（010）68545874、63202643 全国各地新华书店和相关出版物销售网点
排　　版	中国水利水电出版社微机排版中心
印　　刷	清淞永业（天津）印刷有限公司
规　　格	184mm×260mm　16开本　21.25印张　517千字
版　　次	1985年10月第1版第1次印刷 2022年5月第6版　2025年12月第3次印刷
印　　数	10001—13000册
定　　价	**62.00**元

第6版前言

本书是普通高等教育“十一五”国家级规划教材、“十二五”普通高等教育本科国家级规划教材、河南省“十四五”普通高等教育规划教材，是根据水利类、土木类教学质量国家标准及有关专业教学大纲，在第五版的基础上进行编写和修订的。

本书第五版自2016年出版以来，深受广大师生和各界读者的欢迎和好评，迄今使用已超过五年。随着国民经济发展，出现了许多新的工程地质、水文地质、环境地质问题，相关规范、标准不断补充和修订，为反映工程地质和水文地质领域近年来所取得的新技术、新方法、新经验，使本书能更好地适应人才培养的要求，我们对原教材内容进行了更新和修订。针对教材建设的新形势、新要求，为帮助学生更好地理解和掌握课程内容，拓宽专业视野，本书在中国水利水电出版社行水云课水利教育服务平台上配套了课件、视频、图片、微课、动画、试题等数字资源，供学生参考学习。

本书由华北水利水电大学李志萍教授主编。参加编写的有华北水利水电大学李志萍（绪论、第一章、第四章、第五章）；华北水利水电大学李日运（第二章、第十一章、第十二章、第十七章）；华北水利水电大学孟凡玲（第三章、第十章、第十三章、第十四章、第十五章）；华北水利水电大学屈吉鸿（第六章、第七章、第八章、第九章、第十六章）。全书由李志萍统稿。参与数字资源制作的有华北水利水电大学孟凡玲、屈吉鸿、王新建、于福荣、赵静、刘远征等。

本书在编写、修订和出版过程中，得到了有关高校任课教师和出版单位的热情帮助和大力支持，提出了许多宝贵的意见和建议，他们的帮助对提高本书的质量有很大的裨益。对此，谨向他们表示衷心的感谢。

鉴于编者水平有限，书中缺点错误在所难免，恳请读者不吝指正，并盼函寄河南省郑州市华北水利水电大学地球科学与工程学院李志萍收（邮编：450046）或发电子邮件（Email：lizhiping@ncwu.edu.cn）。谢谢！

编　者

2021年9月

第一版前言

本书是根据高等学校水利水电类专业教材编审委员会1982年5月新修订的“农田水利工程专业”教学计划中的“工程地质及水文地质”课程教学大纲所规定的学时和内容编写的。

本书适用于农田水利工程专业，也可供水利水电类其他专业师生及工程技术人员参考。

参加本书编写工作的有清华大学戚筱俊（第八、九、十、十一章）、华北水利水电学院霍崇仁（第四、五、六、七章）、华东水利学院李立武（第一、二、三、十二章）。全书由戚筱俊主编，并由武汉水利电力学院黄乃安负责主审，合肥工业大学史如平参加了审查工作。此外，清华大学龚有满、马素玉、林贵昌协助主编作了稿件整理、描图、清绘等工作。

本书在编审过程中，曾广泛征求过有关兄弟院校的意见，许多单位的教师提出了很好的建议，经过地质类编审小组扩大会议讨论教材编写提纲，并通过初审和复审，多次修改后定稿出版。在此谨向有关同志表示诚挚谢意。

为便于学生课外复习和自学，每章后适当列入了复习思考题，并按课题顺序精选了一部分常见地质名词（汉-英对照）词汇，作为本书附录，供学习外语参考。此外，还编写了《工程地质及水文地质实习、作业指导书》，作为辅助教材，供课堂实习、实验及野外地质实习使用。

鉴于编者水平有限、时间仓促，教材中不当之处，诚希读者指正。

编　者

1984年9月

第二版前言

本书是根据高等学校水利水电类专业教材编审委员会1982年5月修订的“工程地质及水文地质”课程教学大纲所规定的学时和内容编写的。1989年7月水利部教育司及教学委员会，讨论并拟定了《1990～1995年高等学校水利电力类各专业教材选题和编审出版规划》。本书根据会议精神，通过地质组扩大会议讨论，决定改编和补充本教材，以适应2000年前后的教学需要。

本书可作为农水、水工、施工、水资源等专业的必修课教材，也可供水利水电类及地质院校的工程地质及水文地质系（或专业）的师生及技术人员参考。

本书由清华大学戚筱俊教授主编，武汉水利电力大学黄乃安教授主审。参加编写的有河海大学李立武（第一、二、三、四章）；华北水利水电学院霍崇仁（第五、六、七、八章）；长春水利电力高等专科学校金国宝（第十、十一、十五章）；清华大学戚筱俊（第九、十二、十三、十四章）。全书由戚筱俊统稿。

本书在编审过程中，曾广泛征求过有关兄弟院校的意见，许多单位（例如天津大学、河海大学、武汉水利电力大学、华北水利水电学院、大连理工大学、成都科技大学、河北农业大学、陕西机械学院、南昌大学、新疆八一农学院、内蒙古农牧学院、青海大学、云南工学院、郑州工学院、太原工业大学、葛洲坝水电工程学院等）的任课教师，都提出了很好的意见和建议，经过编审小组多次讨论，确定编写提纲，又经过初审和复审，多次修改后定稿出版。在此谨向上述有关老师致以诚挚的谢意。

为便于学生课外复习和自学，每章后均附有复习思考题，并按课程顺序，精选了一部分常用的地质名词（汉-英对照）词汇，作为本书附录供备用参考。此外，还增编了《实习、作业及野外地质教学实习指导书》作为辅助教材。

鉴于编者水平有限，时间仓促，教材不当之处，诚希读者批评、指正。

编　者

1996年4月

第三版前言

本教材是普通高等教育“十一五”国家级规划教材，是根据水利水电工程类有关专业教学大纲和基本教学要求进行编写和修订的。

清华大学戚筱俊教授主编的《工程地质及水文地质》（第二版）自1997年由中国水利水电出版社出版以来，深受广大师生和各界读者的欢迎和好评，多次印刷，迄今已使用9年了。近年来，随着国民经济的快速发展，出现了许多新的工程地质问题及环境地质问题，为全面反映工程地质和水文地质领域10多年来所取得的新技术、新方法、新经验，使本教材能更好地适应专业人才培养的需要，根据戚筱俊教授的建议，这次我们对原教材内容作了更新和修订。

本书由华北水利水电学院陈南祥教授主编，清华大学戚筱俊教授主审。参加编写的有华北水利水电学院陈南祥（绪论、第一章、第五章、第七章）；华北水利水电学院李日运（第二章、第十章、第十一章、第十六章）；华北水利水电学院孟凡玲（第三章、第九章、第十二章、第十三章、第十四章）；华北水利水电学院李志萍（第四章、第六章、第八章、第十五章）。全书由陈南祥统稿。

为了帮助学生掌握各章主要内容，每章后都有复习思考题，供课外复习参考。本书最后还编写了“工程地质及水文地质常见名词”（汉-英对照），作为附录，供学生参考使用。

本教材在编写、修订和出版过程中，得到了有关高校任课教师和出版单位的热情帮助和大力支持，提出了许多宝贵的意见和建议，特别是戚筱俊教授对本次编写修订作者的信任和支持，并诚恳认真地提出了许多深刻的见解和宝贵的修改意见。他们的帮助对提高本书的质量有很大的裨益。对此，我们一并谨向他们表示衷心的感谢。

鉴于编者水平有限，书中难免存在缺点错误，恳请读者不吝指正，并盼函寄郑州市华北水利水电学院资源与环境学院陈南祥收（邮编：450011）或发电子邮件（Email：chennanxiang@ncwu. edu. cn）。谢谢！

编　者

2007年5月

第四版前言

本书是根据水利水电工程类有关专业教学大纲和基本教学要求进行编写和修订的教材，本书第三版是普通高等教育“十一五”国家级规划教材。

本书可作水利水电和农业工程行业的农业水利工程、水利水电工程、水文与水资源工程、港口航道及海岸工程等专业的教材，也可供高等院校及中等专科学校相关专业以及工程技术人员参考。

本书第三版自2007年由中国水利水电出版社出版以来，深受广大师生和各界读者的欢迎和好评，多次印刷，迄今已使用五年了。近年来，随着国民经济的快速发展，出现了许多新的工程地质问题及环境地质问题，国家相应地出台了一些新的行业规范、标准，为使本教材能更好地适应专业人才培养的需要，我们对原教材内容作了更新和修订。

本书由华北水利水电学院陈南祥教授主编。参加编写的有华北水利水电学院陈南祥（绪论、第一章、第五章、第七章）；华北水利水电学院李日运（第二章、第十章、第十一章、第十六章）；华北水利水电学院孟凡玲（第三章、第九章、第十二章、第十三章、第十四章）；华北水利水电学院李志萍（第四章、第六章、第八章、第十五章）。全书由陈南祥统稿。

为了帮助学生掌握各章主要内容，每章都给出了复习参考提纲，供课外复习参考。本书最后还编写了“工程地质及水文地质常见名词”（汉-英对照），作为附录，供学生参考使用。

本书在编写、修订和出版过程中，得到了有关高校任课教师和出版单位的热情帮助和大力支持，提出了许多宝贵的意见和建议。他们的帮助对提高本书的质量有很大的裨益。对此，我们一并谨向他们表示衷心的感谢。

鉴于编者水平有限，书中缺点错误在所难免，恳请读者不吝指正，并盼函寄郑州市华北水利水电学院资源与环境学院陈南祥收（邮编：450011）或发电子邮件（Email：chennanxiang@ncwu.edu.cn）。谢谢！

编　者

2012年3月

第五版前言

本书是“十二五”普通高等教育本科国家级规划教材，是根据水利水电工程类，并兼顾土建类有关专业教学大纲和基本教学要求，在第四版（普通高等教育“十一五”国家级规划教材）的基础上进行编写和修订的。

本书第三版入选普通高等教育“十一五”国家级规划教材，自2007年由中国水利水电出版社出版。2012年，随着经济社会和科学技术的发展、行业规范和标准的更新，我们对原教材的内容作了更新和修订，出版了第四版。本书可作为水利水电工程、农业水利工程、水文与水资源工程、港口航道及海岸工程等专业的教材，也可供高等院校及中等专科学校相关专业以及工程技术人员参考。

本书由华北水利水电大学陈南祥教授主编。参加编写的有华北水利水电大学陈南祥（绪论、第一章、第五章）；华北水利水电大学李日运（第二章、第十一章、第十二章、第十七章）；华北水利水电大学孟凡玲（第三章、第十章、第十三章、第十四章、第十五章）；华北水利水电大学李志萍（第四章、第十六章）；华北水利水电大学屈吉鸿（第六章、第七章、第八章、第九章）。全书由陈南祥统稿。

为了帮助学生掌握各章主要内容，每章都给出了复习参考提纲，供课外复习参考。本书最后还编写了“工程地质及水文地质常见名词”（汉-英对照）作为附录，供学生参考使用。

本书在编写、修订和出版过程中，得到了有关高校任课教师和出版单位的热情帮助和大力支持，提出了许多宝贵的意见和建议。他们的帮助对提高本书的质量有很大的裨益。对此，我们一并谨向他们表示衷心的感谢。

鉴于编者水平有限，书中缺点错误在所难免，恳请读者不吝指正，并盼函寄郑州市华北水利水电大学研究生院陈南祥收（邮编：450011）或发电子邮件（Email：chennanxiang@ncwu.edu.cn或2279159692@qq.com）。谢谢！

编　者

2015年12月

数 字 资 源 列 表

资源序号	资　源　名　称	资源类型
资源 2-1	岩浆岩的结构	视频
资源 2-2	火成岩	图片组
资源 2-3	沉积岩	图片组
资源 2-4	变质岩	图片组
资源 3-1	褶皱类型和褶曲要素	视频
资源 3-2	褶皱	图片组
资源 3-3	背斜	动画
资源 3-4	向斜	动画
资源 3-5	节理	图片组
资源 3-6	断层	图片组
资源 3-7	正断层	动画
资源 3-8	逆断层	动画
资源 3-9	平移断层	动画
资源 3-10	擦痕阶步	图片组
资源 3-11	唐窑地质实习路线	视频
资源 4-1	岩石温差风化过程	动画
资源 4-2	河曲的形成及发展	动画
资源 4-3	岩溶	视频
资源 4-4	岩溶发育过程	动画
资源 5-1	等水位线	视频
资源 5-2	济渎泉珍珠泉	视频
资源 5-3	省庄村地热	视频
资源 6-1	潜水含水层开采	动画
资源 6-2	承压含水层开采	动画
资源 6-3	地下水向井的稳定运动	视频
资源 6-4	河渠间地下水运动	动画
资源 6-5	小庄水源地	视频

续表

资源序号	资　源　名　称	资源类型
资源 7-1	山前倾斜平原区地下水	视频
资源 8-1	水库渗漏	视频
资源 8-2	蟒河口水库	视频
资源 9-1	允许开采量及其计算	视频
资源 10-1	岩体的结构特征	视频
资源 11-1	坝基岩体深层滑动的稳定性计算	视频
资源 11-2	石河水库	视频
资源 12-1	边坡变形破坏的基本类型	视频
资源 14-1	地质构造条件	视频
资源 15-1	水库边岸的再造过程	视频
资源 15-2	土质库岸塌岸过程	动画
资源 16-1	地质灾害	视频
资源 17-1	勘察的基本手段和方法	视频

扫码获取练习题

目 录

第二篇　水 文 地 质 学

第三篇　工程地质学

绪　论

一、工程地质及水文地质在水利水电工程建设中的作用和任务

工程地质及水文地质是从地质学发展起来的两门新兴学科，工程地质学主要是研究与工程建设有关的地质问题的学科；水文地质学主要是研究地下水的学科。这两门学科都是以地质学为基础，而且相互关联、相互渗透，并各具特色。下面分别简要介绍它们在水利水电工程建设方面的作用和任务。

水利水电工程是国民经济建设中的重要组成部分，它有着广泛而综合的经济、社会和环境效益。如城市和工农业供水、灌溉排水、防洪、发电、航运、林业、渔业、畜牧业、旅游业及改善生态环境等。

工程地质在修建水工建筑物当中的作用和任务有如下几方面。

（1）勘察建筑地区的工程地质条件，为选点、规划、设计及施工提供工程地质资料，作为工程建设和运行管理的依据。

（2）根据工程地质条件论证、评价并选定最优的建筑地点或线路方案。

（3）预测在工程修建时及建成后的工程运行管理中，可能发生的工程地质问题，提出防治不良的工程地质条件的措施。

生产实践证明，工程地质在工程建设中的作用，已不仅仅是完成为建筑物的修建提供必要的地质资料，而且贯穿在整个工程建设的规划、设计、施工及管理运行的全部过程之中。工程地质工作质量的好坏，直接或间接地关系着工程建筑的安全可靠性、技术可能性及经济合理性。历史经验表明：工程建筑，特别是水工建筑，不怕工程地质条件复杂，也不怕工程地质问题繁多，怕的是对工程地质的勘察研究不重视和不充分，结果会给工程建筑带来严重后果。国际大坝委员会曾在1973年对世界110个国家和地区（未包括我国在内）已建的12900余座大坝（坝高在15m以上者）进行了调查，从统计资料看，发生过失事事故的有589座，其中大多数与不良的地质条件密切相关。如1959年12月2日法国的马尔帕塞（Malpasset）拱坝的崩溃，曾轰动了国际水利界。该坝高66.5m，是当时世界上最高的薄拱坝之一，由于左岸坝肩岩体软弱，蓄水后发生向下位移达210cm，致使整个坝体全部崩溃，水库拦蓄的3000万m^3水，顿时下泄形成洪水，以8.33m/s的速度倾泻，造成下游400余人死亡，损失达6800万美元。又如印度的纳纳克萨加（Nanaksagar）坝，为一高15.9m的土坝，1967年9月7日，由于坝基发生管涌，使坝体决口冲毁，造成32个村庄的村民流离失所，损失惨重。这些实例说明，不仅高坝大库会造成严重事故，即使是中小型水利工程，也会由于地质问题处理不当，而给生命财产带来巨大损失。因此，工程地质工作对于水库、大坝的安全可靠性起着重要作用。

在我国水利水电工程建设中，党和政府对地质工作非常重视，因此，直接由于地质问

题而产生的垮坝事故极为罕见。然而由于对工程地质条件研究不够，或对工程地质问题处理不当，而造成的水库或坝基漏水，水库淤积及边岸滑塌、隧洞塌方等工程事故还是屡见不鲜。如北京的十三陵水库，坝基和库区存在着深厚的渗透性较强的古河道冲积层，建坝初期未做垂直防渗处理，致使水库多年不能正常蓄水，20 世纪 60 年代做了坝基防渗墙处理，坝基不漏了，但水库区古河道仍在渗漏，渗漏问题仍未解决，直到 1991 年为了兴建抽水蓄能电站，在库区又做了一道防渗墙，才彻底解决了渗漏问题。又如黄河三门峡水库的库区，处于黄土分布区，黄土浸水后极易崩解、湿陷，造成严重的水库塌岸和淤积问题。20 世纪 50 年代初期我国缺少经验，该工程系委托国外设计，1957 年动工，1960 年 9 月建成蓄水。由于设计对黄土地区可能产生的工程地质问题估计错误，水库蓄水后黄土边岸形成大面积的塌岸，再加上黄河水含沙量本来就高，因此水库蓄水后不到两年，至 1962 年 3 月，就淤积了泥沙 14.9 亿 t。库区尾部潼关一带河床淤积高到 5m 以上，形成库尾三角洲。此外，淤积还沿河向上游延伸，导致支流渭河河床也因淤积抬高，河水外溢，两岸大片土地被淹没和浸没。地下水位上升，使不少房屋倒塌，土地盐碱化和遭沼泽化达 2 万 hm^2，威胁关中平原，直至西安市。因此，不得不对三门峡水库进行改建，增加了 2 个泄水洞，在混凝土重力坝坝身打开了 8 个导流用的底孔闸门，排泄泥沙，水库也改低水头运行，发电装机容量 120 万 kW 改为 25 万 kW，经济损失巨大。还有一些水利水电工程，由于实行边勘测、边设计、边施工的“三边政策”，急于求成，对建筑地区的工程地质条件尚未查清，就急于开工（上马），后来在设计及施工中，发现了严重的工程地质问题，又被迫停工（下马），甚至还有多次上马又下马，下马又上马，最后还是下马的工程。由此而造成的经济损失也是相当可观的，这些经验教训应该认真总结并引以为戒。

水文地质工作的主要任务是调查研究以下几方面。

（1）地下水的形成、埋藏、分布、运动以及循环转化的规律。

（2）地下水的物理、化学性质、成分，以及水质的变化规律。

（3）解决合理的开发、利用、管理地下水资源，以及有效地消除地下水的危害等实际问题。

水文地质工作，不仅要配合上述工程地质工作，提供有关水文地质条件方面的资料，而且在农田灌溉、抗旱、防涝、治碱，以及环境保护工作等方面，起着先决和主导作用。

据有关部门估算，我国的水资源总量为 28100 亿 m^3，其中地下水资源为 7800 亿 m^3（约占 1/4 强）。但水资源分布是极不均匀的，如干旱少雨的北方地区，土地资源十分丰富，而水资源十分贫乏。水土资源的组合也极不均衡，尤以海河、辽河、淮河流域最为突出。这三个流域的耕地面积占全国耕地总数的 33.2%，而水资源却只占全国水资源总数的 7.4%，每亩耕地平均占有水资源量只有全国平均数的 14%～33%，因而缺水十分严重，所以有的地区仍然是“十年九旱，靠天吃饭”。又如我国南方地区，虽然降水量和地表径流比较丰沛，但分布也极不均匀，特别是云南、广西、贵州等省（自治区），石灰岩广泛分布，岩溶（喀斯特）十分发育。“一场大雨千箅涝，天晴三日万里焦”“修塘不蓄水，筑坝不拦洪”，大量的地表水漏至地下，因而地表水缺水现象也很严重。农田灌溉是“旬日不雨，既成旱象”“米如珍珠水如油”。这些民间谚语都说明，在我国无论是北方地区，还是南方地区，水利工程建设不仅需要开发地表水，而且需要开采、利用地下水资源。这就需要进行大量的水文地质工作。

上述是地下水资源在量上的空间分布状态，就储存空间而言，地下水与地表水存在着较大差异。地下水埋藏在地面以下的多空介质中，因此按照含水多空介质的类型，可分为松散岩类孔隙水、基岩裂隙水和碳酸岩类岩溶水三大类。其中裂隙水最多，约占全部地下水的48%，孔隙水和岩溶水分别占27%和25%。由于沉积环境和地质条件的差异，各地不同类型的地下水所占比例变化较大，例如孔隙水资源量主要分布在北方，占全国孔隙水天然资源量的65%；而南方岩溶水天然资源量约占全国岩溶水天然资源量的80%。

1949年后，我国对淮河、黄河、海河、黑龙江、辽河、珠江及长江等江河，进行了综合治理和流域性的开发，兴建了一大批大、中、小型水利工程。据不完全统计（新中国成立60年），全国兴建和加高加固河堤28.69万km；兴建水库8.6万座；水电装机2.3亿kW；万亩以上灌区6414处，灌溉面积5850万hm^2；小型农田水利工程2000万余处；累计治理水土流失面积80万hm^2。新中国成立60年的水利工程建设，基本上控制了洪水灾害、遏制了水土流失，并发展了灌溉、水电、航运、水产、旅游等事业。此外，在开采地下水方面，为寻找地下水资源，开展了全国性的水文地质普查工作，并用汇泉、打井、截潜流等多种形式开采地下水资源，如农用机井已达270万眼，井灌面积达130万hm^2。这些成绩在我国历史上是空前的，对我国经济建设和社会发展起到了巨大作用。然而，必须看到，已有的成绩还远远满足不了全面建设小康社会需要和国家经济社会发展的远景规划。要根本改善我国水资源的供需矛盾，水利工作者任重而道远。水利工程技术人员和工程、水文地质的勘察人员，仍在长江、黄河的中上游，在大渡河、澜沧江、乌江、红水河、珠江、海南的万泉河，以及长江的主要支流（湘、资、沅、澧水）等水资源比较丰富的地区，为进一步发展我国的水利水电建设继续做贡献。此外，我国正在加快步伐，大力开发西南水电资源而实现“西电东送”战略，逐步实施“南水北调”工程实现“三纵四横”的水资源配置格局等宏伟规划。为实现这些宏伟的规划和工程，就需要以工程及水文地质勘查、研究为先导和开路先锋，工程地质及水文地质将面临许多更加繁重和更加困难的课程和任务。同时也为我国水利水电事业以及工程、水文地质科学的进一步发展，展现了无限广阔的前景。

二、本课程的主要内容及教学要求

本课程是水利水电工程类有关专业的一门技术基础课，本课程的基本教学要求是通过讲课、实习实验课及作业和地质教学实习三个教学环节，掌握工程地质及水文地质的基本知识；学会分析水工建筑物的工程地质条件和问题的基本方法；能阅读和分析水工建筑物中常用的地质图件和资料，为今后学习农水及水工等专业课打下基础。

本教材主要是为讲课及课外复习服务，实习、实验、作业及地质教学实习内容，详见《工程地质及水文地质实习、作业指导书》。本教材各章主要内容如下。

第一章　地球的基本知识，主要介绍地球的一般特征，地球的分层构造及主要物质组成，内外力地质作用，地质历史及中国地质年代的划分表，为学习本课程打下地质学基础。

第二章　岩石，是地壳的基本物质，通过造岩矿物的引入和肉眼鉴定，认识判别火成岩、沉积岩及变质岩等三大类岩石，一般了解各类岩石的主要工程地质水文地质性质。

第三章　地质构造，主要介绍地壳运动的类型，各种典型的地质构造（水平、倾斜、褶皱、不整合等）的形状、产状、类型，以及它们的识别方法和在地图上的表示方法。

第四章　自然地质作用，主要介绍与水利水电密切相关的几种自然地质作用，如风化、河流地质、喀斯特（岩溶）、滑坡及崩塌、泥石流及地震等，说明它们的成因、类型、发育规律、影响因素、对工程建设的关系，以及防治措施等。

第五章　地下水概论，主要阐述地下水的生成和类型，岩石的水理性质，含水层及隔水层，地下水的循环，地下水的物理性质及化学成分。

第六章　地下水运动与动态，介绍线性及非线性的渗透定律，地下水完整井稳定流运动方程及其应用，地下水动态的概念，地下水均衡概念及潜水均衡方程和应用。

第七章　不同含水介质中的地下水，结合我国区域地质特点，介绍不同地貌单元中地下水埋藏条件及分布规律，包括：山区、河谷区，山前平原区、滨河地区，以及黄土、喀斯特等地区中地下水储存情况和主要特征。

第八章　建筑物地区的渗流问题研究，主要介绍坝区、水库、渠道的渗漏问题，水库的浸没问题，隧洞的涌（突）水问题，以及工业与民用建筑物地区的深基坑、地下工程的降水和排水问题。

第九章　地下水资源评价，主要介绍地下水资源的基本组成（补给量、消耗量、储存量）的概念，以及它们的估算方法，应用潜水均衡理论进行地下水资源评价。此外，还简要介绍了地下水水质评价的原则和规程（灌溉、饮用水及对混凝土的侵蚀性方面）。

第十章　岩体结构的工程地质研究，主要介绍岩体的结构特征，包括岩体中结构面和结构体的形状、规模、性质及其组合关系，软弱结构面的类型及特征，岩体的主要力学特性，地应力的工程地质研究，以及岩体的工程地质分类。

第十一章　坝的工程地质研究，首先介绍水工建筑物的工程地质条件和工程地质问题，主要包括：地形地貌、岩土类型及工程地质性质、地质结构、水文地质条件、自然（物理）地质现象、地质物理环境、天然建筑材料等七个基本条件。主要介绍坝的设计和施工中经常出现的各种地质问题，包括坝基（肩）的渗透变形问题、抗滑稳定问题、坝基沉降问题及坝下游的冲刷问题等。

第十二章　边坡的工程地质研究，首先介绍我国边坡工程的研究现状，主要介绍边坡变形与破坏的类型，影响边坡稳定的各种因素（包括岩土性质、岩体结构、岩石风化、地形地貌、地震、地应力、地下水活动，以及人为活动等多种因素），介绍边坡稳定分析方法及防治不稳定边坡的基本措施。

第十三章　渠道的工程地质研究，渠道包括渠系建筑物在水利水电工程中的应用和作用，隧道选线应注意的工程地质问题，渠道设计、施工及运行应用中经常出现的地质问题（渗透及边坡失稳问题）以及处理的基本方法。

第十四章　地下洞室的工程地质研究，主要介绍地下洞室围岩应力的重分布及变形破坏特征，地下洞室选择应注意的工程地质条件，地下洞室设计中经常遇到的工程地质问题（围岩地应力、岩体抗力、外水压力问题），地下洞室施工中应注意的工程地质问题（围岩变形，破坏，岩爆，涌水，毒气，高温等），以及 TBM 法和盾构法施工经验介绍。

第十五章　水库的工程地质研究，主要阐述：水库的边岸再造、淤积问题，水库诱发地震及地下水库等问题。

第十六章　环境地质问题，主要阐述当今环境问题的重要性和水利水电工程建设中应注意的环境地质问题，主要介绍地面沉降、地面塌陷、地裂缝、地下水污染、海水入侵、固体废物、污染土地基、环境地质图，以及地质灾害防治。

第十七章　工程地质及水文地质勘察，主要介绍：勘察的目的与任务，勘察设计阶段的划分和勘察程序，工程地质绘测、勘探、试验及长期观测工作的基本内容，以及天然建筑材料的勘察。

以上教学内容可概括为三个组成部分：

（1）地质学基础部分（第一、二、三、四章）。

（2）水文地质部分（第五、六、七、八、九章）。

（3）工程地质部分（第十、十一、十二、十三、十四、十五、十六、十七章）。

这三个部分是相互关联和逐步联系专业实际的，在教学过程中应理论联系实际，结合实际工程，由浅入深，循序渐进。本课程是一门实践性比较强的技术基础课，除课堂教学外，还要进行地质实习实验，此外，在暑期还要进行野外地质实习，以增强野外地质实践能力，增强工程地质及水文地质勘察概念。

第一篇 地质学基础

第一章 地球的基本知识

宇宙是无限的，在空间上无边无际，在时间上无始无终。天文学家通过最现代的观测手段在大约 36×10^9 光年的范围内，已观察到 10 亿个以上的星系（但这远不是宇宙的全部），而银河系仅仅是其中的一个。银河系是一个旋转着的扁平体，正面是旋涡形，侧面呈扇饼形。绝大多数星体都密集分布在它的中心平面附近。银河系直径约 10 万光年，包含 1000 亿颗以上的恒星，太阳只是其中之一。

恒星太阳是一个炽热的发光球，它的内部不断地进行着巨大的热核反应。太阳直径约 140 万 km，质量约 1.989×10^{27} t。质量很大的太阳，以其巨大的引力维持着太阳系统绕其运动，如图 1-1 所示。

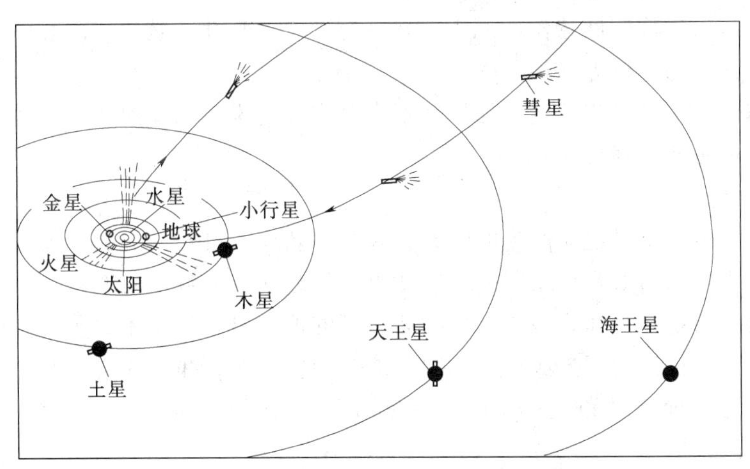

图 1-1　地球在太阳系中的位置

太阳系是由太阳、行星及其卫星、小行星、彗星、流星等构成的天体系统。太阳系有 8 大行星，按与太阳的距离，由近及远为水星、金星、地球、火星、木星、土星、天王星和海王星。冥王星，在 2006 年前，被国际天文学界定义为太阳系中的第九大行星，但在 2006 年第 26 届国际天文学联合会（IAU）作出决定，冥王星失去“行星”地位，被划为“矮行星”。

如图 1－1 所示，地球是太阳系中的一颗行星。地球自形成以来，经历了漫长而复杂的演变过程，具有一定的外部形态和内部结构，具有一定的物理和化学性质。并且，在地球的表面及其外部形成由大气、水和生物组成的外部圈层，它们塑造地表，并形成各种复杂的地质作用。

第一节　地球的一般特征

一、地球的形状和大小

自古以来，地球的形状一直是人们关注的问题之一。随着科学技术的发展，人们对地球形状的认识也越来越准确。

地球可近似看作一个旋转椭球体。固体地球表面崎岖不平，其大部分为海水所覆盖。为便于测算，以平均海平面通过大陆延伸所形成的封闭曲面（大地水准面）作为参考面，地球的形态和大小就是指大地水准面的形状和大小。国际大地测量和地球物理协会于 1975 年公布了修订的地球参数，见表 1－1。

表 1－1　　地球形状的基本参数

赤道半径 /km	两极半径 /km	平均半径 /km	扁平率	赤道周长 /km	子午线周长/km	表面积 /km^2	体积 /km^3
6378.140	6356.755	6371.004	1/298.257	40075.36	39940.670	510070100	1.083×10^{12}

地球的外形是其内部特征的反映。

（1）地球接近于旋转椭球体，说明地球具有一定的塑性，是地球离心力的作用使地球的物质发生从两极向赤道方向运动的结果。

（2）地球的实际外形与旋转椭球体并不完全吻合，说明地球内部物质是不均匀的。

二、地球的主要物理性质

1. 地球的重力

重力是指地球质量对物体产生的引力和该物体随地球自转而引起的离心力的合力。由于离心力相对于地球引力是很微弱的，因此重力的方向是大致指向地心。

根据万有引力定律可知，地表某处物体所受的地球引力与物体的质量成正比，与距地心的距离（地球半径）的平方成反比，因此地表的重力随着纬度的增高而增大，在赤道附近最小（赤道海平面上的重力为 $978.0318cm/s^2$），在两极最大（两极海平面上重力为 $983.2177cm/s^2$）。

由于地球不是一个均质体，在地下由密度较大的物质（如铁、铜、铅、锌等金属矿床和基性岩）组成的地区，重力高于理论计算值，显示正异常；反之，在有密度较小的物质（如石油、煤、盐等非金属矿）组成的地区，重力低于理论计算值，显示负异常。地球物理勘探中的重力勘探就是基于这个原理。

2. 地球的密度

根据万有引力定律计算出的地球质量为 5.976×10^{21}t，将其除以地球的体积可得地球的平均密度 $5.516g/cm^3$。地表岩石的平均密度 $2.7\sim2.8g/cm^3$，由此可推测，地球内部的物质应具有更大的密度。地球内部的密度变化目前无法直接测量，常根据地震波的传播速度来推断。根据澳大利亚学者布伦（K. E. Bullen）的研究结果：地壳表层的密度 2.7 g/cm^3，地下 31km 处为 3.32g/cm^3，大约 2990km 处密度由 5.56g/cm^3 突增至 9.98 g/cm^3，至 6371km 处达 12.51g/cm^3。

3. 地磁

地球像一块球形的磁铁，在它的周围空间都存在着磁场，叫作地磁场。地磁南北极的位置与地理南北极的位置是不一致的，二者相去甚远，而且地磁极位置还在不停地变化着。目前地磁南北极与地理南北极大约有 11.5°的交角。

地磁子午线与地理子午线的夹角叫磁偏角，指北针偏在地理子午线东边者叫东偏角，用正号“+”表示；指北针偏在地理子午线西边者叫西偏角，用负号“−”表示。

把地磁场看成是一个均匀的磁化球体产生的磁场，称为正常磁场；如果实际观测的地磁场与正常磁场不一致，则称为磁异常。实际磁场大于正常磁场者称为正磁异常，实际磁场小于正常磁场者称为负磁异常。地球物理勘探中的磁法勘探就是利用磁异常来探测地质构造和地下矿产资源的方法。

4. 地温

地球是一个巨大的载热体，由地表至地球深处，温度越来越高，地球在不断地通过温泉、火山、构造运动及地震等形式释放热能。

地壳浅层是目前能直接测量地温的深度范围，其温度分布从地表向下大致可分为以下三层。

（1）变温层：是地球最外表的一个温度层，该层的热量主要来自太阳辐射热能，因此其温度是向下逐渐降低的。由于太阳辐射热存在日变化、年变化，故此层温度也随之变化。一般情况下，日变化的影响深度在 1～2m，年变化的影响深度为 15～30m。

（2）恒温层：是指地球内部的热能与太阳辐射热能的影响达到相对平衡的地带，该层一般很薄。

（3）增温层：是指恒温层以下的温度层，该层不受太阳辐射的影响，其地温状况和温度场主要受控于地球内部。地温梯度约为 2～3℃/100m。地壳深层的温度无法直接测量，只有通过间接的方法进行推断和分析。估计地下 30km 的深度，地温大约为 400～1000℃。

第二节　地球的构造

以地表面为界，地球可分为外圈层和内圈层，两者各有不同的圈层构造，如图 1-2 所示。

一、地球的外圈层构造

地球表面以上，根据物质的性质和状态可分为大气圈、水圈和生物圈。它们包围着地球，各自形成连续完整的圈层。大气圈是指包围地球的气体，厚度在几万千米以上，但占大气总质量 3/4 的大气是集中在地表以上 10km 的高度范围以内。水圈是指地球表层的水体，大部分汇聚在海洋里，部分分布于河流、湖泊、沼泽、冰川，以及地球表层的岩石和土层的空隙中。生物圈是地球上生物（动物、植物和微生物）生存和活动的范围。在大气

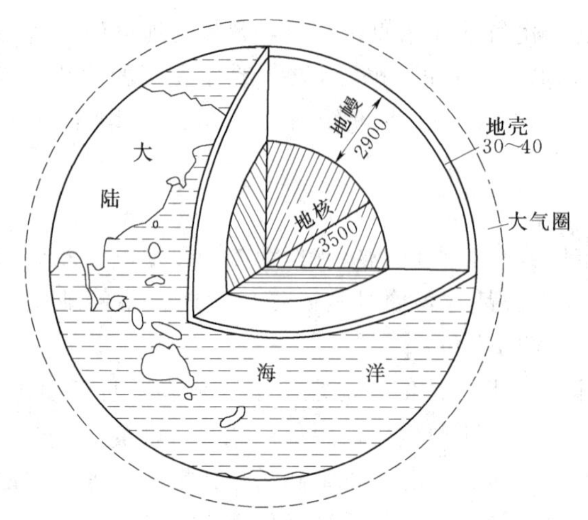

图 1-2　地球的构造示意图（单位：km）

圈 10km 的高空，地面以下 3km 的深处和深、浅海底都发现有生物存在。但大量生物是集中在地表和水圈上层。生物圈是人类赖以生存和生活的环境，而生物圈与水圈、大气圈、岩石圈（地壳的表层岩土）又是相互关联的，它们与人类的活动特别是工程建筑活动密切相关。

二、地球的内圈层构造

通过地震波在地球内部传播速度变化的研究，发现在地表以下 30～40km 深处和 2900km 深处，存在着两个明显的分界面，前者为莫霍面（Mohorovicie，A），后者为古登堡面（Gutenberg，B），两个界面把地球分成物质成分和性质不同的三个圈层，即地壳、地幔和地核，如图 1-2 所示。地核位于深约 2900km 的古登堡面以下直到地心，主要有比较常见的铁、硅、镍熔解体组成。地核和地壳之间的为地幔，主要由硅、铁、镍、二氧化硅等物质组成，密度也较地壳岩石大。

地壳是地球最外面的一层硬壳，它的平均厚度约为 16km，仅占地球半径的 1/400，而且各地差异也很大，陆地上较厚，平均为 35km，最厚的地方如帕米尔—喜马拉雅山脉地区可达 75km；而海洋地区较薄，平均只有 6km，最薄的地方如南美洲海岸外的大西洋中的某些地方，厚度仅 1.6km。我国不同地区的地壳厚度的差异也很大，如北京为 46km、广州为 31km、拉萨为 71km、兰州为 53km、南京为 32km。

三、地球的表面形态

地球的表面是高低不平的，而且差距较大，大致可划分为大陆和海洋两部分。大陆的平均海拔高度为 800 多米。按高程和起伏状况，大陆表面可分为山地、丘陵、平原、高原和盆地等地貌形态，按其绝对高度和地形起伏的相对高度大小来划分和命名，见表 1-2。

表 1-2　按地势划分的地貌类型

名　称	高　山	中　山	低　山	丘　陵	高　原	平　原
绝对高度/m	＞3500	1000～3500	500～1000	＜500	＞600	较低
相对高度/m	＞200～1000	200～1000	200～1000	＜200	表面平坦，起伏较小的平坦地形或高地	

海洋的面积约占地壳的 71%，其平均深度约为 3700m。海洋地形的半数为表面平坦无明显起伏的大洋盆地。海底的山脉称为海岭，而海底长条形的洼地，则称为海沟，一般深度大于 6km，可谓地球表面最低洼地区。

除上述地表形态外，地球表面还可因不同的成因，而形成多种形态，如冲沟、河谷、溶洞、沙丘等。地表外貌各种形态的总称，称为地形或地貌，建筑地区的地形地貌特征，是影响建筑工程稳定与安全的重要条件之一。

第三节 地壳及地质作用

一、地壳的物质组成

地壳是由各种化学元素组成的，但各种元素在地壳中的含量差异很大。国际上把各种元素在地壳中的平均含量，称为克拉克值（F. W. Clark，美国分析化学家），见表1-3。

表1-3 地壳主要元素的平均含量* %

氧（O）	46.95	钠（Na）	2.78
硅（Si）	27.88	钾（K）	2.58
铝（Al）	8.13	镁（Mg）	2.06
铁（Fe）	5.17	钛（Ti）	0.26
钙（Ca）	3.65	氢（H）	0.14

* 据 *Scientific American*，1970。

由表1-3可以看出，地壳中的化学元素，主要是氧、硅、铝、铁、钙、钠、钾、镁等8种，尤以氧和硅为最多。化学元素除了少数呈自然元素（如金刚石、金）外，其他元素大都以各种化合物的形式出现，尤以氧化物为最多，表1-4是地壳16km深度内，按氧化物计算的平均化学成分重量百分比，其中硅、铝的氧化物占总含量的74.48%，是地壳中的主要成分。

表1-4 地壳主要氧化物含量百分比 %

氧化物	含量百分比	氧化物	含量百分比
SiO_2	59.14	Na_2O	3.84
Al_2O_3	15.34	MgO	3.49
FeO Fe_2O_3	6.88	K_2O	3.13
		H_2O	1.15
CaO	5.08	TiO_2	1.05

二、地质作用

地壳自形成以来，其物质组成、内部结构及表面形态，一直都在进行演变和发展，促进地壳演变和发展的各种作用，统称为地质作用。其中有来自地球内部的能量而引起的地质作用称为内动力地质作用；有来自地球外的能量而引起的地质作用称为外动力地质作用。

1. 内动力地质作用

内动力地质作用是指地球自转重力和放射性元素蜕变等能量，在地壳深处产生的动力对地球内部及表面的地质作用。根据内动力作用方式的不同，可以分为以下四种类型。

（1）构造运动：使地壳发生变形、变位的动力作用，如地壳的垂直升降运动，也称地壳运动。

（2）地震作用：是地球内动力而引起的地壳岩石圈的快速颤动或波动，也称地动。

（3）岩浆及火山作用：地球的放射性元素蜕变，产生巨大的能量，在地球内部可使原岩熔成高温及高压的岩浆，由地下深处侵入地壳上部冷凝成岩，甚至喷出地表而形成火山及熔岩。

（4）变质作用：指地壳中先成的岩石，受构造运动、地震、岩浆活动等内动力作用，而使原有的岩石的成分、结构、构造发生变质的地质作用。

2. 外动力地质作用

外动力地质作用，是指来自地壳以外的能量，如太阳辐射能、重力能或日、月及天体引力等的影响下产生的动力，在地壳表层所进行的各种地质作用。

（1）风化作用：是地壳表层岩石在太阳辐射、水、气体和生物等因素的共同作用下，使其物理性状和化学成分发生变化，并遭受破坏的作用。

（2）剥蚀作用：是地壳表层岩石，受风力、地面流水、地下水、湖泊、海洋或冰川等动力作用，而遭受破坏，并被剥离原地的作用，如风的吹蚀作用、河流的侵蚀作用、地下水的潜蚀作用、冰川的刨蚀作用等。

（3）搬运作用：指风化剥蚀后的岩石碎屑、胶体、分子或离子等不同状态的物质，被各种外动力如流水、风、冰川、地下水、海浪等以不同方式，迁移或搬运到他处的过程。

（4）沉积作用：被搬运的物质，由于搬运介质的物理及化学条件的改变，而呈有规律的堆积现象。

（5）固结成岩作用：也称石化作用，是使松散沉积物变为坚硬岩石的作用，包括胶结作用、压实作用与结晶作用。

上述各种内、外动力地质作用长期反复地进行，使地壳的组成物质和地壳的外表形态，产生不断地变化，即一方面不断地使地壳形成新的矿物和岩石、地质构造及地表形态；另一方面又不断地破坏原有的矿物、岩石、地质构造和表面形态。上述各种地质作用往往是反复交替地进行，从而促使地壳不断地变化和发展，地壳和地球永远是运动着的物体。

第四节　地质历史及地层时代

根据科学的测算，46 亿年前地球就已形成，地球表面固结成地壳也有 40 亿年的历史。地球的发展历史称为地史。为了研究地史，首先要确定研究地区地层的新老层序及其地质时代。

一、地质时代的概念

地质时代有两种：一种是绝对地质年代或岩层（岩石）的绝对年龄，指地壳的岩层从形成到现在的延续时间，以“年”为单位；另一种为相对地质时代或岩层的相对年龄，指岩层形成的先后顺序和新老关系。

绝对年代又称同位素年代，是根据岩石中放射性元素蜕变产物的含量计算出来的。如寒武纪的下限为 600Ma，延续时间为 100Ma。地球的形成已有 4600Ma（46 亿年）以上的历史，目前已发现的地壳中的最老地层的绝对年龄约 3800Ma（38 亿年）。

表 1－5　　　地质年代表

地质时代、地层单位及其代号			同位素年龄/兆年		构造运动	生物开始繁殖时期	
代(界)	纪(系)	世(统)	时代间距	距今年龄		植物	动物
新生代Kz	第四纪 Q	全新世 Q_4 更新世 $Q_1Q_2Q_3$	2.6	0.01 2.6	喜马拉雅运动		←古人类出现
	新近纪 N	上新世 N_2	2.7	5.3			
		中新世 N_1	18	23.3			
	古近纪 E	渐新世 E_3	8.7	32			
		始新世 E_2	24	56.5			
		古新世 E_1	8.5	65		←被子植物	←哺乳动物
中生代Mz	白垩纪 K	晚白垩世 K_2 早白垩世 K_1	72	137	燕山运动		
	侏罗纪 J	晚侏罗世 J_3 中侏罗世 J_2 早侏罗世 J_1	65	205			
	三叠纪 T	晚三叠世 T_3 中三叠世 T_2 早三叠世 T_1	45	250	海西运动		
古生代Pz 晚古生代Pz_2	二叠纪 P	晚二叠世 P_3 中二叠世 P_2 早二叠世 P_1	45	295		←裸子植物	←爬行动物
	石炭纪 C	晚石炭世 C_2 早石炭世 C_1	49	354			←两栖动物
	泥盆纪 D	晚泥盆世 D_3 中泥盆世 D_2 早泥盆世 D_1	56	410			←鱼类
早古生代Pz_1	志留纪 S	顶志留世 S_4 晚志留世 S_3 中志留世 S_2 早志留世 S_1	28	438	加里东运动	←陆生孢子植物	
	奥陶纪 O	晚奥陶世 O_3 中奥陶世 O_2 早奥陶世 O_1	52	490			
	寒武纪∈	晚寒武世$\in_3$ 中寒武世$\in_2$ 早寒武世$\in_1$	53	543			硬壳动物出现
元古代Pt 新Pt_3	震旦纪 Z		137	680	吕梁运动		
			200	1000			裸露动物出现 多细胞动物出现
中Pt_2			800			高级藻类出现	
古Pt_1			700	2500		真核生物出现(绿藻)	
太古代Ar				3600		原核生物出现(菌类及藻类)生物现象开始出现	

注　1. 本表录自宋春青、张震春编著，地质学基础，人民教育出版社，1982 年修订本。并据 2001 年地质出版社出版，中国地层指南及中国地层指南说明书(修订版)修改。

2. 表中只列出地质时代单位。地层单位则把代、纪、世改为界、系、统，同时把早、中、晚或早、晚改为下、中、上或下、上。

地质时期的时间划分单位，即地质年代单位（或称地质时间单位），按级别从大到小可以划分为宙、代、纪、世、期……宙是国际地质年代中延续时间最长的第一级地质年代单位。根据生物化石的出现情况，整个地质时期可以分为生物化石稀少的隐生宙和生物化石大量出现的显生宙；宙内再划分为代，整个地质年代可以分为太古代、元古代、古生代、中生代及新生代共五个代，它们标志着生物演化的几个主要发展阶段；代内又划分为纪；纪内再分则为世、期等。宙、代、纪、世是国际通用地质时间单位，适用于全世界；期的划分和名称，则仅适用于一个生物地理区，期下尚可再分为时，适用于区域性年代单位。与上述地质年代单位分别对应的国际性地层空间划分单位是宇、界、系、统，区域性地层单位是阶和带。如古生代形成的地层称为古生界，寒武纪形成的地层称为寒武系等。

按地质年代早晚顺序排列，地质时期的相对年代和同位素年代值的划分，见表 1-5。

二、地层年代的确定方法

地层是在地壳发展过程中形成的有一定层位的一层或一组岩层，且具有时代的新老概念。地层的上下或新老关系即为地层层序，要研究地层层序就要确定地层年代。

（一）地层绝对年代的确定

岩石的绝对年代是根据岩石中放射性元素恒定的蜕变速度来计算岩石形成后所经历的时间。天然条件下，放射性元素总是以稳定不变的速度进行蜕变，最后形成稳定的新元素。以铀铅法为例，岩石中的放射性元素铀，在自然条件下按一定速度蜕变，最后形成铅和氦两种终结元素。若用专门的仪器测定出岩石放射性元素和终结元素的含量，可按式（1-1）计算岩石的绝对年龄。

$$t=\frac{1}{\lambda}\left[2.3\lg\left(1+\frac{N_0-N_t}{N_t}\right)\right] \tag{1-1}$$

式中　t——岩层的绝对年龄；

N_0——放射性物质形成时原子的原始数量；

N_t——放射性物质经过 t 年后，未蜕变的原子数量；

λ——放射性物质的蜕变常数（单位时间内，有多少原子发生蜕变）。

已知 U^{235} 的蜕变常数 $\lambda=9.8\times10^{-10}$ 1/a，如能测出岩石中 P_b^{207} 的含量（即 N_0-N_t）和 U^{235} 的保留含量（即 N_t），即可按上式求得岩石的绝对年龄。

（二）地层相对年代的确定

1. 古生物法

古生物法即利用地层中所含化石来确定地层的年代。地球上生物的演化具有阶段性和不可逆性，一定种属的生物生活在一定的地质时代。相同地质年代的地层里，必然保存着相同或相近种属的化石。利用分布时代短、特征显著、数量众多而地理分布广泛的化石（称为标准化石），即可确定地层的地质年代。标准化石并不多，比较理想的如三叶虫、珊瑚、笔石、蜓等类别中的一些属种。如南京蜓（*Nankinella*）为我国南方二叠纪的标准化石。在南方，若发现某一地层中有南京蜓化石，则可确定该地层属于二叠系。

2. 岩性对比法

岩性对比法即将未知地质时代的地层的岩性特征与已知道地质时代的地层的岩性特征进行对比，用于确定未知地层时代。由于在同一地质时代、环境相似的情况下所形成的地层，在岩石成分、结构、岩性组合等方面具有一定的相似性。如我国江苏省南部的宁镇山脉一带，泥盆纪广泛分布着厚层浅色石英砂岩，在本区内确定地层年代时，遇到石英砂岩多可定为泥盆系。但为了可靠起见，往往还要综合对比其上、下岩层的结构。

3. 标志层法

在地层剖面中，某些厚度不大、岩性稳定、特征突出、分布广泛和容易识别的岩层，可以作为地层对比的标志，称为标志层（也称标准层）。如华南三叠系中部的“绿豆岩”，分布广泛，层位稳定，极易识别，是划分和对比地层的很好标志。

4. 岩层接触关系

由于地壳运动性质和特点的不同，反映在上、下岩层之间的接触形式也不一样，大致有如下几种。

（1）整合：同一地区上下两套沉积地层在沉积层序上是连续的，且产状一致，即在时间和空间上均无间断。

（2）假整合：又称平行不整合。上、下两套岩层之间有一明显的沉积间断，但产状基本一致或一致，如图 1-3（a）所示。表明在较老的下伏地层沉积后，该地区的地壳曾经上升，经受侵蚀，后又下降重新接受沉积。岩层中的沉积间断面称为平行不整合面或假整合面，如我国北方地区奥陶系经常与石炭系接触，中间缺失志留系和泥盆系。

（3）不整合：又称角度不整合。上、下两套岩层之间有一明显的沉积间断面（不整合面），且两套岩层呈一定角度相交，如图 1-3（b）所示。表明它们在时间和空间上都不连续，即在时代较老的地层形成后，曾发生过较强的地壳运动，后来地壳重新下降接受沉积，因而使上、下岩层间不但出现沉积间断，而且产状也发生变化。如我国南方宁镇山脉地区，中侏罗统象山群与下伏古老岩层之间的不整合接触，系燕山运动所造成。

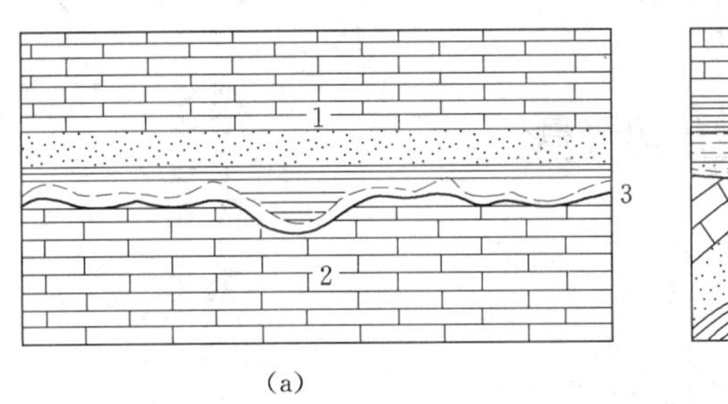

(a)

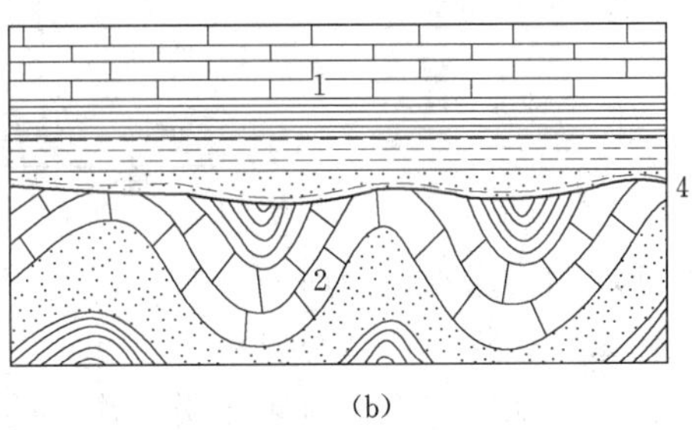

(b)

图 1-3　地层假整合和不整合

(a) 假整合；(b) 不整合

1—上覆地层；2—下伏地层；3—假整合面；4—不整合面

5. 火成岩时代的确定

火成岩形成时代的确定，往往是利用其与上、下沉积岩的接触关系进行的，举例说明如下。

（1）喷出岩时代的确定：如图 1-4 所示，若喷出岩在二叠系之上，则说明该喷出岩的时代晚于二叠纪；若喷出岩夹于二叠系与三叠系之间，则说明该喷出岩的形成时代在二叠纪末三叠纪初。

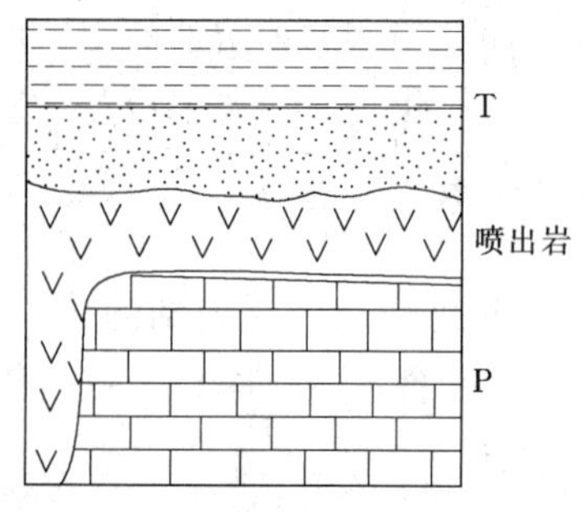

图 1-4 喷出岩时代的确定

T—三叠系；P—二叠系

（2）侵入岩时代的确定：可根据侵入岩和围岩的接触关系进行比较，有以下两种情况。

1）沉积接触。如图 1-5（a）所示，表明侵入岩先形成，后地壳上升，地表遭受剥蚀，此后地壳重又下降接受沉积。即侵入岩的时代早于上覆岩层的时代。

2）侵入接触。如图 1-5（b）所示，表明沉积岩形成后，火成岩侵入沉积岩中，其上覆沉积岩层与火成岩接触部位有接触变质现象，说明火成岩侵入体的时代晚于上覆岩层的时代。

如果有多次侵入，侵入体往往互相穿插。此时穿插其他的侵入岩的时代较新，被穿插的侵入岩时代较老。如图 1-6 所示，表示Ⅰ时代最老，Ⅱ时代较新，Ⅲ时代最新。

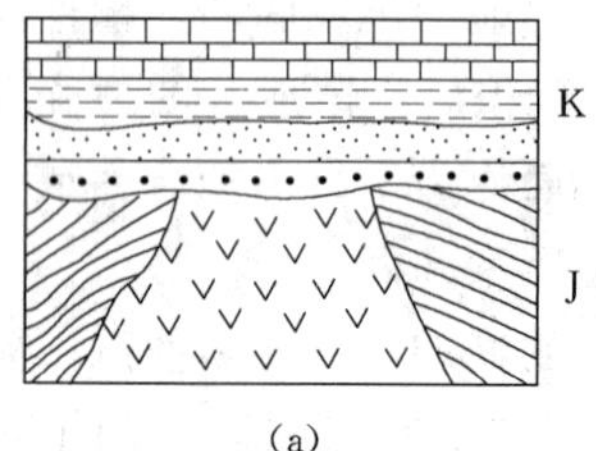

（a）

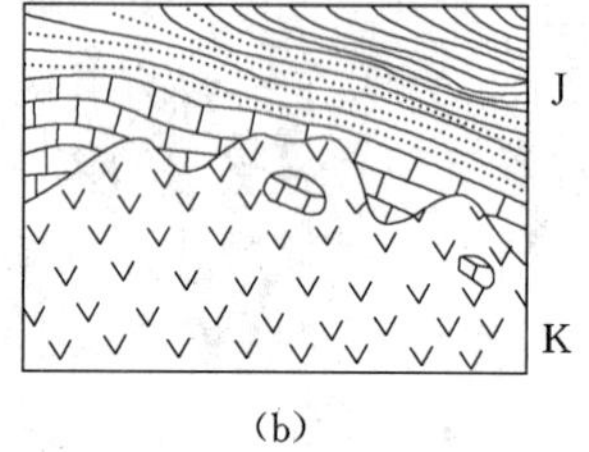

（b）

图 1-5 侵入岩和围岩的接触关系

（a）沉积接触；（b）侵入接触

K—白垩系（或白垩纪火成岩）；J—侏罗系

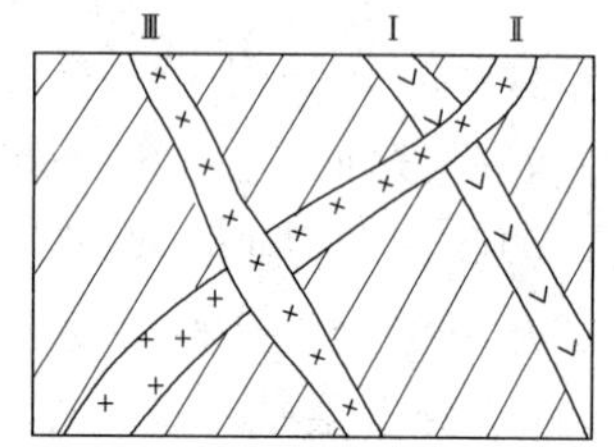

图 1-6 侵入岩穿插关系

Ⅰ、Ⅱ、Ⅲ—侵入体编号

复习思考题

1. 地球的圈层构造如何划分？
2. 什么是矿物？什么是岩石？
3. 什么是地质作用？地质作用有几种类型？
4. 地质时代和地层年代如何划分？
5. 如何确定地层的相对年代？
6. 什么是侵入接触？什么是沉积接触？如何确定火成岩及变质岩的形成时代？
7. 如何区别地层接触关系中的整合、假整合和不整合接触？

第二章　岩　　石

人类工程活动都是在地壳表层进行的，而组成地壳的主要物质成分是岩石。岩石是在各种不同地质作用下产生的，由一种或多种矿物有规律组合而成的矿物集合体。目前，自然界中已发现的矿物有3300多种，但是常见的只有五六十种，构成岩石主要成分的只不过二三十种。通常把组成岩石主要成分的矿物称为造岩矿物。造岩矿物明显影响岩石性质，对鉴定岩石类型起重要作用。因此，认识和学会鉴定这些造岩矿物是学好岩石的基础。自然界有各种各样的岩石，根据成因和形成过程，岩石可分为三大类：由岩浆活动所形成的岩浆岩；由外动力地质作用形成的沉积岩；由变质作用形成的变质岩。从各类岩石在地壳表面的分布面积看，沉积岩约占陆地面积的75%，变质岩和岩浆岩占25%。从地表往下，沉积岩所占比例逐渐减少，变质岩和岩浆岩增多。

岩石是建造各种工程建筑物的地基、环境及天然建筑材料。不同成因的岩石形成的条件、物质成分、结构和构造各不相同，故它们的物理力学性质及工程特性也不一样。这些关系到工程规划、设计、施工和运行，工程勘察、设计、施工人员有必要学习认识岩石的特征和特性，以便分析岩石在各种自然条件下的变化进而对岩石的工程地质性质进行评价。

第一节　造　岩　矿　物

矿物是地壳中及地球内层的化学元素在各种地质作用下形成的具有一定形态、化学成分和物理性质的单质元素或化合物，它是构成地壳岩石的物质基础。

一、矿物的物理性质

矿物的物理性质，决定于矿物的化学组成和内部构造。由于不同矿物的化学成分或内部的构造不同，因而反映出不同的物理性质。矿物的物理性质是鉴别矿物的主要依据。矿物的物理性质有些必须用仪器才能测定，如折光率、膨胀系数、导热性等；有些性质可以凭肉眼即能识别，如颜色、光泽等。野外工作一般采用肉眼鉴定法，即根据矿物的一些显而易见的物理性质，用肉眼或借助于简单工具和药品，在野外确定矿物名称。

1. *形态*

矿物通常以固态存在于地壳中，只有极少数为液态（如自然汞）和气态（天然气）。固态造岩矿物绝大部分是结晶质，少数为非晶质。结晶质矿物其组成矿物的元素质点（离子、原子或分子）在矿物内部按一定的规律重复排列，形成稳定的结晶格子构造；非晶质矿物内部质点排列没有一定的规律性，所以外表就不具有固定的几何形态。

矿物的形态，是指固态矿物单个晶体形成集合体的状态，常见的晶体有柱状、针状、片状、板状等。矿物集合体的形状有纤维状、粒状、放射状、鳞片状、晶族等。非晶质矿物可是块状、土状、钟乳状、豆状、结核状等。

2. 颜色

矿物的颜色是矿物对不同波长可见光吸收程度反映。根据矿物颜色成因可分为自色、他色和假色。矿物本身所固有的颜色称为自色。具有自色的矿物，颜色大体上固定不变，因此自色是一种重要鉴定特征。如黑色磁铁矿、朱红色的辰砂和翠绿色的孔雀石等。他色是因混入矿物中的杂质染成的颜色，如纯石英为无色或白色，含杂质时可呈紫色、褐色、棕色、黑色等。他色矿物颜色常随杂质成分而变，因此，一般不能作为主要的鉴别依据。假色是由于某种物理和化学原因而产生颜色，如光的干涉、内散射等。

矿物的颜色一般利用标准色谱（红、橙、黄、绿、青、蓝、紫）来描述；如果矿物不只是一种颜色时，可用双重颜色来描述，如黄绿、褐红，后者为主要颜色。观察矿物颜色必须观察其新鲜面的颜色，以免因假色而引起错觉。

3. 条痕

矿物在白色无釉的瓷板（条痕板）上擦划而留下的粉末的颜色称为条痕。由于矿物的粉末可以消除一些杂质和物理方面的影响，即消除假色，减弱他色，显示自色，所以条痕色比矿物的颜色更为固定，因而是鉴定矿物的重要标志。

4. 光泽

矿物表面对光线的反射能力称为光泽。依据反射的强弱可以分为金属光泽、半金属光泽和非金属光泽。矿物遭受风化后，光泽强度就会有不同程度的降低，如玻璃光泽变为油脂光泽等。造岩矿物一般呈非金属光泽，有以下几种。

（1）玻璃光泽：反射较弱，如同玻璃表面所呈现的光泽，例如水晶。

（2）油脂光泽：某些透明矿物断口上所呈现的，如同油脂光泽，例如石英。

（3）珍珠光泽：如同蚌壳内表面珍珠层上所呈现的光泽，云母常具有这种光泽。

（4）丝绢光泽：是一种较弱的非金属光泽，金刚石等宝石表面的光泽最为典型。

5. 解理

矿物晶体或晶粒在外力打击下，能沿一定方向发生破裂并产生光滑平面的性质叫解理。开裂平面称为解理面。不同矿物的解理，可能有一个方向，也可能有几个方向。常见的食盐晶体，可以沿着立方体的面成三个方向裂开，称三向解理。萤石有四向解理、闪锌矿有六向解理。按照解理面发育的完善程度，可将解理分为极完全解理（云母）、完全解理（方解石）、中等解理（普通角闪石）、不完全解理（磷灰石）、无解理（石英）。对具有解理的矿物来说，同种矿物的解理方向和解理程度总是相同的，性质很固定。因此，解理是鉴定矿物的重要特征。

6. 断口

矿物受外力打击出现的破裂面呈各种凸凹不平的形状叫断口。如锯齿状（自然铜）、贝壳状（石英）、参差状（黄铁矿）。

7. 硬度

矿物抵抗外力作用（如刻画、压入、研磨）的能力称为硬度。德国矿物学家摩氏（F. Mohs）选择了10种硬度不同的矿物作为标准，将硬度分为10级，即摩氏硬度计，见

表 2-1。

表 2-1 **摩氏硬度计**

硬度等级	1	2	3	4	5	6	7	8	9	10
标准矿物	滑石	石膏	方解石	萤石	磷灰石	长石	石英	黄玉	刚玉	金刚石

摩氏硬度计只代表矿物的相对顺序，而不是绝对硬度的等级，如果根据力学性质指标，滑石硬度为石英的 1/3500，而金刚石硬度则为石英的 1150 倍。

在野外工作中，常用随身携带的物品简便确定矿物相对硬度。如软铅笔（1 度）、指甲（2～2.5 度）、玻璃（5.5～6 度）、钢刀（6～7 度）。

8. 其他特性

其他特征，例如磁性（磁铁矿）、弹性（云母）、滑感（滑石）、咸味（岩盐）、密度大（重晶石）、臭味（硫黄）等物理性质，以及与冷稀盐酸发生化学反应而产生气泡（CO_2）等现象，对鉴定某些矿物有重要意义。

二、矿物的肉眼鉴定

正确识别和鉴定矿物，对于岩石命名、研究岩石的性质是非常重要的。要准确地鉴别矿物，需要在专门的实验室用光学和化学的分析方法。但对于水利工作者而言，最基本要求是肉眼鉴定。常见造岩矿物的肉眼鉴定特征见表 2-2。

表 2-2 **主要造岩矿物鉴定特征表**

序号	矿物	摩氏硬度	形状	颜色	条痕	光泽	解理或断口	密度/(g/cm³)	其他
1	滑石	1	薄片状、鳞片状、致密块状	白、灰、淡黄、淡绿	白色	油脂光泽，解理面呈珍珠光泽	一组完全或极完全解理	2.7～2.8	极软，手摸之有滑感；薄片可挠曲而无弹性
2	高岭石	1～1.5	块状、土状	白色，因含杂质呈黄、浅褐色	白色	无光泽	土状断口	2.5～2.6	有滑感；干时易吸水，湿时具可塑、黏着性
3	蒙脱石	1	块状、土状	白色，有时为浅红、浅绿色	白色	无光泽	土状断口	2	吸水性强，吸水后体积能膨胀增大数倍以上
4	石膏	2	板状、条状或纤维状、粒状	白色，含杂质时为黄褐色、红色	白色	玻璃或丝绢光泽	一组完全解理	2.2～2.4	有的透明，可溶于盐酸和略溶于水
5	绿泥石	2.5	片状集合体或块状	绿至深绿色	绿色	珍珠或玻璃光泽	一组极完全解理	2.6～2.9	薄片可挠曲但无弹性
6	黑云母	2.5～3	片状、鳞片状集合体	黑色、深褐色	白色	珍珠或玻璃光泽	一组极完全解理	2.7～3.1	薄片透明，有弹性
7	白云母	2.5～3	片状、鳞片状集合体	无色、银白色、淡黄色	白色	珍珠或玻璃光泽	一组极完全解理	2.7～3.1	薄片透明，有弹性
8	方解石	3	一般为菱形体，集合体有粒状、块状、晶簇	白色、无色、因含杂质可具多种颜色	白色	玻璃光泽	三组完全解理	2.6～2.8	遇冷稀盐酸剧烈起泡

续表

序号	矿物	摩氏硬度	形状	颜色	条痕	光泽	解理或断口	密度/(g/cm³)	其他
9	白云石	3.5～4	菱面体，集合体为粒状	灰白色，有时为淡黄、淡红色	白色	玻璃光泽	三组完全解理	2.8～3.0	晶体只与热盐酸反应，粉末可与冷稀盐酸反应
10	褐铁矿	5～5.5	土状、块状；钟乳状、球状	黄褐色、黑褐色	黄褐色	半金属光泽	无	3.4～4.0	为含铁矿物的风化产物，呈铁锈状，易染手
11	角闪石	5～6	长柱状、针状或纤维状集合体	褐色、绿色至黑色	灰白色	玻璃光泽	两组中等解理，成 124°或 56°斜交	3.1～3.6	晶体横截面为六角菱形
12	辉石	5～6	短柱状，粒状集合体	绿色、褐色、黑色	白色	玻璃光泽	两组中等解理近于正交	3.2～3.5	晶体横截面为正八边形
13	赤铁矿	5.5～7.5	多为块状，有的为鲕状、肾状、片状	赤红色、铁黑色、钢灰色	砖红色	半金属光泽	无	4.8～5.3	土状者硬度较低，可染手
14	正长石	6	短柱状、板状、粒状、块状集合体	多为肉红色，有时为灰白、淡黄色	白色	玻璃光泽	两组完全解理正交	2.5～2.6	有时呈双晶，易风化成高岭土
15	斜长石	6	柱状、板状、粒状	灰白色、深灰色	白色	玻璃光泽	两组完全解理斜交	2.6～2.8	性脆，解理面上可见红、蓝、绿等各色条纹
16	黄铁矿	6～6.5	正立方体，五角十二面体、粒状、块状集合体	浅黄铜色	绿黑色	金属光泽	参差状断口	4.9～5.2	晶面上常有三组正交条纹，在火成岩中可呈细小的星点状存在
17	橄榄石	6.5～7	粒状集合体	橄榄绿色、淡黄绿色	无	玻璃光泽	贝壳状断口	3.2～3.5	性脆、在绿色矿物中硬度较大
18	石榴子石	6.5～7.5	菱形十二面体、二十四面体或粒状	红、褐、棕、黑色等	无	玻璃光泽、断口油脂光泽	参差状或贝壳状断口	3.5～4.3	多产于变质岩中
19	石英	7	块状、粒状、六方棱柱状、晶簇状	无色，因含杂质可有各种颜色	无	玻璃光泽，油脂光泽	贝壳状断口	2.7	质坚性脆，抗风化能力强。透明晶体者称水晶

第二节　火　成　岩

火成岩是岩浆活动的产物，即地下深处的岩浆侵入地壳或喷出地表冷凝而成的岩石。火成岩与岩浆的区别有两点：一是物质状态不同，前者是固态，后者是液态（熔融体）；

二是化学成分有差别，岩浆富含挥发性物质（F、Cl、CO_2、H_2O 等），而火成岩中挥发性物质却极少。

岩浆在地下深处（通常是距地表 3km 以下）冷凝而成的岩石称深成岩；在浅处（一般是距地表 3km 以内）冷凝而成的岩石称浅成岩。深成岩与浅成岩统称为侵入岩。岩浆喷出地表的活动称为火山活动。喷出地表的岩浆冷凝或堆积而成的岩石，称为喷出岩（又称火山岩）。

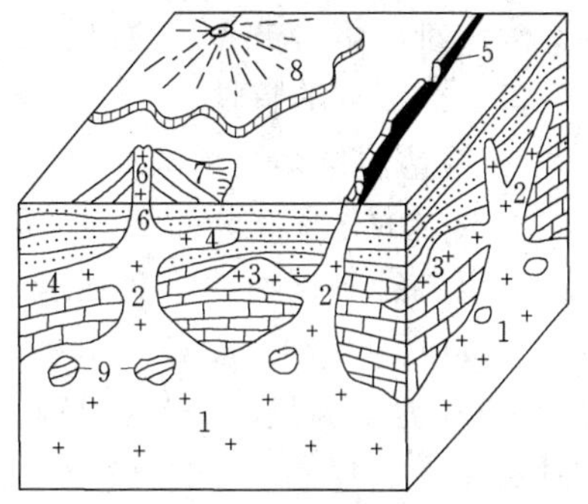

图 2-1　火成岩岩体的产状

1—岩基；2—岩株；3—岩盘；4—岩床；5—岩墙；6—火山颈；7—岩钟；8—岩流；9—俘虏体

一、火成岩的产状

火成岩是以一定的形态的岩体出现的。火成岩体的大小、形状及其与周围岩石相接触的关系，称为火成岩的产状。所谓岩体是指在天然产出条件下，含有诸如节理、裂隙、层理、断层等的原位岩石。火成岩的产状（图 2-1）可以分为两大类。

（一）侵入岩体的产状

1. 岩基

岩基是一种大规模的深成侵入岩所形成的岩体，下部直接与岩浆相连，分布面积广大，一般大于 $100km^2$，甚至可以超过几千平方公里，在平面上常呈不规则的长圆形，甚至可达数十千米至数百千米，与围岩成侵入接触。如长江三峡坝址区是选定在面积约 $200km^2$ 的花岗岩-闪长岩岩基的南部，岩石结晶好，性质均一，强度高，是良好的坝基。

2. 岩株

出露面积不超过 $100km^2$ 的深成侵入体称为岩株。平面形状一般呈不规则的浑圆形，与围岩接触面比较陡。一般认为下面与岩基相连，是岩基的分枝部分。如北京周口店的花岗闪长岩就是比较典型的岩株。

3. 岩墙与岩脉

岩浆沿着岩石裂隙侵入并切断岩层所形成的板状岩体，宽度常介于数厘米至十米之间，但长度从几米到几百米，甚至数千米以上。其中直立状产出者为岩墙，规模较小，呈倾斜状或不规则状产出者称为岩脉。

4. 岩床

岩床是指流动性较大的岩浆顺着岩层层面侵入冷却而形成的与围岩层理平行的板状岩体。它是浅成侵入作用形成的产物。常见的厚度多为几十厘米至几米，延伸长度多为几百米至几千米，分布面积较大。

5. 岩盘和岩盆

岩盘又称岩盖，是岩浆顺岩层侵入，并将上覆岩层扶起而形成的上凸下平的穹隆状岩体。若侵入体的形状为中央凹下、四周高起的盆状，称为岩盆。岩盘和岩盆也是浅成作用产物。

(二) 喷出岩体产状

喷出岩产状与火山喷发方式和喷出物的性质有关。常见的喷出岩产状有熔岩流、熔岩锥、火山锥、熔岩被等。喷出岩是火成岩中的一类，其产状如图 2-1 所示。

二、火成岩的特性

(一) 火成岩的化学成分及矿物成分

火成岩的化学成分很复杂，几乎包括了地壳中的所有元素，但其含量差别却很大。它们通常以各种氧化物的形式在岩石中出现。若以氧化物计，则以 SiO_2、Al_2O_3、Fe_2O_3、FeO、CaO、Na_2O、K_2O、H_2O、TiO_2 等为主，占火成岩化学元素总量 99%以上，其中尤以 SiO_2 含量为最大，约占总重量的 59.14%。因而火成岩实际上是一种硅酸盐岩石，其他氧化物可与 SiO_2 相互结合形成不同的产物。

在研究岩石时要重视矿物的组成和识别鉴定。组成火成岩的矿物大约有 30 多种，它们在火成岩中分布很不均匀，最多为石英、长石、云母、角闪石、辉石、橄榄石等 10 余种，占火成岩矿物平均总含量的 92%，所以称为火成岩的造岩矿物。在这些矿物中，正长石、石英、白云母、斜长石等富含硅铝，颜色浅，称为硅铝矿物或浅色矿物，其密度较小；角闪石、辉石、橄榄石、黑云母等富含铁镁，颜色深，密度大，称暗色矿物或铁镁矿物。对某一具体岩石来讲，这些矿物并不是都同时存在，而通常仅由两三种主要矿物组成。例如辉长岩，主要是由斜长石和辉石组成；花岗岩则是由石英、正长石和黑云母组成。

火成岩的矿物组成是火成岩分类的重要依据。按照矿物在火成岩中含量的多少和在火成岩分类上所起作用，其矿物组成分为主要矿物（含量超过 10%的矿物）、次要矿物（含量为 1%～10%矿物）、副矿物（含量小于 1%的矿物）。

(二) 火成岩的结构

火成岩的结构是指组成岩石的矿物结晶程度、结晶颗粒的大小、形态及晶粒之间或晶粒与玻璃质之间的相互关系的特征。火成岩的结构分类如下。

1. 根据岩石中矿物结晶程度划分

(1) 全晶质结构：组成岩石的矿物全部结晶。这种结构是岩浆在温度缓慢降低的情况下形成的，常是侵入岩特有的结构，例如花岗岩。

资源 2-1
岩浆岩的结构

(2) 半晶质结构：岩石由结晶的矿物和非晶质矿物组成。这种结构主要为浅成岩具有的结构，有时喷出岩中也能见到。

(3) 非晶质结构：组成岩石的矿物全未结晶，即全为玻璃质，又称玻璃质结构。这种结构是岩浆喷出地表迅速冷凝来不及结晶情况下形成的，为喷出岩特有的结构。具有玻璃质结构的岩石，断面光滑，具玻璃光泽和贝壳状断口。

2. 根据岩石中晶粒大小划分

(1) 显晶质结构：用肉眼或放大镜即可辨认晶体颗粒。按照颗粒直径大小分为：粗粒结构，晶粒直径大于 5mm；中粒结构，晶粒直径 5～1mm；细粒结构，晶粒直径小于 1mm。

(2) 隐晶质结构：用肉眼或放大镜才能辨认矿物颗粒的结构，但在显微镜下能辨认矿物晶粒特征。这是浅成侵入岩和熔岩中常有的一种结构。

3. 根据晶粒相对大小划分

（1）等粒结构：岩石中同种主要矿物的颗粒粗细大致相等。

（2）不等粒结构：岩石中的矿物颗粒大小不等，但粒度大小成连续变化系列。

（3）斑状结构：岩石中两类矿物颗粒大小相差悬殊。大晶粒矿物分布在大量细小颗粒中，大晶粒称为斑晶，细小颗粒称为基质。基质为显晶质时，称似斑状结构；基质为隐晶质或玻璃质时，称为斑状结构。

（三）火成岩的构造

岩石的构造是指组成岩石的矿物集合体之间、岩石各个组成部分之间的相互关系特征。它与岩石结构概念不同，结构主要表示矿物或矿物之间的各种特征；而构造主要表示矿物集合体之间的各种特征，岩石的构造决定了外貌特点。火成岩中常见的构造类型如下。

1. 流纹状构造

流纹状构造是岩浆溢出地表后，在边流动边冷凝过程中形成的构造，其特征是岩石中不同颜色的物质、矿物晶体或气孔呈一定方向的流动排列。这种构造仅出现在喷出岩中，如流纹岩常具有典型流纹构造。流纹表示当时熔岩流动方向。

2. 气孔状构造

岩浆喷出地表后，岩浆中的气体及挥发性物质呈气泡逸出，再加上熔岩迅速冷却凝固，因而在岩石中保留下来许多圆形、椭圆形或长管形等孔洞，称气孔构造。这种构造多出现在玄武岩等喷出岩中。

3. 杏仁状构造

具有气孔状构造的岩石，若气孔后期被方解石、石英、沸石等矿物充填，形如杏仁构造。北京三家店一带的辉绿岩就具有典型的杏仁状结构。

4. 块状构造

岩石中矿物排列不显示一定方向性，且矿物颗粒比较均匀，这种构造称为块状构造。块状构造往往是深成岩所具有。

三、火成岩的分类

资源 2-2
火成岩

自然界中的火成岩种类繁多，目前已定名的就有1000余种，它们之间存在着矿物成分、结构、构造、产状及成因等方面的差异，因而其工程地质性质也有明显差别。关于火成岩分类的方法甚多，最基本的分类是按照物质组成中 SiO_2 含量多少将其分为酸性岩、中性岩、基性岩和超基性岩四大类。其次，根据火成岩的形成条件将火成岩分为喷出岩、浅成岩和深成岩。在此基础上，再进一步考虑火成岩的结构、构造、产状等因素，赋予相应名称。见表2-3。

表2-3　　火成岩分类表

岩石类型	酸性	中性	基性	超基性
化学成分	富含Si、Al		富含Fe、Mg	
SiO_2 含量/%	>65	65～52	52～45	<45
颜色	浅色（灰白、浅红、褐等）→深色（深灰、黑、暗绿等）			

续表

<table>
<tr><th colspan="4">岩石类型</th><th>酸性</th><th colspan="2">中性</th><th>基性</th><th>超基性</th></tr>
<tr><td colspan="4">主要矿物成分</td><td>正长石、石英</td><td>正长石</td><td>斜长石、角闪石</td><td>斜长石、辉石</td><td>辉石、橄榄石</td></tr>
<tr><td colspan="4">次要矿物成分</td><td>黑云母、角闪石</td><td>角闪石、黑云母</td><td>黑云母、辉石</td><td>角闪石、橄榄石</td><td>角闪石</td></tr>
<tr><td colspan="2" rowspan="2">喷出岩</td><td rowspan="2">杏仁状
块状
流纹状
气孔状</td><td rowspan="2">玻璃质
隐晶质
斑状</td><td colspan="5">黑曜岩、浮岩、火山凝灰岩、火山角砾岩、火山集块岩</td></tr>
<tr><td>流纹岩</td><td>粗面岩</td><td>安山岩</td><td>玄武岩</td><td>少见</td></tr>
<tr><td rowspan="3">侵入岩</td><td rowspan="2">浅成岩</td><td rowspan="2">块状
气孔状
（少数）</td><td rowspan="2">斑状
半晶质
粒状</td><td colspan="2">伟晶岩、细晶岩</td><td colspan="2">煌斑岩</td><td></td></tr>
<tr><td>花岗斑岩</td><td>正长斑岩</td><td>闪长玢岩</td><td>辉绿岩</td><td>少见</td></tr>
<tr><td>深成岩</td><td>块状</td><td>全晶质
粒状</td><td>花岗岩</td><td>正长岩</td><td>闪长岩</td><td>辉长岩</td><td>橄榄岩、辉岩</td></tr>
</table>

第三节　沉　积　岩

沉积岩是指地表或近地表的岩石遭受风化剥蚀作用的破坏产物以及生物作用与火山作用的产物在原地或在外力搬运作用所形成的沉积物，又经固结作用而形成的岩石。

沉积岩在地表出露的面积极广，约占陆地面积的75%。许多工程都选在沉积岩地区建设，如我国许多著名的水利工程（葛洲坝、新安江、官厅、黄河小浪底等水库的大坝）都是在沉积岩地区建造的；沉积岩中有许多有用的矿产资源，如煤层、石油、铝土矿、石灰岩等；沉积岩也是应用最广的天然建筑材料。

一、沉积岩的形成

沉积岩的形成过程是一个长期而复杂的地质作用过程，一般可分为四个阶段。

1. 风化破坏阶段

地表或接近地表的各种先成岩石，在温度、水及水溶液、大气及生物作用等的影响下发生的破坏作用，使原有岩石破碎成大小不同的碎屑，甚至改变矿物成分和化学成分，形成新的风化产物。

2. 搬运作用阶段

岩石风化作用的产物，除少部分残留原地外，大部分被水流、风、冰川、重力作用等，搬运到其他地方。搬运作用有机械作用和化学作用两种。

3. 沉积作用过程

当搬运作用能力减弱或物理化学环境改变时，被携带的搬运物质便陆续沉积下来，通常沉积方式有机械沉积、化学沉积和生物沉积。在机械沉积过程中，大的、重的颗粒先沉淀，小的、轻的颗粒后沉淀，具有明显的分选性。化学沉积包括真溶液和胶体沉淀，如硅酸盐和硅酸盐沉淀。生物化学沉淀主要是由生物活动引起的或生物遗体沉积。

4. 成岩作用阶段

沉积作用形成的松散沉积物，经过一定的物理、化学、生物化学及其他的变化和改造，才能变成固结的岩石。成岩作用一般包括压实作用、胶结作用、重结晶作用以及新矿物的形成四个作用。

二、沉积岩的特征

（一）沉积岩的物质组成

沉积岩的物质成分主要来源于先成的各种岩石碎屑、造岩矿物和溶解物质。组成沉积岩的物质按成因划分为如下四类。

（1）碎屑物质：主要是原岩风化的产物，可以是原岩经破坏后的残留碎屑，也可以是原岩经物理风化后，残留下来的抗风化能力强的矿物碎屑，如石英、白云母。

（2）黏土矿物：是原岩经风化分解后生成的次生矿物，如高岭石、蒙脱石、水云母等。

（3）化学沉积物：是从真溶液或胶体溶液中沉淀出来或生物化学沉淀作用形成的矿物，如云解石、白云母、石膏、岩盐、铁或锰的氧化物或氢氧化物等。

（4）有机物质：由生物作用或生物遗骸堆积经地质变化而成的物质，如贝壳、石油、泥炭等。

（二）沉积岩的结构

沉积岩的结构是指组成岩石成分的颗粒形态、大小及胶结的特性。常见的有以下几种类型。

1. 碎屑结构

碎屑结构是指由50%以上的粒径大于0.005mm的碎屑物质被胶结物黏结起来而形成的一种结构，具有这种结构的岩石称碎屑岩。根据碎屑物粒径大小，将碎屑结构划分为砾状结构（粒径＞2.0mm）和砂质结构（粒径0.05～2.0mm）。其中砂质结构又可分为粗砂结构（粒径0.5～2.0mm）、中砂结构（粒径0.25～0.5mm）、细砂结构（粒径0.05～0.25mm）。根据颗粒形状，将碎屑结构划分为尖菱角状、次菱角状、圆状、次圆状。根据胶结物的性质可分为硅质、铁质、钙质、泥质等胶结结构。根据胶结物与碎屑颗粒之间的相对含量和颗粒之间的相互关系，可划分为基底胶结、孔隙胶结、接触胶结。

2. 泥质结构

由50%以上的粒径小于0.005mm的细小的碎屑和黏土矿物组成的结构。这种结构质地均一、致密且性软，是黏土岩的主要特征，所以也叫“黏土结构”。具有这种结构岩石称泥质岩或黏土岩。

3. 结晶状结构

由岩石中的颗粒在水溶液中结晶（如方解石、白云石等）或呈胶体形态凝结沉淀（如燧石）形成的岩石结构称结晶状结构。可分为鲕状、结核状、纤维状、致密块状和晶粒结构等。具有这种结构岩石称化学岩。

4. 生物结构

由 30%以上的生物遗体所组成的岩石结构，如生物碎屑结构、贝壳结构等。

（三）沉积岩的构造

沉积岩的构造，是指沉积岩各个组成部分的空间分布和排列方式。常见的有以下几种。

1. 层理构造

层理构造是沉积岩最重要的一种构造特征，是沉积岩区别于火成岩和变质岩的最主要标志。它是沉积岩在形成过程中，由于沉积环境的改变所引起的沉积物质的成分、颗粒大小、形状或颜色在垂直方向发生变化而显示成层的现象。根据形态和成因，层理构造可分为以下几种（图 2－2）。

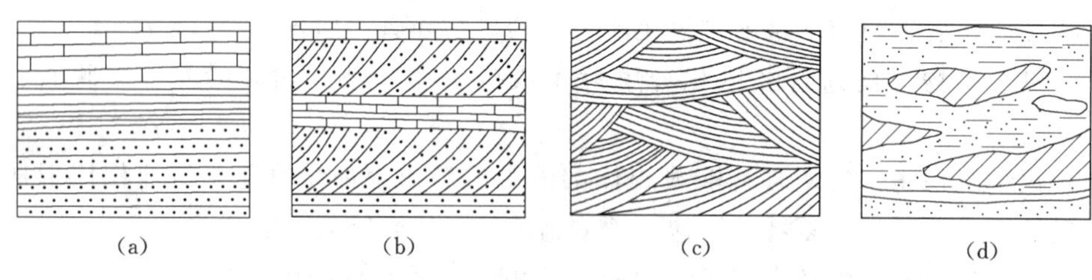

(a)　(b)　(c)　(d)

图 2－2　沉积岩的层理类型

(a) 水平层理；(b) 单斜层理；(c) 交错层理；(d) 透镜体及尖灭层

（1）水平层理：层内的微细层理平直，并与层面平行。主要见于细粒岩石（黏土岩粉细砂岩）中。此种结构是在沉积环境比较稳定的条件下形成的，如在平静或流动微弱的浅海和湖底等。

（2）斜交层理：层内的层理向同一个方向倾斜并大致相互平行，它与上下层面斜交，上下层面互相平行。此种结构是有单向水流所造成的，多见于河床或滨海三角洲沉积中。

（3）交错层理：不同方向的斜层理互相交错，形成交错层理。此种构造是由于水流的运动方向频繁变化所造成的，多见于河流沉积中。

层或岩层是组成沉积岩地层的基本单位。层的厚薄可以反映沉积环境的稳定程度、物质粗细变化、沉积间断效率等。层与层之间的分界面称为层面。根据层的厚度，层可分为巨厚层（$h>1$m），厚层（1m$\geqslant h\geqslant$0.5m），中厚层（0.5m$>h\geqslant$0.1m），薄层（$h<$0.1m）。

2. 层面构造

在沉积岩层面上经常保留有自然作用产生的一些痕迹，它通常标志着岩层特性，并反映岩石的形成环境。

（1）波痕：沉积物在沉积过程中，由于风力、流水或海浪等作用，在层面上形成的一种波状构造。沉积岩中最常见是流水波痕和浪成波痕。

（2）雨痕：沉积物表面经受雨滴或冰雹打击遗留下的痕迹。

（3）泥痕：黏土沉积物在尚未固结时露出水面，受到太阳暴晒，水分蒸发，体积收缩产生的张开裂缝。

3. 结核

在沉积岩中，含有一些在成分上与围岩有明显差别的矿物质团块，称结核。结核是由某些物质集中凝聚而成的，其形状有球状、椭球状、透镜体状、柱状、姜状及各种不规则状。如石灰岩中常见的燧石结核，主要是 SiO_2 沉积物沉积的同时以胶体凝聚方式形成的。黄土中的钙质结核，是地下水从沉积物中溶解 $CaCO_3$ 后在适当地点再结晶凝聚形成的。

4. 化石

由于生物的生命活动和生态特征，而在沉积物中形成的构造称痕迹化石构造。如生物礁体、叠层构造、虫迹、虫孔等。在沉积过程中，若有各种生物遗体或遗迹（如动物的骨骼、甲壳、蛋卵、足迹及植物的根、茎、叶等）埋藏于沉积物中，后经石化保存于岩石中，则称为化石。根据化石种类可以确定岩石形成的环境和地质年代，了解当时的沉积环境生物的演化规律。

三、沉积岩的分类及鉴定

根据沉积岩的组成成分、结构、构造和形成条件，沉积岩可分为碎屑岩、黏土岩、化学岩及生物化学岩。

（一）碎屑岩

碎屑岩主要由碎屑物质经压紧、胶结而成。根据碎屑物质来源可分为沉积碎屑岩和火山碎屑岩。

（1）沉积碎屑岩：沉积碎屑岩是由各种砾石或砂砾经胶结而成的岩石。根据其组成物质颗粒大小和结构差异，沉积碎屑岩可分为砾岩、角砾岩、砂岩和粉砂岩等不同类型。沉积碎屑岩的坚固性与胶结物的性质及胶结形式有着密切关系。常见的胶结有硅质、钙质和泥质。

（2）火山碎屑岩：火山碎屑岩是从火山山口喷出的物质，经过短距离的搬运而沉积形成的岩石，常见的有火山块集岩、火山角砾岩、火山凝灰岩等。由于它在成因上具有火山喷出和沉积的双重性，因此火山碎屑岩是介于喷出岩和沉积岩之间的过渡类型。

（二）黏土岩

黏土岩主要由粒径小于 0.005mm 的颗粒物质组成，并含大量的黏土矿物的岩石。它可含有细小的石英、长石、云母等碎屑物。黏土岩具有典型的泥质结构，质地均匀，有细腻感，断口光滑。常见的类型有泥岩和页岩。黏土岩性质软弱、强度低，易产生压缩变形，遇水具膨胀性，不适合作为大型水工建筑物的坝基。

（三）化学岩及生物化学岩

岩石风化产物中的溶解物质经过化学作用而形成的岩石，称化学岩。由生物化学作用和生物遗体直接堆积而成的岩石称生物化学岩。最常见的化学岩是由碳酸盐组成的岩石，以石灰岩、白云岩、泥灰岩分布最为广泛。这类岩石主要特征是具有可溶性，在水流的作用下形成溶蚀裂隙、洞穴、地下暗河等岩溶现象，影响水工建筑物安全的主要工程地质问题有塌陷、渗漏。表 2-4 为主要沉积岩分类及肉眼鉴定表。

资源 2-3
沉积岩

表2-4　　主要沉积岩分类表

类型	岩石名称	结构	主要成分	其他特征
碎屑岩	砾岩	砾状（粒径大于2mm）	多为较坚硬岩石（如石英岩、部分火成岩）和硬度较高矿物的碎屑	直径大于2mm的砾石占50%以上，砾石多为球状、次球状，成分较复杂，岩石的颜色变化大（与胶结物有关），岩石中层理多不清楚
	角砾岩	角砾状（粒径大于2mm）	成分复杂，变化较大	砾石多为棱角状，大小不等，形状各异；岩石厚度一般不大，多不成层状
	砂岩	砂状（粒径2～0.05mm）	多为耐风化的矿物如石英、长石、白云母及部分岩石碎屑	岩石外表为灰白、红等浅色，由50%以上直径为2～0.05mm的砂粒组成，按颗粒大小还可分为粗砂岩（2～0.5mm）、中砂岩（0.5～0.25mm）和细砂岩（0.25～0.05mm）；按岩石成分则可分为石英砂岩（含石英颗粒90%以上）、长石砂岩（含长石25%以上，并含石英颗粒）和硬砂岩（含50%左右的石英和长石颗粒，并含其他岩石碎屑）
	粉砂岩	砂状（粒径0.05～0.005mm）	多为石英，次为长石、白云母，很少岩石碎屑	由50%以上粒径0.05～0.005mm的粉砂组成，常呈棱角状，胶结物以钙、铁质为主
黏土岩	泥岩	泥质（粒径小于0.005mm）	主要为粒径小于0.005mm的黏土矿物（肉眼不易确定）并常含有其他矿物碎屑	厚层块状、固结程度较高，无清楚的层理，也可称为黏土岩
	页岩			具页片状层理或薄层状构造，颜色多变，因含杂质可具不同名称，如钙质页岩、砂质页岩、铁质页岩等
生物化学岩	石灰岩	隐晶质或结晶粒状	主要为方解石，并常混入白云石、黏土等杂质	多为浅色，因含杂质可有红、褐、灰、黑等色；性脆，遇冷稀盐酸可剧烈起泡；易被溶蚀形成各种喀斯特形态；按成因、结构的不同可有各种名称，如生物石灰岩、竹叶状石灰岩、鲕状石灰岩等
	白云岩	结晶粒状或隐晶质	主要为白云石，次为方解石和黏土矿物	多为淡黄、淡褐、白色等浅色，遇稀盐酸不起泡或微弱起泡；风化面常有白云石粉末及纵横交错的网状溶沟
	泥灰岩	微粒状或泥质	除方解石、白云石外，黏土矿物含量达25%～50%	浅黄、浅绿、白色等浅色，岩石致密，遇冷稀盐酸起泡，且有泥质残余物出现。为石灰岩和黏土岩间的过渡型岩石

第四节　变　质　岩

地壳中原已形成的岩石（火成岩、沉积岩、早成变质岩）由于地壳运动和岩浆活动等所造成的物理、化学条件的变化，使原来岩石的成分、结构、构造发生一系列改变而形成的新岩石，称变质岩。这种促使岩石发生变化的作用，称为变质作用。

一、变质作用的因素及类型

引起岩石变质作用的因素主要是温度、压力及化学活动性流体。变质作用的热来源于地壳深处高温、岩浆及岩石断裂错动产生的高温。岩石在高温作用下，发生重结晶作用，即岩石内部质点活动能力增加，质点重新排列，使晶粒变粗；高温下矿物成分间发生化学反应，形成新的高温变质矿物。引起岩石变质的压力包括上覆岩层重量、构造运动或岩浆活动形成的定向压力、侵入岩体空隙中流体产生的压力。化学活动性流体则是以岩浆、H_2O、CO_2 为主，并含有其他一些易挥发、易流动的物质。

根据变质作用的因素和变质方式的不同，变质作用可分为下列几种类型。

（一）接触变质作用

接触变质作用是由岩浆活动引起的，发生在侵入体与围岩接触带内的一种变质作用。当地壳深处的岩浆上升侵入围岩时，围岩受到岩浆高温影响，或受岩浆中分异出来的挥发组分及热液的影响而发生变质，所以接触变质只能引起局部的变质作用，距侵入体越远，围岩的变质程度越浅，最终过渡至没有变质情况。

根据变质过程中侵入体与围岩间有无化学成分相互交代，接触变质作用可分为热接触变质作用和接触交代变质作用两种类型。

（1）热接触交代作用：亦称热力变质作用，是由于岩浆侵入体释放的热能，使接触带附近岩石的矿物成分和结构、构造等发生变化的一种变质作用。主要表现为原岩的重结晶，产生新的矿物组合和新的结构、构造，而化学成分基本上没有发生变化，如石灰岩变为大理岩、砂岩变为石英岩。

（2）接触交代变质作用：是由于岩浆成分结晶晚期析出的大量挥发组分和热液，通过交代作用使接触带附近的侵入岩与围岩，在岩性和化学成分上均发生变化的一种变质作用。接触交代变质作用主要发生在酸性、中性侵入体与石灰岩的接触带，往往形成矽卡岩（skarn）。

（二）动力变质作用

动力变质作用是由构造运动所产生的局部定向压力，使原岩发生变形、破碎以及轻微重结晶现象的一种变质作用。动力变质作用可形成断层角砾岩、糜棱岩，并可有蛇纹石、叶蜡石、绿泥石等变质矿物产生。动力变质作用主要发生在岩层的强烈褶皱带或沿断裂带呈条带状分布。

（三）区域变质作用

由地壳运动和岩浆活动引起的，在大范围内发生的变质作用，称区域变质作用。在区域变质作用过程中，温度、压力和溶液等物理化学因素的变化都比较复杂。如由于受温度的影响重结晶作用显著；在强大的定向压力作用下，组成岩石的矿物颗粒多作定向排列，形成明显的片理构造；岩浆活动，使岩石的化学成分和矿物成分也有很大的变化。所以这种变质作用实际上是各种变质因素综合作用结果。我国山东泰山、山西五台山、河南嵩山等的古老变质都是区域变质作用形成的。

二、变质岩的特征

1. 变质岩的矿物成分

组成变质岩的矿物种类很多，一部分是与原岩相同的，如火成岩和沉积岩中的长石、石英、云母、方解石、角闪石、黏土矿物等；另一部分是变质过程中产生的变质矿物，它是鉴定变质岩的可靠依据。常见的变质矿物有：滑石、绢云母、石榴子石、绿泥石、蛇纹石、红柱石、硅灰岩、石墨等。

2. 变质岩的结构

变质岩的结构按成因可分为变晶结构、变余结构、碎裂结构。

（1）变晶结构：岩石在固态条件下发生重结晶或变质结晶所形成的结构称变晶结构。由于其结构与火成岩相似，所以变质岩在结构命名中冠以“变晶”字样以示区别。如“等粒变晶结构”“斑状变晶结构”等。

（2）变余结构：变余结构是变质岩的最大特征之一。它是由于变质作用进行的不彻底，原岩的结构特征被部分保留下来，故又称残留结构，如在沉积岩中的砾状、砂状结构可变质或变余砾状结构、变余砂状结构等。在研究变质岩的形成时，这种变余结构可以帮助恢复原岩。

（3）碎裂结构：在不同应力作用下，岩石的矿物颗粒被破碎成不规则的、带棱角的碎屑，甚至被压碎成极细小矿物碎屑和粉末，而后又被胶结形成新的结构，称碎裂结构。常见条带和片理，是动力变质中常见结构。根据破碎程度可分为碎裂结构、碎斑结构、糜棱结构。

3. 变质岩的构造

岩石经变质作用后常形成一些新的构造特征，它是区别于其他的两类岩石的特有标志，是变质岩重要的特征之一。常见的构造有以下几种。

（1）变余构造：原岩变质后仍残留有原岩的部分特征的变质构造成为变余构造。如变余层理构造、变余气孔构造等。

（2）变成构造：变质作用完全改变了原岩的构造特征，形成新的构造称为变成构造。主要有以下几种。

1）板状构造：岩石（页岩或泥岩）受应力作用达到一定程度后，常出现一组平行、密集且平坦的破裂面（劈理面），沿此面岩石易于分裂成板状体。这种岩石常具变余泥状结构。

2）千枚状构造：岩石常呈薄板状，其中已重结晶的细鳞片状矿物呈定向排列，但结晶程度较低而使得肉眼尚不能分辨矿物，仅在岩石的自然破裂面上见有强烈的丝绢光泽，系由绢云母、绿泥石造成。有时具挠曲和小褶皱。

3）片状构造：在定向挤压应力的长期作用下，岩石中大量重结晶的片状、柱状矿物（如云母、绿泥石、角闪石等），都呈平行定向排列。岩石全部重结晶，而且肉眼可以看出矿物颗粒。

4）片麻状构造：以石英、长石等粒状变晶矿物为主，其间夹以鳞片状、柱状变晶矿物，并呈大致平行的断续带状分布而成。它们的结晶程度都比较高，是片麻岩中常见的构造。

5）块状构造：岩石中的矿物均匀分布，结构均一，无定向排列，这是大理岩和石英岩常有的构造。

三、变质岩的分类及鉴定

变质岩的分类和命名，是根据岩石的构造特征、结构和矿物成分进行的。具体鉴别命名时，首先从观察岩石的构造开始，根据构造将变质岩区分为片理构造和块状构造两大类，如片理构造中具有片麻构造的称为片麻岩类，具有片状构造称为片岩类，具有千枚状构造称为千枚岩类，具有板状构造称为板岩类等；然后可进一步依据片理特征、结构和主要矿物成分确定岩石的名称。表 2－5 为主要变质岩分类及肉眼鉴定特征。

表 2－5　　主要变质岩分类表

岩石名称	构造	矿物成分	其他特征
片麻岩	片麻状	主要为长石和石英，两者含量之和＞50%，片状或柱状矿物可有云母、角闪石、辉石等。并可含硅线石、兰晶石、石榴子石等变质矿物	外表颜色深浅不一，视矿物成分而定；矿物颗粒大小也不一样，但肉眼均能辨认。具明显的片麻状构造为该类岩石的主要特征
片岩	片状	主要为云母、绿泥石、滑石、角闪石等片状或柱状矿物，粒状矿物可有石英	具明显的片状构造，沿片理面易于裂开，岩石表面多具丝绢光泽或珍珠光泽；矿物颗粒呈定向排列，肉眼易于辨识。常为粗粒结晶状，故也称为结晶片岩
千枚岩	千枚状	主要为黏土矿物及绢云母、绿泥石石英等，但肉眼较难辨认	多为黄绿、灰黑、青褐、红等色，岩石致密，一般具细粒鳞片变晶结构，表面具明显的丝绢光泽，千枚状构造明显
板岩	板状	肉眼难辨认。在板理面上可见有绢云母、绿泥石等变质矿物	具明显的板状构造，外表多为深灰至黑色，大多为隐晶质致密结构，可分裂成薄层的石板作屋瓦、铺路等建筑材料。敲击石板有清脆的声音
大理岩	块状	主要为方解石、白云石（碳酸盐矿物含量＞50%），有时含少量石墨、蛇纹石、橄榄石、石榴子石或石英、云母等	一般为白色，但因含杂质可有各种不同的颜色和花纹；具粒状变晶结构；组成矿物的硬度较小，遇稀冷盐酸可起泡
石英岩	块状	石英含量＞85%，并可含有少量云母、长石、绿泥石、石墨等	纯者为白色，因含杂质可呈灰、黄、红等颜色；多具粒状变晶结构；断口平坦，具油脂光泽；岩性坚硬，抗风化能力强
碎裂岩	块状	主要由较小的岩石碎屑和矿物碎屑组成，其成分视原岩成分而定，有时有少量绢云母、绿泥石等变质矿物	为原岩经强烈挤压破碎形成的动力变质岩，由大小不一的各种棱角状碎屑经胶结而成，具碎裂结构。碎裂岩的分布常与断裂和褶皱作用有关，如断层角砾岩、压碎岩等
糜棱岩	块状	主要为石英、长石及少量变质矿物如绢云母、绿泥石等	为原岩经强烈挤压破碎后形成的一种粒状较细的动力变质岩；外表多为各种绿色，一般具有似流纹的条带，多出现在断层带内

综上所述，地壳是由各种岩石组成的，岩石是地壳形成发展过程中内、外动力地质作用的必然产物。由于三大岩类成因不同，它们在分布、产状、结构、构造、矿物成分等方面也各具特征，现将其归纳概括见表 2－6。

资源 2－4
变质岩

表 2－6　　三大岩类的属性比较

属性＼岩石类别	火成岩	沉积岩	变质岩
成因	岩浆冷却凝固形成	风化作用、生物作用、火山作用产物，经搬运、沉积而成	已成岩石在高温、高压及化学活动物质的作用变质而成
产状	岩基、岩株、岩盘、岩床、熔岩被、熔岩流等	层状产出	多随变质前的岩石产状
矿物成分	直接由岩浆生成的原生矿物：石英、长石、角闪石、辉石、橄榄石、云母等	除石英、长石外，富含黏土矿物、方解石、白云石、有机质等	除石英、长石、云母、角闪石、辉石等外，常含变质矿物，如石榴子石、滑石、硅灰石、红柱石、十字石等

续表

岩石类别 属性	火 成 岩	沉 积 岩	变 质 岩
结构	大部分为结晶的岩石，具有粒状、似斑状、斑状结构。部分为隐晶质、玻璃质结构	碎屑结构、泥质结构、化学岩结构	多为变晶结构，少数为变余结构和碎裂结构
构造	气孔状、杏仁状、流纹状、块状等	各种层理构造；水平层理、斜层理、交错层理；化石、结核、雨痕、波痕等	大部分为片理构造；片麻状、片状、千枚状、板状；部分为块状构造

第五节 岩石的工程地质及水文地质性质评述

一、火成岩的工程地质及水文地质性质评述

火成岩的特征主要取决于岩石形成环境和岩石的成分，特别是火成岩的形成环境，它控制着岩石的结构、构造和矿物之间的联结力，对岩石工程地质性质有着重要影响。一般说，火成岩的力学强度较高，可作为各类建筑物良好地基及天然建筑材料。但应注意，这类岩石抗风化能力较弱，易风化破碎，形成风化层带，影响岩石工程性能。岩石的风化问题通常是火成岩地区进行工程建设遇到的主要地质问题。因此，应注意对岩石风化程度和深度的调查研究。应当注意火成岩中的各类岩石的工程地质性质有所差异，分述如下。

1. 深成岩

深成岩具有结晶联结，晶粒粗大均匀，孔隙率小，裂隙不发育，岩石整体稳定性好，新鲜的岩石是良好的建筑物地基。但此类岩石中的矿物，抗风化能力弱，特别含铁、镁质的基性岩，更易风化，形成风化层带，影响岩石的工程性质。

2. 浅成岩

浅成岩常是斑状结构、细晶隐晶质结构，所以这类岩石力学强度各不相同，一般情况下，中细晶质和隐晶质结构的岩石透水性弱，抗风化能力较深成岩强；斑状结构岩石的透水性和力学强度变化大，特别是脉岩类，岩体小，且穿插于不同的岩石中，易蚀变风化，使得强度和变形性能降低、透水性增大。

3. 喷出岩

喷出岩由于结构和构造多种多样，岩性不均一，产状也不规则，厚度变化大，所以其强度、变形及透水性能相差很大。

喷出岩常具有气孔构造、流纹构造及发育原生裂隙，透水性较大；喷出岩多呈流纹产出，岩相变化大，岩体厚度小，对地基的均一性和整体稳定性影响大。

二、沉积岩的工程地质及水文地质性质评述

沉积岩具有成层分布规律，存在着各向异性特征，且层的厚度变化大，因此，在工程建设中应重视其成层构造的研究。沉积岩按成分分为碎屑岩、黏土岩、化学岩及生物化学岩，它们的工程地质性质存在很大差异，现将分述如下。

1. 碎屑岩

碎屑岩包括砾岩、砂岩、粉砂岩，工程地质性质一般较好，但其胶结物的成分和胶结

类型影响显著，如硅质基底或胶结的岩石比泥质接触式胶结的岩石强度高、孔隙率小、透水性低、抗风化能力强。碎屑岩的成分、粒度、级配对岩石工程地质性质也有一定影响，如石英质的砂岩比长石质的砂岩为好。

2. 黏土岩

黏土岩主要由黏土矿物组成。常见黏土矿物有高岭石、蒙脱石、水云母等。黏土岩和页岩的性质相近，抗压强度和抗剪强度低，浸水后易软化和泥化。尤其是含蒙脱石成分的岩石，遇水后具有膨胀、崩解性质，不适合作为大型水工建筑物的地基。

3. 化学岩

化学岩和生物化学岩抗水性弱，常表现出不同程度的可溶性。碳酸盐类岩石具中等强度，一般能满足水工设计要求，但其中存在的各种的喀斯特现象，如溶蚀裂隙、洞穴、地下暗河等，往往成为集中渗漏通道。易溶的石膏、岩盐等化学岩，往往以夹层形式存在于其他沉积岩中，质软，浸水易溶解，常导致地基和边坡失稳。影响水工建筑物安全的主要工程地质问题有渗漏、塌陷等。

此外，砂岩、砾岩、石灰岩的孔隙率较大，往往储存有较丰富的地下水资源，一些水量较大的泉流，大多位于石灰岩分布区域边缘部位，是重要的水源地。

三、变质岩的工程地质及水文地质性质评述

变质岩的工程地质与原岩密切相关，通常与原岩的性质相似或相近。一般情况下由于原岩矿物成分在高温高压下重结晶缘故，岩石的力学强度较变质前相对增高，但是，如果在变质过程中形成某些变质矿物，如滑石、绿泥石、绢云母等，则其力学强度会相对降低，抗风化能力较弱。动力变质作用形成的变质岩，其岩石性质取决于碎屑矿物成分、粒径大小和胶结程度。通常胶结得不好，裂隙发育、强度低、抗水性差。

变质岩的片理构造（包括板状、千枚状、片状及片麻状构造）会使岩石具有各向异性的特征，工程建筑中应注意研究其在垂直及平行于片理构造上工程性质变化。

变质岩中往往裂隙发育，在裂隙发育部位或较大断裂带部位，常常形成裂隙含水带，这样的地区可作为小规模的地下水源地。

复习思考题

1. 什么叫造岩矿物？
2. 简述矿物和岩石的关系。
3. 火成岩是怎样形成的？它有哪些主要的矿物、结构、构造类型？
4. 沉积岩是怎样形成的？它的组成物质和结构、构造特征有哪些？
5. 变质作用可分为哪几种类型？有哪些主要变质矿物？
6. 沉积岩区别于火成岩和变质岩的重要特征有哪些？
7. 简述火成岩分类及产状特征。
8. 简述岩石三大类的主要地质特征。

第三章 地 质 构 造

第一节 地 壳 运 动

地壳运动，也称构造运动或岩石圈运动，是指由于地球内部营力（或称内动力）而引起的地壳变形和变位。

一、地壳运动的主要形式

已经证实地壳运动的主要形式有如下两种。

（一）垂直（升降）运动

垂直运动是指地壳物质发生垂直大地水准面方向（即沿地球半径方向）的运动。常表现为大面积的上升或下降，造成地势高差的改变，如海陆变迁、山体高程改变等。

（二）水平运动

水平运动是指地壳物质发生平行于大地水准面方向（即沿地球切线方向）的运动。常表现为地壳物质的相互分离（拉张）、靠拢（挤压）、平错（剪切），造成岩石、岩层发生破裂（断层）、弯曲（褶皱）以至形成巨大的山系。根据板块理论，美洲大陆和非洲大陆在200Ma前为一个大陆，后来由于地壳的水平运动，使该大陆沿着一条南北方向的海底深沟发生破裂，一部分沿着地表向西移动，形成了今天的美洲大陆，另一部分成为今天的非洲大陆，两块大陆中间成了广阔的大西洋。据研究资料证明，目前沿着非洲的东非裂谷，一个新的地壳巨大变化过程正在发展中，裂谷北端的两个地块——阿拉伯和非洲——已在分离，以每年2cm的速度向两面移动，裂谷本身也以每年1mm的速度向两面裂开。

水平运动与垂直运动实际上不是孤立进行的，只是在某些地区或某一时期以某种方式为主导，如在较长的地质历史时期内，同一地区地壳运动的方向常发生垂直运动与水平运动的交替。自地球形成以来，就有地壳运动发生，因此越古老的岩石，遭受地壳运动的影响越强烈。根据地壳运动发生的时间，一般又分为以下几种。

（1）古构造运动：指新近纪以前的地质历史中发生的地壳运动。

（2）新构造运动：指新近纪以来发生的构造运动。构造运动的标志保存较好。

（3）现代构造运动：指有人类历史记载以来发生的构造运动。与人类的关系密切。

地壳运动的结果，导致地壳岩石产生变形和变位，并形成各种地质构造（构造形迹），如褶皱、断裂、隆起和拗陷等。在不同地区，或同一地区的不同时间内，构造运动的强度往往也是不一样的，表现出构造运动具有方向性和周期性的特点。地球上现代及新构造运动最强烈的地带是阿尔卑斯-喜马拉雅带（或地中海-印度尼西亚带）、环太平洋带和大洋中脊带。这里的地震、火山活动等都很强烈，是地球上最年轻的山系。

二、地壳运动的标志

地壳运动的速度大多数是极其缓慢的，人们在短时间内不易觉察，但若选择一个固定的标志，进行长期的观察，或是根据地形、地物及岩层中遗留的地壳运动的痕迹进行分析，就不难发现地壳运动存在的证据。

（一）垂直运动的标志

垂直运动的标志有以下几方面：一是河流阶地、海成阶地、夷平面、多层溶洞等。二是沉积环境及沉积厚度的变化。三是沉积环境的剧烈变化，往往是构造运动的反映。四是地层的接触关系：①整合接触，反映岩层是在构造运动缓慢、持续下降过程中形成的；②平行不整合接触，反映的是地壳基本上是整体的升降；③角度不整合接触，反映的不仅是一次挤压运动，也伴有升降运动。此外现代垂直运动量可以通过大地测量来确定。

（二）水平运动的标志

水平和垂直方向的地壳运动实际上是密不可分的，垂直运动的多数标志在一定程度上也反映了水平方向的运动。水平运动的主要标志有：建筑物被错动；河流、山脊线等发生同步弯曲或错断；地壳板块运动（现今大陆是由完整的超级大陆——岗瓦纳古陆分裂、漂移形成的）；构造变形。

现代水平运动也可以通过大地测量来监测。当今全球卫星定位系统的技术对水平分量的观测已经达到 0.5cm 的精度，可以满足大部分研究工作的需要。对地质历史中大规模的水平运动，通常采用古地层对比、生物群落与古地理之间的关系或古地磁等研究方法。

三、地壳运动的速率和幅度

大部分情况下地壳运动速度缓慢，不易为人感觉。但特殊情况下，地壳运动可表现快速而激烈，人们可以感觉到，如地震。

地壳运动的速率一般都在每年几厘米幅度以下。但这种人类难以察觉的地壳运动却是地壳运动的主流，正是这种缓慢的构造运动，在数百万年乃至上亿年的累积作用中，使地球表面发生了翻天覆地的变化。如喜马拉雅山地区在 40Ma 前还是一片汪洋，近 25Ma 以来开始从海底升起，直至 2Ma 前才初具山脉的规模，到目前为止，总的上升幅度已超过 10km，成为世界屋脊。大地测量表明：珠穆朗玛峰地区的平均上升速度为 3.6mm/a（1966—1992 年），水平运动速度为 51mm/a（1975—1992 年）；珠穆朗玛峰本身的上升和水平运动速度比这还要大得多。洋底古地磁研究及现代全球定位系统（GPS）测量都表明，洋脊两侧的海底扩张运动速度可达 10～15cm/a。

地壳运动的幅度也有大有小，如果一个地区的地壳运动方向保持长时间不变，则地壳运动的幅度就会相当大。如我国东部的郯庐断裂错动距离在 150～200km；圣安德列斯断裂两侧的古地层，在 150Ma 以来，断层的总的水平错距达 480km。规模最大的水平运动是大陆漂移，大西洋两侧的大陆漂移距离在数千公里以上。

四、全球地壳运动活动带的空间分布

全球地壳运动活动带的分布，主要集中在以下几个板块边界带上。

（1）环太平洋带。从西太平洋的新西兰向北新喀里多尼亚、伊里安、菲律宾、中国台湾、琉球、日本、千岛群岛，到阿留申群岛，再沿北美西侧的海岸山脉到南美的安第斯山脉。

（2）地中海-印度尼西亚带。从地中海诸山脉（阿尔卑斯、喀尔巴阡山脉、阿特拉斯山脉）往东经高加索山脉、兴都库什山脉、喜马拉雅山脉、横断山脉，在马来群岛和巽他群岛与环太平洋带相连。

（3）大洋洋脊及大陆裂谷带。太平洋、印度洋和大西洋洋中脊，以及大陆裂谷如东非裂谷和红海裂谷。

中国的西部在地中海—印尼带上，中国东部沿海及台湾地区位于环太平洋带上。这些地区地壳运动剧烈，表现为地震和火山活动比较强烈。

第二节　水平构造和倾斜构造

一、水平构造

覆盖大陆表面约 3/4 面积的沉积岩，绝大多数都是在广阔的海洋和湖泊盆地中形成的，其原始产状大部分是水平或近于水平的。只在沉积盆地的边缘、岛屿周围等极少数地区才呈原始倾斜状态。所以，一般认为沉积岩的原始产状都是大致水平的。在地壳运动轻微或只有大面积均衡上升或下降地区，岩层保持着原始产状，其倾斜角度不大于5°的，称为水平岩层或水平构造。它们多见于时代较新的地层中。

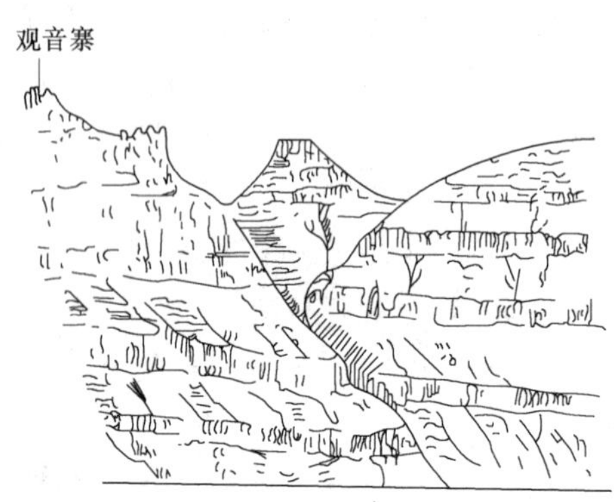

图 3-1　水平构造地貌景观

水平构造的地层经风化剥蚀，可形成一些独特的地貌景观：层理面平直、厚度稳定的岩层，往往形成阶梯状陡崖；交互沉积的软硬相间的水平岩层，经风化后可形成塔状、柱状或堡状地形；若水平岩层的顶部为坚硬的厚层岩层所覆盖，由于上部岩层抗风化侵蚀能力强，则可形成方山和桌状山地形（图 3-1）。

二、倾斜构造

原来呈水平状态的岩层，在地壳运动的作用下，成为与水平面成一定角度的倾斜岩层时，称为倾斜构造。在一定范围内，岩层大致平行向一个方向倾斜则称为单斜岩层或单斜构造，但通常它仅是褶曲或断层构造的一部分。单斜构造的岩层，倾角较小（小于 35°）时在地貌上往往形成单面山，如图 3-2（a）所示；倾角较大（大于 35°）时，在地貌上则往往形成猪背岭，如图 3-2（b）所示。

（a）

T_3

T_{k-2}

（b）

图 3-2　单斜构造地貌景观

（a）单面山；（b）猪背岭

三、岩层产状

岩层是指被上、下层面限制的同一岩性的层状岩石。包括沉积岩（含火山碎屑岩）和一部分变质岩。岩层之间的界面称层面。

岩层的产状是指岩层在岩石圈中的空间方位和产出状态。岩层的产状是以层面在三维空间的延伸方向及其与水平面的交角关系来确定的。它是分析研究各种地质构造形态的最基本依据，它对岩体的稳定性也有明显的直接影响。岩层的产状可分为水平的、倾斜的和直立的三种基本类型。岩层的产状用岩层层面的走向、倾向和倾角三个要素来表示（图 3－3）。通常它们是用地质罗盘仪在野外测量得到的。

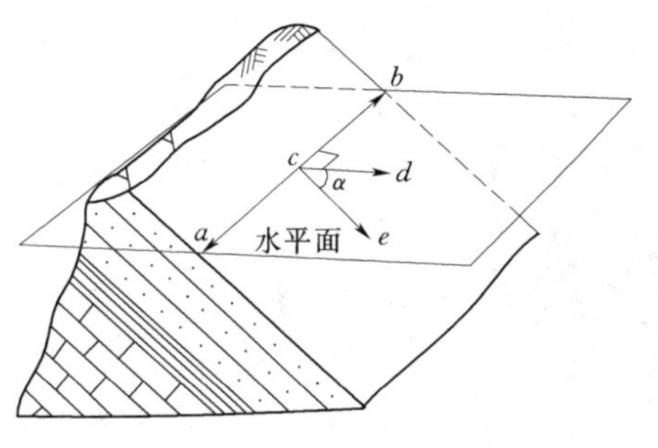

图 3－3　岩层的产状要素

ab—走向线；*cd*—倾向线；*ce*—倾斜线；*α*—倾角

（1）走向。岩层的层面与水平面交线（走向线）向两端延伸的方向即为岩层的走向，是表示岩层在三维空间中水平延伸的方向。习惯上用方位角表示，如北东（NE）30°或南西（SW）210°等。它有两个延伸方向，可由两个方位角表示，但相差 180°。

（2）倾向。岩层层面上垂直于走向线并沿层面向下所引的直线（倾斜线），在水平面上的投影（倾向线）所指的方向即为倾向。是表示岩层在三维空间中朝下倾斜的方向。倾向也用方位角表示，但倾向方位角只有一个，且与走向垂直，如上述走向的岩层，若向南倾，则可写作倾向南东（SE）120°；若向北倾，则可写作倾向北西（NW）300°。

（3）倾角。倾角即岩层的倾斜角度，是层面与水平面所夹的最大锐角，也就是倾向线与倾斜线的夹角，见图 3－3 中的 α 角。

倾角可分为真倾角和视倾角（或称假倾角）。真倾角 α 是倾斜线与水平面的夹角，相当于层面与水平面的最大夹角，而视倾角 β 则为倾斜面上任一方向，即与走向线斜交的视倾斜线和水平面的投影的夹角。显然，真倾角只有一个，视倾角可有无数个，真倾角总是大于视倾角，两者的关系可用式（3－1）表示：

$$\tan\beta = \sin\theta \tan\alpha \tag{3-1}$$

式中　θ——视倾斜线与走向线的水平夹角。

岩层的产状三要素在地质图上常用 ⊾40°号表示，其长线表示走向，短线表示倾向，数字表示倾角度数，长短线互相垂直，其交点应是测量点的位置。在野外记录或报告中岩层的走向、倾向、倾角可写为：345°，NE，∠40°。但野外常简写为 NE75°∠40°，只记录倾向（NE75°）和倾角（40°），走向可由倾向加或减 90°求得。

第三节　褶　皱　构　造

岩层在构造运动中受力产生一系列连续弯曲的永久变形称为褶皱构造，简称为褶皱。褶皱是岩层发生塑性变形的表现，因为岩层的连续性没有遭到破坏。

资源 3－1
褶皱类型
和褶曲要素

资源 3－2
褶皱

资源 3－3
背斜

资源 3－4
向斜

绝大多数褶皱是在水平挤压力作用下形成的，但也有少数是在垂直力或力偶作用下形成。褶皱是最常见地质构造形态之一，在层状岩层中最明显，在块状岩体中则很难见到。

褶皱的形态是多种多样的，规模有大有小，小的需要在显微镜下观察，大的延伸长达几百公里。由于褶皱形成后，地表长期受风化剥蚀作用的破坏，其外形也可改变。

一、褶皱的基本类型和褶曲要素

（一）褶皱的基本类型

褶皱的基本类型只有两种，如图 3－4 所示。

（1）背斜。岩层向上弯曲，两侧岩层相背倾斜，核心岩层时代较老，两侧依次变新并对称分布。

（2）向斜。岩层向下弯曲，两侧岩层相向倾斜，核心岩层时代较新，两侧较老，也对称分布。

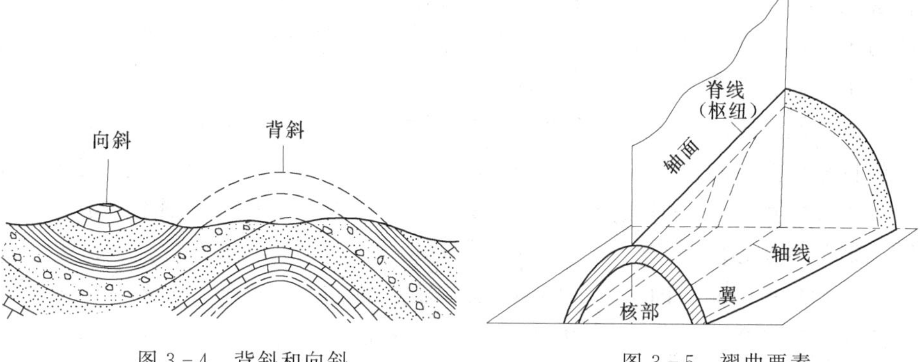

图 3－4　背斜和向斜　　　图 3－5　褶曲要素

（二）褶曲要素

组成褶皱构造的单个弯曲，称为褶曲。两个或两个以上褶曲的组合即褶皱。

褶曲构造形体的各个组成部分称为褶曲要素，它是用以描述和研究褶皱构造的形态特征和空间展布规律的。为了分析研究褶皱构造和对褶皱进行分类，首先要确定褶曲的基本要素。任何褶曲都具有以下基本要素（图 3－5）。

（1）核。也称核部，泛指褶曲的核心部位。背斜核部由相对较老的岩层组成，向斜则由新岩层组成。核的范围是相对的，被剥蚀出露地面的褶皱，核是指最中心的岩层。

（2）翼。褶曲核部两侧的岩层。

（3）轴面。大致平分褶曲两翼的假想面，可为平面或曲面，它的空间位置和岩层一样可用产状表示，有直立的、倾斜的或水平的。

（4）轴线。指轴面与水平面的交线，它可以是水平的直线或曲线。轴线的方向表示褶曲的延长方向，轴线的长度反映褶皱在轴向上的规模大小。

（5）枢纽。褶曲同一层面上最大弯曲点（拐点）的连线，即层面与轴面的交线。它可以是水平的、倾斜的或波状起伏的。并能反映褶曲在轴面延伸方向上产状的变化。背斜的枢纽称为脊线；向斜的枢纽称为槽线。

（6）转折端。从一翼向另一翼过渡的弯曲部分，即两翼岩层的汇合部分。转折端的形态多为圆滑弧形，但也有尖棱状、箱状或扇状等。

二、褶皱的基本形态

褶皱形态多样，分类方法也较多，其中常用的有以下几种。

1. 按轴面和两翼岩层的产状分类（图 3-6）

（1）直立褶皱。轴面近于垂直，两翼岩层向两侧倾斜，倾角近于相等则称对称直立褶皱；若倾角不等则称不对称直立褶皱。

（2）倾斜褶皱。轴面倾斜，两翼岩层向两侧倾斜，倾角不等。

（3）倒转褶皱。轴面倾斜，两翼岩层向同一方向倾斜，其中一翼层位倒转。

（4）平卧褶皱。轴面水平或近于水平，一翼岩层层位正常，另一翼层位倒转。

（5）翻卷褶皱。轴面翻转向下弯曲，通常是由平卧褶皱转折端部分翻卷而成。

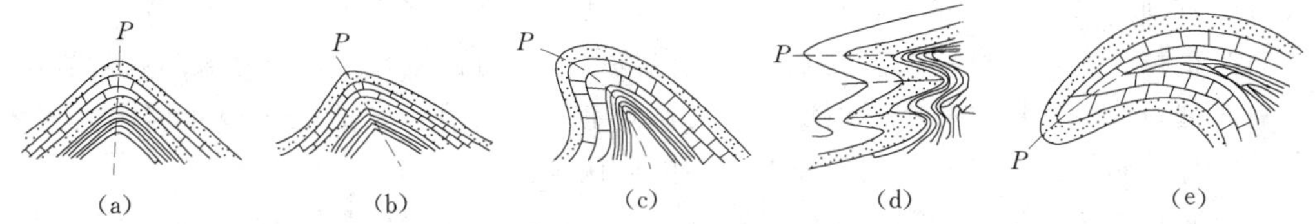

图 3-6 按轴面产状划分褶皱类型

(a) 直立褶皱；(b) 倾斜褶皱；(c) 倒转褶皱；(d) 平卧褶皱；(e) 翻卷褶皱

2. 按褶皱在平面上的形态分类（图 3-7）

（1）线状褶皱。同一岩层在平面上纵向长度和宽度之比大于 10∶1 的狭长形褶皱。

（2）短轴褶皱。同一岩层在平面上纵向长度与宽度之比在 3∶1～10∶1 之间褶皱。

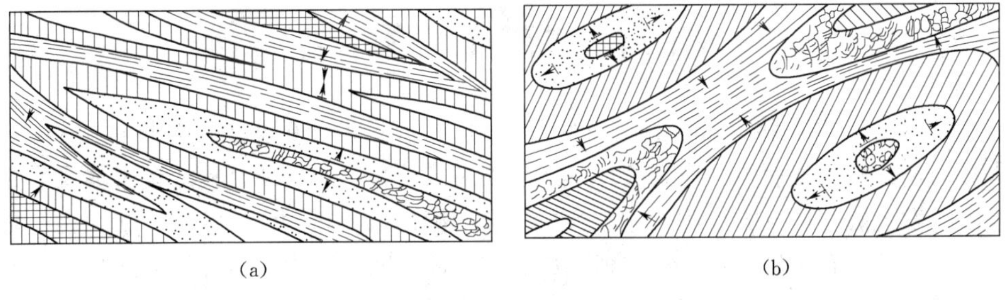

图 3-7 线状褶皱和短轴褶皱平面图

(a) 线状褶皱；(b) 短轴褶皱

（3）穹窿和构造盆地：同一岩层在平面上纵向长度与横向宽度之比小于 3∶1 的圆形或似圆形褶皱。背斜称为“穹窿”，向斜称为“构造盆地”，实际上它是背斜或向斜的特例。

3. 按枢纽的产状分类

（1）水平褶皱。枢纽水平，两翼岩层走向大致平行并对称分布（图 3-8）。

（2）倾伏褶皱。枢纽倾斜，两翼岩层走向不平行，在平面上一端收敛于转折端，另一

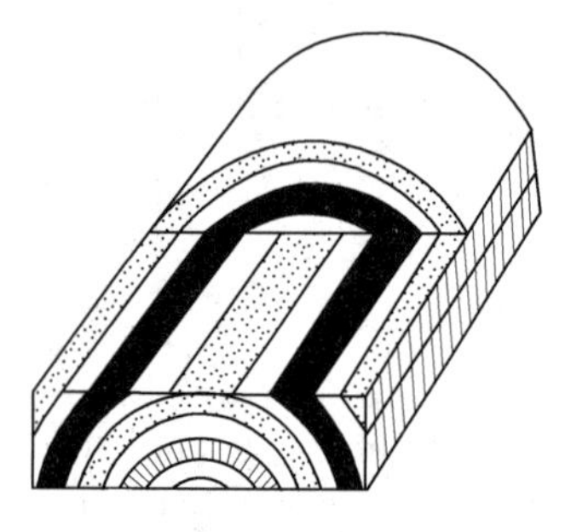
图 3-8 水平褶皱

端撒开，岩层呈“之”字形分布（图 3-5 和图 3-7）。

4. 按转折端形态分类

（1）圆弧褶皱。岩层呈圆弧状弯曲，一般较宽缓。

（2）尖棱褶皱。两翼岩层平直相交，转折端呈尖角状，褶皱挤压紧密，也称紧密褶皱。

（3）箱形褶皱。两翼岩层近直立，转折端平直，整体似箱形，常有一对共轭轴面。

（4）扇形褶皱。两翼岩层大致对称呈弧形弯曲，局部层位倒转，转折端平缓，呈扇形。

三、褶皱的识别

在野外进行地质调查及地质图分析中，为了识别褶皱，首先可沿垂直于岩层走向的方向进行观察，查明地层的层序和确定地层的时代，并测量岩层的产状要素。然后根据以下几点分析判断是否有褶皱存在，进而确定是向斜还是背斜。

（1）根据岩层是否有对称重复的出露，可判断是否有褶皱存在。若在某时代的岩层两侧，有其他时代的岩层对称重复出现，则可确定有褶皱存在。若岩层虽有重复出露现象，但并不对称分布，则可能是断层形成的，不能误认为褶皱。

（2）对比褶皱核部和两翼岩层的时代新老关系，判断褶皱是背斜还是向斜。若核部地层时代较老，两侧依次出现渐新的地层为背斜；反之，若核部地层时代较新，两侧依次出现渐老的地层则为向斜。

（3）根据两翼岩层的产状，判断褶皱是直立的、倾斜的或是倒转的，等等。

此外，为了对褶皱进行全面认识，除进行上述横向的分析外，还要沿褶曲轴延伸方向进行平面分析，了解褶曲轴的起伏情况及其平面形态的变化。

第四节 断 裂 构 造

岩石承受变形的能力是有限的，当变形超过岩石的变形极限（受力超过岩石的强度）时，岩石的连续性完整性将会遭到破坏，产生破裂或位移。所以断裂构造是岩体受力超过其强度极限时发生破裂形成的地质构造。根据断裂两侧岩石的相对位移情况，断裂构造可分为断层（破裂面两侧有明显位移）和节理（或裂隙：破裂面两侧无明显位移）两种类型。

一、节理（裂隙）的类型及特征

断裂两侧岩石仅因开裂而分离，并未发生明显相对位移的断裂构造称节理或裂隙（通常裂隙的涵义比较广泛，是各种节理的笼统的、非专业性的称呼，有时与节理同义，有时仅指一些非构造节理，如风化裂隙、卸荷裂隙等）。它往往是褶皱和断层的伴生产物，然而自然界中岩石的裂隙，并非都是由于地质构造运动所造成的。

资源 3-5 节理

（一）节理（裂隙）成因分类

1. 原生（成岩）节理

原生节理是岩石在成岩过程中形成的。如玄武岩中的柱状节理，是岩浆喷发至地表后冷却收缩而产生的；沉积岩中的泥裂现象，是沉积物受日晒失水收缩而形成的；还有沉积岩的层理，是在沉积和成岩过程中形成的。

2. 表生（次生）节理

表生节理（裂隙）是由于岩石风化、岩坡变形破坏、河谷边坡卸荷作用及人工爆破等外力作用而形成的裂隙。一般仅局限于表层，规模不大，分布也不规则。卸荷裂隙是由于河流的下切侵蚀，使河谷及其两侧的部分岩石被搬运，致使下部岩石所受的压力减轻（称减压卸荷作用），应力得以释放而产生平行于岸坡和谷底的裂隙。风化裂隙是由于温度变化产生的层状剥离。

3. 构造节理

构造节理是由地壳运动产生的构造应力作用而形成的节理。在岩石中分布广泛，延伸较深，方向较稳定，可切穿不同的岩层。一般剪节理、劈理及多数张节理都是构造节理。

（二）节理（裂隙）力学性质分类

1. 张节理

可以是构造节理，也可以是表生节理、原生节理，是岩石所受张应力超过其抗张强度后破裂而产生的。多见于脆性岩石中，尤其是在褶皱转折端等张应力集中的部位。其特点如下：

（1）产状不如剪节理稳定，沿走向方向和沿倾向方向延伸均不远。

（2）节理面粗糙不平；无擦痕。

（3）多呈张开的裂口状（与剪节理相比），因此常被充填成矿脉（热液凝结而成的方解石和石英），脉的宽度变化较大，脉壁也不平直；也可充填有未胶结或胶结的黏性土或岩屑等。

（4）砂岩和砾岩中的张节理，节理面往往绕过砾石或砂粒，呈现凹凸不平状。

（5）张节理常沿早期“X”型节理发育而成，故多呈锯齿状延伸，通常称为追踪张裂。

（6）沿张节理面的内摩擦角值较剪节理高，但若有黏土等物质充填，且充填物的厚度较大时，则抗剪强度通常受充填物控制。

张节理透水性强，常是地下水或坝基、库岸的良好渗透通道。当岩体垂直于张节理受压时，可产生较大的压缩变形。

2. 剪节理

一般为构造节理，是岩石所受剪应力超过其抗剪强度后破裂而产生的裂隙。一般发生在与最大压应力方向成45°左右夹角的平面上。在岩石中常成对出现，呈“X”型交叉，因而也可称为共轭“X”型节理。剪切节理有下述特征：

（1）节理面平直光滑，有时可见到擦痕，产状稳定，可延伸较长（数十米），在砾岩中常平直切穿坚硬的砾石。

（2）呈闭合状，裂隙本身的宽度很窄小，通常仅1～3mm，但受后期地质作用力的影响，也可裂开并充填以黏性土或岩屑。

（3）成组成对出现，即多条节理常互相平行排列，并且其间距常大致相等。在同一作用力下形成的共轭“X”型节理，它们互相交叉切割，使岩层形成菱形或方形，方形者也称棋盘格状构造。

（4）沿剪切节理面抗剪强度往往很低，在边坡和坝基岩体中易形成滑动破坏面。

二、断层

断层是岩石受力发生断裂，断裂面两侧岩石存在明显位移的断裂构造。由于构造应力大小和性质的不同，断层规模差别很大，小的可见于一块小小的手标本上，大的可延伸数百至上千万米，宽可达几公里，切割深度有些可达上地幔。断层也是常见的构造现象之一，常对工程岩体的稳定性和渗漏造成很大的危害。

资源3-6
断层

（一）断层要素

断层要素如图3-9所示。

（1）断层面和断层破碎带：岩层断裂后沿其位移的破裂面称为断层面。它可以是平面、曲面，也可以是波状起伏的面。实际上，多数岩层中发生的断裂位移，并不是沿着一个简单的面，而往往是沿着一个由许多密集的破裂面组成的错动带进行的，这个错动带称为断层破碎带。

（2）断层线：断层面与地面的交线称为断层线。其方向表示断层的延伸方向，断层线的形状决定于断层面的形状和地表的起伏。

（3）断盘：断层面两侧被断层面分开并发生相对位移的岩体称为断块或断盘。若断层面是倾斜的，位于断层面以上的岩体为上盘，位于断层面以下的岩体为下盘。对于有相对上下位移的断层而言，相对上升的一盘称为上升盘，相对下降的一盘称为下降盘。若断层面直立则无上下盘之分，可用方位来表示断盘，如北盘、南西盘等。

（4）断距；断层两盘相对位移的距离和为断距。如图3-9（b）所示，岩层上的A点，断裂后滑移到C点，则们之间的距离称为总断距。总断距的水平分量DC为水平断距；总断距的铅直分量AD为铅直断距。

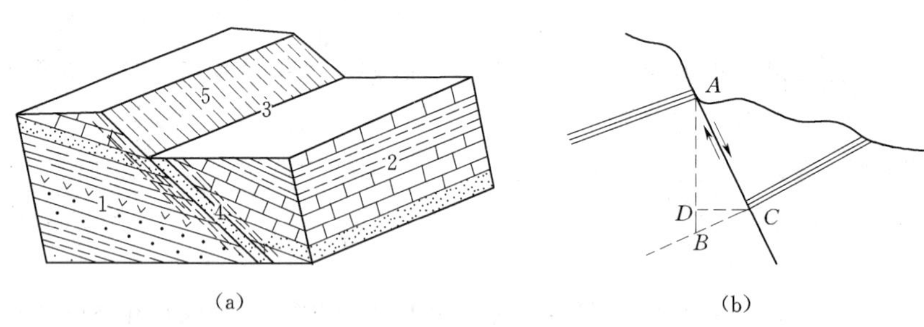

图3-9　断层要素和断距
（a）断层要素；（b）断距
1—下盘；2—上盘；3—断层线；4—断层破碎带；5—断层面

（二）断层的基本类型和特征

1. 断层的形态分类

根据断层两盘的相对位移，可划分为如下几类。如图3-10所示。

（1）正断层。上盘相对下降，下盘相对上升的断层称为正断层，如图3-10（a）所示。它一般是受水平张应力或垂直作用力使上盘相对向下滑动而形成的，所以在构造变动

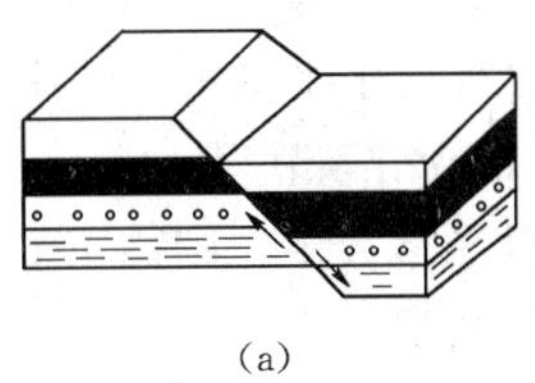

(a)

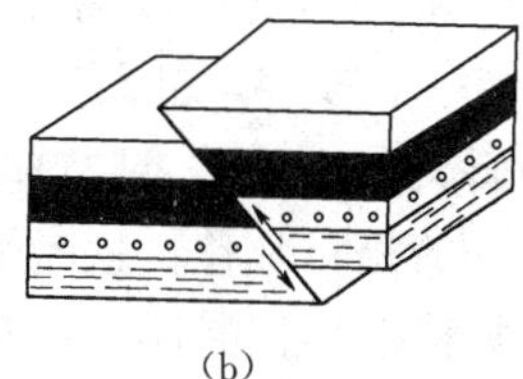

(b)

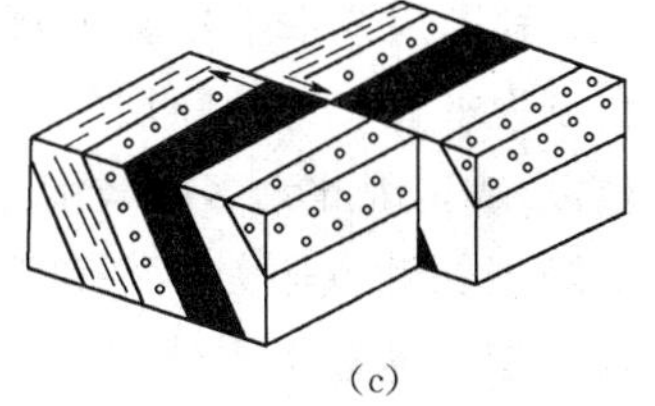

(c)

图 3-10 断层的形态分类

(a) 正断层；(b) 逆断层；(c) 平移断层

中多垂直于引张力的方向发生，但也有时沿已有的剪节理发生。其断距可从几厘米到数十米，延伸范围一般自几十米至数公里。

资源 3-7
正断层

正断层的断层线一般较平直，倾角一般均较陡，通常大于 45°，多在 50°～60°以上。在野外有时见到由数条正断层排列组合在一起，形成阶梯式断层、地垒和地堑等（图 3-11）。

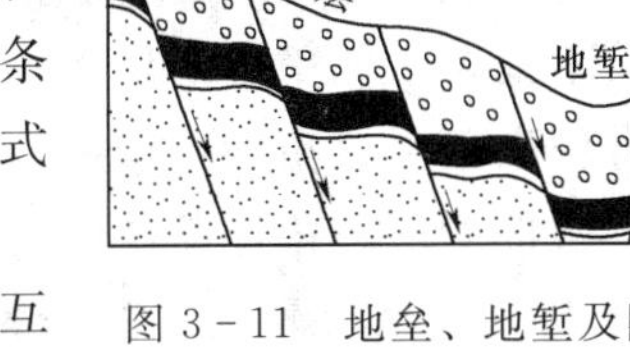

图 3-11 地垒、地堑及阶梯式断层

资源 3-8
逆断层

1）阶梯式断层。岩层沿多个相互平行的断层面向同一方向依次下降成阶梯式断层。

2）地垒。两边岩层沿断层面下降，中间岩层相对上升形成地垒。

3）地堑。两边岩层沿断层面上升，中间岩层相对下降形成地堑。

资源 3-9
平移断层

在地形上，地堑常形成狭长的凹陷地带，地垒则多构成块状山地（如天山、阿尔泰山均有地垒式构造）。

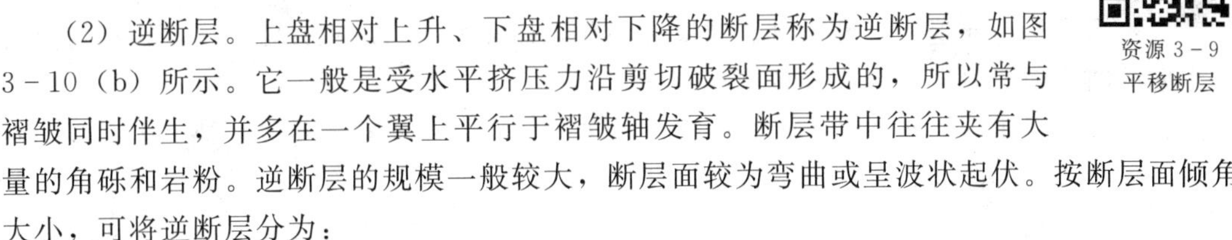

（2）逆断层。上盘相对上升、下盘相对下降的断层称为逆断层，如图 3-10（b）所示。它一般是受水平挤压力沿剪切破裂面形成的，所以常与褶皱同时伴生，并多在一个翼上平行于褶皱轴发育。断层带中往往夹有大量的角砾和岩粉。逆断层的规模一般较大，断层面较为弯曲或呈波状起伏。按断层面倾角大小，可将逆断层分为：

1）冲断层：断层面倾角大于 45°的高角度逆断层。

2）逆掩断层：断层面倾角在 25°～45°之间，往往是由倒转褶皱发展形成，它的走向与褶皱轴大致平行，逆掩断层的规模一般都较大。

3）辗掩断层：断层面倾角小于 25°的逆断层，常是区域性的巨型断层，断层上盘较老的地层沿着平缓的断层面推覆在另一盘较新岩层之上，断距可达数公里，破碎带的宽度也可达几十米。

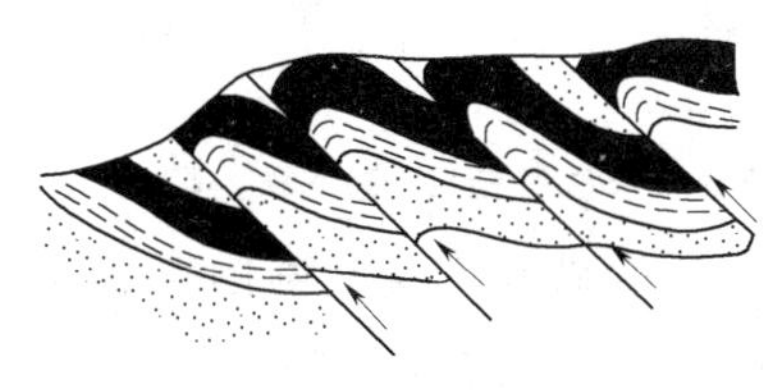

图 3-12 叠瓦式构造

逆断层也往往成组出现。几条相互平行的逆掩断层或冲断层使岩层依次向上冲掩，可以组合成为叠瓦式构造，如图 3-12 所示。

（3）平移断层。断层两盘沿断层面走向在水平方向上发生相对位移，而无明显上下位移的断层叫平移断层或平推断层，如图 3－10（c）所示。平移断层的断层面倾角常近于直立，断层线也较为平直。这种断层的破碎带一般较窄，沿断层面常有近水平的擦痕。多系受剪（扭）应力形成，因此大多数与褶皱轴斜交，与“X”型节理平行或沿该节理形成。

有时断层错动方向兼有平移和上下的相对位移，这时如以平移为主，则称正平移断层或逆平移断层。若以上下错动为主，则称平移正断层或平移逆断层。

2. 根据断层的力学成因性质分类

（1）压性断层：由压应力作用形成，其走向垂直于主压应力方向，多呈逆断层形式，断层面为舒缓波状，断裂带宽大，常有断层角砾岩。

（2）张性断层：在张应力作用下形成，其走向垂直于主张应力作用方向，常为正断层形式，断层面粗糙，多呈锯齿状。

（3）扭性断层：在剪应力作用下形成，与主压应力方向的交角小于 45°，并常成对出现。断层平直光滑，常有大量擦痕。扭性断层一般是两组共生，呈“X”型交叉分布，但往往是一组发育，而另一组不发育，如平移断层等。

（4）压扭性断层：具有压性断层兼扭性断层的力学特性，如部分平移逆断层。

（5）张扭性断层：具有张性断层兼扭性断层的力学特性，如部分平移正断层。

3. 按断层产状与岩层产状（或褶曲轴线方向）的关系分类

走向断层（断层走向与岩层走向平行）；倾向断层（断层走向与岩层走向垂直）；斜交断层（断层走向与岩层走向斜交）；纵断层（与褶轴平行）；横断层（与褶轴垂直）；斜断层（与褶轴斜交）。

（三）断层的识别

在野外调查断层时，首先要确定断层的存在，然后才能对断层进行进一步的研究。调查时可利用如下特征作为识别断层的标志。

（1）沿岩层走向追索，若发现岩层突然中断，而和另一岩层相接触，则说明有横穿岩层走向的断层或与岩层走向斜交的断层存在。

（2）沿垂直于岩层走向的方向进行观察，若岩层存在不对称的重复式缺失，则说明有平行于岩层走向的断层存在。如图 3－13 所示。

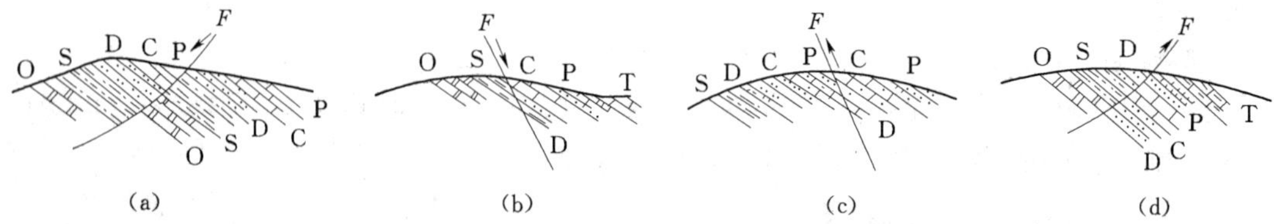

图 3－13　纵断层造成的地层重复或缺失

（a）正断层（重复）；（b）正断层（缺失）；（c）逆断层（重复）；（d）逆断层（缺失）

资源 3－10
擦痕阶步

（3）由于构造应力的作用，沿断层面或断层破碎带及其两侧，常常出现一些伴生的构造变动现象，如：

1）断层两盘相对错动时，在断层面上留下的摩擦痕迹称为“擦痕”。有时在断层面上存在有垂直于擦痕方向的小台阶，或称为“阶步”。

2）断层角砾岩、断层泥、糜棱岩等构造岩的分布。

3）断层两盘相对错动时，沿断层面产生巨大的摩擦力，邻近断层的两侧地层因受摩擦力的牵引，发生塑性的拖曳和拉伸而形成的弧形弯曲现象，称为断层牵引褶皱。在野外工作中，如发现上述现象，即应进一步研究是否有断层存在。

（4）在地貌上，断层常形成断层崖、三角面山、山脉的中断或错开，以及山地突然与平原相接触等现象。如图 3－14 所示。

图 3－14　断层三角面

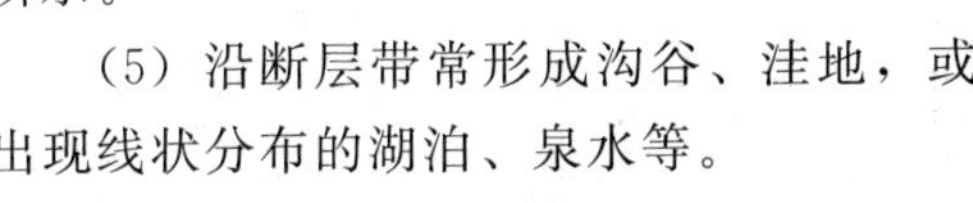

（5）沿断层带常形成沟谷、洼地，或出现线状分布的湖泊、泉水等。

（6）某些喜湿性植物呈带状分布。

断裂构造对山体或岩体完整性、稳定性、渗透性影响极大，在水工建筑中特别重视。

第五节　活　断　层

“活断层”这个术语是 1908 年 A. C. Lawson 提出来的。它是指现今正在活动或近期曾活动过、不久的将来可能会重新活动的断层。后一种情况也可称为潜在活断层。

断层活动性的研究，实质上是确定该断层是否为活动断层及其活动程度，是区域构造稳定性研究的主要内容之一。当今，重大工程的规划建设中，如水利水电工程、核电站、重要铁路、城建工程（特别是高层楼房建筑），都要求对活断层进行“稳定性评价”。

活断层的判定内容应包括活断层的识别、活动年代、活动性质、现今活动强度和最大位移速率等。

一、活断层活动年代的确定问题

1. 活断层活动年代的下限

目前，关于活断层活动年代的下限问题在国内外尚未有定论。不同领域的研究者对活动断层往往有各自的时间标准和划分方案，包括从第四纪初（2Ma）直至全新世中晚期（数 ka）的各种地质时代；不同行业在各自的规范、导则中也规定了各种不同的标准。如分为：新近纪活动断层，指新近纪时期有确凿活动证据，而第四纪以来没有活动或缺少可靠活动证据者；第四纪活动断层，指第四纪早、中更新世有确凿活动证据，而晚更新世以来没有活动或缺少可靠活动证据者；现代活动断层，指晚更新世以来有确凿活动证据者。

美国原子能委员会等机构，从历史性和现实性观点出发，将活断层分为两类。一类是狭义的，称为“活动断层”，其概念是：全新世（10ka）以来活动的断层，并且未来仍有可能活动。其活动可以找到地质的、历史考古的、地震活动的、地球物理的以及大地测量的诸种证据。它对现代工程实践和地震预报等有着最直接和密切的关系。另一类是广义的，称为“能动断层”，其含义是：①在过去 35ka 内至少有过一次活动证据，或在过去 500ka 内有反复活动的证据；②与之有构造联系的断层；③有足够精确的仪器观测记录，沿该断裂带有微震活动。美国的这个概念后来被不少国家参考使用。

近些年来通过大量研究和实践经验的积累，目前对活断层的下限时间已趋一致。1993 年中外新构造与地震专家在北京召开的有关核电站活断层年龄讨论会上，把活断层的下限时间定为110～120ka。在《水利水电工程地质勘察规范》（GB 50487—2008）中规定晚更新世（距今100ka）以来有过活动的断层为活断层，并指出要特别注意35ka以来有过活动的断层。

2. 活断层活动年代的上限

关于活断层或全新活动断裂的时间上限的确定，主要考虑工程的设计基准期（一般为50～200a），所以活断层活动年代的上限一般定为未来100a以内。

3. 活断层年龄的测定方法

测定活断层的地质年代，一般以第四纪地质研究为基础，采取地质学、地貌学及第四纪地质学，并借助于古地磁学和古地震学的分析，判定活断层的地质年代范围，在此基础上，应用现代技术，取样确定活断层的绝对年龄。此外还有一些辅助方法，可作为旁证。

根据《水利水电工程地质勘察规范》（GB 50487—2008），活断层的年龄应根据以下鉴定结果综合判定。

（1）活断层上覆的未被错动地层的年龄。

（2）被错动的最新地层和地貌单元的年龄。

（3）断层中最新构造岩的年龄。

二、活断层的分类及其特征

（一）活断层的分类

1. 按两盘相对错动方向分类

活断层按两盘错动方向也可分为平移断层、正断层和逆断层，但通常将平移断层称为走向滑动型断层，将正、逆断层称为倾向滑动型断层。走向滑动型断层是最多见的一种，这类断层往往能积蓄较高的能量，发生高震级的强烈地震。倾向滑动型的逆断层也较常见，多是由水平挤压形成，断层倾角较缓，通常小于45°，错动时多为上盘上升，所以上盘地表变形开裂现象较多、较严重，岩体也较下盘破碎，对建筑物危害较大。有时在上盘还可形成一些大致平行的分支断裂。倾向滑动型的正断层多是上盘向下移动造成，所以也是上盘岩体破碎。

2. 按活动性质分类

活断层按其活动性可分为蠕变型和突发型两类。

蠕变型活断层指只有长期缓慢的相对位移变形，而不发生地震或只有少数微弱地震的活断层，也有人称为动而不震型；突发型活断层指断层错动位移是突然发生的，并同时发生较强烈的地震，有人称为震中有断型。

（二）活断层的特征

1. 活断层的长度和断距

活断层的长度可由几公里到几百公里，如郯庐断裂、云南小江断裂等。活断层的断距，据历史地震伴生的地表断裂最大位移值统计，大多数不超过10m。

2. 活断层的错动速率

突发型活断层在突然错动时速率很快，可达0.5～1m/s；蠕变型活断层的错动速率大多在年平均零点几毫米至几十毫米之间。

3. 活断层的分段

对发震断裂带的详细研究表明，断层的活动往往呈现明显的分段现象。在一条活断层上，几何形态、结构特征、活动历史、地震活动和破裂特性等具有一致性的地段，划分为一个段。在区域构造稳定性研究中进行活断层分段，具有重要的实际意义。

三、活断层的判别标志

（一）直接标志

《水利水电工程地质勘察规范》（GB 50487—2008）规定，具下列标志之一的断层，可判定为活断层。

（1）错断晚更新世以来地层。

（2）断裂带中的构造岩（又称动力变质岩）或被错动的脉体，经绝对年龄测定，其最后一次错动的年代距今100ka以内。

（3）根据仪器观测，沿断裂有大于0.1mm/a的位移。

（4）沿断层有历史和现代中、强震震中分布，或有晚更新世以来的古地震遗迹，或密集而频繁的近期弱震活动者。

（5）在地质构造上，证实与已知活断层有共生或同生关系的断裂。

（二）间接标志

主要是沿所研究断层实际观察和测量到的地形地貌、地球物理场、地球化学场、水文地质场等方面的异常形迹，它们能为断层活动性研究提供重要线索，但不能单独作为判定活断层的依据。

《水利水电工程地质勘察规范》（GB 50487—2008）规定，具有下列标志之一的断层，可能为活断层，应结合其他有关资料，综合分析判定。

（1）沿断层晚更新世以来同级阶地发生错位；在跨越断裂处水系、山脊有明显同步转折现象或断裂两侧晚更新世以来的沉积物厚度有明显的差异。

（2）沿断层有断层陡坎，断层三角面平直新鲜，山前分布有连续的大规模的崩塌或滑坡，沿断裂有串珠状或呈线状分布的斜列式盆地、沼泽和承压泉等。

（3）沿断层有水化学异常带、同位素异常带或温泉及地热异常带分布。

（三）参考标志

主要指小比例尺区域图件和遥感图像上解读的地貌、地球物理场、地球化学场等方面的异常形迹，以及物理模拟和数学模拟求出的活动性强烈的断层段。在未经实地取得直接证据前，只有参考意义。

四、活断层对工程建筑的影响及评价

（1）活断层对工程建筑的影响，主要表现在横跨断层的建筑物，可能因活断层的水平或垂直位移，而产生拉裂，变形，甚至破坏。活断层会引起地震，使建筑物遭到震害。

（2）活断层的变形有两种：蠕动和错动，蠕动位移量一般较小，对建筑物不会造成巨大危害，但当发生强烈地震时，这种蠕动变形会急速加大。据统计资料表明：我国大于7级的地震，80%位于活断层带上，而大于或等于8级的地震，100%位于活断层带上。其上部建筑物几乎全部破坏。所以对重要的建筑物要求尽量避开活断层。对于某些大型老断裂带，特别是主干断裂的首部或局部未贯通地段、扭曲或转折部位，被小断层横截部位以及双断汇交、互相切错、汇而不交的断层，都可能发展成新的活断层并伴随强烈地震发生。

资源 3-11 唐窑地质实习路线

(3) 活断层是产生不良地质现象的重要控制因素，在活断层发育地带，由于地壳相对运动，往往产生较大的地形高差，由于岩石松散、破碎，地表水及地下水容易入渗，加大风化强度，故亦容易产生滑坡、崩塌、泥石流等自然地质灾害，这些灾害给工程建筑及人们的生命财产带来的危害可能更大。故调查研究活断层，不仅应注意活断层本身；而且应注意其周围可能产生不良地质灾害的影响和范围，评价它们的稳定性及防治措施。

(4) 在活断层比较发育的地区，应注意选择“安全岛”地带。

复习思考题

1. 什么是地壳运动？地壳运动有哪些主要类型？
2. 全球有哪些地壳运动活动带？
3. 什么是岩层的产状要素？如何测定产状三要素？真假倾角如何换算？
4. 什么叫褶皱构造？褶皱构造有哪些基本要素？
5. 褶皱构造类型如何划分？在野外如何观察褶皱？
6. 裂隙（节理）的成因类型如何？
7. 节理和断层有何相同和不同之处？
8. 张节理和剪节理有何区别？
9. 什么是断层？断层的基本要素有哪些？
10. 断层有哪几种基本类型和组合类型？
11. 如何判断褶皱和断层的形成时代？
12. 在野外如何识别断层？工程建筑为什么特别重视断裂构造？
13. 什么是活断层？其时间下限如何确定？
14. 活断层有哪几种类型？其特征有哪些？
15. 如何判别断层的“死”与“活”？
16. 活断层对工程有何影响？如何评价它们的稳定性？工程上对活断层应采取哪些防治措施？

第四章　自 然 地 质 作 用

自然地质作用也叫物理地质作用，是指由自然界中各种动力引起的地质作用。如果这种作用危害到工程活动，破坏工程设施，造成生命财产损失，则构成地质灾害。本章介绍几种常见的自然地质作用，有风化作用、河流地质作用、岩溶（喀斯特）、泥石流和地震。

第一节　风　化　作　用

风化作用是指由于温度、大气、水溶液及生物等因素的作用，使得分布在地表或地表附近的岩石发生物理破碎、化学分解和生物分解的作用（或过程）。风化作用遍及整个地球的表面，并且主要在大陆的表面进行。

资源 4－1
岩石温差
风化过程

一、风化作用的类型

风化作用按其性质分为三大类：物理风化作用、化学风化作用和生物风化作用。

1. 物理风化作用

物理风化作用是指由于温度变化、水的物态变化等因素的影响，岩石在原地只发生机械性破坏的作用。常见的物理风化作用的方式有温差风化、冰劈作用、盐类的结晶作用等。

图 4－1　岩石温差风化过程示意图

温差风化是指由于温度的变化，岩石反复膨胀和收缩，使岩石崩解的作用。岩石是热的不良导体，白天岩石接受太阳辐射时，表层升温快，产生体积膨胀，而内部升温却很慢，基本上不产生膨胀，其结果导致产生平行于岩石表面的微裂隙；夜间岩石表面降温快、收缩，而岩石内部降温慢、基本不收缩，从而产生垂直于岩石表面的微裂隙。这种作用长期反复地进行，导致岩石表面层层剥落，逐渐崩解破坏（图 4－1）。另外，组成岩石的不同矿物的热膨胀系数也不同，在温度作用下，不同矿物的胀缩差异也促使岩石松解、破坏。

冰劈作用是指由于温度的变化，岩石裂隙中的水反复交替冻结和融化，使岩石裂隙不断扩大，最终导致岩石发生崩解的作用。水在冻结过程中体积可以增大 9%～10%，约产生 100MPa 以上的压力，对岩石会产生巨大的破坏力。

盐类的结晶作用是指由于岩石裂隙中的盐类反复结晶、潮解，使岩石崩解的作用。在干旱地区，充填在岩石裂隙中的含盐水溶液，白天因气温高，蒸发强烈，使裂隙中盐类过饱和结晶，结晶时体积膨胀，对裂隙壁产生一定的压力，形成新的裂隙。夜间岩石裂隙中的盐晶从大气中吸收水分而潮解，盐溶液又渗透到新裂隙中，如此反复进行，岩石裂隙不断增多、扩大，致使岩石破坏。

物理风化作用的结果使岩石破碎成大小不等的岩屑，堆积覆盖在原来岩石上。

2. 化学风化作用

化学风化是指在大气、水和水溶液的作用下，岩石中的矿物成分发生化学变化，改变或破坏岩石的性状并可形成次生矿物的作用。化学风化的作用方式有氧化作用、溶解作用、水化作用、水解作用等。

（1）氧化作用。指矿物与大气或水中的游离氧之间发生的化学反应。反应的结果是使低价元素转变为高价元素，使原矿物破坏并形成一些新的矿物。这种作用在自然界中非常普遍。在岩石中最易氧化的是含有低价铁的硅酸盐类矿物和硫化物，如其中黄铁矿（FeS_2）在地表很快被氧化成褐铁矿（$Fe_2O_3 \cdot nH_2O$），同时析出硫酸对岩石进行腐蚀，加速岩石风化。

（2）溶解作用。指岩石中矿物溶解于水而产生分解的过程。组成地壳岩石的矿物绝大多数是溶解度很小的矿物，如长石、石英等。自然界中的水并非纯水，常含有 CO_2 等酸类物质，可以显著提高某些难溶矿物的溶解度。溶解作用的结果使易溶盐类随水溶失，难溶盐类残留原地，岩石孔隙增加，有利于风化作用的进行。

（3）水化作用。指矿物吸收一定数量的水分子而形成新的含水矿物。如赤铁矿（Fe_2O_3）吸水变为褐铁矿（$Fe_2O_3 \cdot nH_2O$）；硬石膏（$CaSO_4$）吸水变为石膏（$CaSO_4 \cdot 2H_2O$）。水化作用常常增大矿物的体积，如硬石膏形成石膏的过程中，体积增大 30%。矿物体积增大可对围岩产生压力，促使其破裂。水化作用也造成矿物的硬度降低，从而削弱了岩石的抗风化能力。

（4）水解作用。指由水分解而产生的 H^+ 或 OH^- 和矿物中的离子间的化学反应。在自然界中，硅酸盐矿物和铝硅酸盐矿物主要是通过水解作用分解破坏的，如正长石可水解成高岭石。

3. 生物风化作用

指生物的生命活动引起地表岩石的分解破坏作用。生物风化作用可分为生物物理风化作用和生物化学风化作用。

生物物理风化作用是指生物活动导致岩石机械破坏的作用。例如，生长在岩石缝隙中的植物，随着植物的长大，其根系不断长大增粗。植物根系的生长可对围岩产生一定的压力，促使岩石缝隙增大，最终导致岩石崩解。此外，穴居动物的挖掘作用，虫蚁、蚯蚓的筑巢翻土等都会引起岩石的破坏。

生物化学风化作用是指生物在新陈代谢过程中的分泌物和生物死亡后的遗体腐烂形成腐殖质作用于岩石，使岩石分解破坏的作用。植物和细菌在新陈代谢中常常析出有机酸、硝酸、碳酸、氢氧化铵等溶液而腐蚀岩石。

据统计，每克土壤中约含有几百万个微生物，它们对地表附近岩石的破坏是十分强烈的。

二、影响岩石风化作用的因素

1. 岩石性质的影响

岩石的抗风化能力首先取决于组成岩石的矿物成分，不同的矿物成分抵抗风化的能力差别很大。一些常见矿物的抗风化能力由强到弱，一般情况下可排成下列等级和次序。

最稳定的：石英、玉髓、石榴子石、磁铁矿。

较稳定的：白云母、正长石、微斜长石、酸性斜长石。

较不稳定的：角闪石、辉石、基性斜长石、白云石、方解石、绿泥石。

最不稳定的：黑云母、橄榄石、黄铁矿、石膏、岩盐。

岩石中含较多的不稳定矿物时，其抗风化能力较弱；反之，岩石中含稳定矿物较多时，则其抗风化能力较强。另外，由一种矿物组成的单矿岩比由多种矿物组成的复矿岩的抗风化能力强。

岩石的结构、构造对风化的影响表现为粗粒、不等粒结构较细粒、等粒结构易风化，具有层理、片理等定向排列构造的岩石较均一粒状、致密状的易于风化。

2. 地质构造的影响

岩层中的断层破碎带和节理密集带，岩体破碎，宽度可达数米到数十米。断层和裂隙有利于水溶液渗透、流动和生物活动，并增大了岩石与大气的作用面积，因此沿它们的分布、延伸常常形成风化严重的地带。在节理发育的厚层砂岩或花岗岩地区，节理把岩石分割成棱角形碎块。在几组节理相交的棱角部位，风化作用最易发生并且速度快，长期作用棱角逐步被圆化，出现球状风化现象。

此外，沉积岩的层面、不整合接触面、火成岩侵入体与围岩的接触面、动力变质带等也是各种风化作用较强烈的部位。

3. 气候的影响

影响岩石风化作用的气候因素主要是气温和降水量。气温的高低直接影响到化学风化速度的快慢，昼夜温差的大小影响岩石的物理化学风化作用。岩石的化学风化作用基本是在有水的条件下进行，降水量直接控制着水的多少及化学风化作用的强弱。气候还决定了风化作用的类型。寒冷的冰冻气候区，通常以冰劈作用为主，而化学风化作用基本不发生；干旱、半干旱的气候区，以温差风化为主，化学风化作用微弱；温暖潮湿气候区，化学风化十分显著，生物风化也较发育；而炎热潮湿的气候区，植物茂盛，细菌繁殖迅速，水溶液中富含酸性物质，化学风化作用和生物风化作用十分强烈，岩石、矿物迅速分解，风化物厚度很大，可达 100m 以上。

4. 地形条件的影响

地形对风化作用也有影响。随地形高低的变化会产生气候的垂直分带，从而导致不同高度处的岩石中存在不同类型的风化作用、不同的风化速度和风化程度。阳坡和阴坡的风化作用不同，阳坡日照时间长，平均温度高，昼夜温差大，因而风化作用较阴坡强。地势的陡缓对岩石的风化也有影响，陡坡处地下水位低，生物活动少，以物理风化作用为主，风化产物易被剥蚀冲刷，残留的风化层厚度一般较小。缓坡则以化学风化和生物风化作用为主，风化产物易在原地保留，所以风化层厚度大。

5. 其他影响因素

地下水的渗流条件和化学成分对风化速度、程度和分布也有明显影响。地下水循环良好的地区，通常能形成较厚的风化层。在地下水位以上的地段，经常干湿交替，并且水中含有较多的 CO_2、O_2 等成分，所以是风化作用最活跃的地段。而地下水位以下，除可溶盐类岩石外，风化作用减弱。

此外，地壳构造运动、人类的工程活动等因素都对岩石的风化有一定的影响。

三、岩石（体）风化程度的划分

岩石风化后，其物理性质和化学成分将有不同程度的改变，并形成与原岩的结构、构造，甚至矿物成分完全不同的各种风化产物。岩石的风化程度和深度因地而异，风化壳在平面上的分布常常不连续，在垂直方向上的变化也很大，而且不同风化程度的岩石之间是渐变的，其间并无明显的界线。风化程度的不同使岩石的性状和物理力学性质差别很大，因此在工程勘察设计中需要对风化程度进行等级划分。这种划分对岩石（块）来说，称为风化分级，对岩体则称为风化分带。划分的依据主要是岩石中矿物成分和结构、构造的变化；破碎情况；物理力学性质的变化等。目前国内外有关规范、规程大多数将风化岩体分为四个带，即全风化、强风化、中等（弱）风化、微风化，具体描述见表4-1。

表4-1　岩体的风化程度分带

主要特征 / 分带名称	颜色、光泽	岩石组织结构的变化及破碎情况	矿物成分的变化情况	物理力学特性的变化	锤击声
全风化	颜色已完全改变，光泽消失	结构已完全破坏，呈松散状或仅外观保持原有状态，用手可掰碎	除石英颗粒外，其余矿物大部分风化变质，形成风化次生矿物	浸水崩解，与松软土或松散土体的特征相似 $K_w<25\%$	土哑声
强风化	颜色改变，唯岩块的断口中心尚保持原有颜色	外观具原岩结构，但裂隙发育，岩石呈干砌块石状，岩块上裂隙密布，疏松易碎	易风化矿物均已风化变质，形成风化次生矿物。其他矿物仍有部分保持原有特征	物理力学性质显著减弱，具有某些半坚硬岩石的特性，变形模量小，承载强度低 $K_w=25\%\sim50\%$	石哑声
弱风化	表面和裂隙面大部变色，但断口仍保持新鲜岩石特点	结构大部完好，但风化裂隙发育，裂隙面风化强烈	沿裂隙面出现次生、风化矿物	物理力学性质减弱，岩石的软化系数与承载强度变小 $K_w=50\%\sim75\%$	发声不够清脆
微风化	沿裂隙面略有变色	结构未变，除构造裂隙外，一般风化裂隙不易察觉	矿物组织未变，仅在裂隙面上有时有铁、锰质渲染	物理性质几乎不变，力学强度略有减弱 $K_w>75\%$	发声清脆

注　$K_w=R'/R$，R'为岩石风化后的抗压强度；R为岩石在新鲜条件下的抗压强度。表中所列数字是平均值分类，实际工作中应根据地质条件和设计需要加以修正。

必须指出的是，并不是在任何地段、任何风化岩体的垂直剖面上都能看到表4-1所列的全部4个风化带，而常见的是缺失个别风化带或仅有其中一两个风化带的情况。此外，不同风化带的厚度变化也各地不一，因此在实际工作中必须进行翔实的地质勘探和试验工作，才能正确地划分。

第二节 河流地质作用

河水沿河床流动时，具有一定的动能（E）。动能的大小取决于河水的质量（m）和河水的流速（v），可用式（4-1）表示：

$$E=1/2mv^2 \tag{4-1}$$

河水在流动过程中，其动能主要消耗于以下两方面：一是克服阻碍流动的各种摩擦力，如河水与河床之间的摩擦力、河水水流本身的黏滞力等；二是搬运水流中所携带的泥沙。设这两部分动能的消耗为 E'。当 $E>E'$ 时，多余的能量将对河床产生侵蚀作用。当 $E=E'$ 时，河水仅起着维持自身运动和搬运水流中泥沙的作用。但是这种平衡状态只是暂时的，由于河水的流速是经常变化的，所以河水的搬运能力也在不断改变。当 $E<E'$ 时，河水中所携带的泥沙将有一部分沉积下来。因此，河流的地质作用可分为侵蚀作用、搬运作用和沉积作用三种形式。

一、河流的侵蚀作用

河水及所携带的碎屑物在运动过程中对河谷的破坏作用称为河流的侵蚀作用。河流侵蚀作用包括机械侵蚀和化学溶蚀两种，前者较为普遍，后者只是在可溶岩地区才较为明显。

河流的侵蚀，按侵蚀作用的方向不同可分为下蚀作用和侧蚀作用两类。

1. 下蚀作用

河流的下蚀作用是指河流侵蚀破坏河床底部岩石，使河床不断加深的作用。河流下蚀作用的强弱主要受河床岩石的性质、河流的含砂量和河水的流速等因素影响。

一般地，河流的下蚀作用在河流的上游区表现明显。上游区河谷的纵向坡度较陡，河水流速较大，河流以河水自身的能量向下冲蚀河床，同时河水中携带的大量砂砾直接冲击、磨蚀河床，使河谷不断加深。在河道狭窄的地段，由于河流的过水断面较小，流速和动能较大，故是河流下蚀作用比较强烈的地段，多形成 V 形深切峡谷。如我国的长江三峡及金沙江的虎跳峡就是举世闻名的 V 形峡谷。虎跳峡江面最窄处仅 40～60m，峡谷深达 3000m，最陡的谷坡坡度达 70°。

由于在各河段组成河床的岩石软硬不同，因此其河流下蚀作用的速度也各不相同。由松软岩石构成的河床，因其抗侵蚀能力较低，河流的下蚀作用较为强烈，易形成地形下凹的河底，甚至形成较大的深潭。由坚硬岩石组成的谷底，因抗侵蚀能力强，常突起形成陡坎。由于陡坎的存在使河水呈现明显的跌水现象称为瀑布。如北美的尼亚加拉大瀑布位于坚硬石灰岩与软弱页岩交界处；我国著名的黄果树大瀑布，水面宽 20m，水位落差达 57m。

瀑布跌水的俯冲使其底部的河床被淘深，同时翻起的水流对瀑布陡坎的基部进行冲蚀。当基部被淘空时，上部岩石崩落下来，于是瀑布便向上游方向不断后退。尼亚加拉大瀑布每年后退 1.3m，我国黄河上游的壶口瀑布平均每年后退 5cm。瀑布后退，河床坡度逐渐变缓，瀑布最终消失。在河流源头处，由于地形较陡，大多有跌水现象，那里下蚀作用最强。与瀑布后退类似，由于下蚀作用使河谷向源头方向推进、伸长，这种作用称为河流的向源侵蚀或溯源侵蚀。

河流下蚀作用不是无止境的，当河流下切到一定深度，河水面趋近与其注入水体（海、湖等）的水面高度一致时，河水不再具有势能，流动停止，河流下蚀作用也随之停止。因此河流注入水体水面是河流下蚀作用的极限面，称为河流的侵蚀基准面。陆地上多数河流最终注入海洋，所以认为海平面是河流的最终侵蚀基准面。而支流注入主流时的主流河面，或河流注入湖泊时的湖水面等被称为局部侵蚀基准面，它们是不稳定的。

2. 侧向侵蚀作用

河流的侧向侵蚀作用是指河流对河床两侧或谷坡的冲刷破坏作用，主要发生在河流的中、下游地区。侧蚀作用的结果使河床弯曲、谷坡后退、河谷加宽。河水在弯曲的河道中以复杂的紊流状态流动，其主流常是左右摇摆呈螺旋状前进的曲线流动。在河道转弯处，由于离心力的作用，河面水的质点向凹岸运动，使凹岸水面抬高，凸岸水面则相应降低，形成横向比降，产生横向环流，见图 4-2。横向环流的作用使河流凹岸不断被冲刷淘空、垮落，侵蚀下来的物质又被环流底层的水流带到凸岸堆积下来。侧向侵蚀作用的结果是使河流凹岸不断向谷坡方向后退，而凸岸因堆积不断前伸，使河谷愈来愈宽，河床愈来愈弯曲，最后河床脱离谷坡在宽阔的谷底自由摆动，形成形态极度弯曲的河床，称为蛇曲或自由河曲，如图 4-3 所示。当河曲发展到一定程度时，同侧上下游相邻的弯曲逐渐靠近，洪水冲开狭窄地带，使河流截弯取直。被废弃的河道，则逐渐淤塞断流，成为与新河道隔开的牛轭湖。这种现象在平原区河流中较为常见。如长江的下荆江河段，河曲极为发育，从藕池口到城陵矶的直线距离仅 87km，但有河曲 16 个，致使两地间河道长度达 239km，素有“九曲回肠”之称。它有史以来发生了数十次截弯取直。

资源 4-2
河曲的形成
及发展

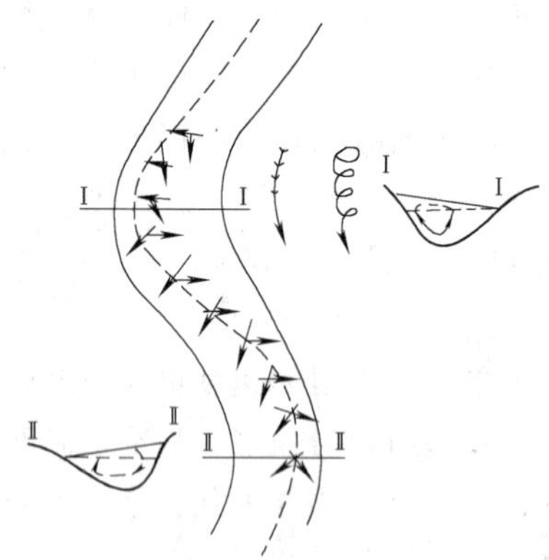

图 4-2　河流侧向侵蚀示意图

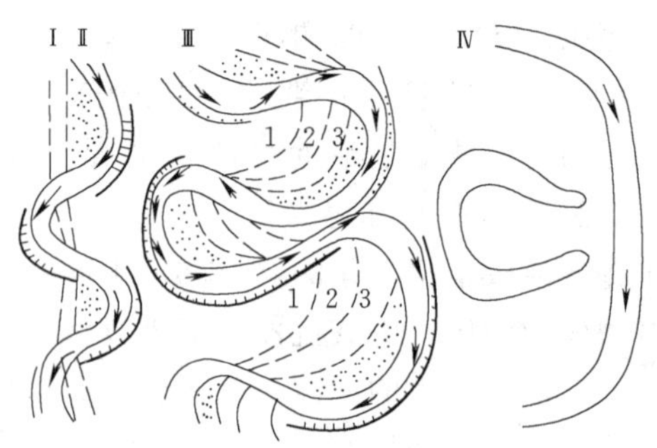

图 4-3　河曲的形成及发展

Ⅰ—原始河道；Ⅱ—雏形弯曲河道；Ⅲ—蛇曲河道；
Ⅳ—裁弯取直后的河道及牛轭湖；
1、2、3—示意河道演变过程

二、河流的搬运作用

河流将来自谷坡和河床的侵蚀产物从一个地方搬运到另一个地方的作用称为河流的搬

运作用。河水搬运物质有以下几种方式。

（1）拖运：又称推移。是粒径较大的土石颗粒在水流的作用下，沿河床底部顺水流方向滚动、滑动式间歇性跳跃（但不离开河底）的搬运方式。

（2）悬运：细小的泥沙颗粒，离开河底，悬浮于水中，随水流一起运动到下游，这种搬运方式称为悬运。

（3）溶运：指化学溶解物（盐和胶体），如 $Ca(HCO_3)_2$、$FeSO_4$、Al_2O_3 等随河水一起运动。

其中拖运和悬运属于机械搬运，溶运属于化学搬运。

河流最主要的搬运方式是机械搬运，其搬运量的多少和碎屑颗粒大小，受水动力强弱的影响。流速、流量增加，机械搬运量将增加，碎屑颗粒的粒径也增大。河流的机械搬运量是不容忽视的，黄河中游河段流经黄土高原地区，土质松软，易受水流冲刷侵蚀，产生大量泥沙，使黄河成为世界上含沙量最多的河流，最大年输沙量达 39.1 亿 t（1933 年），最高含沙量 $920kg/m^3$（1977 年），三门峡站多年平均输沙量约 16 亿 t，平均含沙量 $35kg/m^3$。

河流在搬运过程中，把原来颗粒大小不同、轻重混杂的搬运物按比重和粒径的不同分别集中在一起，这就是河流搬运过程中的分选作用。此外，推移物质在搬运过程中不断地与河床底部或彼此间相互碰撞、磨损，使这些碎屑物逐渐变圆、变细，此过程称为磨细和磨圆作用。河流机械搬运物随河流搬运距离的增长，越磨越圆、越磨越细，分选也越来越好；那些化学性质不稳定或质软的碎屑越来越少，所以在河流下游以化学性质稳定而坚硬的石英碎屑居多。

三、河流的沉积作用

当河床的坡度减小，或搬运物质增加而引起流速变慢时，河流的搬运能力降低，河水挟带的碎屑物质逐渐沉积下来，形成层状的冲积物，称为河流的沉积作用。

河流的沉积作用主要发生在河流入海、入湖和支流入干流处，或者在河流的中、下游，以及河曲的凸岸。但大部分都沉积在海洋和湖泊里。河谷沉积只占搬运物质的少部分，而且多是暂时性沉积，很容易被再次侵蚀和搬运。

由于河流搬运物质的分选作用，一般在河流的上游沉积较粗的砂砾石，越往下游沉积的物质越细，多为砂土或黏性土，并且可形成广大的冲积平原及河口三角洲沉积。更细的胶体颗粒或溶解质多被带入海、湖中沉积。

四、河谷地貌

河水流动时，由于本身动能的变化，或河底地质条件的不同以及地壳运动的影响，河谷在发育演变过程中，可形成各种不同类型的纵、横剖面和特有的地貌形态。河流的纵剖面总是起伏不平的。上游地势高、坡度大，往下游逐渐变得低而平缓，其间河谷地势出现明显的落差，如长江全长约 6300km，上、下游落差达 6500m。并且由于河流流经地段的岩性或地质构造的差异，在局部地段还会出现深潭、陡坎、瀑布、深槽等。河流纵剖面的这种变化，为水利资源的梯级开发创造了有利的自然条件。

在横剖面上，河流上、下游的河谷也具有不同的形态。在上游山区，河流的下蚀作用超过侧向侵蚀作用，多形成两壁陡峭的 V 形河谷。在河床坡度平缓的中、下游地区，河

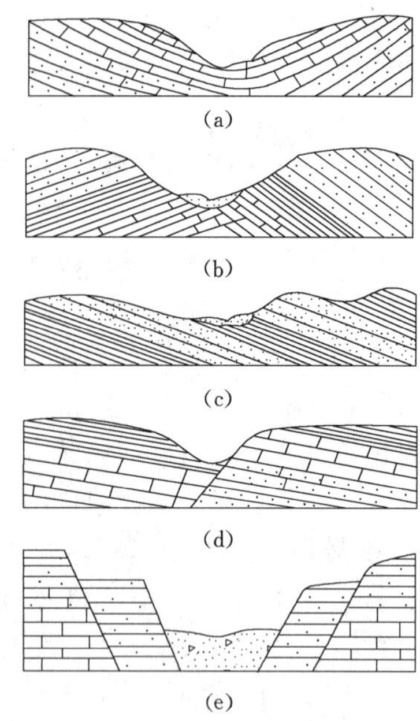

图 4－4　各种纵谷横剖面图
(a) 向斜谷；(b) 背斜谷；(c) 单斜谷；(d) 断层谷；(e) 地堑谷

流侵蚀作用以侧向侵蚀为主，拓宽河谷的作用较强，并伴有不同程度的沉积作用，因而河谷多为谷底平缓、谷坡较陡的 U 形河谷。根据河谷两岸谷坡对称情况，可分为对称谷和不对称谷，前者两岸谷坡坡度相近一致［图 4－4 (a)、(b)、(e)］，后者则一岸谷坡平缓，一岸陡峻［图 4－4 (c)、(d)］。河谷的对称性，对坝址、坝型的选择具有重要意义。

根据河流与地质构造的关系可将河谷分为纵谷和横谷。纵谷是指河谷延伸方向与岩层走向或地质构造线方向一致，横谷是指两者方向近于垂直的河谷。河流是沿软弱岩层、断层带、向斜或背斜轴等发育而成。根据地质构造特征又可将纵谷分为向斜谷、背斜谷、单斜谷、断层谷、地堑谷等，如图 4－4 所示。

河流阶地是河谷地貌的另一种重要形态。阶地是指河谷谷坡上分布的洪水不能淹没的台阶状地形。一般河谷中常常出现多级阶地，按照高低位置的不同，自下而上依次称为一级阶地、二级阶地等（图 4－5）。阶地的形成是由于地壳运动的影响，使河流侧向侵蚀和下蚀作用交替进行的结果。在地壳运动相对稳定时期，由于河流的侧向侵蚀作用，使河床加宽，并形成平缓的滩地，枯水期露出水面，洪水期被洪水淹没，这些滩地称为河漫滩。当地壳上升时，基准面相对下降，河流下切，河漫滩位置相对升高至洪水期也不再被水淹没时便成为阶地。上述作用如此反复交替进行，则不断形成新的河漫滩和新的阶地，多次地壳运动将出现多级阶地。

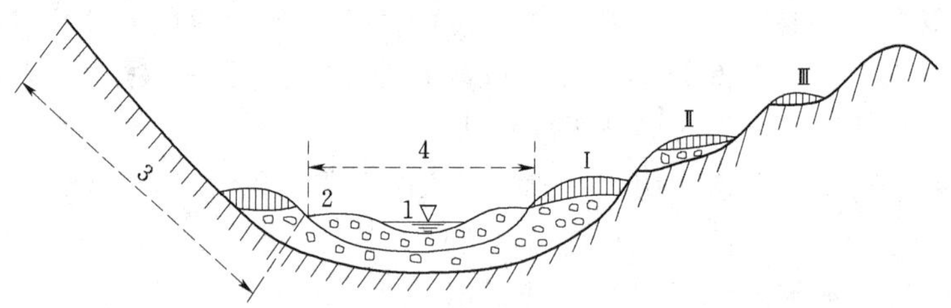

图 4－5　河谷的组成
1—河床；2—河漫滩；3—谷坡；4—谷底；
Ⅰ—一级阶地；Ⅱ—二级阶地；Ⅲ—三级阶地

根据成因，阶地可分为以下几种类型：

(1) 侵蚀阶地：其特点是由基岩构成，阶地面上基岩直接裸露或只有很少的残余冲积物［图 4－6 (a)］，只在山区河谷中常见。

(2) 基座阶地：由两部分组成，上部为冲积物，下部为基岩，即上部的冲积物覆盖在基岩的基座上［图 4－6 (b)］。分布于地壳上升显著的山区，它是由于后期河流的下蚀深度超过原有河谷谷底的冲积物厚度，切入基岩内部所形成的。

（3）堆积阶地：这种阶地完全由冲积物组成，反映了在阶地形成过程中，河流下切的深度没有超过冲积物的厚度。堆积阶地在河流的中、下游最为常见。根据下切的深度和阶地间的接触关系，堆积阶地又可分为上叠阶地和内叠阶地。上叠阶地的特点是新阶地的堆积物完全叠置在老阶地的堆积物上［图 4－6（c）］，而内叠阶地是指新的阶地套在老的阶地之内［图 4－6（d）］。

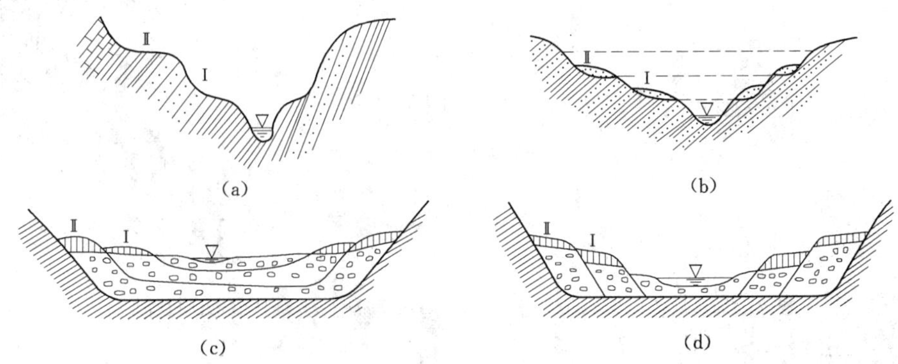

图 4－6　阶地的类型

（a）侵蚀阶地；（b）基座阶地；（c）上叠阶地；（d）内叠阶地

第三节　岩溶（喀斯特）

在可溶性岩石分布地区，岩石长期受水的淋漓、冲刷、溶蚀等地质作用而形成各种独特地貌形态的地质现象，总称为喀斯特（岩溶），这种地质作用称为岩溶作用。喀斯特一词来源于喀斯特高原，那里的岩溶现象十分发育，由此而得名。

资源 4－3
岩溶

可溶性岩石在我国分布非常广泛，其中尤以碳酸盐类岩石分布最广。碳酸盐类岩石在地表出露面积约占我国陆地面积的 14.3%。主要分布于广西、贵州、湘西、鄂西、滇东和川东等地。在山西、河北、辽宁和山东等省地也有较多分布。因此，我国喀斯特地貌极为发育。如广西桂林、云南路南石林、贵州龙宫和打鸡洞等都是以喀斯特地貌著名的风景区。但在岩溶地区进行工程建设，常常会遇到一些特殊的工程地质和水文地质问题，如水库渗漏、坝基的稳定性问题等。

一、岩溶的形态特征

岩溶形态多种多样，常见的有溶沟和石芽、落水洞、溶蚀漏斗、溶洞等（图 4－7 和表 4－2）。

表 4－2　　岩溶形态类型表

形成部位	岩溶形态	
地表	溶沟、石芽、峰丛、峰林、孤峰、干谷、盲谷、溶蚀洼地、溶蚀平原、岩溶湖	
地下	垂直溶蚀形态	溶蚀漏斗、落水洞及竖井
	水平溶蚀形态	溶洞、暗河、地下湖、溶隙、溶孔
	堆积物形态	石柱、石钟乳、石笋、残积红土

图 4－7　岩溶地貌示意图

（录自李尚宽著，《素描地质学》，地质出版社，1982 年）

1—溶沟；2—石芽；3—溶斗；4—溶洼；5—落水洞；6—溶洞；7—溶柱；8—天生桥；9—地下河及伏流；10—地下湖（暗湖）；11—石钟乳；12—石笋；13—石柱；14—隔水层；15—河成阶地；

Ⅰ—岩溶剥蚀面；Ⅱ—强烈剥蚀面上发育溶沟、溶芽和溶斗；Ⅲ—石林丘陵；

Ⅳ—洼地、谷地发育带；Ⅴ—溶蚀平原（溶原）

（1）溶沟和石芽。地表水流沿岩石裂隙下渗过程中，溶解地表岩石形成的沟槽和脊状突起，沟槽为溶沟，脊状突起为石芽。当溶沟不断加深，石芽增长，可形成巨型石芽，称为石林。

（2）落水洞。是地表水流沿裂隙下渗，溶解岩石所形成的与潜水面或地下溶洞相通的陡立深洞，深度可达 100～200m。

（3）溶蚀漏斗。是分布于地表及浅处的碟状或漏斗状的溶蚀洼地。其形成除受溶蚀作用外，还遭受重力崩塌作用。

（4）溶洞：在潜水面附近，地下水作水平方向运动，因此溶蚀作用沿水平方向发展，形成沿水平方向延伸的地下洞穴，称为溶洞。地下水在溶洞中流动则成地下河。许多溶洞中都堆积有石笋、石钟乳、石柱等。世界上已知最长的溶洞系统是美国肯塔基州巨洞——国家公园内的猛玛洞，1972 年查明其连续的地下通道长达 252km。

溶蚀作用不断进行，溶洞逐渐扩大，导致顶部垮塌，使溶洞部分出露于地表，称为溶蚀谷。溶蚀谷顶部有部分残留未垮塌，形成天生桥。溶蚀谷继续扩大，形成溶蚀盆地。盆地之间残留的孤立陡峭山峰，称孤峰。若山峰连成一片，称峰林。

二、岩溶发育的基本条件

岩溶是在各种自然条件的共同作用下发生和发展起来的，其中，可溶的透水岩层和具有侵蚀性的水流是岩溶发育的基本条件。

1. 岩石的可溶性

可溶性岩石是岩溶发育的物质基础。自然界的可溶性岩石主要有以下三类：碳酸盐类岩石，如石灰岩（$CaCO_3$）、白云岩（$Ca \cdot Mg[CO_3]_2$）；硫酸盐类岩石，如石膏（$CaSO_4 \cdot 2H_2O$）、硬石膏（$CaSO_4$）；卤化物类岩石，如盐岩（NaCl、KCl）。其中碳酸盐类岩石的溶解度最小，盐岩类的溶解度最大。但由于碳酸盐类岩石分布最广，故常见的岩溶现象均分布于这类岩石中。

可溶岩的成分和结构特点影响岩溶的发育。对碳酸盐类岩石而言，质纯、厚层含石膏等溶解度大的矿物成分时，岩石的溶解度大，岩溶比较发育；而层薄，含泥质、硅质、白云质等难溶或不溶成分时，岩石的溶解度降低，岩溶不易发育。通常情况下，粗粒结构的碳酸盐岩比细粒结构者岩溶较易发育。

2. 岩层的透水性

岩层的透水性是岩溶发育的另一个必要条件。岩层的透水性主要取决于岩层中裂隙和孔洞的多少和连通情况。裂隙越发育，岩层的透水性越好，溶蚀作用就越强烈，岩溶越发育。所以岩石中裂隙的发育情况往往控制着岩溶的发育情况。在野外常常见到岩溶沿断裂带发育和分布的现象。此外，在地表附近由于风化裂隙增多，有利于地下水的运动，故岩溶一般比深部发育。

3. 水的溶解能力

碳酸盐类岩石在纯水中的溶解度仅为11.5mg/L，但自然界的水中往往含有某些化学成分或气体，其中对水的溶蚀能力影响最大的是侵蚀性CO_2的含量。CO_2可以HCO_3^-、CO_3^{2-}或气态形式存在于水中。以气态形式存在于水中的CO_2称为游离CO_2，当水中含有1mg/L的游离CO_2时，碳酸盐岩在水中的溶解度可增至50～80mg/L。可见，游离CO_2的存在，提高了水对碳酸盐岩的溶蚀能力。这是由于CO_2的参与，可使不易溶解的碳酸盐转变为易溶的重碳酸盐，其化学反应式为

$$CaCO_3 + H_2O + CO_2 \rightleftharpoons Ca(HCO_3)_2$$

该反应是可逆的。当水中含有一定数量的HCO_3^-时，则有相应数量的游离CO_2与其平衡。当游离CO_2含量增加时，则反应向右进行，将有一部分$CaCO_3$被溶解。这部分溶解$CaCO_3$的CO_2称为侵蚀性CO_2。水中侵蚀性CO_2含量越高，水的溶蚀能力越强。一般情况下，地下水中侵蚀性CO_2的含量随着深度的增加而减少，故水的溶蚀能力随着深度的增加而逐渐减弱。

4. 水的流动特征

在可溶性岩石中，如果地下水的补给和排泄条件通畅，就能不断地将溶解物质带走，同时又不断补充新的具有侵蚀性的水，因此，岩溶发育速度快；反之，如果地下水流动缓慢或处于静止状态，则岩溶发育迟缓或处于停滞发育阶段。一般在地表附近，水循环交替作用强烈，随着深度的增加，水交替作用减弱，甚至停止。所以岩溶在地表及浅部较发育，而随着深度的增加越来越弱。

除上述基本条件外，气候、地形、植被和覆盖层等对岩溶的发育也有很大的影响，潮湿炎热、土壤层较厚、生物繁茂的可溶岩地区，岩溶最为发育。

三、岩溶发育的分布规律

岩溶的发育受多种因素的控制和影响，不同地区的自然条件差别很大，即使同一地区的不同部位，其水交替条件和水的溶蚀能力也有差异。因此，岩溶的发育和空间分布非常复杂。综合目前国内外的研究成果，岩溶的发育和分布具有垂直分带性和平面上分布的不均匀性等特点。

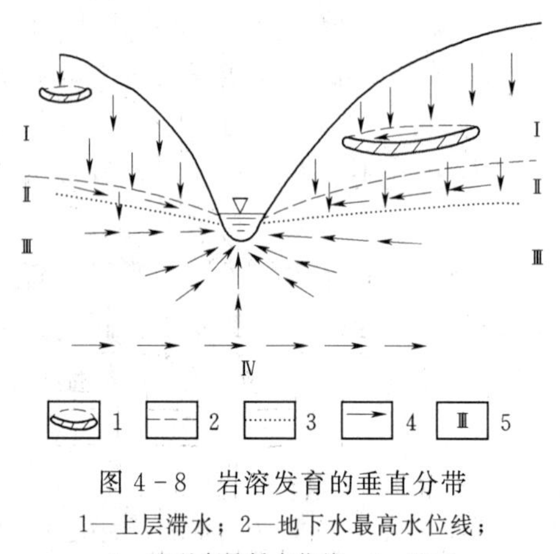

图 4-8　岩溶发育的垂直分带
1—上层滞水；2—地下水最高水位线；3—地下水最低水位线；4—地下水流向；5—分带编号

（一）岩溶发育的垂直分带性

在地表附近，由于岩石风化裂隙发育，含有大量 CO_2 的大气降水直接补给地下水，并且沿地表水文网排泄，因此，水的循环交替和溶蚀作用强烈，有利于岩溶的发育。越向地下深处，岩层的裂隙越少，水循环交替作用越弱，水中侵蚀性 CO_2 不断被消耗，水的溶蚀能力逐渐减小，岩溶发育程度越来越弱。在厚层质纯的可溶岩地区，岩溶发育随着深度的增加而逐渐减弱的现象最为明显。按其发育特性可分为以下四个带（图 4-8）。

1. 垂直岩溶发育带

位于地表以下，地下水位以上，大气降水通过各种裂隙渗入岩层中后，主要作垂直运动，因而岩溶的发育主要以垂直形态为主，如溶蚀漏斗、落水洞等。该带厚度取决于当地气候与地形条件，最大厚度可达数百米（图 4-8 中的Ⅰ）。

2. 水平和垂直岩溶交替发育带

位于地下水最高水位与最低水位之间。地下水位上升时期，地下水呈水平方向流动；水位下降时期，地下水则作垂直方向运动。由于水动力条件较好，该带岩溶作用最为强烈，并且岩溶形态既有垂直的落水洞，也有近水平方向的溶洞。此带厚度取决于地下水位变化幅度，由数米到数十米不等（图 4-8 中的Ⅱ）。

3. 水平岩溶发育带

位于地下水最低水位以下，其下限为地方性侵蚀基准面（如河水或河床底部附近）。该带地下水主要作水平方向运动，形成大量的水平方向的溶洞、暗河等。在河谷底部，地下水具承压性质，由下而上排泄于河床之中，因此，河床下部的岩溶可呈放射状分布（图 4-8 中的Ⅲ）。

4. 深部岩溶发育带

在水平岩溶带以下，地下水的流动方向不受当地侵蚀基准面的影响，水循环交替在地质构造的控制下，向更远更低的区域流动。由于埋藏较深，水循环交替缓慢，岩溶发育微弱，形态以溶隙和溶孔为主（图 4-8 中的Ⅳ）。

以上岩溶发育的垂直分带具有一定的局限性。这四个带的位置不是固定不变的，它们的划分也只是近似的。只适用于峡谷型河谷的浅部地区，而且是近期发育的岩溶，不能包括第三纪以前形成的古岩溶分布规律，所以应结合当地的地质地貌条件具体分析。

（二）岩溶分布的不均匀性

岩溶分布不仅在垂直方向上具有上述规律，而且在平面上分布是不均匀的。其发育主要受下列因素所控制。

1. 岩溶分布受地质构造控制

断层和裂隙是地下水在岩层中流动的良好通道，特别是区域性断裂，对岩溶发育常起到控制作用。如辽宁观音阁水库，坝址为寒武纪石灰岩，右岸有 20 多条断层，地表溶洞有 53 个，据 39 个钻孔统计，共钻到溶洞达 90 多个，仅 F_8 钻孔就遇到 30 多个。溶洞呈串珠状分布。不同力学性质的断层，其岩溶发育的部位也不相同，压性断层本身阻水，因而岩溶不发育，但其上盘常常岩体较破碎，故岩溶较发育；张性断层，其断裂带裂隙多而呈张开状态，故沿张性断层带岩溶十分发育。褶皱与岩溶的关系也十分密切，褶皱的核部和转折部位，因为多是张性裂隙，常常是岩溶最发育的地带，而褶皱的翼部岩溶发育微弱。

2. 岩溶分布受岩层及其组合控制

岩层组合是指可溶性岩层与非可溶性岩层的比例和相互组合关系。岩溶的发育与岩层的组合类型关系非常密切。质纯厚层的石灰岩层，岩溶发育，并且比较均匀。如我国北方主要发育在寒武、奥陶纪灰岩中，南方主要在寒武、奥陶、石炭、二叠及三叠纪的石灰岩中。在可溶性岩石与非可溶性岩石互层地带，由于非可溶岩起阻水作用，有利于地下水在其上部聚集和流动，因此常常在交界面的上部形成集中的岩溶发育带（图 4 - 9）。

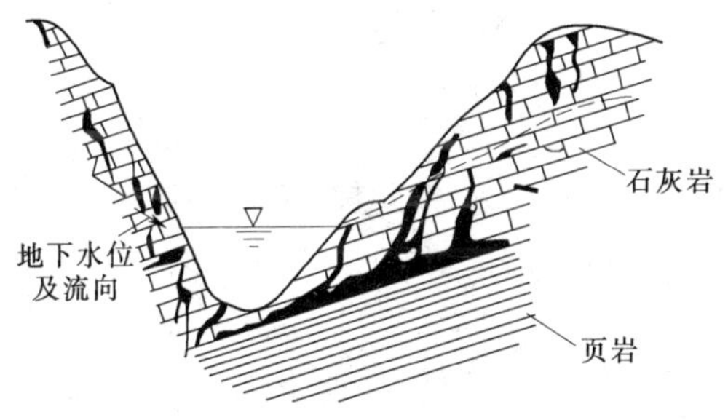

图 4 - 9　岩溶沿不透水层发育示意图

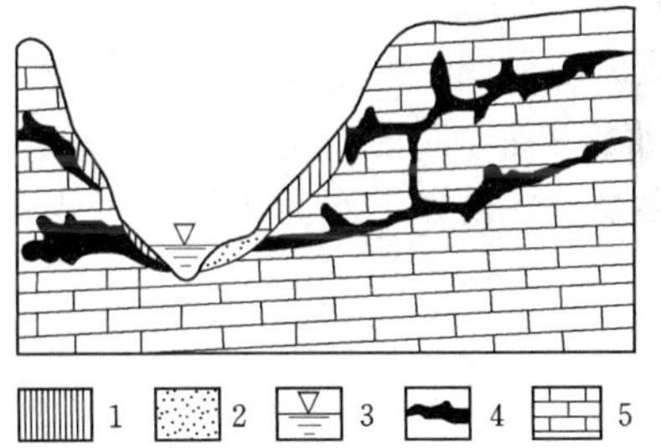

图 4 - 10　溶洞成层分布示意图

1—坡积物；2—砂；3—河水位；4—溶洞；5—石灰岩

资源 4 - 4
岩溶发育
过程

3. 溶洞发育的成层性

岩溶地区有时可看到溶洞成层出现，如桂林地区漓江河床以上有四层溶洞分布。溶洞成层分布的现象和层数的多少，和该地区地壳的升降运动有关。当地壳处于稳定时期，岩溶发育比较彻底，可发育成规模大、数量多的水平溶洞和地下暗河，形成一个近于水平的溶洞层。当地壳上升时，原来的溶洞层相对上升，如果后来地壳又处于暂时稳定时期，则形成一层新的溶洞层。反之地壳下降时，已形成的溶洞层下降到地下深处，则在其上部会形成新的溶洞层。由于地壳的多次变动，在一个地区可形成不同高程的若干层溶洞（图 4 - 10）。

第四节　泥　石　流

泥石流是一种含有大量泥沙、石块等固体物质，具有强大破坏力的特殊洪流。这种洪流多发生在暴雨集中或有大量冰雪融水的陡峻山区。泥石流中固体物质的体积一般大于15%，最大可达80%。泥石流密度通常大于1.3t/m^3，最大可达2.3t/m^3。泥石流的流速一般可达5～7m/s。泥石流因流速快、密度大，其侵蚀、搬运能力极强，可在较短的时间内（几分钟到几小时），将几十万乃至几千万立方米的固体物质搬运至沟口，宣泄于河道，造成河道堵塞；或冲毁道路桥梁，破坏农田村镇，给国民经济和人民的生命财产造成巨大损失。

世界上有50多个国家存在泥石流的潜在威胁。由于生态环境日益遭到破坏，进入20世纪后全球泥石流暴发频率急剧增加，发生逾百次。如1985年11月13日，哥伦比亚的鲁伊斯火山泥石流，以50km/h的速度冲击了近3万km^{2}的土地，其中包括城镇、村庄、田地，哥伦比亚的阿美罗城成为废墟，造成2.5万人死亡，15万家畜死亡，13万人无家可归，经济损失高达50亿美元。1998年5月6日，意大利南部那不勒斯等地突遭建国以来非常罕见泥石流灾难，造成100多人死亡，2000多人无家可归。2006年2月17日菲律宾东部莱特岛由于遭受多日暴雨肆虐突发泥石流，导致山脚下的吉思萨贡村300多座房屋被淹没，村内800多人几乎全部遇难。我国是泥石流分布广泛、发生频繁的国家，西北、西南和华北的许多山区，都经常发生泥石流。如甘肃白龙江两河口至长崖坝长70km的干流两岸，有泥石流沟约200条；云南小江流域龙头山以下90km长河段内竟有51条（支流）为泥石流沟。

一、泥石流的形成条件

1. 地形地貌条件

泥石流多发生在沟谷汇水面积较大，地形坡度较陡，地表水能迅速集中，并沿着沟谷急剧泄流的沟谷发育地区。典型的泥石流流域有三个区段（图4－11）：①形成区，地形上为三面环山一面有出口的瓢形或不规则状的汇水圈谷，地形坡度为30°～60°；②流通区，地形上为瓶颈状或喇叭状的峡谷，谷坡陡，沟床纵比降大，谷底可形成陡坎或台阶；③堆积区，沟谷呈扇形或锥形，谷坡与沟底纵比降较平缓，有利于上游带来的大小石块的堆积。

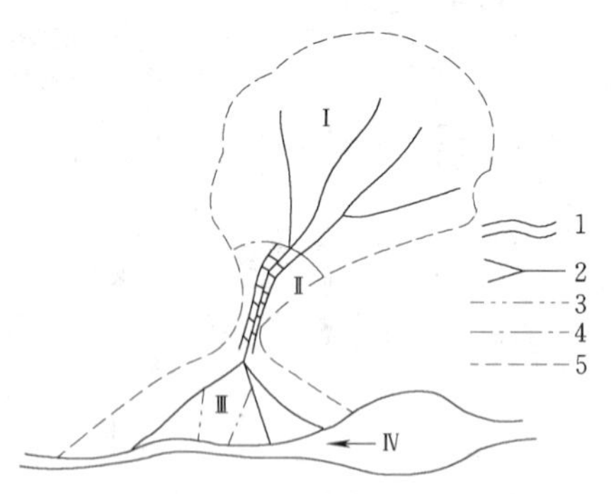

图4－11　泥石流流域示意图

1—峡谷；2—有水沟床；3—无水沟床；4—分区界线；5—流域界线；Ⅰ—形成区；Ⅱ—流通区；Ⅲ—堆积区；Ⅳ—堰塞湖

2. 地质条件

泥石流多发地区，一般地质构造比较复杂，岩体破碎，各种自然地质作用比较发育，或人工松散堆积层发育，为泥石流的发生提供了充足的固体物质来源。在地质构造上多发育在新构造运动发育地区，特别是活断层地带地震活动带上；在岩性上，页岩、泥岩、片岩、石灰岩、花岗岩等风化地区都易形成泥石流。

3. 水文气象条件

暴雨是泥石流形成的动力条件，泥石流多发地区的年降水总量不一定多，但必须有短期的暴雨或冰雪突然融化形成的具有强大冲刷力的水流。据调查，泥石流的形成与10min降雨强度密切相关，如长江上游10min降雨大于10mm，1h降雨达25mm，极易暴发泥石流。

二、泥石流的形成过程

泥石流的形成过程一般可分为三个阶段。

1. 固体物质的形成阶段

在形成区内的沟谷两侧及周围山坡上，有大量的风化残积物、滑坡崩塌物、坡积洪积松散物、人工堆积物或其他松散岩土类堆积，形成足够的固体物质补给来源。由于形成区内地形陡峻，上述堆积物质处于不稳定状态。

2. 泥石流的发生或搬运冲刷阶段

处于不稳定状态的各种岩土体，遇到暴雨或融雪时，由于其含水量达到饱和状态，岩土体内部结构变化，抗剪强度降低，在巨大水流的作用下，将产生滑移，进而发展成为水和土石体的混合流动，形成泥石流。在此阶段泥石流具有强大的垂直及侧向侵蚀能力，当其沿形成区内沟槽奔流直泄时，将会摧毁各种地面建筑物，并可能引起滑坡和崩塌的产生，带有极大的破坏性。

3. 泥石流的沉积阶段

山区沟谷下游沟床纵坡度变缓，沟谷地形开阔，泥石流体的流速将急剧减小，使得泥石流中的固体物质大量沉积，在沟谷出口处形成洪积扇。

三、泥石流的类型

泥石流的发生、发展及物质组成在不同的地区存在着明显的差异，研究这些差异并对泥石流进行分类，对拟定正确的防治措施有一定的意义。常见的分类方法如下。

1. 按泥石流的物质组成划分

（1）泥流：固体物质以黏性土为主，含有少量的砂粒、岩屑，黏度较大，呈稠泥状。多见于西北黄土高原地带。

（2）泥石流：流体中含有大量的黏性土、砂粒等细粒物质及巨大的石块、漂砾，多见于火成岩、变质岩及砂页岩分布的山区。

（3）水石流：固体物质以大小不等的石块、砂粒为主。黏性土含量较少，固体物质的数量也不多，多发生于石灰岩、大理岩和花岗岩分布的地区。

2. 按泥石流的流动状态划分

（1）黏性泥石流（结构型泥石流）：含大量的黏性土，固体物质的总量占40%～60%，最高达80%，水不是搬运介质，而和泥沙、石块凝聚成黏稠的整体，以相同的速度流动，爆发时较为突然，持续时间也较短，破坏力较大。

（2）稀性泥石流（紊流型泥石流）：水为主要成分和搬运介质，黏性土含量小，固体物质仅占10%～40%，运动时泥浆的流动速度大于石块的移动速度，泥石流的流态呈紊流状态。

四、泥石流的防治及预报

泥石流的防治措施有预防性和治理性两类。预防性措施包括在流域内种植和保护植被进行水土保持工作，修筑排水沟系统治理地表水和地下水以减少土壤潮湿度，保护沟谷的边坡稳定等。工程治理措施可采取在沟谷中修建拦渣坝、谷坊坝，以拦截泥石流的固体物质，减小泥石流的流速，并设置排淤场；在泥石流沟谷下游还可修建排洪道、导流堤等疏导工程，以使泥石流顺利排入大河或在冲积扇下堆积。

目前常用的泥石流的预报方法有：①利用遥感技术预报泥石流；②利用降雨（暴雨）预报泥石流；③利用泥石流遥测地声警报器；④利用泥石流超声波泥位报警器。泥石流的预测、预报和报警装置的研究在我国还是一个新的领域。虽然在工作中取得了很大进展，但要普遍推广使用，特别是要做出准确的预报，还需要不断地努力，不断地提高研究水平。

第五节　地　　震

地震是由于地质构造运动、火山活动及岩溶塌陷等引起的地壳震动。其中构造地震占全世界地震总数的 90％以上。此外还有因人类活动直接造成的地震，称为人工地震，如地下核爆炸、爆破工程、水库诱发地震、机车运行等。本书仅介绍天然地震。

一、地震的基本概念

地壳内部发生震动的地方称为震源。震源在地面上的垂直投影称为震中。从震中到震源的距离称为震源深度。地面上任一点到震中的距离称为震中距，到震源的距离称为震源距。地震所引起的震动以弹性波的形式向各个方向传播，其强度随距离的增加而减小。地震波首先传达到震中，震中区受破坏最大，距震中越远破坏程度越小。地面上受震动破坏程度相同点的外包线称为等震线（图 4－12）。

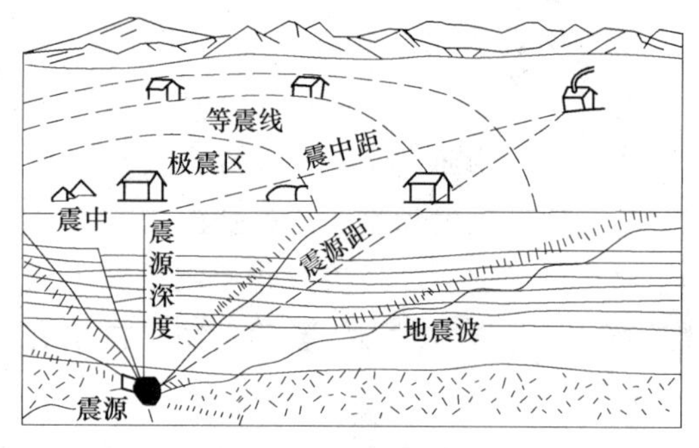

图 4－12　等震线图解

地震波通过地球内部介质传播的波称为体波。体波经过反射、折射而沿地面附近传播的波称为面波。体波分为纵波（P 波）和横波（S 波）。纵波是由震源发传出的压缩波，质点振动方向与波的传播方向一致，速度约为 5～6km/s。横波是震源向外传播的剪切波，质点振动方向与波的传播方向垂直，速度约为 3～4km/s。面波具有 P 波和 S 波两种波的性质，到地面后传播速度一般小于 3km/s。

根据震源的深度把地震分为浅源地震、中源地震和深源地震三种。

浅源地震：震源深度不超过 70km，以几公里到 20km 为最多，虽然震源浅，但由于波及范围较小，能量集中，故破坏性极大。世界上大多数地震特别是灾害性地震都是浅源地震。

中源地震：震源深度在 70～300km 之间。

深源地震：震源深度在 300km 以下，虽然震源深，但由于波及范围很广，能量分散，故破坏性往往较小。据地震资料显示，世界上最深的地震发生在 720km 以上。

地震波传播是按序列进行的，即在一定的时间内，发生在同一地质构造带上，或震源体上的地震，在同一地震序列中，地震释放能量最大的称为主震；在主震前，有时会发生前震，在主震发生后，仍继续发生的较小的地震，称为余震。有的地震是一次性的孤立地震，其前震和余震都很小。

二、地震的震级和烈度

1. 地震震级

震级（M）是指一次地震所释放出能量的大小，震级大小可以用地震仪测出。根据历史地震资料整理，美国地震学家里克特（F. Richter）于 1935 年提出的里氏震级分类表，见表 4－3。目前世界上记录到的震级最大的地震是 1960 年 5 月 21 日在智利发生的 9.5 级地震。地震释放的能量十分巨大，一枚氢弹爆炸释放能量为 4×10^{16}J，尚不及一次 8 级地震。

表 4－3　各级地震的能量

M	E/J	M	E/J
1	2.0×10^{6}	6	6.3×10^{13}
2	6.3×10^{7}	7	2.0×10^{15}
3	2.0×10^{9}	8	6.3×10^{16}
4	6.3×10^{10}	8.5	3.6×10^{17}
5	2.0×10^{12}	8.9	1.0×10^{18}

$M<1$，称超微震；$M=1\sim3$，称微震；$M=3\sim5$，称弱震；$M=5\sim7$，称强震；$M>7$，称大震。

2. 地震烈度

烈度（I）是指地震发生后，地面及各种建筑物受地震影响的破坏程度。地震烈度不仅与震级有关，还和震源深度，距震中距离以及地震波通过介质条件（岩石性质、地质构造、地下水埋深）等多种因素有关。一般情况下，震级越高、震源越浅、距震中越近，地震烈度就越高。

地震烈度鉴定表是根据地震发生后，地面的宏观破坏现象和定量指标（如地震加速度等）两方面的标准划定的。由于各地区的地质、地理条件不同，各种建筑物的抗震程度差别也很大，所以各国烈度划分标准很不一致。表 4－4 是中国科学院地球物理研究所根据我国的实际情况编制的地震烈度鉴定表。

表 4－4　地震烈度鉴定表（据中国科学院地球物理研究所）

地震烈度	名称	地震加速度/(m/s^2)	地震系数 K_c	地震情况	相应地震强度的震级 M
Ⅰ	无感震	<0.25	$<\frac{1}{4000}$	人无感觉，只有仪器可以记录	0
Ⅱ	微震	0.26～0.5	$\frac{1}{4000}\sim\frac{1}{2000}$	少数在休息中极宁静的人可以感觉到，住在楼上者更容易	2

续表

地震烈度	名称	地震加速度 /(m/s^2)	地震系数 K_c	地　震　情　况	相应地震强度的震级 M
Ⅲ	轻震	0.6～1.0	$\frac{1}{2000}$～$\frac{1}{1000}$	少数人感觉地动（如有轻车从旁经过），不能立刻断定是地震，振动来自的方向和持继续的时间，有时约略可定	3
Ⅳ	弱震	1.1～2.5	$\frac{1}{1000}$～$\frac{1}{400}$	少数在室外的人和大多数在室内的人都有感觉，家具等物有些摇动，盘碗及窗户玻璃震动有声，屋梁天花板等咯咯地响，缸里的水或敞口杯中的液体有些荡漾，个别情形惊醒了睡觉的人	3.5～4
Ⅴ	次强震	2.6～5.0	$\frac{1}{400}$～$\frac{1}{200}$	差不多人人有感觉，树木摇晃，如有风吹动。房屋及室内物体全部震动，并咯咯地响，悬吊物如帘子、灯笼、电灯等来回摇动，挂钟停摆或乱打，杯中的水满的溅出一些，窗户玻璃现出裂纹，睡的人被惊逃至户外	4～4.5
Ⅵ	强震	5.1～10	$\frac{1}{200}$～$\frac{1}{100}$	人人有感觉，大部分惊骇跑到户外，缸里的水激烈荡漾，墙上的挂图、架上的书都会落下来，碗碟器杯打碎，家具移动位置或翻倒，墙上灰泥发生裂缝，坚固的庙堂房屋也不免有些地方掉落泥灰，不好的房屋受相当损害，但还是轻的	4.5～5
Ⅶ	损害震	10.1～25	$\frac{1}{100}$～$\frac{1}{40}$	室内陈设物品和家具损伤甚大，庙里的风铃叮当地响，池塘腾起波浪并翻出浊泥，河岸河湾处有些崩滑，井泉水位改变，房屋有裂缝，灰泥及塑料装饰大量脱落，烟囱破裂，骨架建筑物的隔墙也有损伤，不好的房屋严重地损伤	5～5.75
Ⅷ	破坏震	25.1～50	$\frac{1}{40}$～$\frac{1}{20}$	树木发生摇摆有时断折，重的家具物件移动很远或抛翻，纪念碑或像从座上扭转或倒下，建筑较坚固的房屋如庙宇也被损害，墙壁间起了缝或部分破坏，骨架建筑墙壁倾脱，塔或工厂烟囱倒塌。建筑特别好的烟囱顶部也遭破坏。陡坡或潮湿的地方发生小小裂缝，有些地方涌出泥水	5.75～6.5
Ⅸ	毁坏震	50.1～100	$\frac{1}{20}$～$\frac{1}{10}$	坚固的建筑如庙宇等损伤颇重，一般砖砌房屋严重破坏，有相当数量的倒塌，以致不能再住。骨架建筑根基移动，骨架歪斜。地上裂缝颇多	6.5～7
Ⅹ	大毁坏震	101～250	$\frac{1}{10}$～$\frac{1}{4}$	大的庙宇、大的砖砌及骨架建筑连基础遭受破坏，坚固砖墙发生危险的裂缝，河堤、坝、桥梁、城垣均严重损伤，个别的被破坏，马路及柏油街道起了裂缝与皱纹，松散软湿之地开裂相当宽及深且有局部崩滑，崖顶岩石有部分崩落。水边惊涛拍岸	7～7.75
Ⅺ	灾震	251～500	$\frac{1}{4}$～$\frac{1}{2}$	砖砌建筑全部倒塌，大的庙宇及骨架建筑亦只部分保存。坚固的大桥破坏，桥柱崩裂，钢架弯曲（弹性大的木桥损坏较轻），城墙开裂崩坏，路基堤坝断开，错离很远。钢轨弯曲且鼓起，地下输送管完全破坏，不能使用，地面开裂甚大，沟道纵横错乱到处土滑山崩，地下水夹泥沙从地下涌出	7.75～8.5
Ⅻ	大灾震	501～1000	$>\frac{1}{2}$	一切人工建筑物无不毁坏，物体抛掷空中，山川风景亦变异。范围广大，河流堵塞，造成瀑布，湖底升高，山崩地毁，水道改变等	8.5～8.9

一次地震只有一个震级，但震中周围地区的破坏程度，则随距震中距离的加大而逐渐减小，形成多个不同的地震烈度区，它们由大到小依次分布。但因地质条件不同，可出现偏大或偏小的烈度异常区。

烈度的工程意义是作为抗震设防的标准。在工程勘察、设计中，关于地震烈度有如下三个基本概念。

（1）基本烈度。基本烈度是指一个地区在今后一定时期内，在一般场地条件下可能遇到的最大地震烈度。它是在研究了区域内及相邻地区地震活动规律后，对地震危险性作出的综合性的平均估计和对未来地震破坏程度的预报，目的是作为工程设计的依据和抗震的标准。现行的《中国地震烈度区划图》于 1990 年编制完成，1992 年经国务院批准由国家地震局和建设部联合颁布使用。图中所标示的地震烈度值系指在 50 年期限内、一般场地条件下、可能遭遇的地震事件中超越概率为 10％所对应的烈度值（50 年期限内超越概率为 10％的风险水平是国际上普遍采用的一般建筑物抗震设计标准）。图 4－13 是经过简化的地震区划图，仅供学习参考。

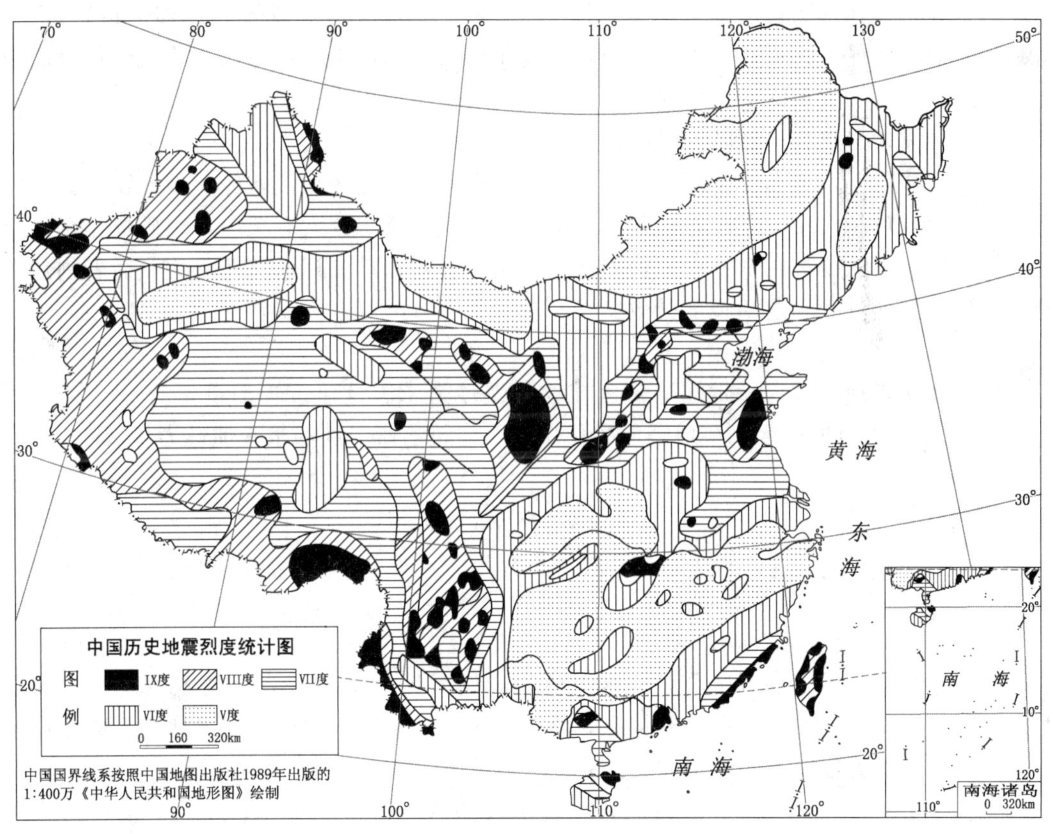

图 4－13　中国地震烈度区划图（简化）

（2）场地烈度。场地烈度是指某一地区或场区，根据其地区的地质条件的不同（如岩性、地质构造、地下水、地形地貌、自然地质特征等）参照地区的基本烈度，而加以修正的烈度。

地质条件对地震烈度的影响：从岩性上来说，通常在基岩分布地区，要比土层地区破坏程度低很多，而粗砂、砾石或硬质土层又比软黏土、淤泥及疏松堆积物破坏程度低。从地形条件上来说，在孤立突出的山丘、山梁、山脊、河谷边岸或悬崖陡壁边缘部位，都表现为震害加大，烈度增高，而低洼沟谷则震害减弱。地下水既影响岩、土层的物理力学性质，也影响地震波的传播，饱水的粉、细砂地层地震时易发生液化现象，地表喷水冒砂，地基强度丧失；饱水的软黏土在振动作用下，强度也明显降低。

如某一地区的基本烈度为Ⅶ度，在山区，基岩裸露完整，地下水埋藏较深，又无自然地质现象（如滑坡、崩塌等），其场地烈度可适当降低为Ⅴ～Ⅵ度；而在平原区，松散沉积物较多，地下水埋藏较浅，又有可能引起流砂及液化现象等，其场地烈度可能提高到Ⅶ度强或Ⅷ度。场地烈度一般由地质部门或勘察单位，结合当地条件提出。场地烈度有时可以等同基本烈度。

（3）设防烈度。设防烈度又称设计烈度或计算烈度，它是指在基本烈度或场地烈度的基础上，考虑建筑物的重要性、等级，以及结构物的特点，为保证建筑物的安全而修正的烈度。一般由设计部门自己提出。大多数一般建筑物不须调整，基本烈度即为设防烈度。特别重要的工程建筑须提高1度时，应按规定报请有关部门批准。对次要建筑，如仓库或辅助建筑，设防烈度可降低1度。但基本烈度为Ⅶ度时，不降。

三、地震对建筑物的影响

在地震作用下，地面会出现各种震害和破坏现象，也称为地震效应，即地震的破坏作用。它主要与震级大小、震中距离和场地的工程地质条件等因素有关。地震破坏作用可分为震动破坏和地面破坏两个方面。前者主要是地震力和振动周期的破坏作用，后者则包括地面破裂、斜坡破坏和地基强度失效。

1. 地震力

地震力是指地震波传播时施加于建筑物的惯性力。假设建筑物的重量为 W，质量则为 W/g，g 为重力加速度，在地震波的作用下，建筑物所受到的水平惯性力 P 为

$$P=\frac{W}{g}a=W\frac{a}{g}=WK_c$$

$$K_c=a/g$$

式中　a——地震加速度，m/s^2；

K_c——水平地震系数。

由于地震波的垂直加速度分量较水平的小，仅为其1/2～1/3，且建筑物的竖向安全贮备一般较大，所以设计时在一般情况下只考虑水平地震力，因此，水平地震系数也称地震系数。地震加速度 a 和 K_c 是重要的指标，各种烈度的对应数值均列入表4-4。从表4-4可以看出，当烈度为Ⅶ～Ⅸ度时，地震系数在 $K_c=0.01\sim0.1$ 范围内，对建筑物来说，应考虑增加1%～10%的附加抗震力，才能保证建筑物的安全。

2. 振动周期与振动时间的影响

建筑物地基受地震波冲击而振动，同时也引起建筑物的振动。当二者振动周期相等或相近时就会引起共振，使建筑物振幅增大，导致倾倒破坏。建筑物的自振周期取决于所用的材料、尺寸、高度以及结构类型，可用仪器测定或根据公式计算。据统计，1、2层结

构物约为 0.2s；4、5 层约为 0.4s；11、12 层约为 1s。建筑物越高自振周期越长。

地震持续时间越长，建筑物的破坏也越严重。土质越软弱、土层越厚振动历时也越长。软土场地可比坚硬场地历时长几秒到十几秒。

3. 地面破裂与斜坡破坏效应

地面破裂效应是指地震形成的地裂缝以及沿破裂面可能产生较小的相对错动，但不是发震断层或活断层。地裂缝多产生在河、湖、水库的岸边及高陡悬崖上边。在平原区松散沉积层中尤为多见。如 1965 年邢台地震时，在震中区附近滏阳河边广泛分布大致平行排列的数条大裂缝，顶宽达 1m，长达数百米。裂缝分布范围垂直于河流方向达数十米。使河岸及附近建筑遭到严重破坏。

斜坡破坏效应是指在地震作用下斜坡失稳，发生崩塌、滑坡等现象。大规模的边坡失稳不仅可造成道路、村庄、堤坝等各种建筑物的毁坏，而且可以堵塞江河。如 1933 年四川叠溪发生 7.5 级大地震，沿岷江及其支流发生多处大的崩塌、滑坡。崩石堆积堵塞岷江，形成两个堰塞湖，大的长约 7km，最大水深 94m；小的长约 4km，最大水深 91m。1 个多月后，堆石坝溃决，下游遭受严重水灾。

4. 地基失效

地基失效主要是指地基土体产生震动压密、下沉、地震液化及松软地层的塑流变形等，使地基失效造成建筑物的破坏。最常见的是地震液化现象。

地震液化是指饱水砂土受强烈振动后而呈现出流动状态的现象。当液化现象发生后，砂土的抗剪强度完全丧失，失去承载能力，从而导致建筑物破坏。砂土液化现象还可导致地面喷水冒砂、地面下沉、地下淘空等现象。地震液化主要发生在粉、细砂层中，强烈地震时，粉质黏土、中砂层中也可出现。

此外，发生地震时，海啸对沿岸港口、码头等建筑物也可造成很大的破坏作用。

复习思考题

1. 什么是自然地质作用？常见的自然地质作用有哪些？

2. 什么是风化作用？风化作用有哪些主要类型？

3. 影响风化作用的主要因素是什么？如何划分岩石的风化带？

4. 河流地质作用包括哪几种形式？各有何不同特点？

5. 什么是河流阶地？河流阶地是如何形成的？按照成因，阶地可分为哪几种类型？

6. 什么是岩溶？常见的岩溶形态有哪些？

7. 岩溶发育的基本条件和影响因素有哪些？岩溶发育具有什么样的分布规律？

8. 什么是泥石流？泥石流如何分类？

9. 泥石流的形成条件是什么？

10. 地震的震级和烈度有何不同？工程建设中常用的地震烈度是什么？其与基本烈度的关系如何？

11. 地震加速度与地震系数有何关系？在工程建筑物的设计中应如何考虑？

12. 地震破坏作用包括哪些内容？

第二篇　水文地质学

第五章　地下水概论

第一节　自然界中的水

自然界的水分布于大气圈、水圈和岩石圈之中，分别称为大气水、地表水和地下水。水文地质学中所研究的地下水是自然界中的一部分。它与大气降水、地表水共同组成地球的水圈，是自然界水循环的一个重要组成部分。

一、自然界中水的分布

自然界中的水，就总量而言是十分巨大的。然而，可供人类使用的淡水资源是相当有限的。表 5－1 列出了全球水量的分布概况。

表 5－1　全球水量的分布

存在空间及形式	数量/$10^{16}m^3$		占全球水量百分比/%	
	总量	其中淡水总量	占水总量	占淡水总量
海洋	133.8		96.536	
高山冰川（包括极地）	2.406	2.406	1.746	68.69
河湖水	0.023	0.0136	0.017	0.387
地壳表层中的地下水	2.372	1.083	1.711	30.91
大气水	0.0013	0.0013	0.0009	0.037
生物含水	0.0001	0.0001	0.00008	0.003
全球合计	138.6	3.504	100	

注　地壳表层是指埋深在 2000m 以内。

对人类最为有用的淡水，约 69%分布在人类目前难以获取的高山冰川（包括极地）之上。而较易开发的江河湖水，其总量仅占全球淡水总量的 0.387%，而且分布不均。在干旱、半干旱地区，地表水比较缺乏，地下水常常成为工农业生产和城市生活的主要水源之一，有些地区甚至是唯一的水源。因此，地下水的开发利用有着非常重要的意义。

二、自然界的水循环

如图 5－1 所示，水在太阳辐射热的作用下，从河湖海及岩土表面和植物叶面不断蒸发和蒸腾，以蒸汽形式进入大气中，并随之移动。在适当的条件下，凝结成固态或液态的水，以各种不同的形式：雨、雪、霜、露、雹降落到海面或陆面。降至陆面的水，一部分就地蒸发；一部分转为地面径流，汇入河湖海；另一部分渗入地下形成地下水。地下水在径流过程中，一部分再度蒸发重新进入大气，一部分再度排入河湖海。这种蒸发、降水、径流的过程，在全球范围内时刻都在周而复始地进行着，形成了自然界中极为复杂的水循环。

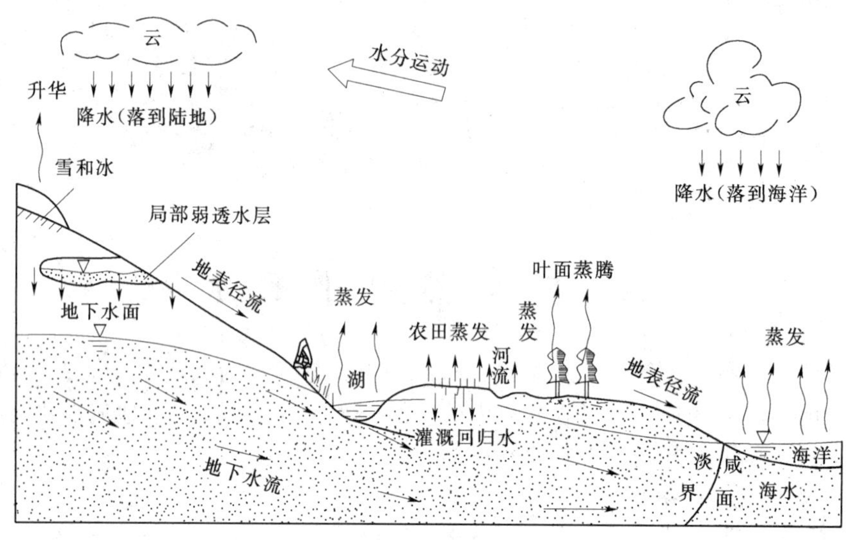

图 5－1　地球上水循环示意图

水循环按其范围的不同，分为大循环和小循环。所谓大循环是指在大气圈、水圈和岩石圈之间，整个地球范围内的循环；而小循环则指陆地或海洋本身范围内的循环。

三、岩土的空隙性

构成地壳的岩土，无论是松散沉积物，还是坚硬基岩，均存在着数量不等、大小不一、形状各异的空隙。没有空隙的岩土是不存在的。即使是十分致密坚硬的花岗岩，也发育有一定的裂隙。岩土的空隙既是地下水的储存场所，又是地下水的运动通路。空隙的多少、大小、形状、连通情况及分布规律对地下水的分布和运动起着重要作用，通常按空隙形状特征和发育岩类将其分为松散岩土中的孔隙、坚硬岩石中的裂隙和可溶岩石中的溶隙三大类，如图 5－2 所示。

1. 孔隙

松散岩土是由大小不等的颗粒组成的，在颗粒或颗粒集合体之间普遍存在着孔隙。衡量孔隙多少的定量指标称孔隙度，可表示为

$$n=\frac{V_n}{V}\times 100\% \tag{5-1}$$

式中　n——岩土的孔隙度；

V_n——岩土中孔隙的体积；

V——岩土总体积。

松散岩土的孔隙度与固体颗粒的密实程度有关，如颗粒为等径圆球，并按图 5－3 (a)

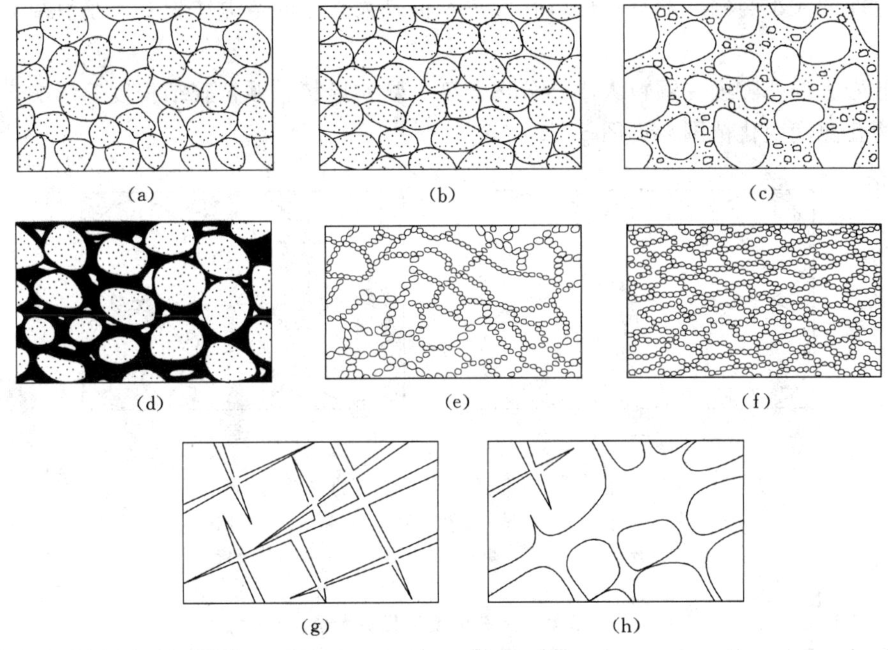

图 5-2　岩土中的各种空隙

(a) 分选良好，排列疏松的砂；(b) 分选良好，排列紧密的砂；(c) 分选不良的、含泥和砂的砾石；(d) 经过部分胶结的砂岩；(e) 具有结构性孔隙的黏土；(f) 经过压密的黏土；(g) 具有裂隙的基岩；(h) 具有溶隙及溶穴的可溶岩

的形式排列在一起，即按立方体排列，则其孔隙度为 47.62%。如果将上层的圆球放在下层四个相邻圆球形成的凹部［图 5-3（b）］，即按四面体排列，则其孔隙度为 25.95%。自然界中不存在理想圆球状颗粒，松散岩土不可能由同等大小的颗粒组成，颗粒排列方式往往不是立方体就是四面体，通常介于两者之间。

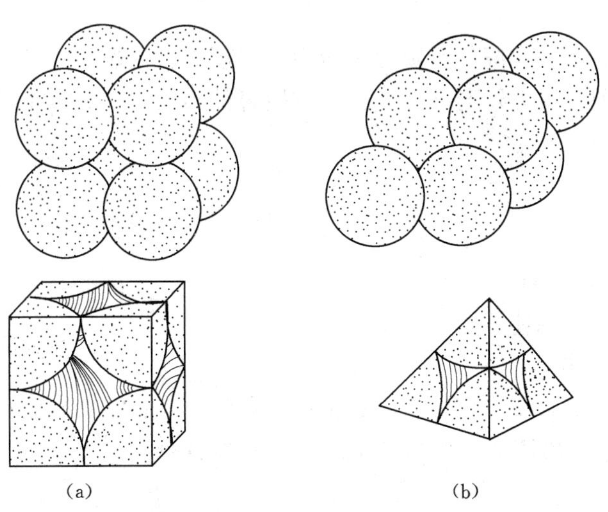

图 5-3　松散岩土的孔隙度

(a) 立方体排列（松散状态）；(b) 四面体排列（密实状态）

孔隙度的大小与圆球形颗粒的直径无关，但是大直径的空隙体积要比小直径的空隙体积大。

松散岩土的孔隙度受颗粒大小、分选程度、颗粒形状、颗粒胶结程度等影响。某些典型沉积物孔隙度变化范围参见图 5-4 和表 5-2。

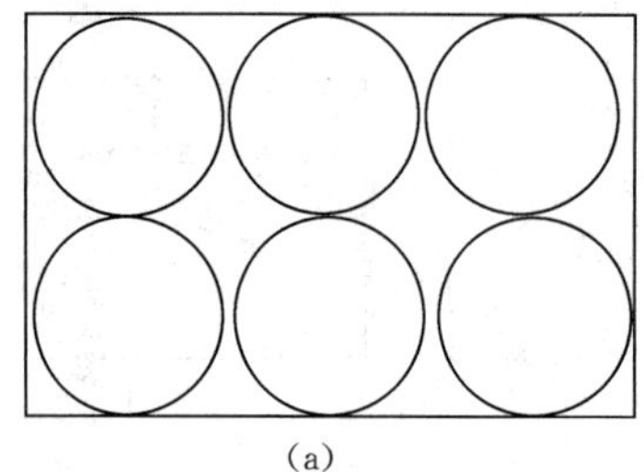
(a)

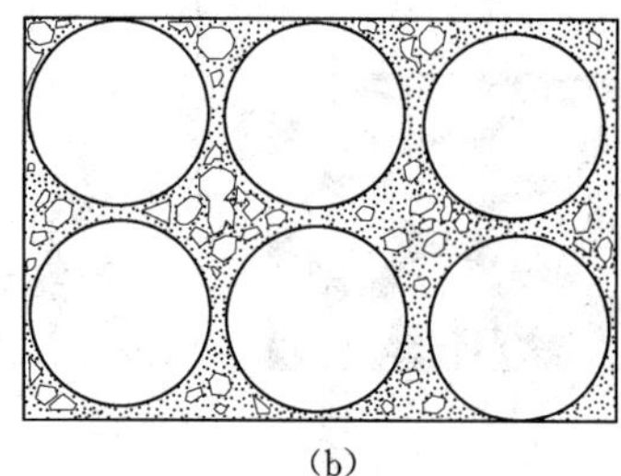
(b)

图 5-4 分选性与孔隙度的关系

(a) 等径圆球按立方体排列，孔隙度为 47.62%；(b) 圆球按立方体排列，空隙为小颗粒所充填，孔隙度大为下降

表 5-2 松散岩土孔隙度常见参考值

岩 层	孔隙度/%	岩 层	孔隙度/%
砾石	25～35	黏土	40～70
砂	25～50	泥炭	80
粉砂	35～50		

在实际工作中，常遇到颗粒越细，孔隙度越大的现象，如黏土的孔隙度可达 60%，甚至 85%或更高，原因在于黏土表面常带有电荷，颗粒接触时便联结成颗粒集合体，形成结构孔隙，使孔隙度超过理论最大值。

2. 裂隙

存在于坚硬岩石中的裂缝状空隙称为裂隙。坚硬岩石中裂隙的长度、宽度、数量、分布及连通性等各地差异很大，与孔隙相比具有明显的不均匀性。衡量裂隙多少的定量指标称裂隙率，可表示为

$$n_T=\frac{V_T}{V}\times 100\% \tag{5-2}$$

式中 n_T——岩石裂隙率；

V_T——岩石中裂隙体积；

V——岩石总体积。

裂隙率的测定多在岩石出露处或坑道中进行。量得岩石露头的面积 F，逐一测量该面积上裂隙长度 L 与平均宽度 b，便可按下式计算其裂隙率：

$$n_T=\frac{Lb}{F}\times 100\%$$

几种常见岩石的裂隙率见表 5-3。

表 5-3　　几种常见岩石的裂隙率的经验值

岩石名称	裂隙率/%	岩石名称	裂隙率/%
各种砂岩	3.2～15.2	正长岩	0.5～2.3
石英岩	0.008～3.4	辉长岩	0.6～2.0
各种片岩	0.5～1.6	玢岩	0.4～6.7
片麻岩	0～2.4	玄武岩	0.6～1.3
花岗岩	0.02～1.9	玄武岩流	4.4～5.6

表 5-3 所列各值是指岩石的平均值，对局部岩石来说裂隙发育可能有很大的差别。例如同一种岩石，有的部位裂隙率可能小于 1%，有的部位则可达百分之几十。

3. 溶隙或溶穴

可溶岩中的各种裂隙，在水流长期溶蚀作用下形成的一种特殊空隙称为溶隙或溶穴。衡量溶隙多少的定量指标称岩溶率。可用下式表示：

$$K_K=\frac{V_K}{V}\times 100\% \tag{5-3}$$

式中　K_K——岩石岩溶率；

V_K——岩石中溶隙或溶穴的体积；

V——岩石总体积。

溶隙可发展为溶洞、暗河、天然井、落水洞等多种形态。溶隙和裂隙相比在形状、大小等方面显得更加千变万化。溶隙的特点就是岩溶率的变化范围很大，由小于 1%到百分之几十。常见在相邻很近处岩溶率完全不同，而且在同一地点的不同深度上也有极大的变化。

四、岩土中水的存在形式

岩土中存在着各种形式的水，通常归为以下两类。

(1) 组成岩土矿物中的矿物结合水：主要形式有沸石水、结晶水和结构水。

(2) 存在于岩土空隙中的水：主要形式为结合水、重力水、毛细水、固态水和气态水（图 5-5）。

1. 结合水

水分子是偶极体。松散岩土颗粒表面和坚硬岩石空隙壁面，因分子引力及静电引力作用而具有表面能，故能牢固地吸附水分子，在颗粒表面和空隙壁面形成很薄的水膜。当表面能大于水分子自身重力时，岩土空隙中的这部分水就不能在自身重力作用下运动，则称其为结合水。

根据库仑定律，电场强度与距离平方成反比。因此，颗粒表面对水分子的引力自内向外逐渐减弱，结合水的物理性质也随之发生变化。将最接近颗粒表面的结合水称为吸着水（也称强结合水），其外层称为薄膜水（也称弱结合水）。

吸着水，其厚度一般仅相当于几个水分子直径，吸附力数量级达 10^9 Pa，具有较大的抗剪强度，不能流动，但可转化为气态水而移动。

薄膜水，其厚度可达几千个水分子直径，颗粒表面对其吸力减弱，有一定的抗剪强

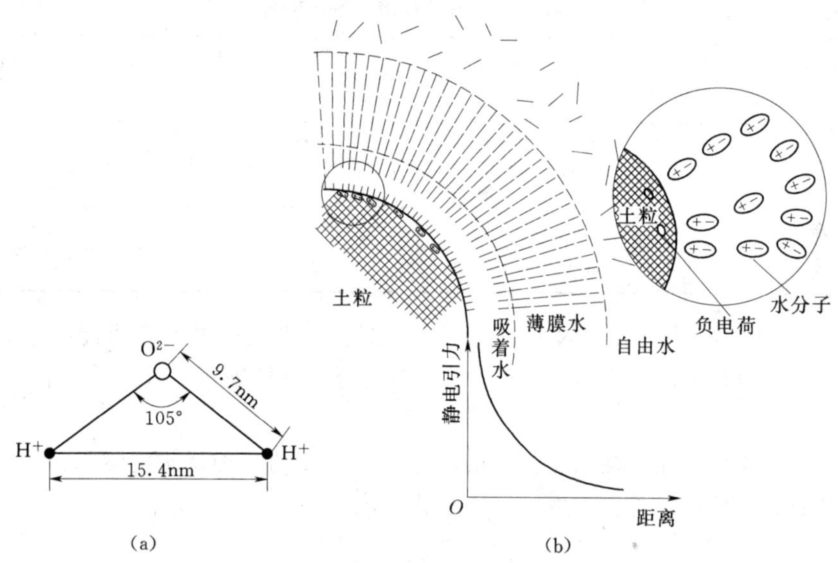

图 5-5　岩（土）颗粒表面水分子示意图

（a）极性水分子示意图；（b）颗粒表面的水分子示意图

度，不传递静水压力。

2. 重力水

距离固体表面更远的那部分水分子，重力对它的影响大于固体表面对它的吸引力，因而能在自身重力影响下运动，这部分水称为重力水。

靠近固体表面的重力水，受表面引力的影响，水分子排列整齐，流动时呈层流状态；当远离固体表面，只受重力作用时，这部分重力水在流速较大时将转为紊流运动。

3. 毛细水

表面张力产生毛细现象。地下水面以上岩土细小空隙中形成一定上升高度的毛细水带。毛细水不受固体表面静电引力的作用，而受表面张力和重力的作用，称为半自由水。由地下水面支撑的毛细水，称为支持毛细水；在细粒层和粗粒层交互成层的松散岩层中，当地下水位下降时，在细粒层中残留脱离地下水位的毛细水称为悬挂毛细水；在粗粒层的颗粒接触处残留的毛细水称为孔角毛细水。

4. 气态水、固态水

在未饱和的岩土空隙中，存在着气态水。气态水与大气中的水汽联系紧密，随空气流动而运移，即便空气不流动，它也能从水汽压力（绝对湿度）大的地方向小的地方迁移。气态水在一定温度、压力条件下，与液态水相互转化，两者之间保持动平衡。

岩土的温度低于 0℃时，空隙中的液态水转为固态水。我国北方冬季常形成冻土。东北及青藏高原，有一部分地下水多年中保持固态，这就是所谓多年冻土。

五、岩土的水理性质

水的存在形式与岩土空隙大小关系密切。岩土空隙大小控制了岩土空隙中水的存在形式，岩土空隙度控制了岩土对水的容纳能力，但它不能揭示空隙中水的存在形式，无法反映岩土对水的保持、给水和透水等性质，而给水和渗透却是地下水开发利用的关键。如：黏土的孔隙度通常在40%～70%，但在重力条件下，它的给水与透水能力几乎为零；而砾石的孔隙度仅为25%～40%，但在重力条件下，给水体积占含水体积的80%～85%。

岩土与水作用过程中，所表现的容水、持水、给水和透水性能，称为岩土的水理性质，它是划分含水层与隔水层的重要依据。

1. 容水性

岩土的容水性是指岩土容纳一定水量的性能，在数量上用容水度表示。容水度 W_n 是岩土中能容纳的最大的水的体积 V_n 与容水岩土体积 V 之比，即

$$W_n=\frac{V_n}{V}\times 100\% \tag{5-4}$$

容水度在数值上一般与孔隙度（裂隙率、岩溶率）相当。但当岩土中某些空隙不连通等情况时，容水度会小于孔隙度，对遇水膨胀的黏土来说，恰好相反，容水度会大于孔隙度。

2. 持水性

岩土的持水性是指岩土依靠分子引力和毛细力，在重力作用下其岩土仍能保持一定水量的性能。持水性在数量上以持水度 W_m 表示，即在重力作用下，岩土所保持的水体积 V_m 与岩土体积 V 之比，即

$$W_m=\frac{V_m}{V}\times 100\% \tag{5-5}$$

重力作用下，岩土空隙中所能保持的是结合水和毛细水，岩土空隙表面面积越大，结合水含量越高，持水度越大。如黏土的持水度很大，和容水度相当。

3. 给水性

当地下水位下降时，其下降范围内饱水岩土及相应的支持毛细水带中的水，在重力作用下，从原先赋存的空隙中释出，这一现象称为岩土的给水性。给水性在数量上用给水度表示。给水度定义为：在单位水平面积岩土柱体中，当潜水位下降一个单位时，由于重力作用下释放出来的水量。给水度以小数或百分数表示。

对于均质的松散岩土，给水度的大小与岩性、地下水位埋深以及地下水位下降速率等因素有关。如图5-6表示重力释水前后包气带含水量分布。潜水位在下降前为 $O-O$，此时包气带的含水量分布为 DO。其中：ODG 为支持毛细水；$DEHG$ 为悬挂毛细水；$AEHI$ 为结合水。当潜水在重力作用下排水，潜水位 $O-O$ 经 Δt 时间后下降到 $O'-O'$，此时包气带的含水量分布曲线变为 DCO'。$DOO'C$ 为潜水在重力作用下，经 Δt 时间给出的水量，即为给水度。重力释水不是瞬时完成的，而往往滞后于水位下降。对于均质的颗粒较细小的松散

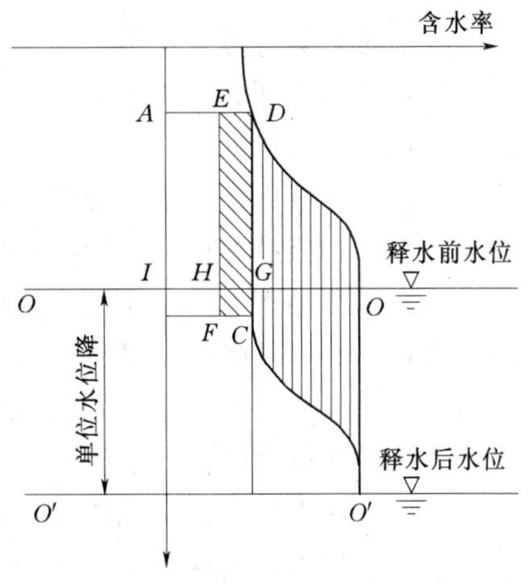

图5-6 重力释水前后包气带含水量分布

岩土，只有当其初始水位埋深足够大、水位下降速率十分缓慢时，释水才比较充分，给水度才能达到理论最大值。

均质松散岩层的给水度值见表5-4。

表5-4 常见松散岩土的给水度（Fetter，1980）

岩土名称	给水度		
	最大	最小	平均
黏土	0.05	0.00	0.02
粉土	0.12	0.03	0.07
粉砂	0.19	0.03	0.18
细砂	0.28	0.10	0.21
中砂	0.32	0.15	0.26
粗砂	0.35	0.20	0.27
砾砂	0.35	0.20	0.25
细砾	0.35	0.21	0.25
中砾	0.26	0.13	0.23
粗砾	0.26	0.12	0.22

4. 透水性

岩土的透水性（渗透性）是指岩土传输水的性能。无论是开发利用地下水资源，还是防治地下水危害（如水库渗漏、坝基渗透变形等），岩土渗透性能都具有重要意义。表征岩土渗透性的定量指标是渗透系数，将在第六章专门讨论。

六、含水层与隔水层

地下水贮存并运动于岩石的空隙中，如松散岩层中的孔隙，坚硬岩层中的裂隙以及可溶岩层中的溶隙和溶洞等。根据岩层的给水和透水能力，可以分为含水层和隔水层。

1. 含水层

含水层是指能透过又能给出重力水的岩层。构成含水层必须具备以下条件。

（1）有储水空间。构成含水层，首先要具有良好的储水空间。地下水的分布与岩层的空隙性密切相关，例如凡是在空隙较大的砂砾石层中成井，水量就丰富。

对于孔隙度较大，然而孔隙细小的黏性土，由于其中多为结合水所占据，所以通常不能构成含水层，只有黏性土中发育有较好的裂隙时，才有可能构成含水层。

（2）有储存地下水的地质构造条件。岩层具备了储水空间，即良好的透水性，但要保存地下水，还必须具备一定的地质构造条件，这种地质构造要有利于地下水的聚集及储存。如在透水性良好的岩层下有隔水（不透水或弱透水）的岩层存在，或在水平方向上有隔水层阻挡，只有这样，才能使运动于空隙中的重力水能够较长久地储存起来，充满于空隙岩层，形成含水层。如果地质构造不利于地下水储存，那么岩层虽然透水，它只能起暂时地透水通道作用，这种岩层被称为透水不含水的岩层。

（3）有良好的补给水源和补给条件。岩层具备了良好的储水空间和构造条件，如果水源不足或补给条件不好，仍不能成为含水层。因此，只有当这种岩层有了充足的补给水源和良好的补给条件时才构成含水层。

由此可见，只有当岩层有地下水自由出入的空间，有适宜的地质构造和充足的补给水源时，才能构成含水层。这三条缺一不可。

2. 隔水层

隔水层是指不能给出并透过水的岩层。它可以是饱水的（如黏土），也可以是不含水的（如胶结紧密完整的坚硬岩层）。隔水层是相对含水层而存在的，自然界中没有绝对不透水的岩层，只有透水性强弱之分，因此，含水层与隔水层是相对而言的，如第四系湖相沉积的地区，细砂、粉细砂构成含水层，黏土层作为隔水层；而在冲洪积扇中上部，砂、砾石构成含水层，黏土、粉质黏土、粉土等作为隔水层。

上述含水层的构成条件是含水层划分的一般原则，但运用到实际工作中时，含水层、隔水层这种简单的划分尚不能满足生产上的需要，特别是山区基岩地区，这种划分并不完全符合客观实际。为此，还需要有含水带、含水段、含水组、含水系的划分。

第二节　地 下 水 分 类

水在岩层中存在的形式是多种多样并相互转化的，按其埋藏条件可以分为上层滞水、潜水和承压水。

一、包气带与饱水带

从地面往下挖井时可以看到，近地表的岩土比较干燥，含水很少，通常有气态水和结合水；再往下挖时，发现岩土颜色变暗，并有潮湿感，但井内无水滴，说明已到毛细水带；继续深挖时，会出现渗水，并逐渐在井内形成一个水面，这就是地下水面。地下水面以上称为包气带，以下称为饱水带，如图 5－7 所示。

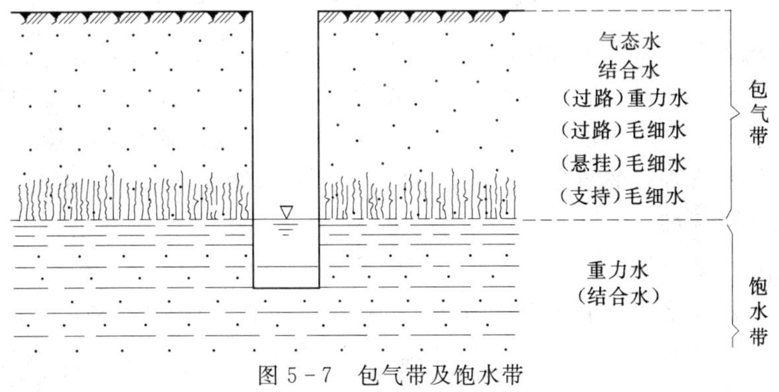

图 5－7　包气带及饱水带

饱水带中岩土空隙全部充满着水，有重力水，也有结合水。饱水带中的重力水是开发利用地下水的主要对象，是水文地质研究的重点。依据埋藏条件，还可划分为潜水和承压水。

包气带中岩土空隙包含有与大气连通的气体。包气带近地表部分主要分布气态水和结合水；下部接近饱水带，分布有毛细水带。雨后或地下水位下降后，包气带中还有正在下渗的过路重力水和悬挂毛细水以及孔角毛细水。包气带中有局部隔水层时，可形成上层滞水。

二、上层滞水

上层滞水是指赋存于包气带中局部隔水层或弱透水层上面的重力水。它一般分布范围不大，如在较厚的砂层或砂砾石层中夹有黏土或亚黏土透镜体时，降水或其他方式补给的地下水向深处渗透过程中因受相对隔水层的阻挡而滞留和聚集于局部隔水层之上，便形成了上层滞水（图 5－8）。

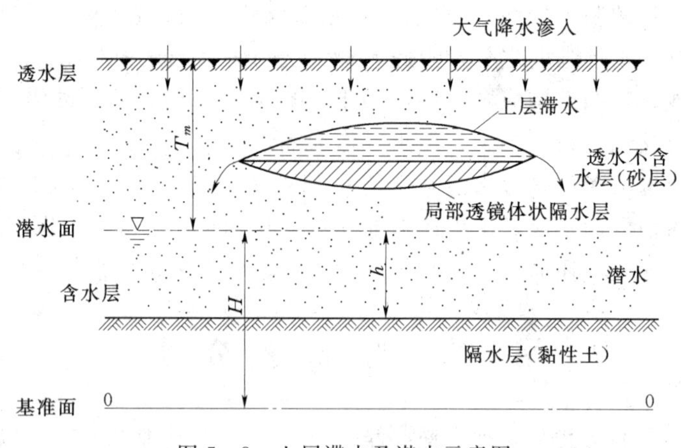

图 5－8　上层滞水及潜水示意图

上层滞水因完全靠大气降水和地表水体直接渗入补给，水量受季节控制特别显著。一些范围较小的上层滞水旱季往往干枯无水，当隔水层分布较广时可作为小型生活用水水源。这种水的矿化度一般较低，但因接近地表，水质容易污染，作为饮用水源时必须加以注意。

三、潜水

1. 潜水的特征

潜水是埋藏于地下第一个稳定隔水层之上，具有自由表面的重力水。它的上部没有连续完整的隔水顶板，通过上部透水层可与地表相通，其自由表面称为潜水面，如图 5－8 所示，潜水面至地表的距离称为潜水位埋藏深度（T_m），也叫潜水位埋深。潜水面至隔水底板的距离叫潜水含水层的厚度（h）。潜水面上任一点距基准面的绝对标高称为潜水位（H），也称潜水位标高。

潜水的这种埋藏条件，决定了潜水具有以下特征。

（1）由于潜水面之上一般无稳定的隔水层存在，因此具有自由表面，为无压水。有时潜水面上有局部的隔水层，且潜水充满两隔水层之间，在此范围内的潜水将承受静水压力，而呈现局部承压现象。

（2）潜水在重力作用下，由潜水位较高处向潜水位较低处流动，其流动的快慢取决于含水层的渗透性能和水力坡度。潜水向排泄处流动时，其水位逐渐下降，形成曲面形表面。

（3）潜水通过包气带与地表相连通，大气降水、凝结水、地表水通过包气带的空隙通道直接渗入补给潜水，所以在一般情况下，潜水的分布与补给区是一致的。

（4）潜水的水位、流量和化学成分都随着地区和时间的不同而变化。

2. 潜水面形状

潜水面的形状取决于地形地貌、降水补给情况、水文网特征、地质构造、含水层岩性、隔水底板的形状及人为因素等。

潜水面的形状与地形有较好的一致性。山区地形切割剧烈，潜水面坡度大；平原地区地形平缓，潜水面的坡度小。大气降水入渗及水文网特征主要表现在河间地块。在两侧河流的水位基本相同时，潜水剖面线为一上拱半椭圆曲线，潜水分水岭在中央；当两侧的河水位不同时，分水岭偏向水位高的一侧，有时甚至消失。

资源 5-1
等水位线

总之，潜水面倾斜的方向朝向排泄区，潜水面最大倾斜方向表示地下水的流向，其形状变化是各种自然及人为因素综合影响的结果。

3. 潜水面的表示方法及潜水等水位线图的意义

潜水面在图上的表示方法一般有两种方式，一种是剖面图，另一种是平面的等水位线图。这两种图都要利用水文地质调查或根据长期的潜水位动态观测资料来绘制。

(1) 潜水等水位线图的绘制。潜水等水位线图（图 5-9），即潜水面的等高线图，是水文地质的基本图件之一，其绘制方法与地形等高线图相似。由于潜水位随季节不同而发生变化，在图上应注明测定水位的日期，有条件时应绘制出不同季节或年内最高水位期和最低水位期的等水位线图。

(2) 根据潜水等水位线图来分析确定有关情况：①确定地下水的流向（即地下水面坡度最大的方向）；②确定潜水面的坡度；③确定地下水埋深；④确定潜水与地表水间的补排关系（图 5-10）；⑤分析判断含水层厚度、透水性及其变化情况；

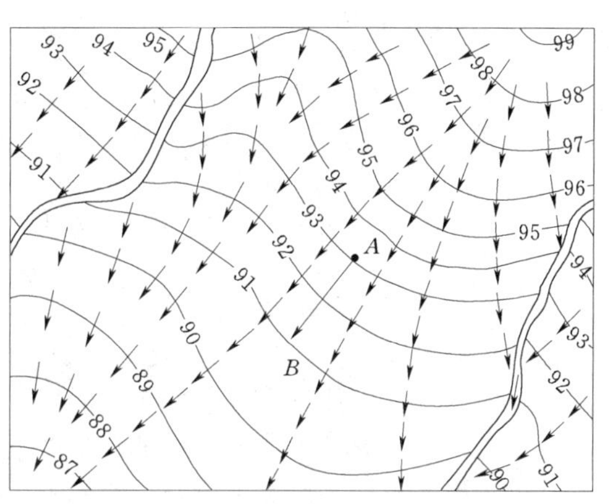

图 5-9　潜水等水位线图
[图中线条为等水位线，数字为潜水位标高（m），箭头为潜水流向]

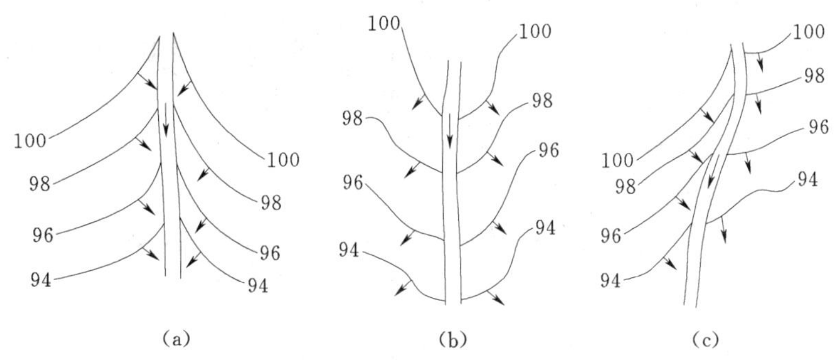

图 5-10　潜水与地表水间的补排关系
(a) 地下水补给地表水；(b) 地表水补给地下水；(c) 河流右侧地下水补给地表水，河流左侧地表水补给地下水

⑥规划地下水给水工程的位置或确定其他工程施工是否要采取排水措施等；⑦确定泉水出露点和沼泽化范围。

四、承压水

1. 承压水的概念和特征

充满于两隔水层之间的含水层中的水称承压水。承压含水层上部的隔水层称为隔水顶板，下部的称为隔水底板。顶、底板之间的距离（M）为含水层厚度。地下水在静水压力作用下，上升到含水层顶板以上某高度，该高度为承压水头，承压水头高出地表时，钻孔能够自喷出水（图 5-11）。

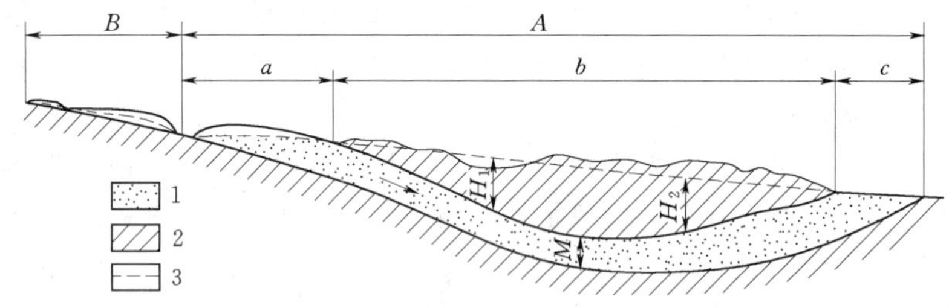

图 5-11　承压含水层示意图

A—承压水分布范围；B—潜水分布范围；a—承压水补给区（和局部径流区）；b—承压区；c—承压水排泄区；H_1—正水头；H_2—负水头；M—承压含水层厚度；1—含水层；2—隔水层；3—承压水位

当水不能充满于两个隔水层之间时，水就不承受静水压力，对上部隔水层也没有上托力，这种水称为无压层间水。当钻孔穿透上隔水层时，上层潜水就会漏下去。勘探中常常遇到井孔中的水位突然下降或水量突然消失，就是这个原因造成的。

由于承压水具有隔水顶板，它具有与潜水不同的一系列特点。

(1) 当钻孔揭露承压含水层时，在静水压力的作用下，初见水位（即顶板高程处）与稳定水位不一致。

(2) 在一般情况下，承压水的分布区与补给区不一致（图 5-11）。因为承压水具有隔水顶板，大气降水及地表水不能处处补给它，承压水的补给区往往位于地势较高的含水层出露处。

(3) 由于承压水是由补给区流入广大的承压区，再向低处排泄，故承压水的出水量、水质、水温等受当地气候的影响较小，随季节变化也不明显。

(4) 承压水受地表污染少。

2. 承压水的蓄水构造

蓄水构造（又叫储水构造）是指能够储存地下水的地质构造，即含水层与隔水层相互组合而形成的地质环境。承压水的蓄水构造大体可分为两大类，即向斜盆地型蓄水构造及单斜型蓄水构造。

(1) 向斜盆地型蓄水构造（又称承压盆地或自流盆地）。承压盆地一般具有三个部分，即补给区、承压区和排泄区（图 5-11）。

1) 补给区。承压水接受补给的范围称为补给区，一般在盆地的边缘，地势较高，接受大气降水的补给，有时也可接受地表水的补给。地下水具有潜水性质。

2）承压区。该区地下水充满了整个含水层，一般位于盆地中部，分布范围最大，含水层的厚度及其变化受构造条件的控制。在含水层中的地下水受静水压力作用，具有承压性质。

3）排泄区。排泄区位于被水文网切割的低洼地区。这一带地下水常以上升泉的形式排泄于地表，或排泄于地表水中。

（2）单斜型蓄水构造。单斜型蓄水构造（又称承压斜地或自流斜地）。主要由单斜岩层组成。单斜岩层中承压含水层在地下某一深处发生尖灭或相变或由断层切割，或由侵入体阻挡形成及由断层本身含水，两盘岩层阻水而形成这种蓄水构造。如图 5 - 12、图 5 - 13 所示。

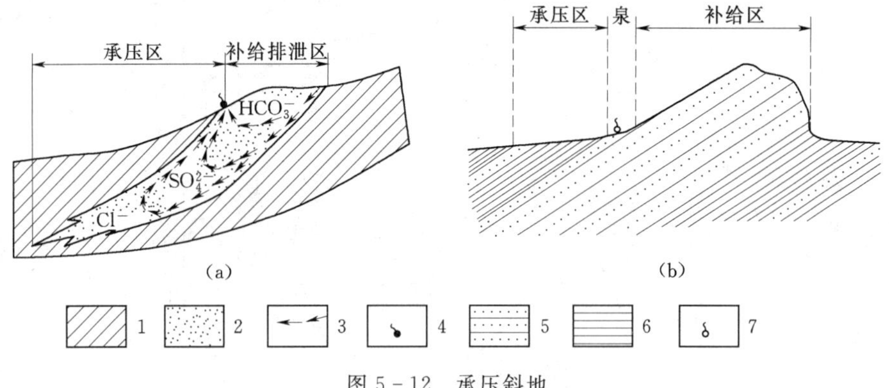

图 5 - 12　承压斜地

（a）岩性变化；（b）裂隙随深度增加而闭合

1—隔水层；2—透水层；3—地下水流向；4—泉；5—砂岩；6—泥岩；7—泉

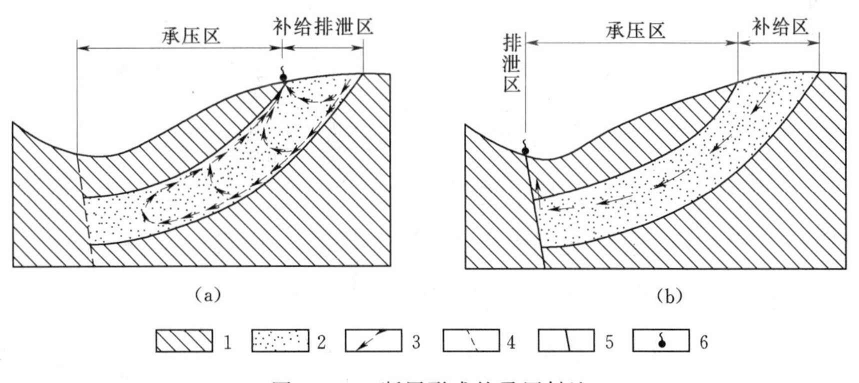

图 5 - 13　断层形成的承压斜地

（a）阻水断层；（b）导水断层

1—隔水层；2—透水层；3—地下水流向；4—不导水断层；5—导水断层；6—泉

承压水供水量的大小，取决于含水层的分布范围、厚度、岩性和补给来源的大小。含水层分布范围越广，厚度越大，有充足的补给源，则可提供丰富的水量。但是承压水，尤其是深层承压水，补给距离长，水交替循环缓慢，一旦超采，形成较大的降落漏斗，将很难恢复。

3. 承压水面特征

承压水位即承压水的水压面，简称水压面。它与潜水面不同，潜水面是一个实际存在的面，而承压水面实际并不存在，故有人称之为势面。水压面的深度不能反映承压水的埋藏深度。承压水面通常用等水压线图表示，它是根据相近时间测定的各井孔的测压水位标高资料绘制的（图 5 - 14）。等水压线形状与地形等高线形状无关。利用等水压线图可确定承压水的流向和水力坡度；如果与等水压线图上绘有的地形等高线和承压水隔水顶板等高线配合，可确定承压水的承压水头和承压水位埋藏深度。根据这些数据可选择适宜的地下水开采地段。

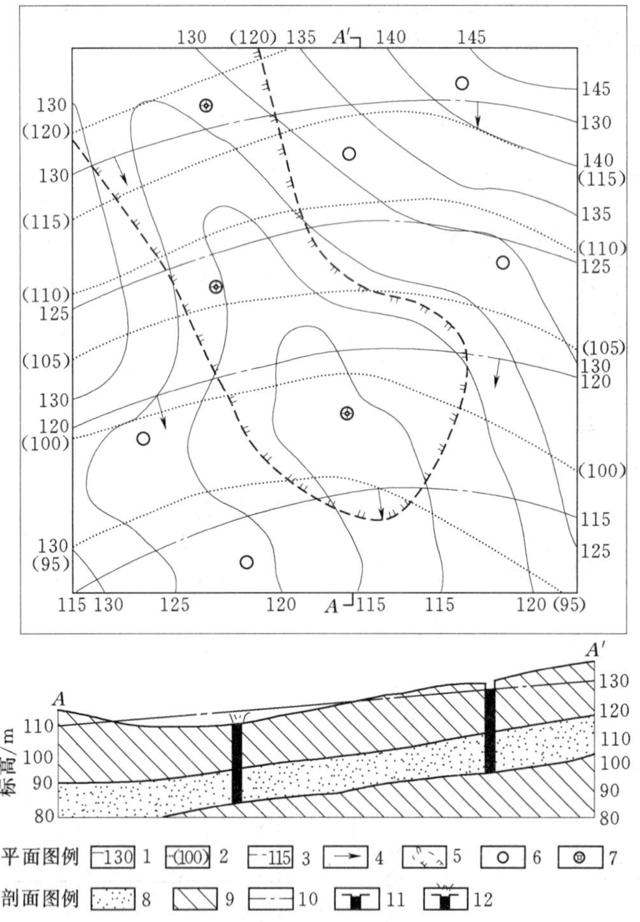

图 5 - 14 等水压线图（附承压含水层顶板等高线）

1—地形等高线；2—含水层顶板等高线；3—等测压水位线；4—地下水流向；5—承压水自溢区；6—钻孔；7—自喷钻孔；8—含水层；9—隔水层；10—测压水位线；11—承压不自流井；12—自流井

第三节 地下水的循环

地下水的循环是指地下水的补给、径流和排泄的全过程。含水层从大气水、地表水及其他水源获得补给后，在含水层中经过一段距离的径流再排出地表，重新变成地表水和大气水，这种补给、径流、排泄无限往复进行就形成地下水的循环。

一、地下水的补给

含水层自外界获得水量的过程称为补给。地下水的补给来源，主要为大气降水和地表水入渗，以及大气中水汽和土壤中水汽的凝结，在一定条件下尚有人工补给。

1. 大气降水入渗补给

大气降水包括雨、雪、雹等。大气降水到达地面以后，通过岩石的裂隙和土壤孔隙渗入地下。当雨强小于土（岩）层的入渗速度时，全部雨水渗入包气带中；若雨强大于土（岩）层的入渗速度时，则在入渗的同时形成地面径流。入渗的降水首先湿润地下水位以上的土层，如果降雨前包气带土层湿度较小，入渗水首先充填土壤颗粒间的毛细孔隙；若入渗强度足够大，可能形成重力水的连续下渗。大气降水是地下水的主要补给源。

大气降水补给地下水受很多因素的影响，主要有地形、植被、包气带岩性、地下水埋深、降水强度和降水量等。一般当降水强度适中、降水历时长、地形平坦、植被茂盛、包气带上部岩层透水性好、地下水埋深适宜时，大气降水将会大量补给地下水。例如，在大量分布粉细砂、粉砂和粉土的河间地块，大约年降水量的30%～35%补给地下水；而在粉土、粉质黏土和黏土分布的平原地区，大约年降水量的20%左右补给地下水。

2. 地表水入渗补给

地表水包括江河、湖、海、水库、池塘、水田等。在这些地表水体附近，地下水有可能获得地表水的补给。如黄河下游的郑州市以东的冲积平原，黄河河床高出两岸3～5m，在河水充分的补给下，背河洼地潜水埋深一般有2～3m。在干旱地区，河水的渗漏常常是地下水的主要补给源。

在喀斯特发育地区，地表水与地下水的联系更为密切，有时两者很难截然分开。在这类地区，地表河水可能全部被吸收而成为地下河，地下河水也可能全部排出地表而成为地上河。

3. 水汽凝结补给

大气中的水汽不仅可随空气运移，而且还受水汽压的支配，即水汽由水汽压力大的地方向压力小的地方运移，直到两者压力相等为止。当地表气温比包气带土层中空气的温度高时，大气中的水汽压力比包气带中的大，故大气中的水汽可向包气带中运移，使包气带中空气的湿度增大，岩石颗粒表面吸附的水分子也就会越来越多。当土层中的空气湿度达到饱和时，在岩石表面可形成重力水，重力水可下渗补给地下水。这就是凝结补给。

地下水的凝结补给量虽然不多，但对于降水稀少、地表径流贫乏而且日温差较大的沙漠地区来说，凝结补给也是地下水的主要来源之一。此外，在日温差变化较大的山区，地下凝结作用也较强烈。

4. 人工补给

人工补给有两个含义：其一是由人类的某些生产活动而引起的对地下水的补给，如修建水库、农业灌溉、渠道渗漏等；其二是人类有意识地专门修建工程，将地表水引入或灌入地下，以增加降水和地表水的渗入量。在条件许可的地方，还可以修建地下水库，用人工补给的方法将降水和汛期的地表水蓄积在地下岩石空隙中，以备旱季运用。

二、地下水的排泄

含水层失去水量的过程称为排泄。在排泄过程中，地下水的水量、水质及水位都会随着发生变化。地下水的排泄方式有：泉、河流、蒸发和人工开采等。

1. 泉水排泄

泉是地下水的天然露头。地下水只要在地形、地质、水文地质条件适当的地方，都可以泉水的形式涌出地表。因此，泉水常常是地下水的重要排泄方式，如山西娘子关泉等。泉水一般在山区及山前地带出露较多，尤其是山区的沟谷底部和山坡脚下。平原区一般堆积了较厚的第四纪松散岩层，地形切割微弱，地下水很少有条件直接排向地表，因此泉很少见。

资源 5-2
济渎泉
珍珠泉

泉的类型很多，当前尚无统一的分类。下面介绍几种常见的分类。

（1）根据补给源的分类

1）上升泉：承压水补给，在出露处水自下向上运动。

2）下降泉：上层滞水或潜水补给，水自出口自由泄流。但只依据水流运动特点判定泉的性质，有时也可能误判，故还应对泉周围的环境特征进行全面分析。

（2）根据泉的出露原因分类

1）侵蚀泉：河流、沟谷切割到含水层的水面或含水层的顶板时，形成侵蚀下降泉或侵蚀上升泉。

2）接触泉：地下水由含水层和其下水面的隔水层接触处流出成泉，称接触下降泉。在侵入体或岩脉与围岩接触处，地下水沿裂缝流出，可形成接触上升泉。

3）溢出泉：岩石透水性变弱或为阻水结构阻挡，使地下水受阻而涌出地表，形成溢出泉。此种泉出口处地下水也为上升运动，应注意与上升泉区别。

（4）断层泉：承压水含水层被断层切割，当断层导水时，地下水沿断层上升流出地表时形成断层泉。其常成串分布。

各种类型的泉如图 5-15 所示。

除上述常见的泉之外，尚有个别的特定条件下形成的特殊泉，例如响泉、间歇泉、毒泉等。

泉的特征研究可以反映地下水的一系列特征。例如泉涌水量大小反映富水程度；泉出露标高代表地下水位的标高；泉水运动特征及动态，反映地下水位的类型；泉的分布反映含水层补给和排泄区的位置；泉水化学特征代表含水层的水质特点；泉水温度可反映地下水的埋藏条件；泉的出露特征有助于判断地质构造等。尤其一些大泉，常是主要的甚至唯一的供水源地。有的泉群可成为旅游资源，例如山西娘子关泉，山东济南的七十二泉群等。有许多泉含有矿物质及稀有元素，是重要的矿泉水资源，还有很多温泉具有重要的医疗价值。因而泉的研究对国民经济的发展具有重要的实际意义。

2. 向地表水排泄

地下水向地表水排泄是在地下水位高于地表水位时出现，特别是切割含水层的山区河流常常成为主要的排泄方式。地表水接受地下水排泄的形式有两种：一是沿河流成线状排泄；另一种是比较集中的排入河中，岩溶区的地下暗河出口就代表这种集中

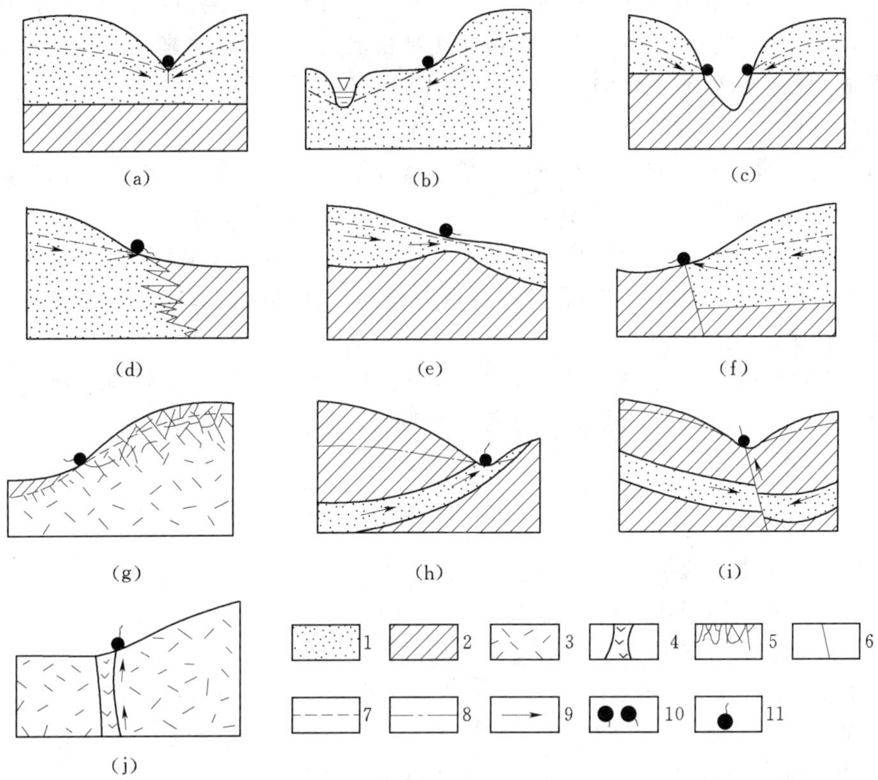

图 5-15　泉的类型

(a)、(b) 侵蚀下降泉；(c) 接触泉；(d)、(e)、(f)、(g) 溢出泉；(h) 侵蚀上升泉；(i) 断层泉；(j) 接触泉
1—含水层；2—隔水层；3—坚硬岩石；4—岩脉；5—风化裂隙；6—断层；7—潜水位；
8—测压水位；9—地下水流向；10—下降泉；11—上升泉

排泄。

3. 蒸发排泄

蒸发排泄是指地下水通过土面蒸发、叶面蒸腾而消耗的过程。在干旱、半干旱的内陆地区，地下水蒸发排泄非常强烈，常常是地下水排泄的主要方式。

影响地下水蒸发排泄的因素很多，主要有温度、湿度、风速、包气带岩性和地下水位埋深。在内陆干旱地区，地下水蒸发消耗强烈，常常是地下水的主要排泄方式；在黄淮平原，当地下水位埋深大于 5m 时，一般认为地下水蒸发消耗可忽略不计。

地下水除上述排泄方式外，还存在相邻含水层之间的排泄。当两相邻含水层之间存在导水断层、天窗，或隔水层具有一定的透水性，且两含水层之间存在水位（头）差时，水位（头）高的含水层中的地下水向水位（头）低的含水层中排泄。

归纳起来，影响地下水排泄的因素主要有两个方面：一是地形、地质、水文地质条件的控制，如地形的起伏和切割程度、岩性的变化、地下水的埋深等；二是受气候、水文条件的控制。

三、地下水的径流

地下水由补给区流向排泄区的过程称为径流。除某些构造封闭的自流水盆地及地势平坦地区的潜水外，地下水都处于不断的径流过程中。径流是连接补给和排泄的中间环节，通过径流，地下水的水量和盐量由补给区输送到排泄区。径流的强弱影响着含水层水量和水质的形成过程。因而地下水的补给、径流和排泄是地下水形成过程中一个统一的、不可分割的循环过程。地下水径流研究包括径流方向、径流强度、径流量等。

径流方向，即地下水的运动方向，一般是从补给区流向排泄区，从水位高处流向水位低处。在具体表现形式上有一维线状流、二维平面流和三维空间流。

含水层的径流强度，一般用平均渗透速度来表征。根据达西定律 $V=K\Delta H/L$，故有径流强度与含水层的渗透性（K）、补给区与排泄区的水位差（ΔH）成正比，与补给区到排泄区的距离（L）成反比。

地下水径流量除可用达西公式计算外，还用地下水径流模数（M）来表示，即用每 km^2 含水层面积上地下水径流量为每秒若干升表示，即

$$M=\frac{Q\times 10^3}{F\times 365\times 86400}[L/(s\cdot km^2)] \tag{5-6}$$

式中　Q——地下水径流量，m^3/a；

　　F——含水层面积，km^2。

四、地下水天然补给量、排泄量与径流量的关系

天然状态下地下水的补给量、排泄量与径流量之间的关系，在不同条件下是不一样的。

山区的潜水属于渗入-径流型循环，即水量基本上不消耗于蒸发，径流排泄（泉、河流）可看作为唯一的排泄方式。因此各种水量间的关系为

补给量=径流量=排泄量

平原区浅层地下水接受降水及地表水补给，部分消耗于蒸发，部分消耗于径流排泄，为渗入-蒸发、径流型循环。在气候干旱、地势低平地区，径流很弱，为渗入-蒸发型循环。因此有

补给量=排泄量，径流量<补给量（排泄量）

第四节　地下水的物理性质和化学性质

一、地下水的物理性质

地下水的物理性质包括：温度、颜色、透明度、嗅、味、密度、电导性及放射性等。

1. 温度

埋藏深度不同的地下水，具有不同的温度变化，埋深 3～5m，即日变温带以内的地下水，具昼夜变化规律。埋深 5～30m 的地下水，即年变温带以内，具年变化规律。常温带以下，地下水温度随深度增加而增高，其变化规律决定于地热增温率（地热增温级）。地热增温级是指在温度每升高一度所需增加的深度，单位为 m/℃。整个地壳的地热增温率的平均值为 30～33m/℃。

资源 5-3
省庄村地热

通常根据温度将地下水划分为：过冷水（低于 0℃）、冷水（0～20℃）、温水（21～42℃）、热水（43～100℃）、过热水（高于 100℃）。

2. 颜色

地下水一般是无色的，但有时由于某种离子含量较多，或者富集悬浮物和胶体物质，则显出各种各样的颜色（表5-5）。

表5-5　　地下水颜色与其中存在物质的关系

水中物质	地下水颜色	水中物质	地下水颜色
含硫化氢	翠绿色	含锰的化合物	暗红色
含低铁	浅绿灰色	含黏土	无荧光的淡黄色
含高铁	黄褐色或锈色	含腐殖酸	暗或黑黄灰色（带荧光）
含硫细菌	红色	含悬浮物质	决定于悬浮物颜色

3. 透明度

地下水的透明度取决于其中的固体与悬浮物的含量。按透明度将地下水分为四级（表5-6）。

表5-6　　地下水透明度的分级表

分级	鉴定特征
透明的	无悬浮物及胶体，60cm水深，可见3mm粗线
微浊的	少量悬浮物，大于30cm水深，可见3mm粗线
浑浊的	有较多悬浮物，半透明状，小于30cm水深，可见3mm粗线
极浊的	有大量悬浮物及胶体，似乳状，水很浅也不能清楚看见3mm粗线

4. 嗅

当地下水中含有某些离子或某种气体时，可以散发出特殊的嗅味。如含亚铁盐很多时，水有铁腥气味（墨水气味），含硫化氢气体时有臭鸡蛋味。一般将水加热至40℃时气味更显著。

5. 味

取决于地下水的化学成分。纯水无味，当溶有一些盐类或气体时可有一定的味感；如含较多的二氧化碳时清凉爽口；含大量有机物时，有较明显的甜味，此种水有害，不宜饮用；含硫酸镁和硫酸钠时，有苦涩味；含氯化钠时有咸味。当水中溶有的盐类多于10g/L时，则有很咸的味感。浓度越大时味感越强。味的明显程度与温度有关，低温时不明显，温度在20～30℃时味显著。所以地下水味的强弱，取决于水中某种离子成分的浓度、水温，同时也与人的味觉神经敏感性有关。

6. 密度

地下水的密度取决于水中所溶盐分的含量。地下淡水的密度通常认为与化学纯水密度相同，其数值为$1g/cm^3$。水中溶解的盐分越多，密度越大，有的可达$1.2 \sim 1.3g/cm^3$。

7. 电导性

地下水的电导性取决于水中所含电解质的数量和质量，即各种离子的含量与其离子价。离子含量越多，离子价越高，则水的导电性越强。此外，水温对电导性也有影响。

8. 放射性

地下水的放射性取决于水中所含放射性元素的数量。地下水或强或弱都具有放射性，但一般极为微弱。储存和运动于放射性矿床及酸性火成岩分布区的地下水，其放射性一般相应增强。

二、地下水的化学成分

（一）概述

地下水的化学成分比较复杂，含有各种气体、离子、胶体、有机质。到目前为止在地下水中已发现有62种化学元素，其中含量多少不一。有的大量溶于水中，有的含量甚微。一般地壳中分布最广的元素如氧、钙、钠、镁等在地下水中也是最常见的。有些元素如硅、铁，地壳中分布虽广，但在地下水中却不多。另一些元素如氯则相反，在地壳中分布少，但在地下水中含量却很多，原因在于它们的溶解度不同。

1. 地下水中主要气体成分

（1）氧、氮：地下水中的氧气和氮气主要来源于大气。它们随同大气降水和地表水的补给而进入地下水中。含溶解氧多的水，表明处于氧化环境，少氧或无氧的水表明处于还原环境。氧的化学性质远较氮活泼，故在封闭的环境中，氧耗尽而存有氮。因此，地下水中氮的单独存在，通常可表明地下水起源于大气并处于还原环境。

（2）硫化氢：地下水中出现硫化氢，表明处于缺氧的还原环境。在封闭的环境中，当有机质存在时，由于微生物的作用，SO_4^{2-} 还原生成 H_2S。

因此，H_2S 一般出现在深层地下水中。油田水中 H_2S 含量较高时，可作为找油的间接标志。

（3）二氧化碳：地下水中的二氧化碳有两个来源。一是生物化学作用，如生物呼吸及有机质的发酵。这种发生于大气、土壤及地表水中的二氧化碳，随同下渗的水，进入地下水中，浅部地下水中的二氧化碳主要是这种成因的。另一种是深部变质作用形成的，即碳酸盐类岩石，在高温作用下，分解成二氧化碳。

地下水中含二氧化碳越多，其溶解碳酸盐类的能力以及对结晶岩类进行风化作用的能力越强。

由于近代钢铁、冶金及化学工业的发展，大气中人为产生的二氧化碳显著增加，特别在工业集中区，补给地下水的降水中的二氧化碳含量往往特别高。

2. 地下水中主要离子成分

地下水中分布最广，含量最多的离子共有7种：氯离子（Cl^-）、硫酸根离子（SO_4^{2-}）、重碳酸根离子（HCO_3^-）、钠离子（Na^+）、钾离子（K^+）、钙离子（Ca^{2+}）、镁离子（Mg^{2+}）。它们来源于与其相关的各种原岩的风化溶解。通常将 K^+、Na^+ 合并而成六大离子。

一般情况下，随着地下水中含盐量的变化，其中占主导地位的离子成分也随之发生变化。含盐量低的地下水中常以 HCO_3^-、Ca^{2+} 或 HCO_3^-、Mg^{2+} 为主；中等含盐量的常以 SO_4^{2-}、Ca^{2+} 或 SO_4^{2-}、Mg^{2+} 为主；含盐量高的地下水中则以 Cl^-、Na^+ 为主。

地下水含盐量与离子成分之间的这种对应关系，源于各种盐类溶解度的差异。氯盐的溶解度最大，硫酸盐次之，碳酸盐较小，钙、镁的碳酸盐最小。随着水中含盐量的增加，钙、镁的碳酸盐首先达到饱和而析出，继续增加时钙的硫酸盐随之饱和析出。因此，含盐量高的水中便以易溶的氯盐为主了。

3. 地下水中的胶体成分

地下水中胶体成分分有机和无机两类。有机胶体在地球表面分布很广，尤其在热带、沼泽地带的地下水中含量很高。无机胶体有的不稳定，易生成次生矿物而沉淀。如氢氧化铝胶体易形成矾土、叶蜡石沉淀。有的溶解度很低，如二氧化硅（SiO_2），故在水中含量较低。

4. 地下水中的有机质和细菌

有机质主要有生物遗体的分解，多富集于沼泽水中，有特殊臭味。

细菌可分为病原菌和非病原菌两种。

（二）地下水的主要化学性质

1. 地下水的酸碱性

地下水的酸碱性主要取决于水中氢离子的浓度，常用 pH 值表示。根据地下水中 pH 值的大小，将水分成以下几级：强酸水（小于 5）、弱酸水（5～7）、中性水（7）、弱碱水（7～9）、强碱水（大于 9）。

2. 地下水的溶解性总固体

溶解性总固体是溶解在水中的无机盐和有机物的总称（不包括悬浮物和溶解气体等非固体组分），简称 TDS，以 1L 水加热到 105～110℃剩下的残渣质量表示，也可用分析得出的各种溶解性固体组分含量累加，减去 1/2 的 HCO_3^- 含量求得（蒸干时近 1/2 的 HCO_3^- 逸失），单位为 mg/L 或 g/L。总矿化度或矿化度是以往常用术语，指水中所含各种离子、分子与化合物的总和。该概念来源于苏联，其他国家几乎不采用，新的《生活饮用水卫生标准》（GB 5749—2006）、《地下水质量标准》（GB/T 14848—2017）已经采用溶解性总固体代替总矿化度。按地下水溶解性总固体的大小，将水分成以下几类（表 5-7）。

表 5-7　　地下水按溶解性总固体的分类表

类　别	溶解性总固体/(g/L)	类　别	溶解性总固体/(g/L)
淡水	<1	盐水	10～50
微咸水	1～3	卤水	>50
咸水	3～10		

3. 地下水硬度

水的硬度取决于水中 Ca^{2+}、Mg^{2+} 的含量。硬度分为：总硬度、暂时硬度、永久硬度、碳酸盐硬度四种。

（1）总硬度：相当于水中所含 Ca^{2+}、Mg^{2+} 的总量。

（2）暂时硬度：水煮沸后，水中一部分 Ca^{2+}、Mg^{2+} 与 HCO_3^- 作用生成碳酸钙（$CaCO_3$）、碳酸镁（$MgCO_3$）沉淀。呈碳酸盐沉淀的这部分 Ca^{2+}、Mg^{2+} 的总量即为暂时硬度。

(3) 永久硬度：总硬度与暂时硬度之差。

(4) 碳酸盐硬度：地下水中与 HCO_3^- 含量相当的 Ca^{2+}、Mg^{2+} 的总量。

根据地下水硬度将水分为极软水、软水、微硬水、硬水、极硬水五类（表 5－8）。

表 5－8　地下水按硬度的分类

名称	硬度（以 $CaCO_3$ 计）/(mg/L)	名称	硬度（以 $CaCO_3$ 计）/(mg/L)
极软水	<75	硬水	300～450
软水	75～150	极硬水	>450
微硬水	150～300		

三、地下水化学分析内容

采取水样进行化学分析，简称水分析，是研究地下水化学成分的基本手段。实际工作中，由于目的和要求不同，水质分析的项目和精度也不同。在一般性水文地质调查中，主要有简分析、全分析两种类型。有时为了某种特殊的需要，可进行专门性分析。

1. 简分析

为了了解区域地下水化学成分的一般特征和变化规律，常采用简分析。其特点是，可在野外就地进行，水样数量多，分析项目少，当精度要求不高，但要求快而及时，可采用此法。

简分析项目包括定量分析和定性分析两类。定量分析的有：HCO_3^-、SO_4^{2-}、Cl^-、Ca^{2+}、Mg^{2+}、pH 值及 TDS、$K^+ + Na^+$ 计算求得。定性分析的有：铵（NH_4^+）、亚硝酸根（NO_2^-）、三价铁（Fe^{3+}）、二价铁（Fe^{2+}）、H_2S、游离 CO_2。

2. 全分析

指分析项目相对多些，精度要求较高的分析而言。是在简分析的基础上，将整个工作区地下水按化学成分进行初步分区或分类，然后再从每类或每个分区中选取 2～3 个水样，送固定的实验室进行分析，也称详分析。全分析一般包括如下项目：HCO_3^-、SO_4^{2-}、Cl^-、CO_3^{2-}、NO_2^-、NO_3^-、Ca^{2+}、Mg^{2+}、K^+、Na^+、NH_4^+、Fe^{2+}、Fe^{3+}、SiO_2、H_2S、游离 CO_2、侵蚀 CO_2、溶解 CO_2、pH 值、总硬度、永久硬度、耗氧量、TDS 等定量分析。需指出，水分析项目不是固定不变的，可根据工作目的和需要做相应的增减。分析精度要求比简分析高。

3. 专门性分析

专门性分析项目随具体任务要求而定。例如在进行饮用水水源调查时，需对有毒成分如砷、铅、氟及大肠杆菌等项目进行分析，同时需达到较高的精度要求。

地下水化学分析的结果，将离子含量以毫克/升与毫克当量/升表示。

四、地下水化学成分的库尔洛夫表达式

为了简明地反映水的化学特点，可采用库尔洛夫式表示地下水化学分析结果。其表示方法为：将毫克当量百分数大于 10％的阴阳离子按含量由大到小的顺序分别排列在横线上下，横线左端依次标明微量成分、气体成分及 TDS（以 M 为代号），三者单位均为 g/L；横线右端列出水温 t（℃）。各成分的百分含量值均标于该成分符号的右下角，原子数

由下角移至上角。如某水样化学分析结果的库尔洛夫表示式为

$$H^2SiO^3_{0.1}H^2S_{0.012}CO^2_{0.019}M_{2.5}\frac{HCO^3_{59}SO^4_{29}Cl_{12}}{Ca_{60}Mg_{22}Na_{14}}t_{13}$$

五、地下水化学特征分类及图示

地下水化学特征分类及图示方法较多，国内常采用舒卡列夫分类、派铂（Piper）三线图等。

1. 水化学类型——舒卡列夫分类

舒卡列夫分类由苏联学者舒卡列夫（C. A. Щукалев）提出，根据地下水中6种主要离子（K^+合并于Na^+中）及TDS划分。首先将毫克当量百分数含量大于25%的阴、阳离子进行组合，将地下水分为49种化学类型，每型以一个阿拉伯数字作为代号，见表5-9。其次根据TDS又分成4组，A组TDS<1.5g/L，B组TDS为1.5～10g/L，C组TDS为10～40g/L，D组TDS>40g/L。

表5-9　舒卡列夫分类表

毫克当量百分数超过25%的离子	HCO_3^-	$HCO_3^-+SO_4^{2-}$	$HCO_3^-+SO_4^{2-}+Cl^-$	$HCO_3^-+Cl^-$	SO_4^{2-}	$SO_4^{2-}+Cl^-$	Cl^-
Ca^{2+}	1	8	15	22	29	36	43
$Ca^{2+}+Mg^{2+}$	2	9	16	23	30	37	44
Mg^{2+}	3	10	17*	24*	31	38*	45
Na^++Ca^{2+}	4	11	18	25	32	39	46
$Na^++Ca^{2+}+Mg^{2+}$	5	12	19	26	33	40	47
Na^++Mg^{2+}	6	13	20*	27	34	41	48
Na^+	7	14	21	28	35	42	49

注　数字为类型代号；*指尚未发现的水类型。

不同化学成分的水都可以用一个简单的符号代替，并赋以一定的成因特征。如1-A型即溶解性总固体小于1.5g/L的HCO_3-Ca型水，是沉积岩地区典型的溶滤水，而49—D型则是TDS大于40g/L的Cl-Na型水，可能是与海水及海相沉积有关的地下水，或者是大陆盐化潜水。

舒卡列夫分类的优点是简明易懂，从表的左上角向右下角大体与地下水的矿化作用过程一致，适合水化学资料的初步分析。其缺点是以毫克当量百分数大于25%作为分类界限，具有人为性。其次，在分类中对于毫克当量百分数大于25%的离子未反映其主次关系，水质变化反映不够细致。

2. 地下水化学特征的Piper三线图

Piper（A. M. 派铂）三线图由两个三角形和一个菱形组成（图5-16）。左下角三角形的三条边线分别代表阳离子Na^++K^+、Ca^{2+}、Mg^{2+}的毫克当量百分数。右下角三角形的三条边线分别代表阴离子Cl^-、SO_4^{2-}、HCO_3^-（CO_3^{2-}）的毫克当量百分数。任一水样阴阳离子的相对含量分别在两个三角形中以标号的圆圈表示；引线相交于菱形中的

交点上，以圆圈位置表示此水样的阴阳离子相对含量，以圆圈大小表示 TDS。Piper 三线图把菱形分成 9 个区，落在菱形中不同区域的水样具有不同的化学特征（表 5-10）。

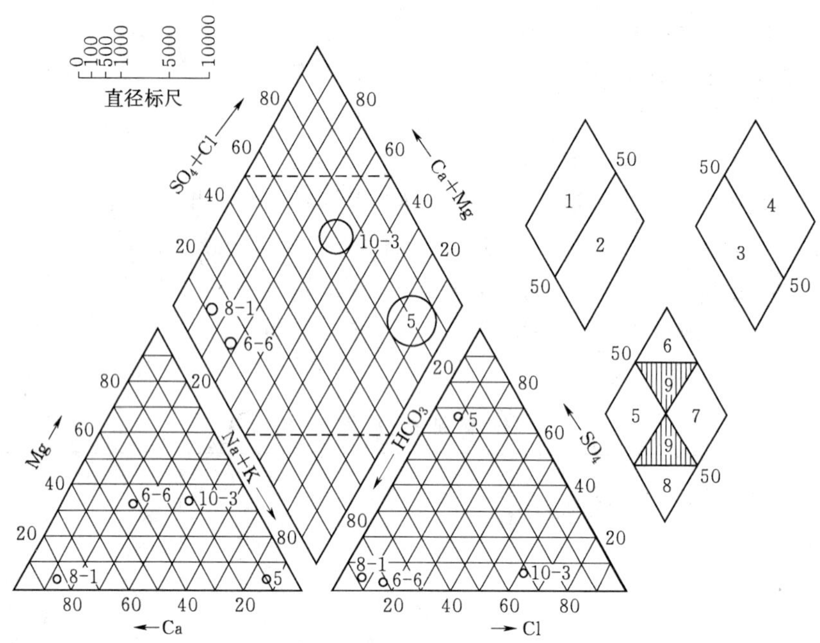

图 5-16 Piper 三线图

表 5-10 Piper 三线图分区水化学特征说明

分区代号	化学特征	分区代号	化学特征
1	碱土金属离子大于碱金属离子	6	非碳酸盐硬度>50%
2	碱金属离子大于碱土金属离子	7	非碳酸盐碱>50%
3	弱酸根大于强酸根	8	碳酸盐碱>50%
4	强酸根大于弱酸根	9	无一对阴阳离子>50%
5	碳酸盐硬度>50%		

Piper 三线图的优点是不受人为影响，从菱形中可以知道地下水的一般化学特征，在三角形中可以看出各离子的相对含量。将一个地区的水样标在图上，结合水文地质条件，可以分析地下水化学成分的演变规律等一系列问题。

复习思考题

1. 什么是岩石的空隙性，自然界岩土的空隙有哪几种，各有什么特点，衡量指标是什么？

2. 岩石中存在哪些形式的水？各有什么？各有什么特点？

3. 什么是岩石的水理性质，包括哪些内容，各用什么衡量指标，及相互间有何关系？

4. 什么是含水层、含水带、含水岩组、含水岩系，它们在生产实践中有何用途？

5. 地下水有哪些主要物理性质？

6. 地下水有哪些主要化学成分及化学性质？

7. 什么是潜水？有哪些特征？

8. 什么是承压水？有哪些特征？与潜水有何区别？

9. 潜水等水位线图有何用途？

10. 什么是地下水补给？地下水获取补给的来源有哪些？

11. 什么是地下水排泄？地下水有哪些排泄方式？

12. 地下水泉是如何形成的？有哪些类型？研究泉有何实际意义？

13. 什么是地下水的径流模数？

14. 天然条件下，地下水的补给、径流、排泄之间有何关系？

第六章　地下水运动与动态

第一节　地下水运动

一、Darcy 定律

法国水力学家达西（Henry Darcy）于 1852—1856 年通过大量的实验（图 6－1）得到了重力水运动的线性渗透定律，又称 Darcy 定律。其数学表达式为

$$Q=KF\frac{\Delta H}{L}=KFi \tag{6-1}$$

式中　Q——渗透流量（出口处流量），m^3/d；

F——过水断面（相当于砂柱横断面积），m^2；

ΔH——水头损失（$\Delta H=H_1-H_2$，即上下游过水断面的水头差），m；

L——渗透距离，m；

i——水力坡度（水头差除以渗透距离）；

K——渗透系数，m/d。

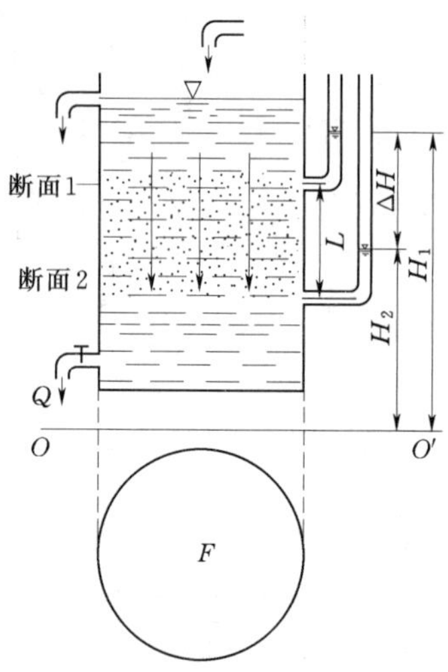

图 6－1　Darcy 实验示意图

由水力学可知，通过某一断面的流量 Q 等于流速 V 与过水断面 F 的乘积，即

$$Q=FV \tag{6-2}$$

据式（6－1）和式（6－2），Darcy 定律也可写成另一种表达式：

$$V=Ki \tag{6-3}$$

式中　V——渗透流速，m/d；

其他符号意义同前。

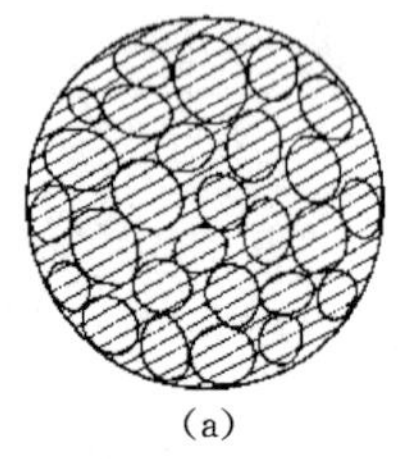

(a)

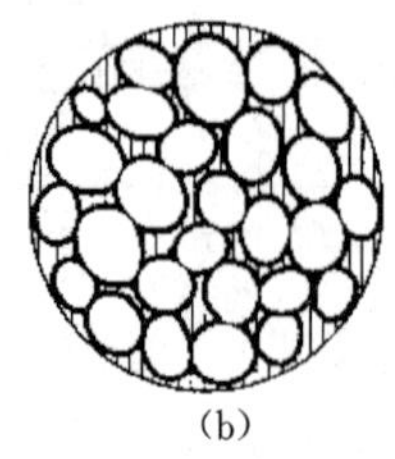

(b)

图 6－2　假想过水断面与实际过水断面
(a) 假想过水断面（斜阴线）；(b) 实际过水断面（直阴线部分；图中颗粒边缘涂黑部分为夸大表示的结合水）

式（6－3）表明渗透流速 V 与水力梯度 i 的一次方成正比，故又称线性渗透定律。式中各项的物理意义及公式的适用范围说明如下。

（一）渗透流速 V

式（6－2）中的过水断面 F 是指砂柱的横断面积，包括砂颗粒所占据的面积和空隙所占据的面积［图 6－2（a）］，而地下水只能在空隙［图 6－2（b）］中运动。地下水在空隙中运动的平均速度称为实际平均流速，简称实际流速，以 U 表

示，即

$$U=\frac{Q}{F'} \tag{6-4}$$

式中　F'——过水断面的空隙面积，m^2；

Q——过水断面的流量，m^3/d。

由于式（6-4）中的 F' 是空隙面积，使用不便，故引进渗透流速的概念。渗透流速是假设水流通过包括固体骨架与空隙在内的断面［图 6-2（a）］时所具有的一种虚拟流速，即

$$V=\frac{Q}{F} \tag{6-5}$$

式中　V——渗透流速，m/d；

F——过水断面总面积，m^2；

Q——渗透流量（与通过 F' 断面的流量相等），m^3/d。

从式（6-5）可知，渗透流速是通过单位过水断面上的流量，不是地下水的实际流速。由于 $F'=nF$（n 为空隙度），比较式（6-4）和式（6-5）可得

$$V=nU \tag{6-6}$$

由于空隙度小于 1，所以渗透流速小于实际流速（即 $V<U$）。

考虑到空隙表面结合水的存在，渗透流速 V 与实际流速 U 的关系应表达为

$$V=n_eU \tag{6-7}$$

式（6-7）中 n_e 为有效空隙度，其含义为重力水流动的空隙体积（不包括不连通的死孔隙和不流动的结合水占据的空间）与岩石体积（包括空隙体积）之比。对于大空隙岩层，有效空隙度 n_e、给水度 μ 与空隙度 n 在数值上很接近。而对于细小空隙的岩层（如黏土），结合水所占比例大，有效空隙度很小，则应用式（6-7）计算。

（二）渗透系数 K

渗透系数是表示岩土透水性的指标，是重要的水文地质参数之一，与岩石和渗透液体的物理性质有关。由式（6-3）可知，渗透系数的物理意义为水力坡度为 1 时的渗透流速，一般单位采用 m/d 或 cm/s。松散岩石渗透系数经验值见表 6-1。

表 6-1　松散岩石渗透系数 K 经验值

岩　性	渗透系数 K/(m/d)	岩　性	渗透系数 K/(m/d)
黏土	0.001～0.054	细砂	5～15
亚黏土	0.02～0.50	中砂	10～25
亚砂土	0.2～1.0	粗砂	20～50
粉砂	1～5	砂砾石	50～150
粉细砂	3～8	卵砾石	80～300

注　引自《中国水资源评价》，水利电力部水文局，水利电力出版社，1987 年。

（三）Darcy 定律的适用范围

大量的实验研究表明，Darcy 定律适用于雷诺系数 Re 小于 1～10 的地下水运动。超过此范围，V 与 i 不是线性关系，地下水的运动不符合 Darcy 定律。所以 Darcy 定律仅适

用于雷诺系数小于 1～10 的层流运动。绝大多数情况下，地下水的运动都符合线性渗透定律，因此，Darcy 定律适用范围很广，不仅是水文地质定量计算的基础，还是定性分析各种水文地质过程的重要依据。

二、非线性渗透定律

当地下水在较大的空隙中运动时，因其流速大，水流呈紊流状态，地下水渗透流速与水力坡度的平方根成正比，称为 Chezy 定律。其表达式为

$$V=K\sqrt{i} \tag{6-8}$$

式中符号意义同前。

当地下水运动呈混合流状态时，则符合式（6－9）：

$$V=Ki^{1/m} \tag{6-9}$$

式中　m 介于 1～2 之间；

其他符号意义同前。

三、地下水向完整井的稳定运动

1863 年法国水力学家裘布依（Jules Dupuit）首先应用 Darcy 定律研究了含水层在均质、等厚、广泛分布、隔水底板水平、天然的潜水位水平，地下水呈层流运动的缓变流向完整井的稳定运动规律。

通过抽水试验知道，从潜水含水层中抽水时，抽水井周围的潜水位逐渐下降，形成一个以井孔为轴心的漏斗状潜水面，即所谓的降落漏斗（图 6－3）。当出水量和井中动水位稳定一段时间后，这个漏斗也趋于稳定。降落漏斗边缘到井轴的水平距离称为影响半径（R）。

资源 6－1
潜水含水层
开采

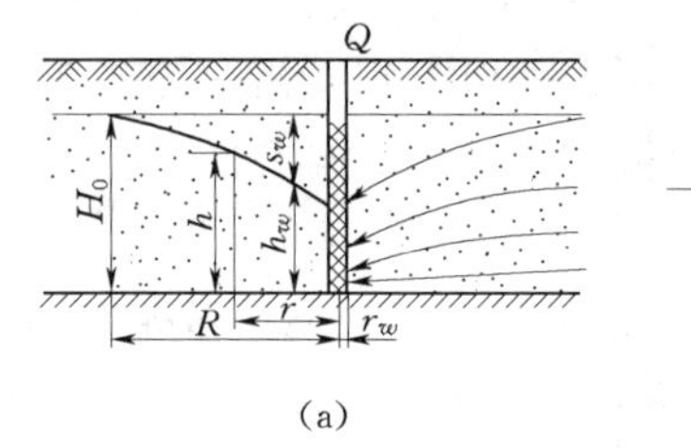

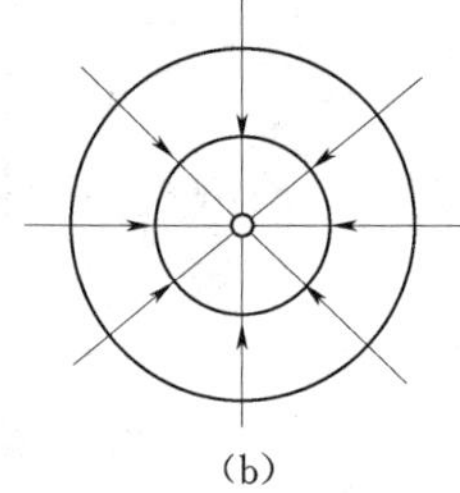

图 6－3　地下水流向潜水完整井示意图

（a）剖面图；（b）平面图

资源 6－2
承压含水层
开采

资源 6－3
地下水向井
的稳定运动

由于降落漏斗是在含水层中发展，地下水流存在垂向分速度，为空间径向流，等水头面为共轴的旋转曲面；但在抽水井中的水位降深不大的情况下，水流属缓变流，渗透速度的垂直分量相对于水平分量来说很小，可以忽略，流向井的潜水流为近似水平，故等水头面为共轴的圆柱面，并和过水断面一致。如图 6－3 所示，围绕井轴取一过水断面，该断面距井轴的距离为 r，该处的过水断面高度为 h，则其过水断面面积为

$$\omega=2\pi rh$$

水力坡度

$$i=\frac{\mathrm{d}h}{\mathrm{d}r}$$

则当地下水遵循线性渗透定律运动时，通过该断面的流量为

$$Q=Ki\omega=K\frac{\mathrm{d}h}{\mathrm{d}r}2\pi rh$$

分离变量，并在 r_w 到 R、h_w 到 H_0 间积分，整理后得

$$Q=1.364K\frac{H_0{}^2-h_w^2}{\lg\dfrac{R}{r_w}} \tag{6-10}$$

式中　Q——井的出水量，m^3/d；

K——渗透系数，m/d；

H_0——潜水含水层初始厚度，m；

h_w——井中水位下降后含水层厚度，m；

r_w——井的半径，m；

R——影响半径，m。

式（6-10）即为潜水完整井稳定流运动时的出水量计算公式，也称裘布依公式。式（6-10）还可表达为

$$Q=1.364K\frac{(2H_0-s_w)s_w}{\lg\dfrac{R}{r_w}} \tag{6-11}$$

式中　s_w——井水的水位降深，$s_w=H_0-h_w$。

进行抽水时，有时设有一个或两个观测孔。此时根据相应的积分上下限，可得

一个观测井的流量公式：

$$Q=1.364K\frac{h_1^2-h_w^2}{\lg\dfrac{r_1}{r_w}} \tag{6-12}$$

两个观测井的流量公式：

$$Q=1.364K\frac{h_2^2-h_1^2}{\lg\dfrac{r_2}{r_1}} \tag{6-13}$$

式中　h_1、r_1——1 号观测井的水位和该观测井距抽水井的距离；

h_2、r_2——2 号观测井的水位和该观测井距抽水井的距离。

对于承压含水层中的完整井，其出水量计算公式为

$$Q=2.732K\frac{Ms_w}{\lg\dfrac{R}{r_w}} \tag{6-14}$$

式中　M——承压含水层厚度，m；

其他符号含义同式（6-10）。

式（6-14）也称裘布依公式。

根据裘布依公式，可用抽水试验资料求得含水层的渗透系数 K。如

潜水完整井：

$$K=0.732\frac{Q}{(2H_0-s_w)s_w}\lg\frac{R}{r_w} \tag{6-15}$$

承压水完整井：

$$K=0.366\frac{Q}{Ms_w}\lg\frac{R}{r_w} \tag{6-16}$$

利用上述公式计算 K 值，要求实测抽水井不同降深 s_w 及相应稳定流量 Q（一般要求测得三次降深和流量），含水层厚度 H_0 或 M，井半径 r_w 各值。影响半径 R 值可用观测井（孔）测得。

四、地下水向非完整井的稳定运动

如果井孔的进水段（过滤器）未穿透全部含水层，而只切穿含水层的一部分厚度，如图 6-4 所示，称非完整井。非完整井根据其进水部位不同，可分为井壁进水和井底进水两种类型。地下水向非完整井的运动较为复杂，限于篇幅，这里仅介绍井壁进水的非完整井。地下水向井底进水的非完整井的运动请参阅相关参考书。

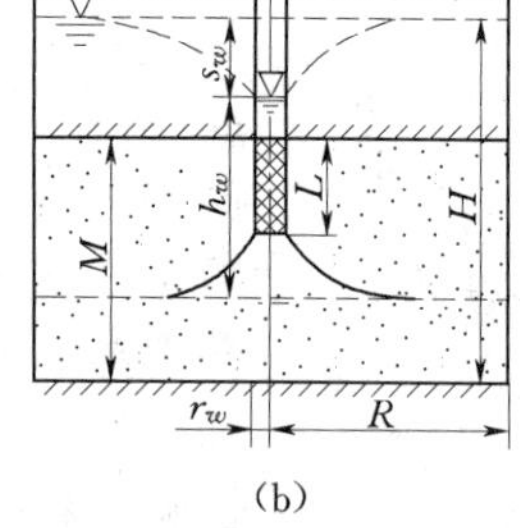

图 6-4　非完整井示意图

(a) 潜水非完整井；(b) 承压水非完整井

福熙海默（Philipp Forchheimer）通过试验，提出如下公式。

1. 潜水非完整井［图 6-4（a）］

$$Q_{非}=C_1Q_{完}=C_1\left[1.364K\frac{(2H-s_w)s_w}{\lg\frac{R}{r_w}}\right] \tag{6-17}$$

2. 承压水非完整井［图 6-4（b）］

$$Q_{非}=C_2Q_{完}=C_2\left[2.732K\frac{Ms_w}{\lg\frac{R}{r_w}}\right] \tag{6-18}$$

式中　$Q_{完}$——潜水、承压水完整井出水量，m^3/d；

C_1、C_2——潜水、承压水非完整井出水量折减系数；

其余符号含义同前。

其中 C_1、C_2 计算方程为

$$C_1=\sqrt{\frac{L}{h}}\sqrt[4]{\frac{2h-L}{h}} \tag{6-19}$$

$$C_2=\sqrt{\frac{L}{M}}\sqrt[4]{\frac{2M-L}{M}} \tag{6-20}$$

式中　L——水井过滤器伸入含水层的长度或井壁进水段长度，m；

h——潜水非完整井中动水位至隔水底板高度，m；

M——承压含水层厚度，m。

式（6-19）、式（6-20）选用时应符合下述条件：

（1）潜水非完整井应符合 $H/(s+L)\leqslant 1.5\sim 2.0$。

（2）承压水非完整井应符合 $M/L\leqslant 1.5\sim 2.0$。

如超过上述限制条件，则计算误差较大。

五、干扰井出水量的计算

无论供水或排水，单井出水量有时不能满足要求，此时需要在同一开采层中布置两眼或更多的井，井距小于影响半径的两倍，当井同时工作时，井与井之间产生相互影响，这种影响称为干扰作用。干扰条件下工作的井称为干扰井群或井组。干扰作用的具体表现为：在降深相同情况下，每口干扰井的出水量，小于一口井单独工作时的出水量；或者，如保持每口干扰井出水量等于一口井单独工作时的出水量，则干扰井的水位降深大于一口井单独工作时的水位降深。井灌区内的井群，多数都有干扰现象。在排水工程中，为加速地下水位的降落，往往需要规划干扰井群。干扰井出水量小于单独抽水时的出水量的原因，是由于干扰作用相互争夺水流，限制各井的取水范围，引起水位迅速下降，使地下水向各井运动的水力坡度减小的结果。干扰程度除受含水层性质、补给、排泄条件等自然因素影响外，还受井的数量、井间距及其在平面上的布置，距补给、排泄边界的距离和井的结构等因素的影响。

干扰井出水量计算方法较多，现就常用的水位削减法（水位叠加法）简介如下。

如图 6-5 所示有两个结构相同的承压完整井，当 1 号井单独抽水时出水量为 Q，降深为 s_0，引起 2 号井水位降为 t；同样，2 号井单独抽水时出水量也为 Q，降深为 s_0，引起 1 号井的水位降为 t，将 t 称为水位削减值。

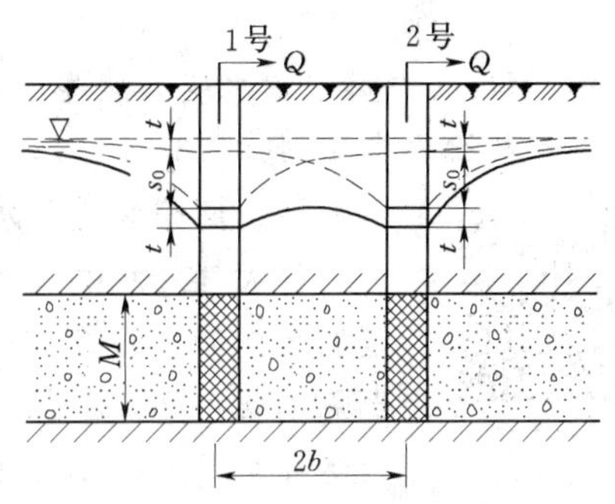

图 6-5　承压完整井双井干扰抽水示意图

如两井同时抽水，且 $s=s_0$，则单井的出水量便减小，$Q_{扰}<Q_{单}$。如保持 $Q_{扰}=Q_{单}$ 时，则需加大降深。如单井的出水量与降深的关系曲线为线性，则抽水降深应增加 t，即 $s=s_0+t$。则两井同时工作，单井出水量应为如下情况。

设 1 号井单独抽水时的出水量为

$$Q_{单}=2.732KM\frac{s_0}{\lg\dfrac{R}{r_w}}$$

则

$$s_0=\frac{Q_{单}}{2.732KM}\lg\frac{R}{r_w}$$

1 号井单独抽水时，对 2 号井的水位削减值为 t，可假设有一虚拟大口径井 $r_w=2b$，则 $s=t$ 时的出水量为

$$Q_{虚}=2.732K\frac{Mt}{\lg\dfrac{R}{2b}}$$

令

$$Q_{单}=Q_{虚}=Q$$

则

$$t=\frac{Q}{2.732KM}\lg\frac{R}{2b}$$

已知

$$s=s_0+t$$

所以

$$s=\frac{Q}{2.732KM}\lg\frac{R}{r_w}+\frac{Q}{2.732KM}\lg\frac{R}{2b}$$

则

$$Q=2.732KM\frac{s}{\lg\dfrac{R^2}{2br_w}} \tag{6-21}$$

式中　Q——两眼干扰井同时抽水时的单井出水量，m^3/d；

s——同样条件下，单井的抽水降深，m；

$2b$——井间距，m；

其余符号意义同前。

若图 6-5 中含水层为潜水含水层，则抽水井中的降深 s 和出水量 Q 为

$$s=H_0-\sqrt{H^2-0.732\frac{Q}{K}\lg\frac{R^2}{2br_w}} \tag{6-22}$$

$$Q=1.364K\frac{(2H_0-s)s}{\lg\dfrac{R^2}{2br_w}} \tag{6-23}$$

式中　H_0——潜水含水层天然厚度，m；

其他符号含义同式（6-21）。

资源 6-4
河渠间
地下水运动

六、河渠间地下水的稳定运动

若大气降水的入渗补给比较均匀，则河渠间潜水的运动可以看成是稳定的。作如下假设来研究河渠间潜水的运动：①含水层均质各向同性，底部隔水层水平，上部有均匀入渗，入渗强度（即单位时间、单位面积上的入渗补给量 W）为常数；②河渠基本上是平行的，潜水流可视为一维流；③潜水流是渐变流并趋于稳定。

在上述假设条件下，取垂直于河渠的单位宽度来研究（图 6-6），可得河渠间有入渗或蒸发（取入渗为正，蒸发为负）时，潜水流的浸润曲线方程（或降落曲线方程）如下：

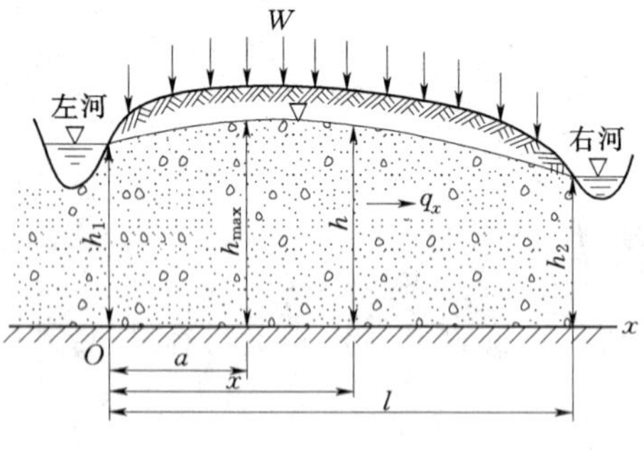

$$h^2=h_1^2+\frac{h_2^2-h_1^2}{l}x+\frac{W}{K}(lx-x^2) \tag{6-24}$$

图 6-6　河渠间潜水的运动

若已知参数 K、W，只要测定两河渠的水位 h_1 和 h_2 就可预测河渠间任何断面上的潜水位 h。

潜水位 h 是 x 的函数，将式（6-24）对 x 求导数得

$$h\frac{dh}{dx}=\frac{h_2^2-h_1^2}{2l}+\frac{W}{2K}(l-2x) \tag{6-25}$$

由 Darcy 定律可得河渠间任意断面潜水流的单宽流量为

$$q_x = -Kh\frac{\mathrm{d}h}{\mathrm{d}x} \tag{6-26}$$

式中　q_x——距左河渠 x 处断面潜水流的单宽流量，$m^3/(m \cdot d)$。

将式（6－25）代入式（6－26）得

$$q_x = K\frac{h_1^2 - h_2^2}{2l} - \frac{1}{2}Wl + Wx \tag{6-27}$$

式（6－27）为单宽流量公式，已知两河渠处水位值，可以用它来计算两断面间任一断面的流量。因沿途有入渗补给，所以 q_x 随 x 而变化。下面根据上面得到的公式来讨论河渠间潜水运动的一些特点及其运用。

1. 有入渗时河渠间分水岭的移动规律

式（6－24）反映的浸润曲线形状为：当 $W>0$ 时，为椭圆形曲线；当 $W<0$ 时，为双曲线；当 $W=0$ 时，为抛物线。

将式（6－24）对 x 求导数，令 $\frac{\mathrm{d}h}{\mathrm{d}x}=0$，把 $x=a$ 代入，即可得分水岭位置的计算公式为

$$a = \frac{l}{2} - \frac{K}{W}\frac{h_1^2 - h_2^2}{2l} \tag{6-28}$$

当其他条件不变，根据式（6－28）来讨论分水岭位置 a 与两侧河渠水位 h_1、h_2 的关系：如果 $h_1=h_2$，则 $a=\frac{l}{2}$，分水岭位于河渠中央；如果 $h_1>h_2$，则 $a<\frac{l}{2}$，分水岭靠近左河；如果 $h_1<h_2$，则 $a>\frac{l}{2}$，分水岭靠近右河。由此可见，分水岭的位置总是靠近高水位河渠。

2. 排水渠合理间距的确定

排水渠设计中，必须考虑避免河渠间产生盐渍化或沼泽化，需要把分水岭处水位 h_{max} 控制在一定标高。根据式（6－24），令 $x=a$，$h=h_{max}$ 得

$$h_{max}^2 = h_1^2 + \frac{h_2^2 - h_1^2}{l}a + \frac{W}{K}(la - a^2) \tag{6-29}$$

式（6－29）中的 l、a 都是待求量，可与式（6－28）结合起来用试算法解出合理间距 l。首先根据分水岭的移动规律给出 a 值，由式（6－28）算出 l 值；将 l 值代入式（6－29），看是否满足等式。如不满足，则调整 a 值继续进行试算，直到满足为止。此时的 l 值即为所求的合理间距。

在两渠水位相等的特殊条件下，即 $h_1=h_2=h_w$，分水岭位置 $a=\frac{l}{2}$，式（6－29）可简化为

$$l = 2\sqrt{\frac{K}{W}(h_{max}^2 - h_w^2)} \tag{6-30}$$

由此可见，当水位条件一定时，在入渗强度越大和渗透性越弱的含水层中，排水渠间距越小，反之则越大。

3. 河渠间单宽流量的计算

河渠间的单宽流量取决于是否存在分水岭。

当 $a>0$ 时，说明河渠间存在分水岭。此时

$q_1=-Wa$ 负号表示流向左河

$q_2=W(l-a)$ 流向右河

当 $a=0$ 时，分水岭位于左河边的起始断面上，此时

$q_1=0$ 左河既不渗漏也得不到入渗补给

$q_2=Wl$ 全部入渗量流入右河

当 $a<0$ 时，不存在分水岭。此时不仅全部入渗量流入右河，而且水位高的左河还要发生向水位低的右河渗漏。

左河流出的渗漏量 $$q_1=K\frac{h_1^2-h_2^2}{2l}-\frac{Wl}{2}$$

右河得到的补给量 $$q_2=K\frac{h_1^2-h_2^2}{2l}+\frac{Wl}{2}$$

当左河为水库时，由上述分析可知影响水库向邻河渗漏的因素，不仅包括岸边岩石的渗透系数 K、河渠（库）之间的宽度 l 及邻河水位 h_2，还受入渗量 W 的影响。因此，在选择库址时，应选择渗透系数 K 较小，距邻河距离较远且邻河水位较高的地段，并尽量避开透水性差的覆盖层，以增加入渗补给量。

第二节 地下水动态

一、地下水动态的概念

地下水动态是表征地下水数量与质量的各种要素（如水位、水量、化学组分、气体成分、温度、微生物等）随时间的变化。在天然状态下，其变化的速率一般具有较明显的周期性，或具有极为缓慢的趋势性。在人为因素（开采或排水）影响下，其变化速率可大大提高。变化速率较大时，可能会对地下水本身和环境带来严重的后果。

地下水要素随时间而发生变化，是由于含水系统水量、盐量、热量、能量的收支不平衡所致。例如当含水层的补给量大于其排泄量时，储存量增加，地下水位上升；反之，当补给量小于排泄量时，储存量减少，地下水位下降。同样，盐量、热量与能量的收支不平衡，会使地下水水质、水温或水位发生相应的变化。

研究地下水动态，对于认识区域水文地质条件、水量和水质评价，以及水资源的合理开发与管理，都具有非常重要的意义。

二、影响地下水动态的因素

为了研究地下水动态，首先必须了解在时间和空间方面改变地下水水量和水质的因素。这些因素可分为两大类：自然因素和人为因素。自然因素包括：气候、水文、地质、土壤、生物等。通常对于潜水而言，气候和水文是其主要影响因素，而对于深层承压水，地质因素的作用则是主要的。

（一）自然因素

1. 气候因素

气候因素对潜水动态影响最为普遍。降水的数量及其时间分布，直接影响潜水的补给，使潜水含水层水量增加，水位升高，水质变淡。气温、湿度、风速等因素的变化，影响潜水的蒸发，使其排泄强度及水质发生相应的变化。

气候的变化具有周期性，使得地下水动态存在多年变化、季节变化和昼夜变化。我国大多数地区为季风气候，旱季雨季分明，地下水呈显著季节性变化。雨季降水增加，地下水位抬升，逐步达到峰值，由于降水入渗的稀释作用，地下水溶解性总固体普遍降低；雨季结束，补给逐渐减少，由于径流和蒸发排泄，水位逐渐降低，到翌年雨季之前，地下水位达到谷值，地下水溶解性总固体升高。因此，全年地下水动态表现为单峰和单谷形态（图 6-7）。在北方半干旱盐渍土分布区，雨季初期，降水将一年中土壤累积的盐分冲洗带入地下水中，使得地下水溶解性总固体反而增高，在雨季高峰期为最低。我国西北干旱地区，降水稀少，对地下水的补给作用不大。夏季气温升高，高山积雪及冰川融化，以地表径流入渗形式补给地下水。

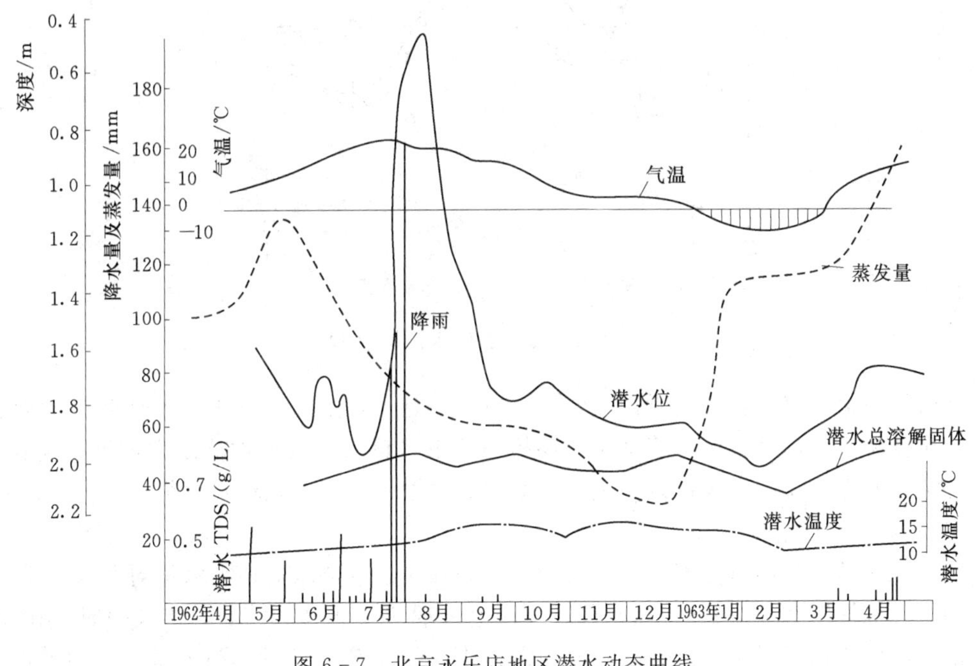

图 6-7　北京永乐店地区潜水动态曲线

大气压强可通过井孔影响周边小范围地下水位。大气压强变大，井孔水位降低；反之，井孔水位升高。大气压强变化引起的潜水井孔水位变化很小，通常为 1cm 左右；引起承压水井孔水位变化大，超过 10cm。大气压强引起的井孔水位变化并不是由于含水层本身水量增减而引起的变化，不代表地下水位真实变化，是一种伪变化。

对于重大的长期供水或排水工程，必须考虑地下水动态的多年变化。供水工程应根据多年资料分析地下水最低水位时水量能否满足供水要求。排水要考虑多年最高地下水位时的排水能力。

2. 水文因素

在地下水与地表水存在水力联系的地区，水文因素对地下水动态影响显著。地表水作为地下水的补给来源或排泄途径而影响地下水动态。

当地表水补给地下水时，地下水水位升高，随着与地表水距离增加，地下水变幅减小，变化时间延迟（图 6-8）。地表水对地下水影响带的宽度，取决于近岸地带的岩性、地表水与地下水的水位差、地表水位的变化幅度及洪峰延续时间等一系列因素。近岸地带的地下水动态，不仅在水位变化方面，在水温、化学成分方面也有表现。

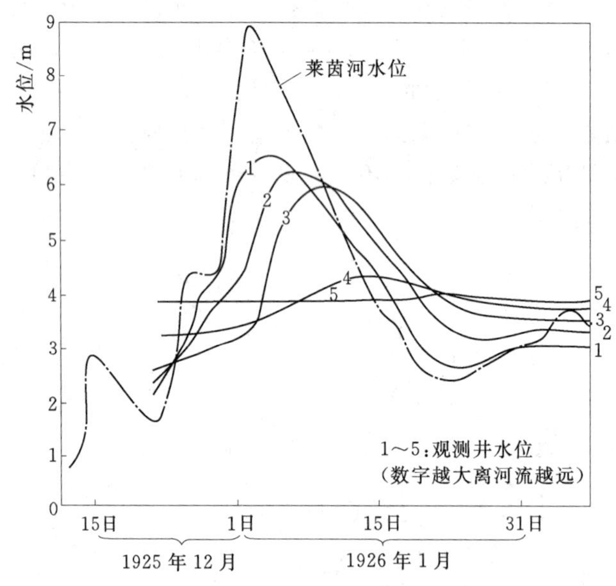

图 6-8　莱茵河洪水对潜水水位的影响

河流排泄潜水时，越是接近河流，潜水位变幅越小，远离河流的河间地块或分水岭地段，水位变幅大。原因在于，当降水入渗抬高地下水位后，近河地段水力坡度迅速变大，径流加强，则潜水位抬升少；远河地段，水力坡度增大不多，径流强度很少加大，则潜水位不断抬高。

滨海地区地下水明显受潮汐作用的影响，如福建汤坑热水的地下水位同海水一样，每天有两次“涨潮”和“退潮”，在水位过程线上出现两个波峰和波谷，出现的时间比潮汐变化滞后约 40min。潮汐的影响，主要同潮差大小及距离海岸的远近有关。一般情况下，潮差越大，距海岸越近，则地下水日变化幅度越大。

3. 地质因素

与气候、水文因素相比，除地震、火山喷发、崩塌等表现为急骤的变化外，地质因素一般都表现为缓慢而稳定的作用。地质因素对地下水动态的影响主要表现是，在气候、水文因素所决定的地下水动态基本模式的基础上，起加强或缓和的作用。如包气带岩性的渗透系数越大，接受降水入渗量越多；同一强度的降水补给，岩层的给水度越大，地下水位的升高幅度越小。

地质构造对地下水动态的影响，在承压水和潜水的特征上反映的最明显。地壳的升降运动，也可引起地下水动态的相应改变。地壳上升地区，侵蚀基准面下降，天然排水条件加强，可造成地方性疏干，并在加速地下水运动的同时，使之淡化；地壳下降地区，天然排水强度减弱，使地下水运动缓慢，可以导致沼泽化，也可导致水的盐化。

地下水变幅带内岩土颗粒的大小及级配可以影响地下水位变化的幅度。一般粗颗粒的渗透系数 K、给水度 μ 值大，地下水位变化幅度小；细颗粒的 K、μ 值小，地下水位的变化幅度大。这是因为 K、μ 值大的岩土排水条件好，地下水位不易上升；而 K、μ 值小的岩土排水条件差则水位容易上升。

包气带厚度、埋藏条件及饱水状况对地下水位动态变化也有较大影响。如包气带厚度越小（不能过小），消耗于湿润包气带的那部分降水入渗量便越少，潜水接受的补给量就越多，产生的水位升幅就越大。反之包气带厚度大，将吸收大量的入渗水量，地下水位升幅则小。此外，包气带厚度较小时，降水与地下水位抬升可能同步或滞后时间很短，反之，滞后时间较长。

在新构造运动强烈地区，地下水可以在短时间内发生剧烈变化，尤以地震前后表现最为明显。如 1966 年邢台地震，1974 年海城地震，1976 年唐山地震，在地震前后地下水皆有大幅度成片的升降现象，还出现许多特殊情况，如井水冒泡、翻花、旋转、变浑、变甜或变苦等。因此，地下水动态的监测研究是地震预报的重要手段之一。

4. 土壤和生物因素

土壤因素主要反映在成壤作用对潜水水质、水温的影响，潜水埋藏越浅，影响越显著。最明显的就是盐渍化和沼泽化地区，土壤对潜水中盐分季节性和多年性变化的影响。生物因素的作用主要表现在两个方面：一是植物的蒸腾作用对潜水位的影响；二是各种细菌活动，对地下水化学成分的影响。

（二）人为因素

人为因素是指与人类活动有关的因素。地下水的人工补给或人工排泄都将打破原有的地下水均衡。如果人工开采量过大，地下水位持续下降，甚至出现大面积的地下水位降落漏斗，引发生态环境地质问题。据统计，近年来我国每年地下水超采量 80 多亿 m^3，形成 500 多个地下水降落漏斗，总面积超过了 20 万 km^2，其中大型区域降落漏斗 56 个，面积达 8.7 万 km^2（相当于近 3 个海南岛的面积），漏斗最深超过 100m。地下水人工补给过多，如修建水库、引用地表水灌溉等，使地下水位抬升，埋深变浅，引发次生沼泽化，在干旱半干旱地区，还会导致土壤盐碱化。例如，河北冀县新庄，1974 年年初潜水埋深大于 4m，引用外来地表水灌溉后，到 1977 年雨季，潜水位接近地表，发生次生沼泽化，导致农业大幅减产。

三、地下水动态类型

国内外对地下水动态类型的划分方法有很多。根据地下水动态形成条件、影响因素的不同，分类的方法也不同。综合国内外地下水动态成因类型分类方法，将地下水动态成因类型归纳为 8 种基本类型（表 6－2），而由这 8 种基本类型又可组合成多种混合类型。

表 6-2 地下水动态成因基本类型及其主要特征

地下水动态成因类型	主要特征	典型图例
1. 气候型（降水入渗型）	分布广泛，含水层埋藏浅，包气带透水性较好； 地下水位及其他动态要素均随降水的变化而变化，地下水位峰值与降水峰值一致或稍有滞后，年内水位变化幅度较大	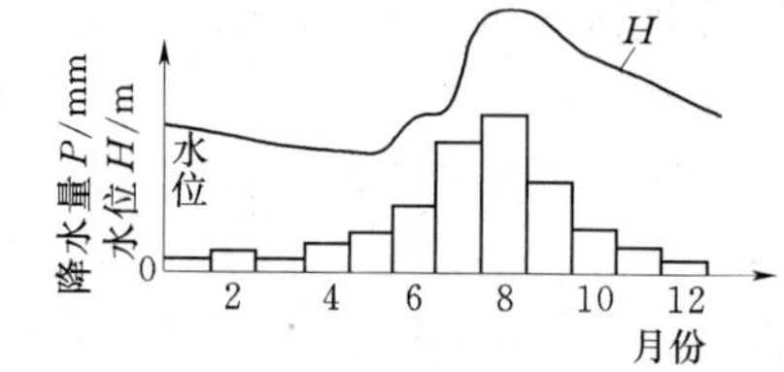
2. 蒸发型	主要分布在干旱半干旱平原区，地下水埋深较浅（小于3～4m），径流缓慢； 地下水位随蒸发量增大、气温升高而明显下降，并随干旱季节延长而缓慢下降。地下水位变化比较平缓，年变幅小（一般小于2～3m）	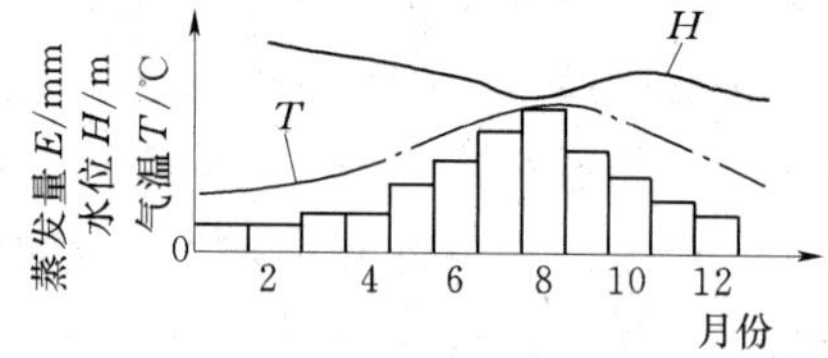
3. 人工开采型（开采型）	主要分布在地下水强烈开采区； 地下水动态要素明显随地下水开采量变化而变化，在降水高峰季节，地下水位上升不明显、甚至下降，当地下水开采量大于年补给量时，水位逐年下降	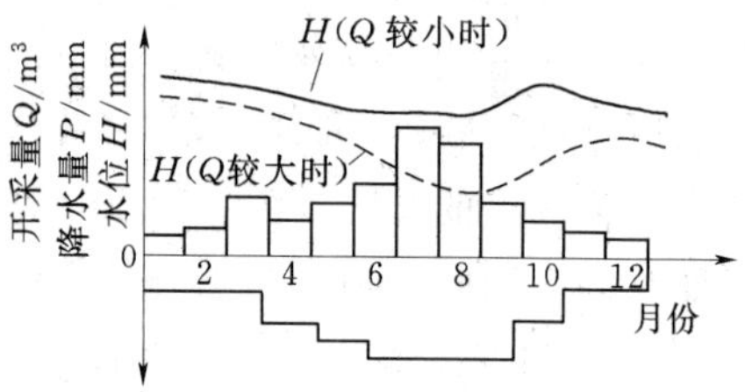
4. 径流型	主要分布于地下水径流条件较好、补给面积辽阔、地下水埋藏较深或含水层上部有隔水层覆盖的地区； 地下水位变化平缓，年变幅很小，水位峰值多滞后于降水峰值	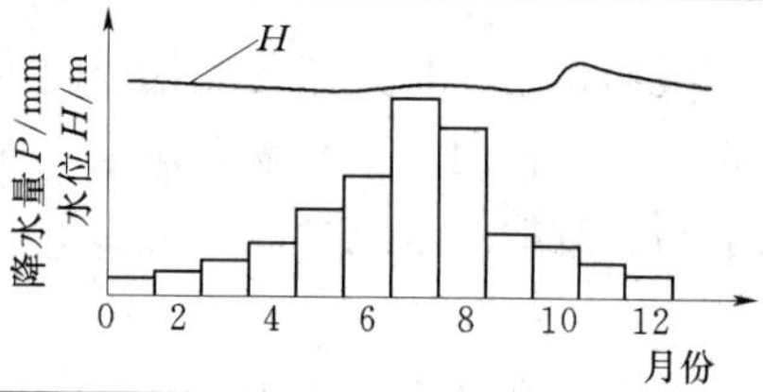
5. 水文型（沿岸型）	可分为两个亚类：①常年补给型；②季节补给型。 主要分布在河流、渠道、水库等地表水体的沿岸或河谷中，地下水与地表水有直接的水力联系。地表水位高于地下水位。 地下水位随地表水位升高、流量增大、过流时间延长而上升，水位峰值和起伏程度随远离地表水体而逐渐减弱	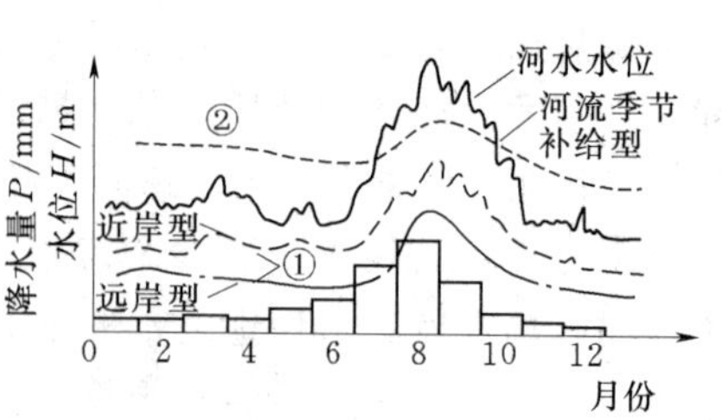
6. 灌溉型（灌水入渗型）	分布于引入外来水源的灌区，包气带土层有一定的渗透性，地下水埋藏深度不十分大； 地下水位随灌溉期的到来而明显上升，年内高水位期常延续较长	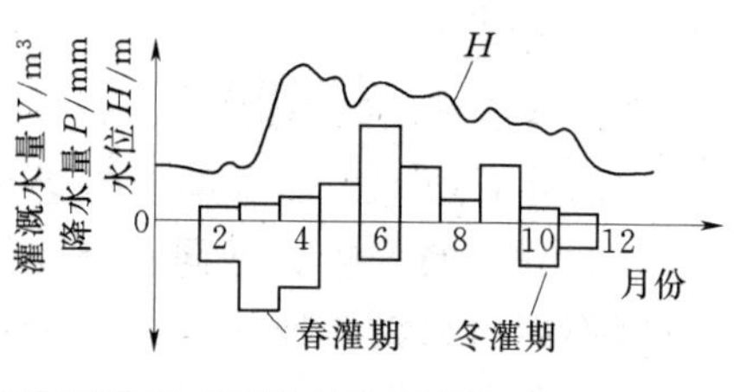

续表

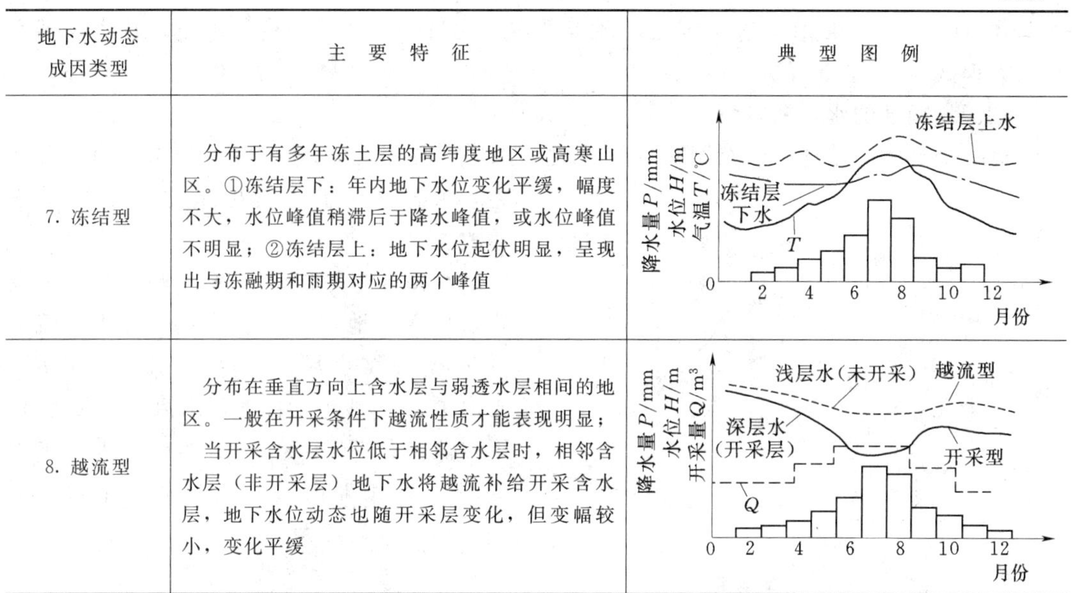

地下水动态成因类型	主要特征	典型图例
7. 冻结型	分布于有多年冻土层的高纬度地区或高寒山区。①冻结层下：年内地下水位变化平缓，幅度不大，水位峰值稍滞后于降水峰值，或水位峰值不明显；②冻结层上：地下水位起伏明显，呈现出与冻融期和雨期对应的两个峰值	
8. 越流型	分布在垂直方向上含水层与弱透水层相间的地区。一般在开采条件下越流性质才能表现明显；当开采含水层水位低于相邻含水层时，相邻含水层（非开采层）地下水将越流补给开采含水层，地下水位动态也随开采层变化，但变幅较小，变化平缓	

第三节　地下水均衡

一、地下水均衡的概念

地下水均衡是指在一定范围、一定时间内，地下水水量、溶质含量及热量等的补给量和消耗量之间的数量关系。当补给量与消耗量相等时，地下水（量与质）处于均衡状态；当补给量小于消耗量时，地下水处于负均衡状态；当补给量大于消耗量时，地下水处于正均衡状态。地下水均衡包括水量均衡、水质均衡和热量均衡等不同性质的均衡。多数情况下人们首先关注的是水量均衡，其是其他两种均衡的基础。因此下面着重讨论水量均衡。

进行均衡计算研究的地区称为均衡区。为便于计算，每个均衡区最好是一个相对独立的水文地质单元。进行均衡计算选定的时间段，称为均衡期，可以是一个月、一年、若干年或某一段时间。

地下水动态与均衡之间存在着互为因果的紧密联系。地下水均衡是导致动态变化的实质，即导致动态变化的原因；而地下水动态则是地下水均衡的外部表现，即动态变化的方向与幅度是由均衡的性质和数量所决定的。

二、全球水均衡

设 Z_m 为海面及洋面的年蒸发量，X_m 为海面及洋面的年降水量，Z_c 为陆面年蒸发量；X_c 为陆面年降水量，Y 为地表水和地下水年径流量。如都采用多年平均值，单位均采用水层厚度（mm）表示，则

$$Z_m = X_m + Y$$

$$Z_c = X_c - Y$$

在全球范围内

$$Z_m+Z_c=X_m+X_c \tag{6-31}$$

式（6－31）表明在全球范围内，多年平均蒸发量等于多年平均降水量，称为全球水均衡方程式。

三、均衡区的水均衡方程

对一个具体的水均衡区（图6－9）来说，水均衡方程式即是该区一定时段（均衡期）内，水的收入量与支出量之间的数学表达式。

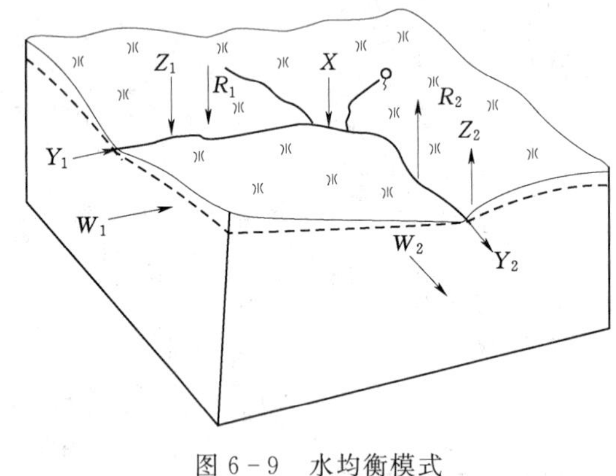

图6－9　水均衡模式

均衡区内的收入项 A 一般包括：大气降水量 X、地表水流入量 Y_1、地下水流入量 W_1、凝结水量 Z_1、人工引入水量 R_1。支出项 B 一般包括：地表水流出量 Y_2、地下水流出量 W_2、蒸发量 Z_2、人工排出水量 R_2。均衡期内水的储存量变化为 ΔV，则水均衡方程式为

$$A-B=\Delta V$$

即

$$(X+Y_1+W_1+Z_1+R_1)-(Y_2+W_2+Z_2+R_2)=\Delta V$$

或

$$X-(Y_2-Y_1)-(W_2-W_1)-(Z_2-Z_1)-(R_2-R_1)=\Delta V$$

均衡区的水储量变化 ΔV 包括以下各部分：地表水变化量 H_1、包气带水变化量 H_2、潜水变化量 $\mu\Delta H$ 及承压水变化量 $\mu^*\Delta H_c$，其中 μ 为含水层给水度或饱和差，ΔH 为均衡期内的潜水位变化（上升为正，下降为负），μ^* 为承压含水层的弹性释水（储存）系数，ΔH_c 为均衡期内的承压水位变化。据此，水均衡方程式可写成

$$X-(Y_2-Y_1)-(W_2-W_1)-(Z_2-Z_1)-(R_2-R_1)=H_1+H_2+\mu\Delta H+\mu^*\Delta H_c \tag{6-32}$$

对于潜水含水层（图6－10），收入项 A 包括：降水入渗补给量 X_f、地表水入渗补给

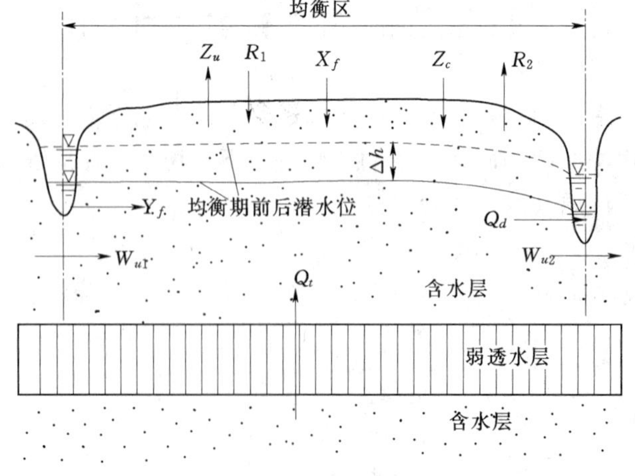

图6－10　潜水均衡示意图

量 Y_f、上游断面潜水流入量 W_{u1}、凝结水补给量 Z_c、下伏承压含水层越流补给潜水水量 Q_t（如为潜水向承压水越流排泄，则列入支出项）、人工引入水量 R_1。支出项 B 包括：潜水蒸发量 Z_u、以泉或泄流形式的排泄量 Q_d、下游断面潜水流出量 W_{u2}、人工排出水量 R_2。均衡期始末潜水储存量的变化为 $\mu\Delta H$，则潜水均衡方程式为

$$\mu\Delta H=(X_f+Y_f+W_{u1}+Z_c+Q_t+R_1)-(Z_u+Q_d+W_{u2}+R_2) \tag{6-33}$$

需要指出，对于不同条件的均衡区及同一均衡区的不同时间段，均衡方程的组成项可能增加或减少。例如，通常凝结水补给很少，Z_c 可忽略不计；地下径流微弱的平原区，可认为 W_{u1}、W_{u2} 趋近于零；无越流的情况下，Q_t 不存在。如能获取方程式中一些要素数值，即可推求未知要素，故可用来研究潜水的储量变化和预测水位。

资源 6-5
小庄水源地

在人工长期大量开采地下水地区，常出现负均衡，这就要求进行人工补给来补偿负均衡。否则就会形成区域性地下水位下降、大面积的地下水降落漏斗以及地面沉降等严重后果。

复习思考题

1. Darcy 定律的原理、表达式及适用条件。
2. 地下水渗透流速与实际流速有何区别？有何关系？
3. 什么是地下水动态？什么是地下水均衡？有何关系？
4. 地下水动态的影响因素有哪些？
5. 地下水动态有哪些类型？它们是如何形成的？
6. 潜水均衡方程式是如何建立的？有何实际意义？

第七章　不同含水介质中的地下水

第一节　孔　隙　水

孔隙水是指埋藏和运动于松散沉积物孔隙中的重力水。在我国东部及北部河谷地区和山前倾斜平原、松辽平原、黄淮海平原、江汉平原、河流三角洲等地区，广泛分布着各种成因类型的第四纪松散沉积物，其中埋藏着丰富的地下水，已成为这些地区具有十分重要意义的工农业及生活的供水水源。

由于孔隙含水层中孔隙分布较均匀、连通性较好，使得孔隙水具有分布较均匀，呈层状，含水层内部水力联系密切，具有统一的潜水面或测压面等基本特征。但孔隙水的这些特征是相对的，由于含水层所处的地貌单元、岩性成因类型和水文气象条件不同，使得孔隙水也存在较大的差异。因此，孔隙水可分为以下几类。

一、山前倾斜平原区地下水

在我国松辽平原、黄淮海平原等周边山麓地带，广泛分布着冲洪积成因的扇形堆积物。冲洪积扇是集中的山区洪水流出山口后，因地形开阔、坡度骤降，流速猛减，大量的推移质和悬移质堆积下来，在山前地带形成围绕山麓倾斜的扇形堆积体。各个出山口（沟口）的扇与扇相连，在平面上宛如“衣裙”那样分布，就形成沿山麓分布的山前倾斜平原。其宽度从数百米到数公里甚至达到数十公里，纵向延伸数公里到数十公里，甚至数百公里。其边缘即与中部冲积平原相衔接，但两者没有明显的分界线。在我国干旱或半干旱的北方，这种冲洪积扇特别发育，因为这些地区降水总是以暴雨形式出现，洪水流量大，冲刷能力强，再加上地表植被少，岩石风化强烈。

资源 7-1 山前倾斜平原区地下水

山前地带受现代构造运动的影响，通常是山区上升，平原下降。在山前地带堆积很厚的向平原倾斜的沉积物构成良好的含水介质，冲洪积扇上部粗粒物质（例如砂砾、卵石）接受降水和地表水的渗入，由不透水或弱透水的基岩衬托而形成良好的蓄水条件。

从扇顶到边缘纵向变化的总规律是地形坡度由陡变缓；岩性由粗变细，沉积层次由少变多，径流条件由强变弱，水质由好变差。典型的冲洪积扇可分为三个水文地质带。

（1）径流带。位于冲洪积扇的上部，沉积物以粗粒土为主，例如卵石、砾石、砂等，透水性强，厚度大，潜水埋藏深。例如祁连山和昆仑山北麓的许多冲洪积扇，地下水埋深有数十米。地下水补给来源：地表河水的渗漏、山区地下径流的流入、大气降水的入渗，径流带是冲洪积扇地下水的主要补给区。由于岩土透水性强，径流通畅，水平交替比较强烈，蒸发作用很小，潜水矿化作用是以溶滤为主，因此，径流带又称溶滤带，TDS 一般低于 1g/L，水化学类型以 HCO_3 型水为主。

(2) 溢出带。位于冲洪积扇的中部，宽度较小，与上、下带无明显界限。其水文地质特征是岩性由砂砾石逐渐过渡为细砂、亚砂土和亚黏土。含水砂层延伸远近不一，与亚黏土层交错沉积。潜水渗入此带后，由于颗粒变细，透水性变差，水平径流不畅，地下水被迫抬高，埋深变浅，在黏性土阻挡处，沿扇形分布，溢出地表，形成沼泽或洼地。华北平原上的宁晋泊、白洋淀等都是在这种洼地的基础上形成的湖泊。溢出带潜水由于埋藏浅易蒸发，尤其在干旱和半干旱地区更为强烈，使潜水浓缩，TDS 增高，一般为 1～3g/L。水化学类型为 HCO_3-SO_4 或 $Cl-SO_4$ 型水。

(3) 垂直交替带。位于冲洪积扇的下游边缘，表层大部分是细粒土（例如亚黏土、黏土），透水性极弱，径流缓慢，潜水主要消耗于蒸发，并接受下部承压水的顶托补给，故称为垂直交替带。潜水受蒸发作用而强烈浓缩，TDS 高达 10g/L，有时竟达 30g/L 以上，发生土壤次生盐渍化。水化学类型为 Cl 型水。

在溢出带和垂直交替带的下部往往有水质良好的承压含水层，甚至能从钻孔中喷出地表。这种承压含水层是由于含水砂层被黏土层交错穿插所致，承压水水质一般为淡水，TDS 小于 1g/L。例如，北京西山永定河扇形地东部承压区为多层砂砾及砾层，承压水位距地表很近，最深的不过 5m，有的可自流，单井出水量为 1500～3000m^3/d。

从我国许多山前倾斜平原的水文地质特征来看，彼此有一定差异性，主要受下列两个条件所控制：一是基底构造条件，其直接影响含水层的空间分布。新构造运动使山区上升而山前地带持续下降形成巨厚的山前冲洪积物。含水层厚，分布范围广，含水丰富。例如，成都附近岷江冲洪积扇（图 7-1），是岷江出山口灌县（现都江堰市）附近形成大量分支，发生堆积而成。由于地层断陷，形成巨厚的砂砾层，扇顶厚 10～17m，中部厚 260m，前缘厚 20～40m，含水丰富。在扇顶单井出水量达 6000m^3/d，中部为 8640～25000m^3/d，边缘成都附近为 4300m^3/d。秦国李冰利用这种地势，修建了卓越的灌溉工程都江堰，成都平原才得以过上“水旱从人”的“天府”生活，成为名闻世界的“粮仓”。二是气候条件，湿润区降雨充沛，地下水资源丰富，水位埋深较浅，水质淡化；干旱区潜水蒸发强度高，补给来源主要靠高山融雪而成的地表径流的渗入，埋藏较深，水的 TDS 较高。

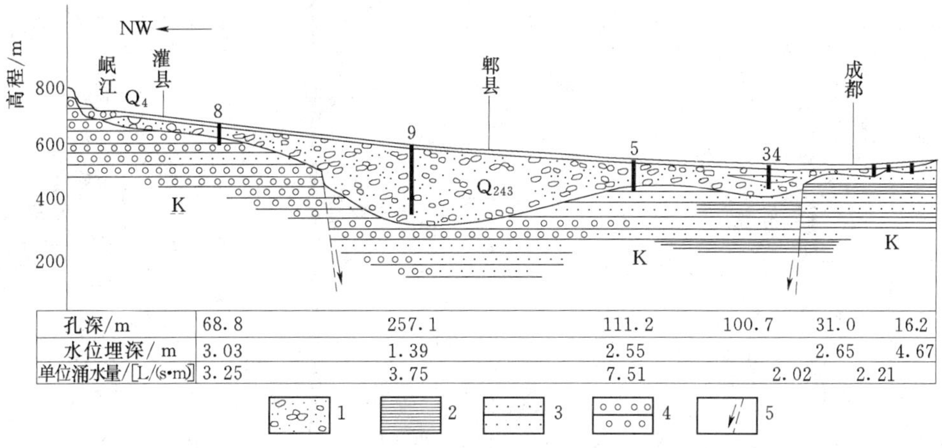

孔深/m	68.8	257.1	111.2	100.7	31.0	16.2
水位埋深/m	3.03	1.39	2.55		2.65	4.67
单位涌水量/[L/(s·m)]	3.25	3.75	7.51	2.02	2.21	

图 7-1　冲洪积扇水文地质剖面图

1—砂砾石；2—黏土岩；3—砂岩；4—砾岩；5—正断层

二、冲积平原地下水

在大河下游一般都形成冲积平原，它是在地壳沉降时期，河水所携带的物质不断堆积而成的。沉降幅度大，堆积深厚；沉降幅度小，则堆积浅薄。例如，我国最大的东北松辽平原，北部沉积厚度为210m，南部下松辽平原最厚达300m以上；黄淮平原自新生代以来一直是大型沉降带，其沉积厚度一般为200～600m，拗陷区（鲁北平原）最大厚度有1300m，这种下降很大的平原又称沉降平原。如此深厚的松散沉积层，为地下水的贮存提供了巨大的空间。

冲积平原的沉积物以冲积物为主，有河床相（砂、砂砾石）、河漫滩相（细粒土）、牛轭湖相和湖沼相沉积（淤泥和淤泥质土）。粗粒的砂、砂砾石是冲积平原的透水介质；河漫滩相和湖沼相沉积物的透水性较差，给水性甚小，构成相对隔水层。

冲积平原地下水的形成和分布除受岩性和地形条件的控制外，还受水文、气候等因素的影响。平原河流冲积物的岩性特点是颗粒细小，即使靠近河槽部位也多为中、细砂或粉砂，再加地形坡度平缓，因此，地下水埋藏浅，径流缓慢，而垂直交换水量比重大，在我国北方干旱和半干旱地区，甚至成为主要的天然排泄方式。这是平原地区地下水重要的动态特征。

在沉降幅度较大的平原，深部常有一些较老的沉积，例如古代的洪积、冲积、冰积、湖积和海相沉积。洪积、冰积、冲积多为砂砾层，湖积和海积为淤泥质黏性土。河流发育过程中，又往往多次泛滥并改道以及冲积扇的重叠，使粗细沉积互相叠置，呈现多层结构，具有粗细相间的多次沉积规律。在垂直剖面上，构成若干个层次的含水层（图7-2），除上部为潜水外，大部分含水层有承压性。例如，黄淮海平原在60～80m深度以上为潜水和微承压水；在60～80m以下，含若干个承压含水层，埋深越大，承压水头越高。在平面分布上，由于河流的改道，使粗粒的河床相沉积物呈长带状分布，这些古河道带成为良好的富水带。但随着远离河床，沉积颗粒由粗粒土过渡为细砂、粉砂，低洼的河间地段为湖沼相淤泥质沉积。岩性的这种分布特点使近河地带透水性较强，接受河水和降水的补给，水量充沛，TDS低，水质较好，为HCO_3型水；远离河流为HCO_3-SO_4和Cl型水。

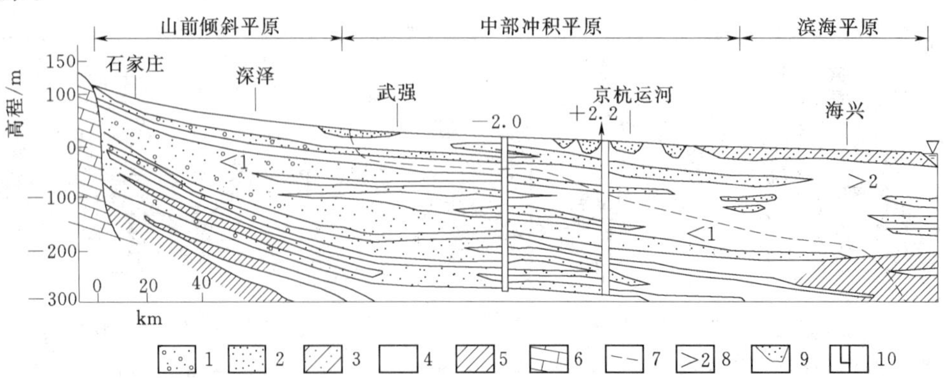

图7-2　黄淮海平原水文地质剖面略图

1—砂卵砾石；2—砂；3—黏质砂土；4—砂质黏土；5—黏土；6—灰岩；7—地下水TDS大于2g/L和小于2g/L的界线；8—TDS数值；9—浅层淡水分布范围；10—承压水位埋深（负值表示在地面以下，正值表示出露地表的高度）

在沉降幅度较小、相对稳定的冲积平原，冲积层一般以二元结构为基本特点，下部为河床冲积物，透水性强，富水性好；上层较细，属河漫滩相。我国南方长江、钱塘江、珠江等下游冲积层厚度一般较薄，只有 20～50m，这是因为第四纪时期地壳沉降较小；所以，在河流下游仍有基岩孤山零星分布，经河流搬运的粗粒风化物（例如砂砾、卵石等），堆积成透水性较强的冲积层。南方气候湿润，补给充沛，这些砂砾层常成为富水性良好的地下水含水层，其上部覆盖着厚黏性土层。

三、山间河谷区地下水

河流所流经的谷地，呈带状的地形，第四系松散沉积物发育的地区为河谷地区，包括谷坡、阶地、河漫滩和河床。河谷地区的沉积物：一是山麓地带坡积物；二是谷地内部山口的小型冲洪积堆沉积物；三是阶地、牛轭湖、古河道等沉积物；四是河床相和河漫滩相组合而成的二元结构沉积层，这是河谷主要沉积物。

河谷沉积物中砂砾石分选性较好，磨圆度高，孔隙度大，透水性强时就成为良好的透水介质，谷底一般是不透水的基岩，形成隔水层。这样，上部是透水介质，下部是隔水层，接纳降水和河水的补给后，即组合成含水层。

一般情况下，河谷地下水埋藏不深，径流交替强烈，水质较好，其富水条件取决于集水面积、松散沉积物空间展布及其透水性大小等。这些条件在河谷的不同地段是不同的，因而河谷冲积层地下水可分成两类：上游河谷地下水和丘陵半山区河谷地下水。

上游山区河谷含水层薄，蓄水调节能力小，资源储存量的季节性变化大。地下水的开采，可选择河谷较窄处，开挖到基岩，筑坝截潜。但下伏基岩为透水岩层（例如岩溶发育的石灰岩）则不利截取潜流。

丘陵或半山区河谷，河流坡降减小，河流侧向侵蚀加强，因而河流弯曲、河床加宽，形成宽广的河谷平原，堆积较厚的冲积物，在低阶地或河漫滩上有典型的二元结构或复杂的多元结构。二元结构的下部砂砾石层中有丰富的地下水且有微承压性，并与现代河道的砂砾石层有水力联系，因而在这些地方打井出水量较大，水质也好。例如，某大型机械厂建于通天河（青海省）旁，在不易淤塞、与河水联系密切、渗透性较强的含水砂层中打井取水，尽管含水层分布面积仅 0.34km^2，但开采量竟达 75000m^3/d。一般高阶地富水性差，不易成为具有开采价值的水源地。

被现代沉积物掩埋的古河道往往是河谷局部富水地带。在古河道的地表上常留有踪迹，如串珠状小洼地，牛轭湖或喜水植物连续出现等，沿此线打井，一般可获得较大的水量。

四、黄土区地下水

黄土（包括黄土状土层）是第四纪形成的风成堆积物，我国黄土主要在黄河中游的山西、陕西、宁夏和甘肃及其邻近省（自治区）连续延展，成为完整统一的地表覆盖层。一般厚度达数十米，陕西和陇东局部地区达 150m。

黄土地下水的积聚和分布是与黄土岩性特征和地貌条件分不开的。黄土以粉砂颗粒（粒径为 0.005～0.05mm）为主，占土样总重量的 60%以上，这种粒组所形成的孔隙极其微小，使得黄土的透水性和给水性较弱，持水性较强。但在堆积过程中，有多次间断和成壤作用，土中富含的盐类易被溶解，从而在内部形成许多空洞和垂直裂隙，为地下水的蓄积和运移提供了有利条件。黄土的空洞和裂隙在垂直方向特别发育，而水平方向发育较差。据有关研究资料表明，垂直方向的渗透系数比水平方向的大 50 倍，有的甚至大 100 倍。这种性质有利于接受降水、灌溉水的渗入，从而在黄土中形成地下水。黄土岩性越往下越密实，孔隙随深度加大而减弱。在离石黄土（为黄土的主体层）的下部埋藏着多层土壤层和钙质结核层，透水性较弱，成为相对隔水层（弱透水层），常可托住渗入水形成上层滞水和潜水。

依据黄土地貌特点，黄土含水层中地下水可划分为黄土塬地下水和梁、峁地下水两种类型。

1. 黄土塬地下水

塬区地面宽阔平坦，接受降水补给面积较大，降落到塬面上的雨水有相当数量渗入黄土层中，遇到相对隔水层便蓄积起来。由于塬周被沟谷深切，潜水在塬边沟谷中以下降泉的形式排出。沟谷往往切割到相对隔水层以下很深的部位，泉水出露点的标高可能高于沟谷水面，形成倒挂泉。一个黄土塬就是一个独立的水文地质单元。塬区潜水水面呈圆丘状，向上凸起，如图 7－3 所示，中心部位埋藏较浅，塬边急剧降低，这是沟谷排泄地下水的结果。例如著名的陕北洛川塬中心部位潜水埋深 40～50m，沟边水位埋深达 90m。补给区和径流区也就是贮存区和排泄区，这是黄土塬潜水基本的埋藏特征。

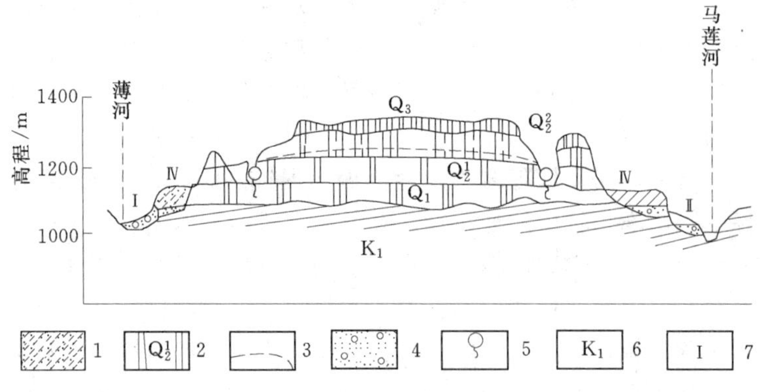

图 7－3　黄土塬区水文地质剖面示意图

1—亚砂土；2—亚黏土夹礓石；3—潜水位；4—砂砾石；5—泉；6—砂岩；7—阶地编号

黄土塬区潜水位无明显季节变化。这是因为黄土大孔隙发育，孔洞、裂隙较多，包气带厚度较大，对入渗水分起暂时蓄存和调节作用，前次降雨入渗水分尚未全部从第一个古土壤层（相对隔水层）之上流走，后次降雨入渗水分的前锋已经到达；前一年雨季入渗水分没有运移到潜水面，而后一年雨季入渗前锋已接踵而来。因此，降雨对潜水的补给基本上是连续均匀的，一般无明显的补给期与非补给期之分。这是黄土潜水重要的动态特征。

2. 黄土梁、峁地下水

梁、峁区潜水分布于黄土塬以外的广大地区，但由于水文网切割强烈，地形破碎，潜水受大气降水补给面积很小，又因梁、峁坡度大，入渗系数仅 1%左右，因而潜水的补给和蓄存条件极差，成为缺水区。

但在梁、峁之间宽浅沟谷，当地称为掌地或杖地（状如手掌或拐杖）往往含有潜水，埋深十余米，成为当地居民宝贵的水源。

五、滨海平原区地下水

我国滨海平原主要分布在渤海、黄海和东海的滨海地带以及黄河、长江三角洲等地。它由平原河流所携带的冲积物和海相沉积物交互沉积而成。有时还因细小的黏粒，遇到海水中的盐分，发生凝聚作用而沉积。

滨海平原地下水最重要的特征是 TDS 高，从平原到滨海的方向上，地下水 TDS 由 0.5～1.0g/L 渐变为 1～3g/L，甚至大于 30g/L。总的趋势是咸水层厚度越接近海岸越大。这是由于滨海地区地下水径流滞缓，盐分积聚和海水侵入影响的结果。

但是，在滨海平原深部往往有淡水体。例如，浙江滨海平原分布的淡水体主要有两种类型：一是冲淡型；二是封存型。冲淡型淡水体通常位于山间沟谷出口处及古河道上游，海相淤泥质亚黏土层覆盖在它的上部，全新世中期海侵时地下水咸化，后期受沟谷中地表水补给而冲淡，而其下游仍为咸水。另一种类型是封存型淡水体，陆相砂砾石淡水含水层位于古地形低洼处，后期又堆积了河湖相黏性土层，使之成为封存型承压含水层，海侵时由于上游灌入海水，一部分淡水被混合咸化，一部分淡水沿含水层被推向下游，形成淡水透镜体。其水化学类型系列由中心向外围为 HCO_3、SO_4、Cl 型。

滨海平原的表层，现代河流沿线，可能获得淡水补给，形成浅层河道带淡水（TDS 不大于 1g/L）。因此，在这些地方的垂直剖面上构成了浅部淡水-浅中部咸水-深部淡水的多层次水文地质结构。

第二节　裂　隙　水

埋藏于基岩裂隙中的地下水统称为裂隙水。它的埋藏分布与裂隙的发育特点相适应。在同一地区不同成因的裂隙水可以共存，或以某一成因类型的裂隙水为主。不同地区，不同构造单元的裂隙水则有不同的埋藏分布特点。总体而言，裂隙水的埋藏和分布很不均匀，主要受地质构造、岩性、地貌等条件的控制。

根据裂隙水埋藏分布的特征，将裂隙水划分为三种类型：面状裂隙水、层状裂隙水和脉状裂隙水。

一、面状裂隙水

分布在各种基岩表部的风化裂隙中，其上部一般没有连续分布的隔水层，因此，它具有潜水的特征，如图 7-4 所示。但在某些古风化壳上覆盖有大面积的不透水层（如黏土）时，也可能形成承压水。风化裂隙含水层含水的多少与岩石风化程度和岩性密切相关。例如在泥质岩石和花岗岩地区，往往在强烈风化带中含水较少，可能是由于泥质物充填的结果。

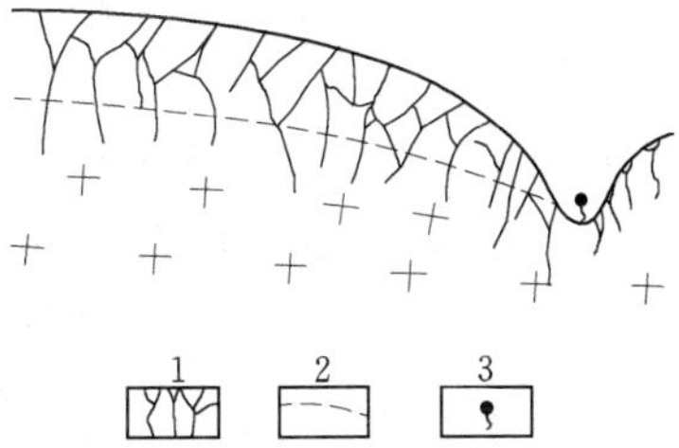

图 7-4　风化裂隙水示意图
1—风化裂隙；2—潜水位；3—泉

风化带中裂隙水分布的下部界限取决于风化带的深度，风化裂隙的数量及大小均随深度的增加而减小，直至消失。因此，由于各地风化程度不同，风化带中裂隙水的下部界限也有差异。

面状裂隙水的富水性因岩性不同而发生变化。在坚硬岩层上部的风化壳中，多为潜水，一般水量不大，但水质较好，TDS 小于 0.5g/L，为 HCO_3 型水。

地形对风化裂隙水的分布与富集有重要影响。在分水岭地段，由于集水面积小，地形坡度大，地下水埋深大，水量小。从分水岭转向坡谷，汇水面积增大，地形坡度变缓，地下水埋深变小，常在山坡坡麓地带溢出成泉，如图 7－4 所示，在洼地、谷地、簸箕地地段最富水，如图 7－5 所示。

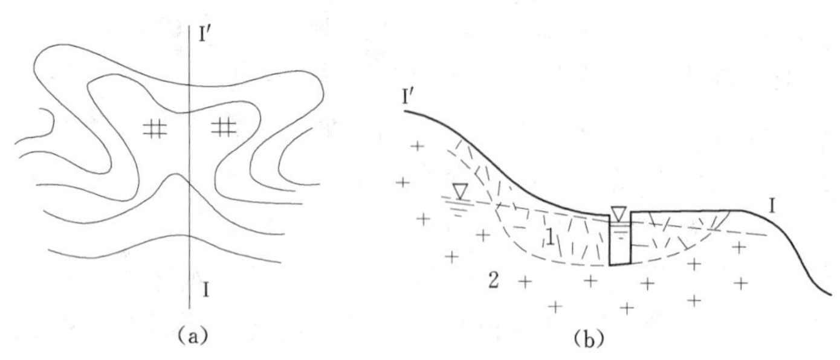

图 7－5　簸箕地风化裂隙蓄水构造示意图

(a) 平面图；(b) 剖面图

1—风化裂隙带；2—花岗岩

二、层状裂隙水

（一）近似水平蓄水构造中的地下水

当透水岩层夹有相对隔水岩层，例如石灰岩中夹有薄层页岩、泥灰岩或顺层侵入的火成岩岩床、岩盘等，则将阻碍地下水向深处渗流，而滞留于隔水层之上，从而形成近水平的蓄水构造。例如济南市章丘区池凉泉村，位于地势很高的巨厚中奥陶统石灰岩层上，石灰岩中夹有一层闪长玢岩岩床，地下水沿缓倾岩层流出地表成泉，成为当地的供水水源地（图 7－6）。

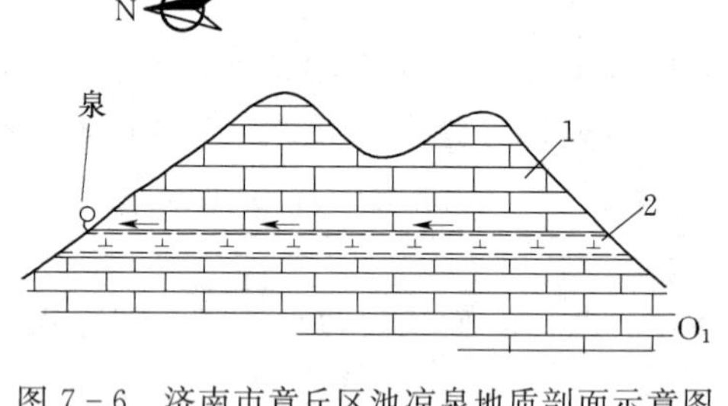

图 7－6　济南市章丘区池凉泉地质剖面示意图

1—石灰岩；2—闪长玢岩

（二）单斜蓄水构造中的地下水

透水岩层和隔水岩层互层所组成的单斜构造，在适宜的补给情况下，可形成单斜蓄水构造，它是层状岩层分布区常见的一种蓄水构造，实际上就是前述的自流斜地。

单斜蓄水构造中地下水的富集条件，取决于岩层产状与地形之间的组合关系（图 7－7）。

（1）岩层向山体方向倾斜（逆坡），或岩层向沟谷上游倾斜：当含水层未被切割揭露，仍埋藏于隔水层之下，则含水层封闭条件好，有利于地下水的富集（图 7－7 中的 a）。如果已被切割，剥露于地表，则含水层中地下水将被排泄掉，不易富集（图 7－7 中的 b）。

（2）岩层倾向山外（顺坡）或岩层向沟谷下游倾斜，出现两种情况：岩层倾角小于地面坡角时，不易富集地下水（图 7－7 中的 c），此情况与图 7－7 中的 b 实质是一致的。当岩层倾角大于地面坡角时，则有利于地下水的富集（图 7－7 中的 d）。

（3）单斜蓄水构造中，分布在高处的透水层不易蓄水，在地形低洼位于排泄基准面以下的含水层，有利于地下水的富集。

（4）地面坡度很小，附近没有深切的排水沟谷，则夹于隔水层之间的单斜透水岩层利于地下水富集。如图 7－8 所示，井口为 30m×20m，深 7m 左右，含水层为 9.5m 厚的松软沙砾岩，出水量 $1000m^3/d$。

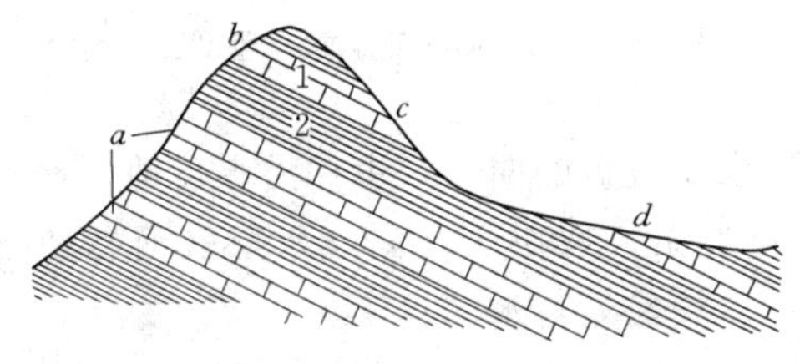

图 7－7　单斜岩层蓄水条件示意剖面图

1—含水层；2—隔水层

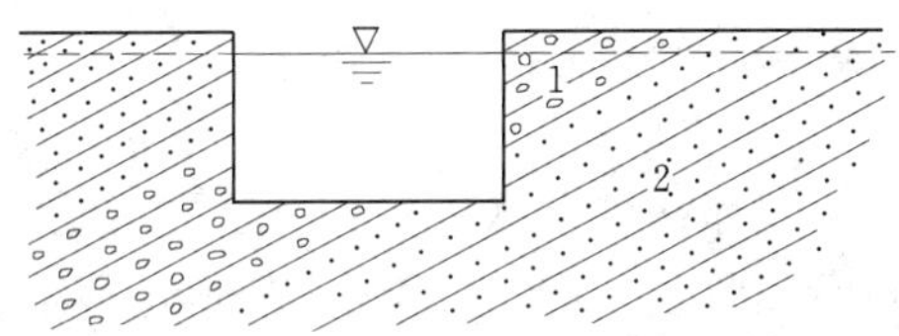

图 7－8　山东莱西市姜山镇马埠村大口井地质剖面图

1—砂砾石；2—红砂岩

（三）褶皱蓄水构造中的地下水

褶皱蓄水构造主要形成于沉积岩区，在层状或似层状的火山岩地区和副变质岩地区也有分布。其蓄水条件是在褶皱构造中，同时埋藏有透水岩层和相对隔水岩层。它可分为向斜蓄水构造和背斜蓄水构造两种类型。

1. 向斜蓄水构造

向斜蓄水构造即能蓄积地下水的向斜构造。包括由含水层和隔水层组成的各种向斜和构造盆地。按地下水埋藏条件，分为承压水和潜水两类。

（1）承压水向斜蓄水构造：实际就是前已介绍过的承压水盆地或自流盆地。由于向斜含水层埋藏深度、构造形态、地形条件等的差异，而有不同的形式。

1）向斜山岭：褶曲平缓，地形为山岭（图 7－9）。地下水从含水层出露较高的一翼接受补给，向出露较低的一翼汇集，在出露标高最低处排泄。排泄区附近常有大泉或泉群出露。例如山西神头泉即是如此。其特征是：高翼补给，低翼排泄，中部单向径流，最富水部位在翼部排泄区附近。

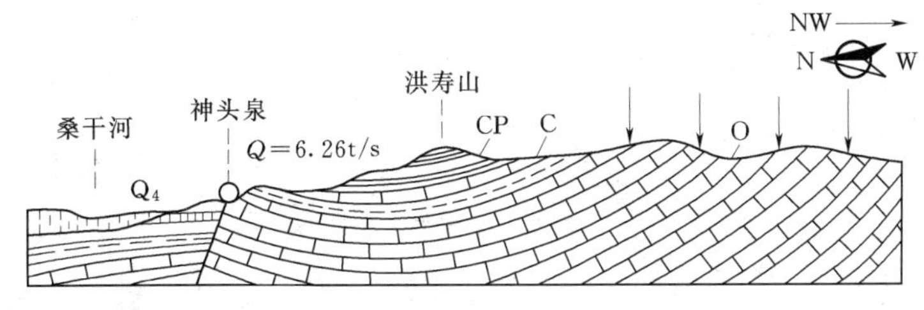

图 7－9　向斜山岭，山西神头泉剖面图

Q_4—近代沉积物；CP—石炭二叠系；C—石炭系；O—奥陶系

2）向斜凹陷：轴部含水层埋藏较深，透水性差，上覆有巨厚的隔水层（图 7－10），地下水不能在轴部排泄，也很难从一翼向另一翼排泄。而是从翼部含水层出露区接受补给，达到饱和后，向切割含水层最深的河谷排泄。排泄在向斜翼部，补给区附近地势最低的地方。富水部位在翼部排泄区及其附近。轴部富水性差，开采困难。

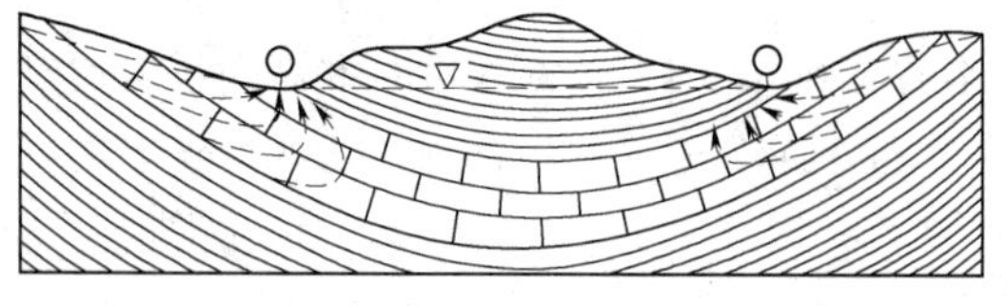

图 7-10　向斜凹陷示意剖面图

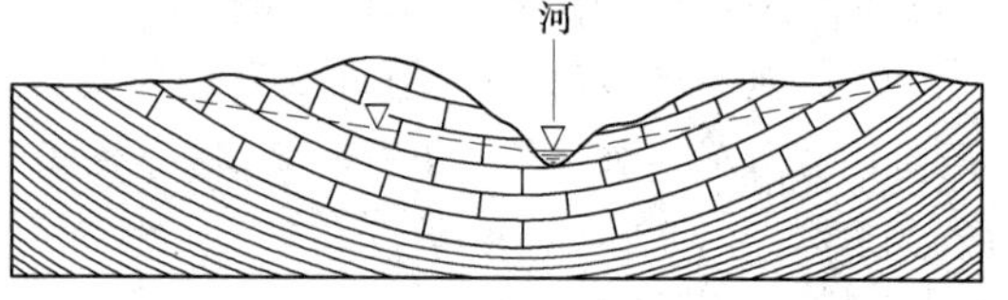

图 7-11　潜水向斜蓄水构造剖面示意图

（2）潜水向斜蓄水构造：含水层之上没有隔水层覆盖的向斜，也称潜水盆地。地下水不具有承压性质（图 7-11），易于接受补给，排泄条件取决于向斜含水层被河谷切割的程度。切割越深，越易排泄。由于轴部裂隙发育，故最易富水。

2. 背斜蓄水构造

在一个背斜或穹隆构造中，埋藏有透水岩层和作为隔水边界的不透水层时，地形提供适宜的补给条件，便构成背斜蓄水构造。

背斜蓄水构造的富水程度，主要取决于背斜被剥蚀的程度、含水层的埋藏和出露条件，以及构造形态、地形条件等。由于这些条件不同，其富水部位也各不相同。

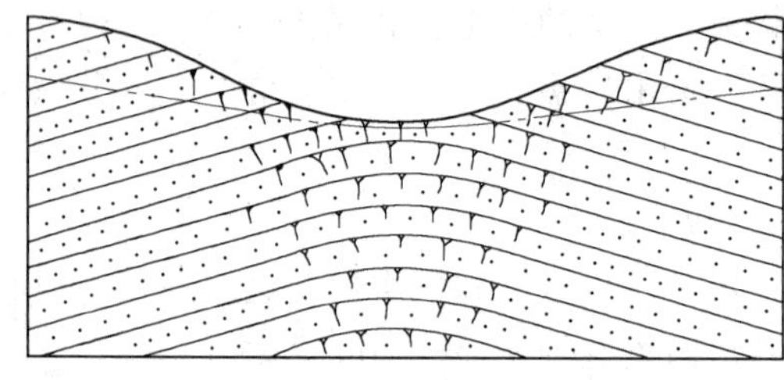

图 7-12　背斜轴部张裂隙富水带剖面示意图

（1）轴部富水的背斜谷地：地质构造为背斜，地形为谷地，富水部位一般在背斜轴部。尚可出现两种情况。

1）背斜轴部张裂隙带富水，如图 7-12 所示，背斜轴部岩石发育，构成蓄水空间，两翼及地下深处岩石透水性弱，构成相对隔水边界，从而形成张裂隙富水带。例如山东长清县城关，就埋藏有此类蓄水构造。

2）背斜轴部含水层富水：如图 7-13 所示，背斜剥蚀后，轴部强透水岩层出露地表，两翼被不透水或弱透水岩层覆盖，构成阻水边界，形成轴部富水层或富水带。如川东褶皱带的铜锣峡，即属此类。

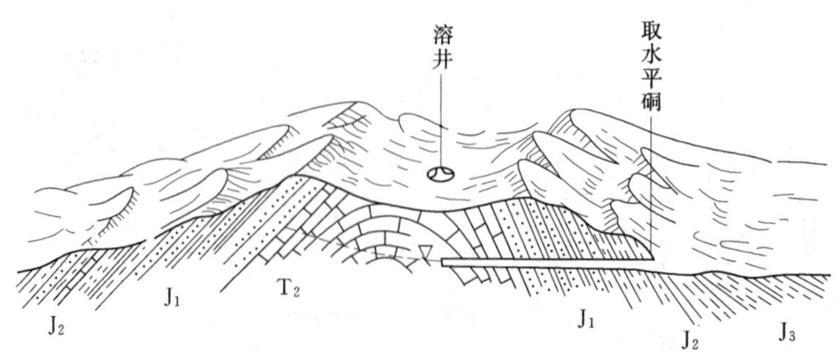

图 7-13　川东褶皱带中背斜轴部含水层富水的蓄水构造
J_1—侏罗系香溪群；J_2—侏罗系自流井群；J_3—侏罗系重庆群；T_2—三叠系嘉陵江群

(2) 翼部富水的背斜山岭：如图 7－14 所示，当背斜两翼埋藏有时代较新的透水岩层和隔水岩层时，则透水岩层中可蓄积地下水，形成背斜翼部富水构造。

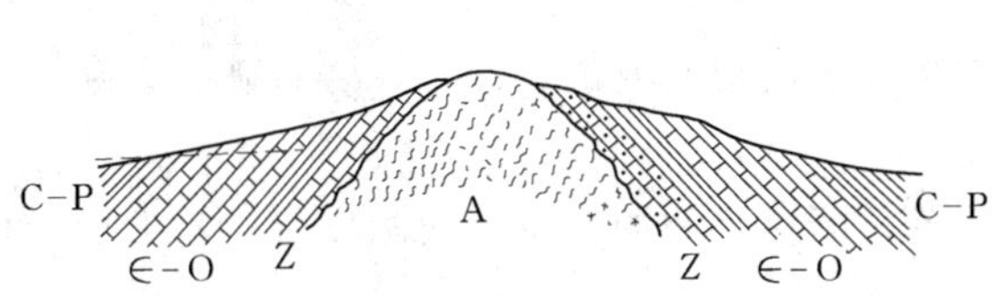

图 7－14　翼部富水的背斜蓄水构造示意剖面
C－P—石炭二叠系煤系地层；∈－O—寒武奥陶系碳酸岩类岩层，下部为页岩；Z—震旦系石英砂岩；A—太古界片麻岩系

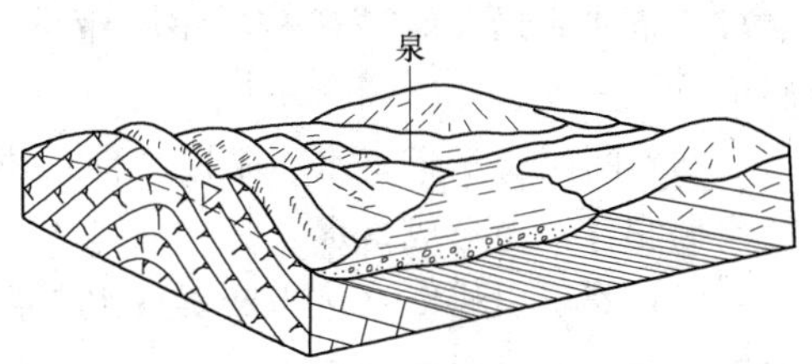

图 7－15　背斜倾没端富水带示意图

(3) 背斜倾没端富水：如图 7－15 所示，倾伏背斜的倾没端，张裂隙发育，有良好的富水条件，如果地形低洼，即可形成富水带，尤其在倾没端埋藏有强透水岩层时，富水更强。例如河北峰峰滏阳河源的黑龙洞泉群，就是形成于黑龙洞倾伏背斜的倾没端，溶蚀裂隙发育的中奥陶系石灰岩中。

三、脉状裂隙水

埋藏于构造裂隙带中的水称为脉状裂隙水。一般是沿断裂带呈带状或脉状分布，长度和深度远比宽度大，故具有一定的方向性，如图 7－16 所示。脉状含水带可以切穿数个不同时代、不同岩性的地层，可通过不同的构造部位，致使含水层各部分的地下水贫富不均，埋藏的深度变化大。因而，同一含水带中地下水的埋藏具有不均匀性，当断裂带通过脆性岩石时，裂隙发育，岩石破碎，通常是强含水的；当通过塑性泥岩时，裂隙不发育并被泥质充填，形成微弱的含水带或起隔水作用。

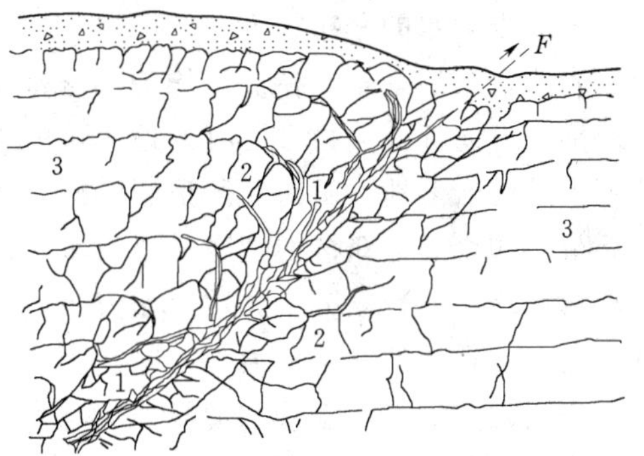

图 7－16　断裂破碎带横剖面分带示意图
1—构造岩带；2—断层影响带；3—未受断层影响的岩石

脉状裂隙水的补给源一般较远，循环深度较大，水量较丰富，一般具有统一的水面而且稳定。有些地段具有承压性质。水质良好，常为较好的水源地。

应当指出，脉状裂隙水除了自身形成了一个水力系统外，还与周围岩石裂隙中的水有一定的水力联系，这种联系可能比较弱，但也不可忽视。

某一地区或地段是否能有裂隙水的富集，主要看是否存在着有利的补给、汇集和贮存条件。根据山区找水打井的经验，断裂蓄水构造的富水部位有以下几处：

(1) 角砾岩、压碎岩带富水：发生在脆性岩石中的张性和张扭性断层，其断层破碎带的构造带，一般由碎块状断层角砾岩及压碎岩构成，结构疏散，充填物少，富水性比两侧强，布井时，应选在断层上盘，以揭穿断层带中央的角砾为宜。

（2）断层影响带富水：压性和压扭性断层破碎带的构造岩带，多为糜棱岩、断层泥构成，透水性很差，贫水或无水。在构造岩两侧断层影响带内，裂隙密集，透水性强，含水丰富。布井应选在能揭穿断层影响带的地方，最好是上盘。如坝基防渗，此带也是重点部位。

（3）断层交汇带富水：不同方向或不同层次断裂的交叉或汇合部位，岩石破碎，断层影响带发育，易形成富水。

（4）断层岩块富水：当断层成组存在时，各条断层之间的岩块、裂隙发育，易形成富水带，尤其在厚层脆性岩层中。

第三节　岩　溶　水

贮存于可溶性岩层中的溶蚀洞穴和裂隙中的水称岩溶水。岩溶水就埋藏条件而言，可以是上层滞水，也可以是潜水或承压水。岩溶上层滞水的形成与岩溶岩层中透水性极小的个别透镜体有关。这些透镜体可以是不透水夹层，也可以是溶蚀残余物充填了裂隙和溶洞而成。当岩溶岩层大面积出露地表时，贮存并运动于其中的岩溶水主要为潜水。如我国云贵高原石灰岩区及广西的石灰岩低山丘陵区，广泛发育着岩溶潜水。当岩溶岩层被不透水岩层覆盖，并被地下水充满后，便形成岩溶承压水。我国北方奥陶纪石灰岩和南方石炭、二叠及三叠纪石灰岩中都埋藏有岩溶承压水。

一、岩溶水的分布特征

岩溶含水层，是一种极不均匀的含水介质，因此，岩溶含水层的富水性无论在水平方向或垂直方向都变化很大。有的地段可能无水，而有的地段则可形成水量极为丰富的岩溶地下水脉或岩溶地下暗河。所谓岩溶地下水脉，就是岩溶发育比较强烈的、呈脉络状的富水条带。如水通过众多的裂隙和小溶洞汇流于巨大的岩溶通道之中，则成为岩溶地下河。其流量可达每秒数立方米到数百立方米或更多，流动速度也较其他类型地下水快，此类地下水也具有重要的开采价值。

我国北方的气候条件和地质条件与南方不同，北方的地下岩溶含水空间也有溶洞，但主要是大量分布的溶蚀裂隙，较少像南方那样发育完整的地下水通道系统。岩溶地下水脉虽然没有像南方的岩溶地下水那样完整的洞穴通道系统，它与两侧岩溶发育程度较弱的岩层之间也没有明显的截然分界，是逐渐过渡的，但也有一些与南方岩溶地下水相似的特征。例如，岩溶地下水脉是富水性较强的条形地带，也是地下水运动比较通畅的强径流带。

二、岩溶水的补、径、排特征

由于沿地下水脉地下水径流通畅，所以这里的水位比两侧的水位低，一般都形成相对低的水位带。在横截面上地下水位呈槽谷形，地下水脉的下游直接或间接通向地下水排泄口——岩溶泉。

由于岩溶地下水脉上接补给区，下通排泄区，所以在天然条件下，地下水的动态年变化幅度较小；而在地下水脉的上游及两侧年变幅则较大。

岩溶水在可溶岩层与非可溶岩层的接触处，在从山区、丘陵区流到山前地带以后，岩溶承压水在其排泄区，特别是一些沿构造断裂的排泄地带，往往在地表出露巨大的泉群。我国许多有名的大泉，多数是这类岩溶泉。例如北京的玉泉山泉、济南的趵突泉、山西的晋祠泉、云南的六郎洞泉等。这些泉或泉群溢出地表后，往往形成大小河流或湖泊，例如六郎洞泉形成的六郎洞河，玉泉山泉补给昆明湖等。这类泉都是重要的灌溉和供水水源。

岩溶水由于含水层的埋藏不同，其水量变化也不一样。裸露的岩溶岩层中流出的泉水量，在一年中变化较大，从每秒数十升、数百升甚至达到每秒数十立方米；半裸露的岩溶岩层中泉的流量比较稳定，隐伏岩溶岩层中的出水量则更为稳定。这主要因为补给区较远而又宽阔、岩溶水系统具有较强的调蓄能力的缘故。

三、岩溶水的水化学特征

岩溶水的化学成分通常比较稳定，水质好，大多为 HCO_3-Ca 型水，但有时也有 SO_4-Ca 型水。在某些岩溶地区的深部岩溶地层中，也有 $Cl-Na$ 型的高矿化水。在自流盆地或自流斜地中，在一定条件下，水的化学成分也表现有垂直分带的现象。但由于岩溶水交替条件较好，在同样条件下，这种垂直分带现象有一定程度的减弱。

寻找岩溶水在于找到岩溶水的富集条件。实际上岩溶发育且有富集的构造条件的地方一般即为岩溶水富集的地段。因此，褶皱轴部、断裂带、接触带、厚层纯灰岩分布区、岩溶水的排泄区等，都可能是岩溶水的富集地段。

地表河流进入岩溶发育地区，往往通过落水洞等垂直的吸水通道，潜入地下形成伏流。因此，在岩溶发育地区，地表水相对贫乏，地下水丰富。

复习思考题

1. 冲积层中地下水埋藏分布特征。
2. 洪积扇中地下水的分布规律。简述其纵剖面特征。
3. 黄土层中地下水的埋藏分布与黄土地貌有何关系？
4. 滨海平原区的地下水特征。
5. 基岩中地下水与松散沉积层中的地下水有何不同？
6. 地质构造与地下水富集有何关系？
7. 断裂构造如何制约着地下水富集？
8. 喀斯特水（岩溶水）的特征表现在哪些方面？

第八章 建筑物地区的渗流问题研究

在透水岩层发育的地区修建水库、堤坝（闸）、隧洞、渠道等建筑物，将引起当地水文地质条件的变化，地下水的运动条件也会发生很大的变化。例如修建水库后由于水库水位抬高，有可能产生坝基渗漏，也可能通过坝肩的透水岩层形成绕坝渗漏，或者经过库岸透水岩层而渗透到邻河和下游，发生库区渗漏。此外，随着经济社会的发展，高层建筑深基坑、地铁等地下空间开发，一些具有规模效应的大型地下构筑物已经对区域地下水环境产生了影响，基坑、隧洞施工中地下水处理不当可能引发涌水、坍塌等问题，影响工程实施、威胁人员安全。因此，有必要研究建筑物地区的渗流问题。

第一节 坝 区 渗 漏

坝区渗漏包括坝基渗漏和绕坝渗漏，其产生原因是水库蓄水以后，坝上、下游形成一定的水位差，使库水在一定的水头压力作用下，通过坝基或坝肩的渗漏通道向河谷下游渗漏。所谓渗漏通道是指具有较强透水性的岩土体，可分为透水层、透水带和透水喀斯特管道。长期大量的坝区渗漏会导致水库蓄水量减少，甚至水库不能蓄水；同时渗透水流会引起坝基潜蚀和渗透变形，危及大坝安全。

一、坝区渗漏的工程地质条件

对坝区渗漏问题的工程地质分析，主要是查明渗漏通道，分析渗漏通道连通性，计算渗透量。

（一）渗漏通道

1. 透水层

水工建筑中，通常以渗透系数小于 10^{-7}cm/s 的岩层为隔水层，大于此值的为透水层。透水层可分为第四系松散沉积层透水层和基岩透水层。第四系松散沉积层，包括河流冲积层、坡积层、残积层、崩积层、冰川沉积层等。此类地区坝区渗漏主要是通过古河道、河床和阶地内的砂、卵、砾石层。河谷地带埋藏的古河道具有较厚的松散粗碎屑沉积物，常与现代河床平行或交角较小，是良好的渗漏通道。此外，山坡坡麓地带常有岩堆和坡积层，其孔隙大，当粗颗粒较多时，也是渗漏通道。

基岩透水层主要为胶结不良的砂岩、砾岩层，具气孔构造并且裂隙发育的玄武岩、流纹岩等，对基岩地区渗透通道分析，应特别注意河谷的地质构造。例如在褶皱构造地区，常见的河谷构造有以下三种类型，它们不同程度的影响坝区渗漏。

（1）纵谷：岩层走向与河流流向平行或近于平行的河谷，称为纵谷。这种河谷构造，因岩层走向与坝轴线垂直或近似垂直，所以不论是坝基或两岸坝肩，如有渗漏岩层或顺河向的断层，都可构成良好的渗漏通道，特别是坝肩上、下游，有沟谷地形时（图 8-1 中的 $A-B$ 剖面），则更容易导致水库大量渗漏。

（2）横谷：岩层走向与河流流向垂直或近于垂直的河谷，称为横谷。这种河谷构造因岩层走向与坝轴线平行，故可用移动坝轴线位置方法，避开渗漏通道，但仍应注意岩层的倾向与倾角，一般倾向下游、倾角较小的渗漏比岩层倾向上游、倾角较大的透水岩层更易形成渗漏。如有沟谷分布（图 8-1 中的 $A-B$ 剖面①），倾向下游的透水岩层仍可形成绕坝渗漏。

（3）斜谷：岩层走向与河流流向斜交的河谷，称为斜谷。对于此种河谷，岩层走向与流向间夹角的大小，是影响渗漏的主要因素。一般情况下，交角越小（接近纵谷），形成渗漏可能性越大。当交角接近横谷时，坝轴线沿斜谷岩层走向布置，有利于坝区的防渗和坝基处理。

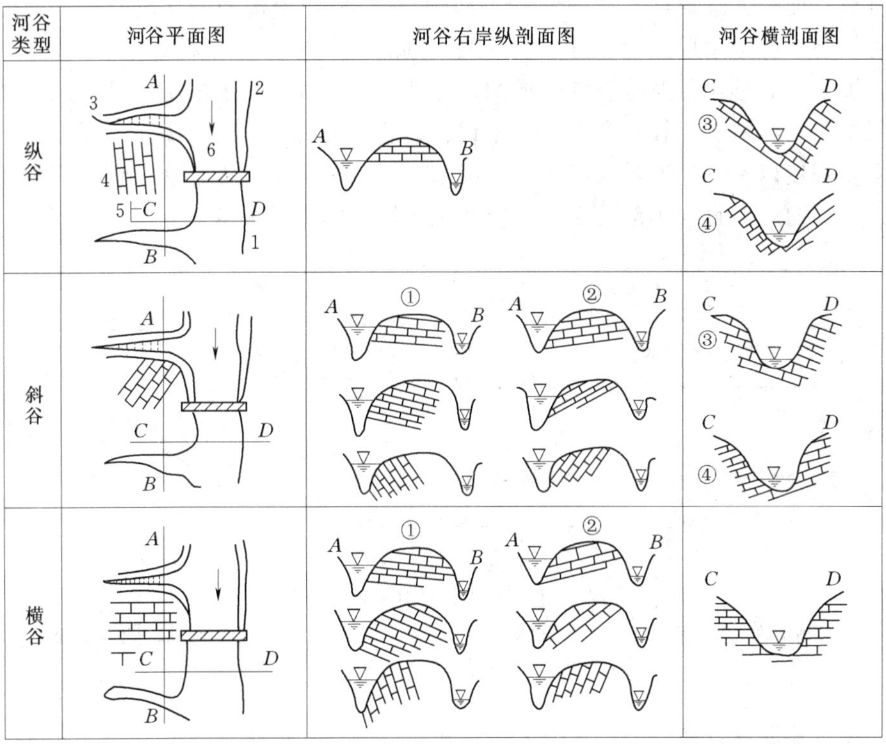

河谷类型	河谷平面图	河谷右岸纵剖面图	河谷横剖面图
纵谷			
斜谷			
横谷			

图 8-1　坝基（肩）渗漏与河谷构造关系示意图

1—河谷；2—水库回水线；3—沟谷；4—岩层；5—岩层产状；6—坝轴线位置；$A-B$、$C-D$—纵横剖面线；①、②—岩层倾向下游和上游，倾角自上而下为缓倾、中等倾斜和陡倾岩层；③、④—横剖面上岩层各向一岸倾斜

2. 透水带

透水带主要是断层破碎带和裂隙密集带，这是基岩中的主要渗漏通道。当断层破碎带和裂隙密集带比较宽大，破碎严重又无充填物或充填物较少时，其透水性很强烈。但与透水层相比，其宽度有限，且具有一定方向性，呈带状分布，因而得名透水带。透水带中的岩性不同，其透水性是有差别的。一般说，断层碎块岩为强透水，压碎岩为中等透水，角

砾岩为弱透水-不透水，片状岩、糜棱岩、断层泥为不透水，可看作相对隔水层。

3. 喀斯特管道

在坝区为可溶性岩石时，通常会发育喀斯特物理地质现象。在岩体中发育的溶洞、暗河、溶隙等相互连通，构成喀斯特渗漏管道，可能造成严重坝区渗漏。这类渗漏管道的透水性极不均匀，渗透边界条件比较复杂。

（二）渗漏通道连通性

第四系松散沉积层渗漏的连通性主要取决于地层结构特征，而这又与地貌发育情况密切相关。山区河流的中上游，河床冲积层，多由单一的砂卵石组成，渗透性大，连通性好，作为坝基时，应予以清除，或进行专门的防渗处理。在河流中下游，河谷覆盖层呈多层结构，细颗粒成分明显增多，渗透性相对减弱，有的形成二元或多元结构，透水层与隔水层相互叠置，这样就可以利用连续分布的隔水层作为坝基的防渗层，使下部强透水层因缺乏渗流出口而失去连通性，如图 8-2（a）所示。但当上部的隔水层分布不连续，延展面积小时，则下部透水层连通性好，会导致大量的集中渗漏，如图 8-2（b）所示。

基岩透水性、透水带及喀斯特管道的连通性则受岩性、地质构造、地形地貌、覆盖层等特征因素控制，情况比较复杂。一般来说，岩性特征、各种结构面的成因、发育程度、喀斯特发育程度以及渗透通道与隔水层的组合关系、隔水层厚度、连续性和完整性，以及渗漏通道的走向、高程与坝的关系，是控制坝区渗漏的主导因素。

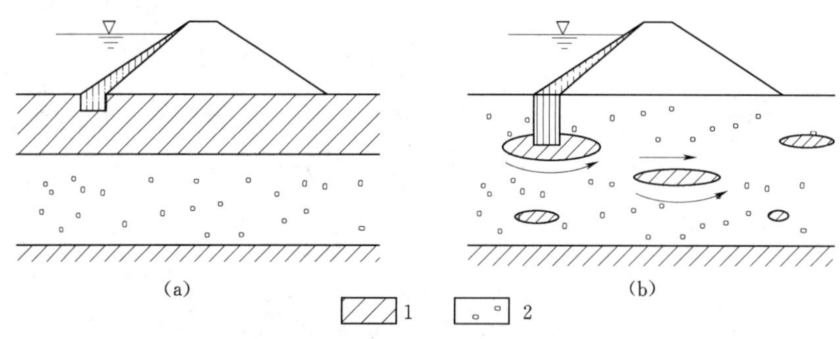

图 8-2　土基隔水层利用示意图

（a）可利用的，厚度较大且连续分布的隔水层；（b）不可利用的，厚度较小分布不连续的隔水层

1—隔水层；2—透水层

二、坝区渗漏量计算

在定性分析了坝区渗漏的地质条件以后，尚需对其渗透量进行定量计算，借以确定防渗措施。

（一）坝基渗漏量计算

1. 单层结构的均匀透水坝基

（1）卡明斯基近似法。坝基由单一透水岩层组成，在厚度等于或小于坝底宽度且坝身不透水的情况下，如图 8-3（a）所示，可用卡明斯基公式计算坝基渗漏量。

$$Q=KHB\frac{T}{2b+T} \tag{8-1}$$

式中　Q——坝基渗透量，m^3/d；

K——岩层的渗透系数，m/d；

H——坝上下游水位差，m；

b——坝底宽度之半，m；

T——透水层厚度，m；

B——坝轴线方向渗漏带的宽度，m。

式（8-1）的适用条件是 $T \leqslant 2b$，当 $T > 2b$ 时，计算结果偏小。

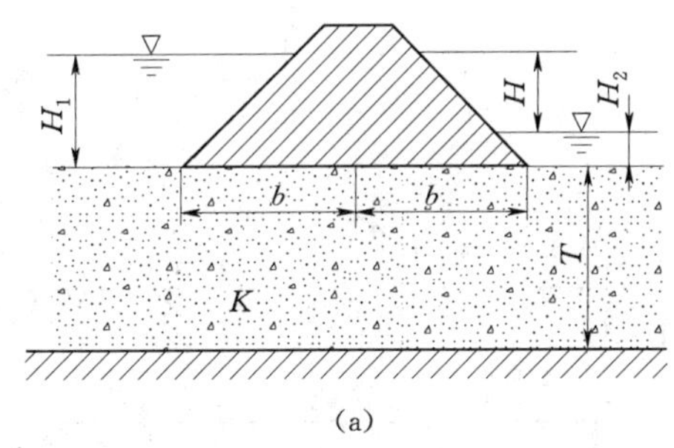

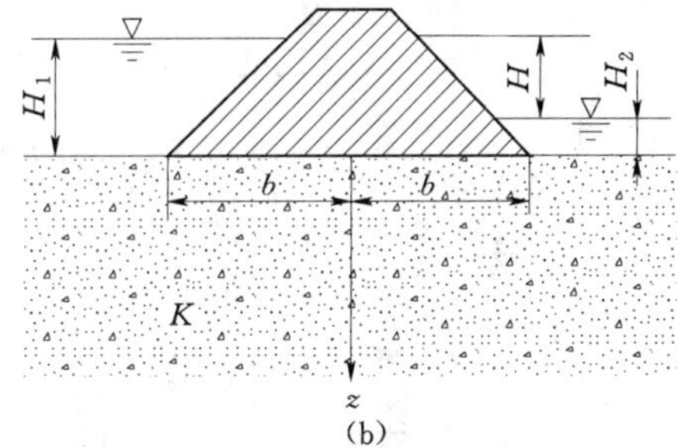

图 8-3　单层透水坝基

(a) 厚度不大；(b) 厚度很大

（2）巴甫洛夫斯基公式。单层结构坝基也可采用巴甫洛夫斯基公式计算渗透量。

$$Q = KHq_rB \tag{8-2}$$

式中　q_r——单宽引用流量，即当 $K=1$，$H=1$ 时的单宽流量；

其他符号意义同式（8-1）。

单宽引用流量的计算分以下两种情况。

1）当坝基透水层很大时［图 8-3（b）］，单宽引用流量为

$$q_r = \frac{1}{\pi}\text{arcsh}\frac{Z}{b} \tag{8-3}$$

式中　Z——计算渗透流量的含水层深度，m。

根据式（8-3）可得表 8-1。

表 8-1　Z/b 与 q_r 的关系表

Z/b	0.1	0.2	0.5	1.0	2.0	5.0	10.0	20.0
q_r	0.032	0.063	0.156	0.283	0.462	0.704	0.964	1.174

2）当坝基透水层有限厚时［图 8-3（a）］，单宽引用流量按图 8-4 中的曲线确定。

2. 双层结构透水坝基

坝基由二元结构的双层透水岩层组成，如图 8-5 所示，上部为弱透水层，厚度为 T_1，渗透系数为 K_1；下部为强透水层，厚度为 T_2，渗透系数为 K_2，即 $K_2 > K_1$ 的情况下，按卡明斯基公式计算坝基渗透量。

$$Q = \frac{HB}{\dfrac{2b}{K_2T_2} + 2\sqrt{\dfrac{T_1}{K_1K_2T_2}}} \tag{8-4}$$

式中　K_1、K_2——岩层渗透系数，m/d；

T_1、T_2——岩层厚度，m；

其他符号意义同式（8-1）。

若上部为强透水层，下部为弱透水层时，可按单一透水层渗流量计算式（8-1）进行近似计算。

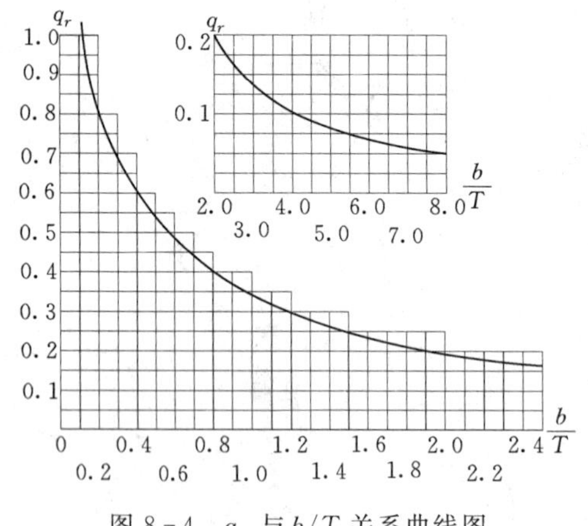

图 8-4　q_r 与 b/T 关系曲线图

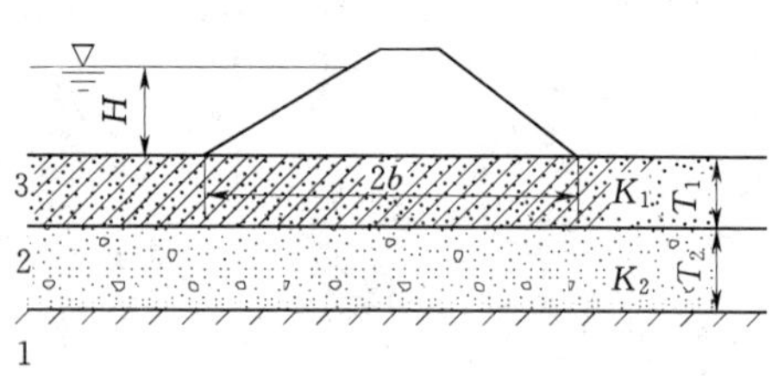

图 8-5　双层透水坝基

1—不透水岩层；2—透水岩层；3—弱透水岩层

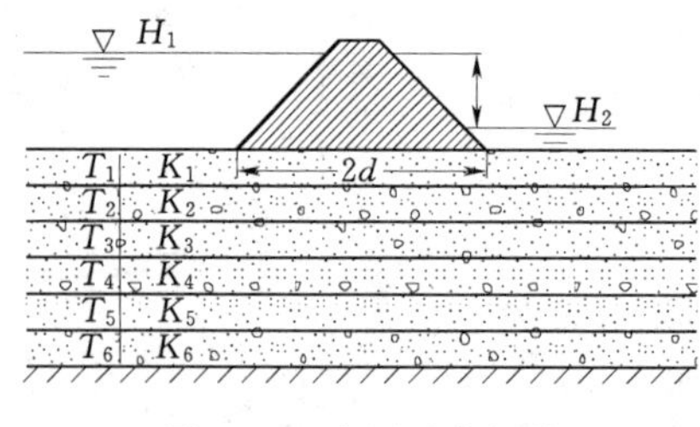

图 8-6　多层透水坝基

3. 多层结构透水坝基

当坝基为多层结构（图 8-6）时，可根据各透水层的渗透系数和厚度，按式（8-5）计算渗透系数的加权平均值，再视情况按式（8-1）或式（8-4）计算坝基渗透量。

$$K_{cp}=\frac{K_1T_1+K_2T_2+\cdots+K_nT_n}{T_1+T_1+\cdots+T_n} \tag{8-5}$$

若上下层的渗透系数相差不超过 10 倍，可用加权平均的渗透系数数值，按式（8-1）计算坝基渗透量；若上下层渗透系数相差在 10 倍以上，则先将地层分为两组，分别计算渗透系数的加权平均值，再按式（8-4）计算坝基渗透量。

在实际工作中，往往会遇到较复杂的坝基地质剖面，如图 8-7 所示。此时应根据具体地质条件，分段计算出单宽坝基渗透量 q，再按式（8-6）计算总渗透量 Q。

$$Q=\frac{q_1l_1+(q_1+q_2)l_1+\cdots+(q_{n-1}+q_n)l_n+q_nl_{n+1}}{2} \tag{8-6}$$

式中　q_1、q_2、…、q_n——断面 1、2、…、n 的单宽渗透量，$m^3/(d\cdot m)$；

l_1、l_2、…、l_n——相邻两断面的距离，m。

【例题 8-1】 已知坝长 500m，坝下水平岩层的渗透系数 0.8m/d，坝底宽 20m，坝上游水头 8m，下游水头 2m，含水层厚度 10m，求坝基渗漏量。

解： 已知 $b=10m$，$K=0.8m/d$，$H=H_1-H_2=8-2=6m$，$T=10m$，$B=500m$

采用卡明斯基近似法：

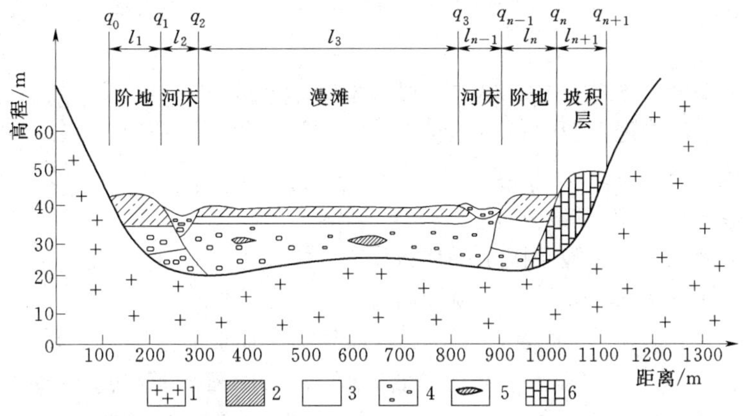

图 8-7　复杂地质条件下的坝基渗漏量分段计算示意图

1—基岩；2—亚黏土；3—砂土；4—砂卵石；5—黏土夹层；6—碎石土

$$Q=KHB\frac{T}{2b+T}=0.8\times6\times500\times\frac{10}{20+10}=800(\mathrm{m^3/d})$$

采用巴甫洛夫斯基公式，因 $b/T=1$，查图 8-4 得，$q_r=0.35$，则

$$Q=KHq_rB=0.8\times6\times0.35\times500=840(\mathrm{m^3/d})$$

（二）绕坝渗漏量计算

若在坝肩地带存在有沟通上下游的渗漏通道，则可形成绕坝渗透。坝肩渗漏带处存在两种地下水流的作用，即岸坡中原来向河谷流动的地下水和库水绕过坝肩向坝下游的地下水流。这两种地下水流的相互作用决定了绕坝渗漏带的宽度（B）。

当坝肩地带是由均质岩体组成，且地下水位低于河床水位时，其渗漏量计算是先根据坝上、下游的地形特征，绘制渗透水流的流网线图，如图 8-8 所示。

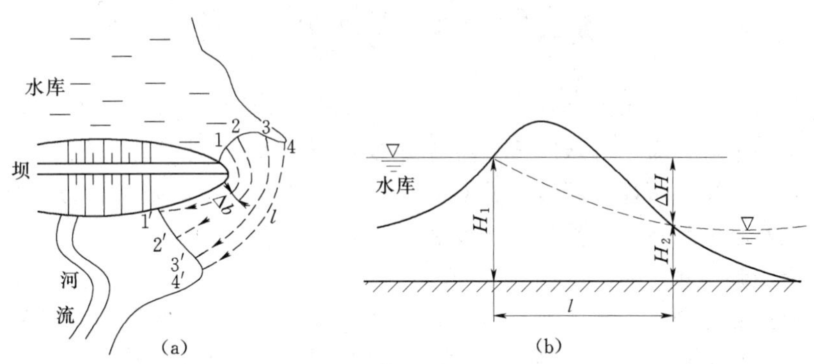

图 8-8　绕坝渗漏计算图

（a）平面示意图；（b）剖面示意图

从图 8-8 可知，绕坝渗透的流线不会无止境地向岸内扩展，随着至坝肩距离的增大，渗透途径加长，水力坡降降低，单宽渗透量减少。其中单宽渗透量小于允许值，且距坝肩最近断面构成了绕坝渗漏边界。其次按流线把渗漏带划分为若干渗漏带，按式（8-7）逐一计算各渗透带的渗漏量 ΔQ，最终将其汇总即为该带的绕坝渗漏量 Q。

$$\Delta Q=K\Delta b\frac{H_1+H_2}{2}\frac{\Delta H}{l} \tag{8-7}$$

$$Q=\sum\Delta Q=\Delta Q_1+\Delta Q_2+\cdots+\Delta Q_n \tag{8-8}$$

式中　K——岩土体渗透系数，m/d；

Δb——某一渗流带宽度，m；

l——某一渗流带长度，m；

H_1——水库正常蓄水位至隔水层顶板高差，m；

H_2——水库下游水位至隔水层顶板高差，m。

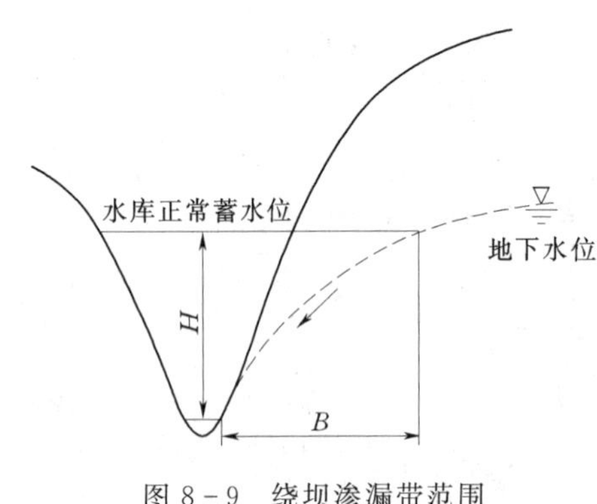

图 8-9　绕坝渗漏带范围

如果坝肩地带的地下水，在水库蓄水前是补给河水的，水库蓄水后绕坝渗漏带的宽度（B）则受岸坡原来地下水状况和库水绕渗水流的共同作用所制约，如图 8-9 所示，此时渗漏带宽度取决于水库壅水高度和地下水回水后的坡降，如果壅水高度 H 增加，绕渗带的宽度（B）也相应增大；同理，如果岸坡原来的地下水流的坡降越小，则绕渗带宽度越大。对于非均质岩体组成的坝肩和有集中渗漏带（如断层破碎带、喀斯特管道）存在的坝肩，则应根据地质条件划分渗漏带，分别予以计算。

总之，在坝区渗漏量计算过程中，首先应对工程地质条件进行分析，查明渗漏计算的边界条件，包括渗漏通道埋藏条件、分布范围、地下水位等，同时应确定水文地质参数，才能进行计算。

第二节　水　库　渗　漏

在一定地质条件下，水库蓄水过程中及蓄水后会产生水库渗漏。我国 20 世纪 50 年代兴建的十三陵、天开、海子等水库曾发生过或不同程度存在着水库渗漏问题。水库渗漏不仅影响水库效益，还有可能对环境造成不良影响。因此，在水库勘察设计过程中，分析研究渗漏问题很有必要。

一、水库渗漏形式

（1）暂时性渗漏：是指水库蓄水初期，库水渗入水库水位以下库周不与库外相通的未被饱和的岩（土）体中的孔隙、裂隙和洞穴（喀斯特）等，使之饱和而出现的水库渗漏量。这部分渗漏损失在所有水库都存在，但因其没有渗出库外，并未构成对水库蓄水的威胁，一旦含水岩（土）体饱和即停止入渗，水库水位回落时，部分渗入水体可回流水库。

资源 8-1
水库渗漏

（2）永久性渗漏：是指库水通过与库外相通的、具渗漏性的岩（土）体长期向库外相邻的低谷、洼地或坝下游产生渗漏。这种渗漏一般是通过松散土体孔隙性透水层、坚硬岩层的强裂隙性透水带（特别是断层破碎带）

和可溶岩类的喀斯特洞穴管道系统产生。其中以喀斯特管道系统的透水性最为强烈，渗漏最为严重。

通常所说的水库渗漏是指水库的永久渗漏。永久性渗漏不仅造成库水漏失，影响水库的效益，而且可能引起库水排泄区出现诸如农田、矿山和建筑物地基的浸没、边坡失稳破坏等环境工程地质问题。在喀斯特发育地区，水库产生突发性大量漏水，甚至可能带来灾害性后果。严重的水库渗漏导致库盆无法蓄水，使工程不能发挥应有的效益甚至报废。

实际上完全不漏水的水库是没有的。一般情况下，只要是渗漏总量（包括坝区的渗漏量）小于该河流多年平均流量的5%，或渗漏量小于该河段平水期流量的1%～3%，则是允许的。对于渗漏规模更大或集中的渗漏通道则需进行工程处理。

二、水库渗漏通道的地质条件分析

（一）岩性条件

水库通过地下渗漏通道渗向库外的首要条件是库底和水库周边有透水岩层（渗漏通道）存在。水库的渗漏通道主要有两类：一是第四系松散沉积层，特别是河流冲积洪积层中疏松的卵砾石和砂土层，常以古河道形式埋藏或隐伏着，并沟通库内外；二是基岩中存在有贯通库内外的溶洞层、未胶结或胶结不良的断裂破碎带、各种不整合面、层面和古风化壳、多气孔构造的火山岩或裂隙发育的其他岩层，在一定地质构造和地貌条件下（如分水岭地区无可靠的隔水层或隔水层被断裂和岩溶破坏，不起隔水作用），它们往往成为水库永久性渗漏的重要通道。

（二）地形地貌条件

水库与相邻河谷间分水岭的宽窄和邻谷的切割深度对水库渗漏影响很大。当分水岭很单薄，而邻谷又低于库水位很多时，就具备了水库渗漏的地形条件。分水岭越单薄、邻谷或洼地下切越深，则水库向外渗漏的可能性就越大。若邻谷或洼地底部高程比水库正常蓄水位高，水库则不会向邻谷渗漏（图8-10）。若有透水岩层通过单薄分水岭地段，由于渗径短、渗流坡降大，外渗的可能性大。例如库区和坝下游河道之间的单薄分水岭河湾地段，坝上下游的支沟间单薄分水岭地段，水库一侧或两侧与邻谷有横向支流相对发育的垭口地段等。垭口一侧或两侧山坡若有冲沟分布，则地形显得相对单薄，水库就会沿冲沟取捷径向外渗漏。

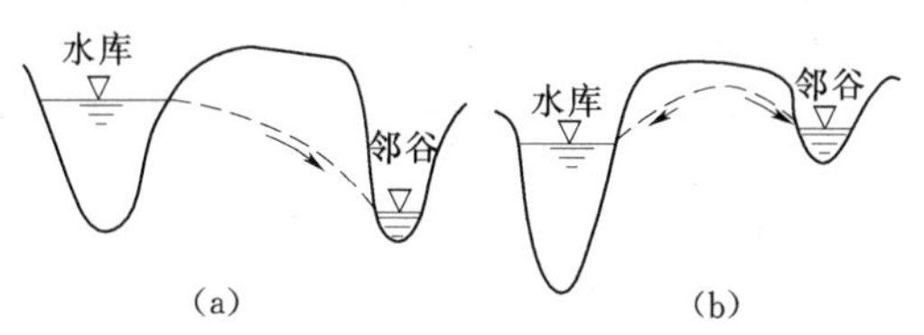

图8-10 邻谷高程与水库渗漏的关系
(a) 库水位高于邻谷水位；(b) 库水位低于邻谷水位

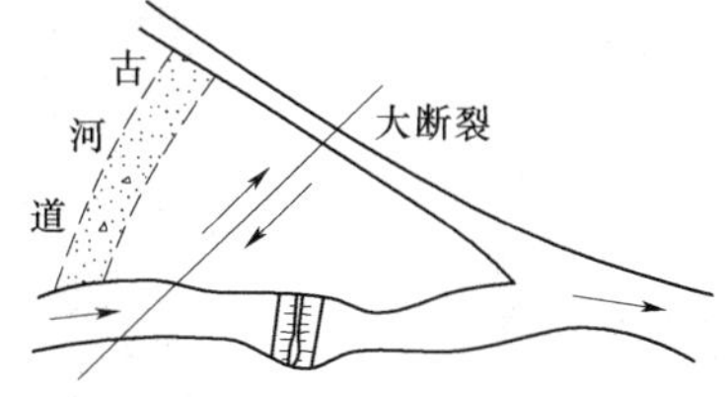

图8-11 库水沿古河道向外渗漏

在平原河流上建库，如位于曲流段或现代河床一侧的古河道通向库外或坝下游河道时，就会构成库水渗漏通道（图8-11）。例如十三陵水库，右岸有一条古河道沟通库内外，当水库蓄水到一定高程时，水库就沿古河道向外大量渗漏。

综上及根据大量的实践经验，对位于下列地形地貌部位的水库，当有强渗透性岩（土）体分布时，应特别注意研究水库渗漏问题：①河弯地段；②地表分水岭单薄的水库；③大坝位于与支流（干流）或深切沟谷汇口处不远的水库；④兴建于喀斯特化高原、坡立谷和喀斯特洼地上的水库；⑤悬河（河水位高悬于当地地下水水位之上）水库；⑥与相邻河谷（沟谷）谷底高差悬殊的水库。

（三）地质构造条件

1. 在纵向河谷地段

（1）当库区位于向斜部位，若有隔水地层阻水，即使库区内为强喀斯特岩层，水库也不会渗漏［图 8-12（a）］；在没有隔水层阻水，且与邻谷相通的情况下，则会导致渗漏［图 8-12（b）］。

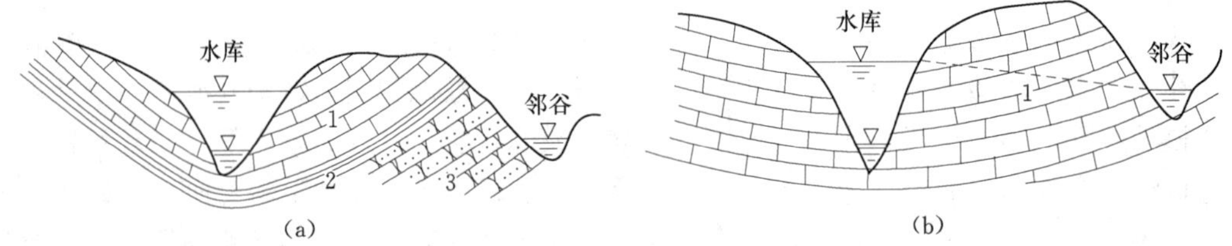

图 8-12　向斜构造与水库渗漏

（a）有隔水层阻水的向斜构造；（b）无隔水层阻水的向斜构造
1—透水层；2—隔水层；3—弱透水层

（2）当库区位于单斜构造时，水库会顺倾向向低邻谷渗漏。但是当单斜谷岩层倾角较大时，水库渗漏的可能性就会减小。

（3）当库区位于背斜部位时，若存在透水地层，且其产状平缓，又被邻谷切割出露，则有沿透水层向两侧渗漏的可能性［图 8-13（a）］；若透水岩层倾角较大，又未在邻谷中出露，则不会导致水库向邻谷渗漏［图 8-13（b）］。

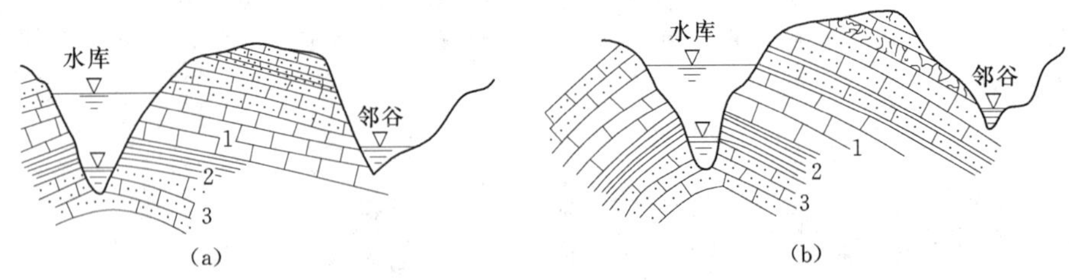

图 8-13　背斜构造与水库渗漏

（a）水库可能渗漏；（b）水库不会渗漏
1—透水层；2—隔水层；3—弱透水层

（4）如果库区没有隔水层，或隔水层较薄，隔水性能差，或隔水层被未胶结的横向断层切断，则水库仍可能渗漏。

2. 在横向河谷地段

水库渗漏的必要条件是：渗漏通道一端出露于库区的库水位以下，并穿过分水岭和邻谷相通，在邻谷低于库水位的高程出露。

3. 有断层通过的河谷地段

未胶结的大断层横穿分水岭，或隔水层被断层切断，使水库失去封闭条件，不同透水层连通起来，成为渗漏通道，可引起水库向邻谷渗漏［图 8－14（a）］。但有些情况，由于断层效应，反可起阻水作用［图 8－14（b）］。

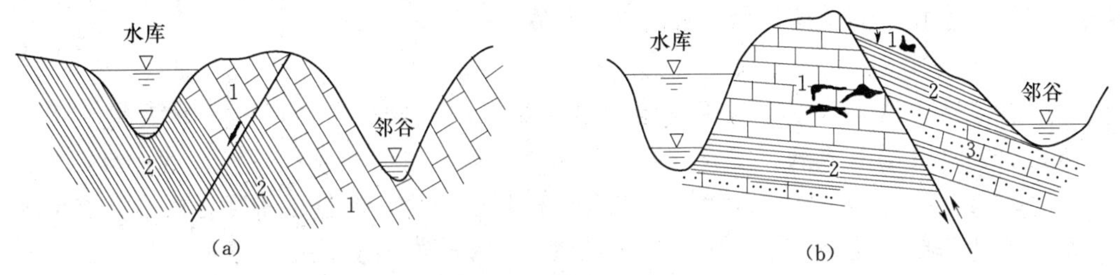

图 8－14　断层与水库渗漏

(a) 水库可能渗漏；(b) 水库不会渗漏

1—透水层；2—隔水层；3—弱透水层

（四）水文地质条件

1. 潜水分布区

水库与邻谷间河间地块的潜水地下水位、水库正常蓄水位和邻谷水位三者之间的关系，是判断水库是否渗漏的重要条件，如图 8－15 所示，有下列五种情况。

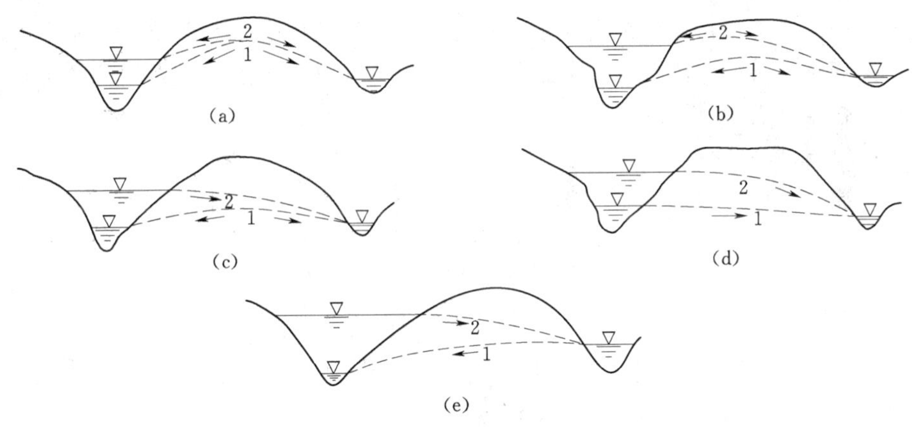

图 8－15　分水岭地带水库渗漏示意图

(a)、(b) 蓄水后分水岭存在，水库不渗漏；(c) 蓄水后分水岭消失，水库渗漏；

(d) 蓄水前后水库均渗漏；(e) 水库蓄水前不渗漏，蓄水后渗漏

1、2—蓄水前后地下分水岭

（1）水库蓄水前，河间地块的地下水分水岭高于水库正常蓄水位。水库蓄水后，地下水分水岭基本不变，水库不会向邻谷渗漏。

（2）水库蓄水前，地下水分水岭略低于水库正常蓄水位。水库蓄水后，由于地下水位也相应升高，地下水分水岭向库岸方向移动，水库不产生渗漏。

（3）水库蓄水前，河间地块存在地下水分水岭，但其高程远远低于水库正常蓄水位。

水库蓄水后，地下水分水岭消失，水库向邻谷渗漏。

（4）水库蓄水前，河间地块无地下水分水岭，水库向邻谷渗漏。水库蓄水后必然大量渗漏。

（5）如果建库前邻谷地下水流向库区河谷，河间地区无地下水分水岭，但邻谷水位低于水库正常蓄水位，则建库后水库可向邻谷渗漏。

2. 岩溶水分布区

（1）在岩溶地区，当建库河谷是地下水补给区时，是最容易产生大量渗漏的建库地区，水库会沿库区的落水洞、盲谷、溶洞等岩溶通道大量渗漏。

（2）在覆盖型岩溶洼地建库时，如果覆盖层厚度不大、抗渗性不强，则覆盖层会因水库渗漏而产生塌陷，或因地下岩溶空腔中的气、水体击穿覆盖层引起水库大量渗漏。

（3）在河床下存在与河床平行或叠置的地下径流，其排泄点在库外时，会发生水库渗漏。

（4）在河湾地段，凸岸地下岩溶强烈发育时，可形成与河流大致平行的纵向径流带，此时即使存在地下水分水岭，也会因纵向径流带的地下水位低于水库蓄水位而产生水库渗漏。

在水库渗漏问题中，岩溶渗漏给工程建设带来的困难最大，不仅渗漏量大而且处理技术措施也比较复杂。

三、库区渗漏量计算

库区或坝区渗漏量计算涉及边界条件的分析、参数的确定和计算方法的选择。渗漏量大小是选择坝址、采取防渗及排水措施的重要依据。计算库区渗漏量的公式因地而异，这里仅列举几种常见类型予以说明。

1. 库岸地带隔水层水平

（1）均质岩层渗漏量（图 8－16、图 8－17）。

潜水
$$q=K\frac{h_1+h_2}{2}\frac{h_1-h_2}{L} \tag{8-9}$$

承压水
$$q=KM\frac{H_1-H_2}{L} \tag{8-10}$$

$$Q=qB \tag{8-11}$$

式中　q——库岸地带单宽渗漏量，$m^3/(d\cdot m)$；

K——库岸地带岩土的渗透系数，m/d；

h_1——水库水位，m；

h_2——邻谷水位，m；

L——库岸地带过水部分的平均厚度，m；

M——承压含水层厚度，m；

H_1——水库边水头值，m；

H_2——邻谷边水头值，m；

B——库岸地带漏水段总长度，m；

Q——库岸地带总渗漏量，m^3/d。

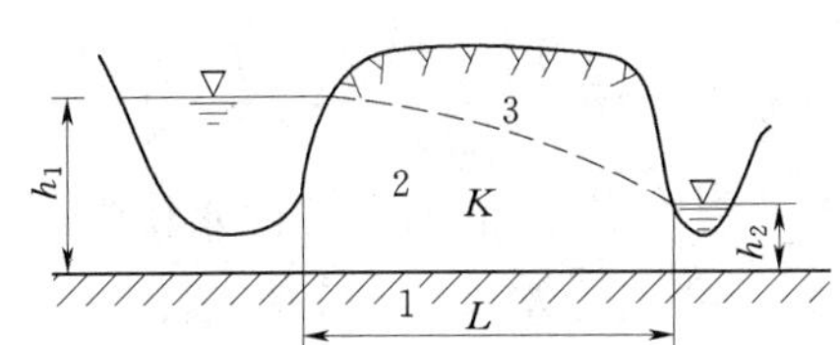

图 8-16　单层潜水渗漏计算剖面图

1—隔水层；2—含水层；3—潜水位线

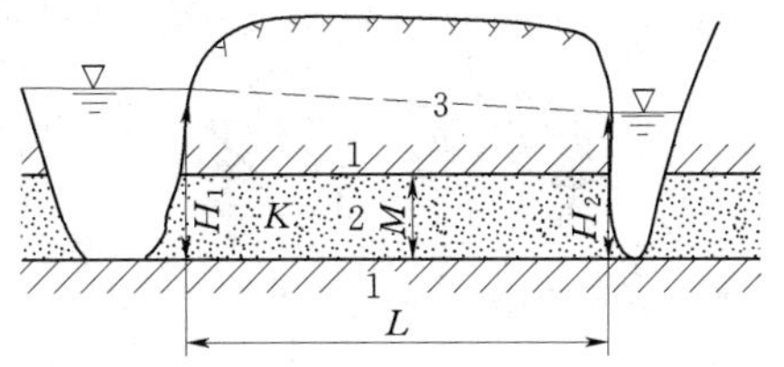

图 8-17　单层承压水渗漏计算剖面图

1—隔水层；2—含水层；3—承压水头线

（2）有坡积层的渗漏量（图 8-18）。

$$q=K_v\frac{h_1+h_2}{2}\frac{h_1-h_2}{L_1+L+L_2} \tag{8-12}$$

$$K_v=\frac{L_1+L+L_2}{\dfrac{L_1}{K_1}+\dfrac{L}{K}+\dfrac{L_2}{K_2}} \tag{8-13}$$

式中　L_1、L_2——库岸地带水库一侧和邻谷一侧坡积层过水部分厚度，m；

K_1、K_2——库岸地带水库一侧和邻谷一侧坡各层的渗透系数，m/d；

K_v——平均渗透系数，m/d；

L——坡积层岩土体厚度，m；

其他符号意义同前。

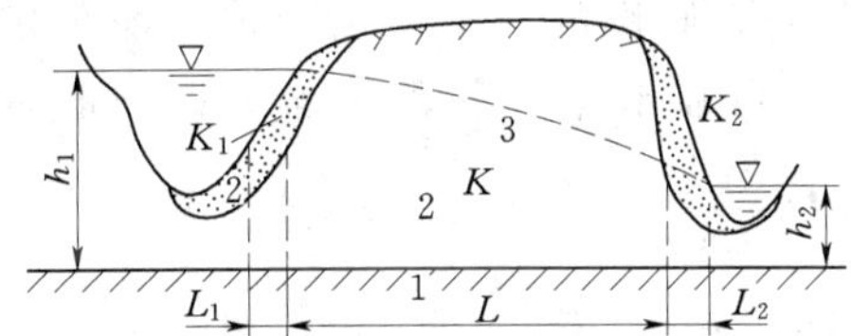

图 8-18　有坡积层的渗漏计算剖面图

1—隔水层；2—含水层；3—潜水位线

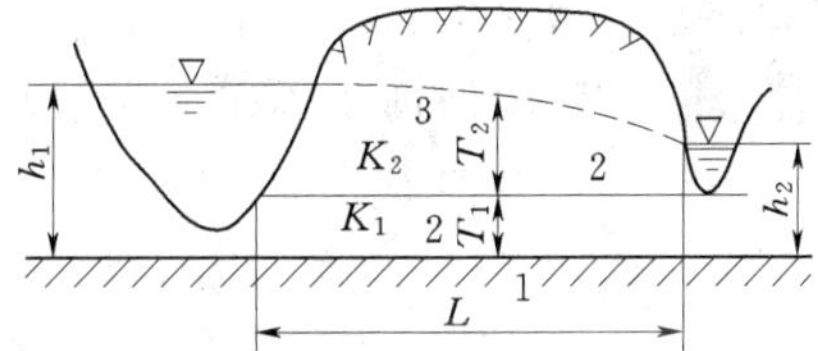

图 8-19　双层透水层的渗漏计算剖面图

1—隔水层；2—含水层；3—水位线

（3）两层透水层的渗漏量（图 8-19）。

$$q=K_p\frac{h_1-h_2}{L}(T_1+T_2) \tag{8-14}$$

$$K_p=\frac{K_1T_1+K_2T_2}{T_1+T_2} \tag{8-15}$$

$$T_2=\frac{h_1-T_1}{2}+\frac{h_2-T_1}{2} \tag{8-16}$$

式中　T_1——下层透水层的厚度，m；

T_2——上层透水层过水部分平均厚度，m；

K_1、K_2——上、下透水层的渗透系数，m/d；

K_p——平均渗透系数，m/d；

其他符号意义同前。

2. 库岸地带隔水层倾斜均质岩层（图 8-20）

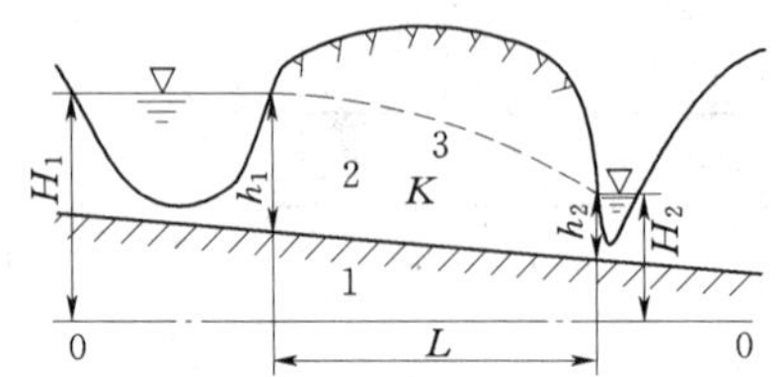

图 8-20　隔水层倾斜时的渗漏计算剖面
1—隔水层；2—含水层；3—潜水位线

$$q=K\frac{h_1+h_2}{2}\frac{H_1-H_2}{L} \tag{8-17}$$

式中　H_1、H_2——水库与邻谷的水位，m；

h_1、h_2——水库与邻谷岸边潜水含水层厚度，m；

其他符号意义同前。

【例题 8-2】 潜水含水层由石灰岩组成，其渗透系数为 10m/d，隔水层水平，其标高为 40m，库水位为 140m，邻谷水位 120m，其间相距 6000m，试求 4000m 长的库岸内由水库流向邻谷的渗漏量。

解： 已知 $h_1=140-40=100$（m），$h_2=120-40=80$（m）

$$q=10\times\frac{100+80}{2}\times\frac{100-80}{6000}=3[\mathrm{m^3/(d\cdot m)}]$$

$$Q=qB=3\times4000=12000(\mathrm{m^3/d})$$

四、防止水库渗漏措施

对可能影响水库正常运用或带来危害的渗漏地段，应进行防渗处理。常采用的防渗处理方法有：对裂隙岩体可采用灌浆帷幕；对孔隙性松散岩（土）体，可采用不同材料铺盖封堵或灌浆帷幕；对岩溶渗漏段，在查明确切渗漏部位和情况后，可采用封堵进口、出口或主要通道的方法，也可采用灌浆帷幕。防渗处理通常在水库蓄水前进行，也可在水库蓄水后观测一段时间，再有针对性地进行。

资源 8-2
蟒河口水库

第三节　水　库　浸　没

水库蓄水后，引起库岸周围一定范围内地下水位壅高（抬升），当壅高后的地下水位接近或超出地面时，除了地表水体形成淹没及移民损失外，还可能导致农田沼泽化、土地盐碱化、建筑物地基（房屋、桥梁、铁路、公路）饱水恶化、地下工程和矿坑充水等不良后果，称此为浸没，如图 8-21 所示。

一、水库浸没的地质条件分析

产生水库浸没问题的条件及其影响因素是多方面的、复杂的，主要是库岸的地形地貌、岩土性质、地质构造、水文地质条件。此外还与水文气象、水库的运行管理，以及人为活动有关。

1. 地形地貌条件

（1）当地面高程低于或略高于水库正常蓄水位的盆地型水库边缘与山前洪积扇直接相接的地段、平原型水库的坝下游、顺河坝的地段，尤其是围堤式水库围堤的外侧地段，由于周围地势低缓，土层毛细性较强，地下水埋藏较浅，水库周边地带较易产生浸没，且其影响范围往往很大。地面越是宽阔低平，则浸没范围越大。

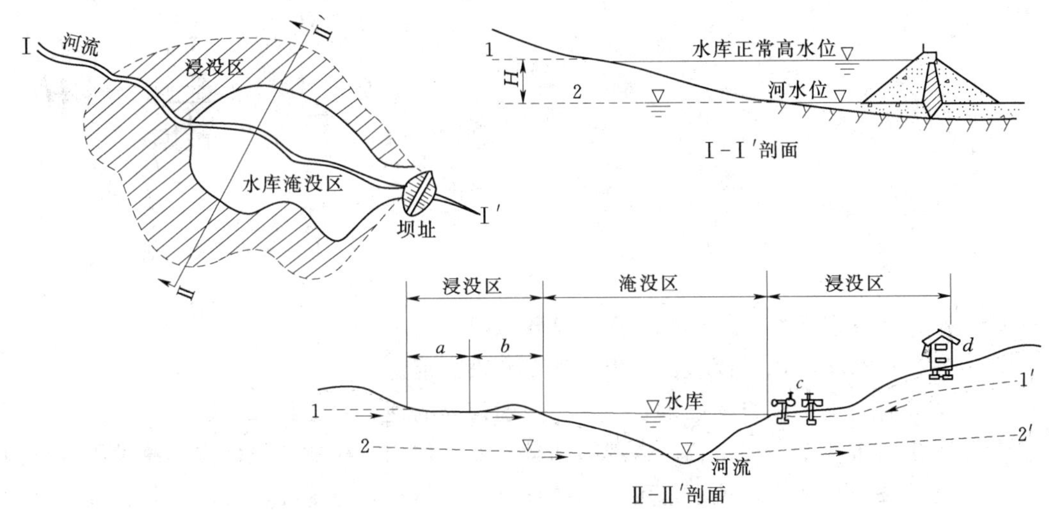

图 8-21　水库浸没示意图

1—水库蓄水后壅高地下水位；2—水库蓄水前地下水位；

a—沼泽化地带；*b*—盐碱化地带；*c*—遭浸没的道路、桥梁；*d*—房屋遭浸没沉陷

若研究地段与库岸之间有经常性水流沟谷，其水位相当于或高于水库正常蓄水位，则这种地段地下水位不受水库水位抬升的影响，不会产生浸没。

(2) 由于山区两岸地面标高一般比库水位高得多，库岸地形坡度大，岩石透水性较小，地下水埋藏较深，因而基岩山区水库除个别低洼谷地及近库岸第四系分布区可能产生浸没外，一般不可能产生大面积的库周浸没。

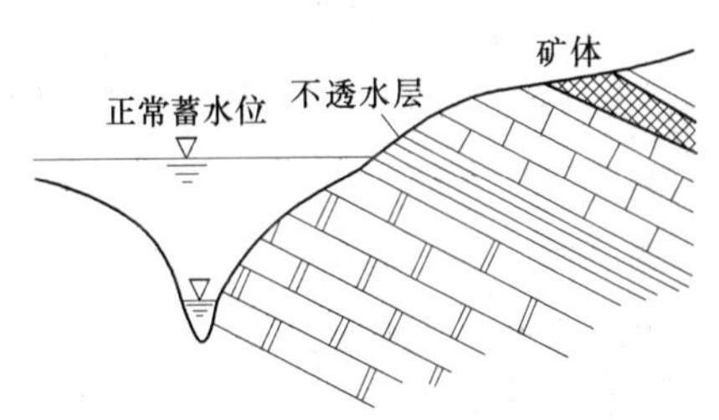

图 8-22　不透水层阻隔库水浸没

2. 岩性条件

若库岸由相对不透水岩土体组成，或研究地段与库岸之间有连续完整的相对不透水层阻隔，则不产生浸没（图 8-22）。而具有一定透水性，且亲水性毛细性较强的细粒土、砂类土，尤其是膨胀土、湿陷性黄土容易产生浸没。

3. 水文地质条件

若水库蓄水前研究区地下水在水库边岸的露头已经高于水库正常蓄水位，则不会产生浸没（图 8-23）；若水库蓄水前研究地段地下水埋藏较深，地下水位与建筑物基底或植物根系的距离远大于水库回水高度，且排泄条件良好时，则不会产生浸没（图 8-24）；若蓄水前地下水埋藏较浅，地下水排泄不畅，蓄水后地下水壅高，地下水补给量大于排泄量的库岸地段、封闭或半封闭的洼地、沼泽的边缘地带，易产生浸没。

二、水库浸没问题的研究

对水库浸没问题的研究，大体遵循以下步骤。

(1) 在水库区工程地质测绘基础上，针对可能浸没地段，选择代表性剖面进行勘探和试验，了解地质结构，各岩（土）层的性质、厚度、渗透系数、含盐量、给水度、毛管水

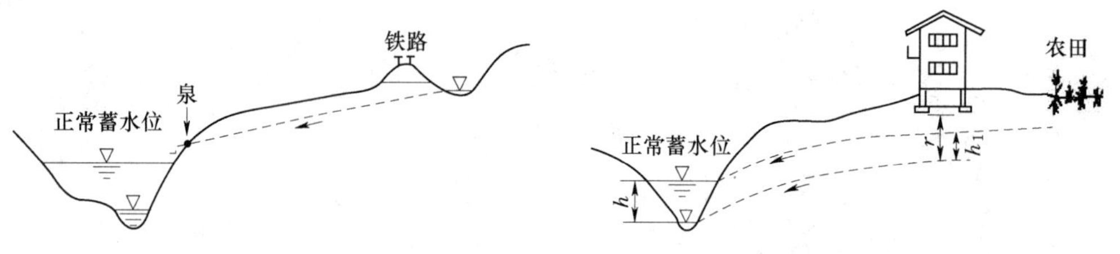

图 8-23　地下水位高于水库正常蓄水位　　图 8-24　地下水埋深较大地区

饱和带高度，地下水类型、水位、水质及补给量等。

(2) 通过计算、类比或模型试验提出地下水壅高值。

(3) 会同有关单位调查并确定农田和工业建筑物的地下水临界深度。

(4) 作出与水库正常蓄水位、持续时间较长的水位相对应的浸没范围和浸没程度预测图。由于地质条件复杂性，地下水壅高值的计算结果与实际情况往往有出入，在确定浸没范围时，要留有安全裕度。

(5) 选择典型地段，从水库蓄水时起即进行浸没范围地下水水位的长期观测，蓄水后，按已发生的浸没情况，根据当年最高蓄水位和持续时间，预测第二年浸没变化，以便及时采取措施，尽量减少浸没损失。

三、水库浸没带的预测

在水库规划或初步设计阶段，要求对可能产生浸没的地带进行详细的调查，预测浸没带范围，并研究防止浸没的方案和措施。

当预测地段和库岸带的隔水层近于水平，为均质潜水含水层无入渗补给，且地下水补给水库河谷时，可根据达西公式导出地下水壅高值的计算公式（图 8-25）：

$$z_1=\sqrt{h_1^2-h_2^2+(h_2+z_2)^2}-h_1 \tag{8-18}$$

式中　z_1——地下水壅高值，m；

h_1——水库边岸 m 点蓄水前地下水位，m，由钻孔测得；

h_2——水库蓄水前河水位，m，上游地区应加上库尾水位超高值；

z_2——水库正常蓄水位与河水位高差，m。

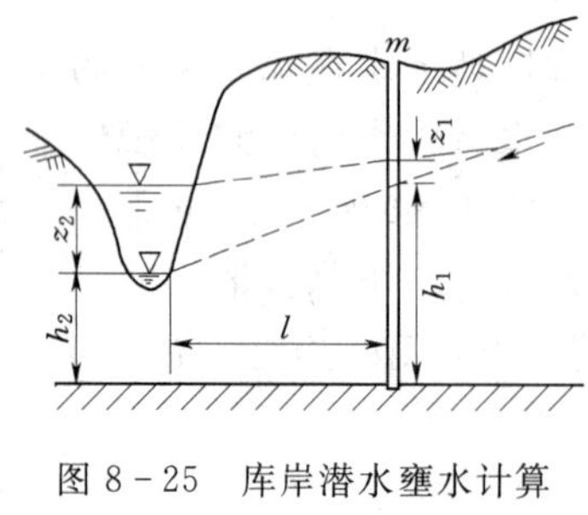

图 8-25　库岸潜水壅水计算示意图

根据地下水壅高值 z_1，研究地段壅高前地下水位埋深 h_0，可确定地下水位埋深 h ($h=h_0-z_1$)。如果研究地段预测的地下水位埋深 h 小于当地地下水位临界埋深 h_{cr} 时，即 $h\leqslant h_{cr}$，则产生浸没；若 $h>h_{cr}$，不产生浸没。产生浸没的地下水埋藏深度称为地下水临界深度（即浸没标准水深）。农作物的浸没标准是农作物根系深度（一般不超过 0.5m）加根系下土的毛细管水饱和带高度，并考虑地下水的矿化度、灌排水措施等，与当地农业部门共同研究确定；建筑物一般土体地基的 h_{cr} 应大于或等于基础埋深加基础下土的毛细管水饱和带高度。在湿陷性黄土地区，回水水位不应高于建筑物地基土的有效持力层。

四、浸没防治措施

对可能产生浸没的地段，根据分析计算及长期观测成果，视被浸没对象的重要性，采取必要的防护措施。浸没防治应从三方面予以考虑：一是降低浸没库岸段的地下水位，这是防治浸没的有效措施，对重要建筑物区，可以采用设置防渗体或布设排渗和疏干工程等措施降低地下水位；二是采取工程措施，可以考虑适当降低水库正常蓄水位；三是考虑被浸没对象，如可否调整农作物类型、改进耕作方式和改变建筑设计等措施。此外还有灌溉、排水工程措施相结合的综合防治方法。城镇工矿的可能浸没区，主要采取防渗堵截或疏干排水等工程措施予以防护；农田可根据水、土、盐条件，采取工程与农业措施相结合的治理方案。

第四节　渠　道　渗　漏

渗漏问题是渠道设计的关键问题，因为渗漏问题处理不好，渠道就不能达到引水或输水的目的。渠道的严重渗漏不仅仅影响经济效益，而且还会造成不良后果，由于大量渗漏，会引起地下水位上升，出现盐碱地、沼泽地、冷底田、反酸田等受害田地。有的地区会形成头几年增产、后几年减产、再过几年绝产的严重后果；还有的地带由于渗漏会引起山坡滑动、渠底潜蚀等，直接危及渠道的安全运行。

一、渠道渗漏原因及特征

1. 渠道渗漏原因

影响渠道渗漏损失的主要因素有：沿渠道地段的土壤特性（特别是土壤的透水性）、水文地质条件、渠道水深、湿周、速率和糙率、渠水含沙量以及输水历时等。

渠道的渗漏与水文地质条件的关系主要反映在邻近地带地下水位的变化上。一般认为当渠底高程高于地下水位时，就可能产生渗漏；反之，渠底高程低于地下水位而且渠道中水面低于地下水面时，一般不会发生渗漏。

在基岩分布地区，未胶结的断层破碎带和岩溶裂隙与溶蚀孔洞往往构成渠道渗漏的通道，从而造成严重渗漏。裂隙发育或风化破裂程度较高的岩层也会产生较强的渗漏。

在松散的堆积物分布地区，粗砂和砾石层易于产生渗漏；细粒的砂壤土和壤土渗透性不大，而黏壤土和黏土的渗透性很小，一般可用作防渗材料。

此外，人工土石层，如矿山、铁路、公路、工业及民用建筑以及水利工程施工等人工开挖土石方弃土、废渣、垃圾土等，未经压实固结，孔隙很大，极易透水，渠道如建于其上则必然漏水。

渠道渗漏包括渠道地基渗漏和渠道本身渗漏两种，前者是不良的地质条件所引起的，后者则是设计未采取合理的防渗措施，或施工质量问题。

2. 渠道渗漏特征

山区基岩渠道的渗漏量一般较小，这是由于绝大多数岩石的渗透性很小，而且渠道又是明渠和低水头运行，所以渗透压力和水力梯度较小。基岩渠道出现渗漏往往是在破碎地带，渗漏方式多以局部集中渗漏的形式出现，常呈脉状及管状渗流，在渠道通水时比较容易发现，也比较容易处理。

平原型及谷底型的渠道，多通过第四系的松散沉积层，渠道沿线则往往是大面积的渗漏，常不易发现，也不易处理。其渗漏过程一般可分为两个阶段：

第一阶段是渠道过水初期以垂直渗漏为主，在此阶段除了渠道水向下渗漏外，还有毛细水的浸润作用，使渗漏体逐渐扩大［图 8－26（a）］。

第二阶段是当渗透水流到达地下水面后，则转为侧向渗流，并形成地下水位向上增长［图 8－26（b）］。如果渗漏量很大，直到渠底渗透体全部饱和，并形成稳定性渗流带，渠道水位与地下水位发生水力联系时，渠道中地面水将成为地下水的补给来源，这时原地下水位逐渐抬升。地下水位上升高度和速度取决于渠道的渗漏量及过水时间。

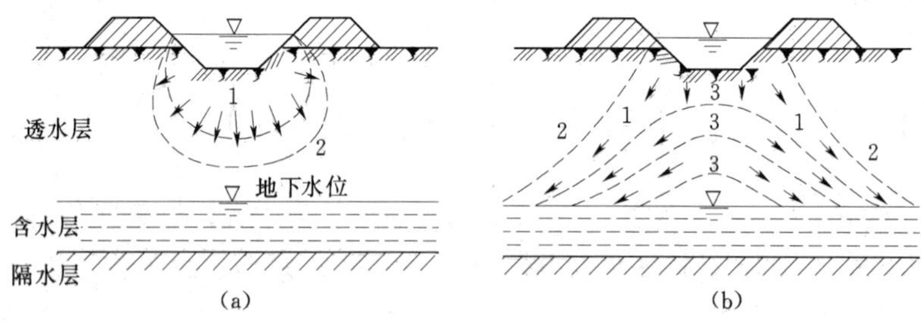

图 8－26　松散沉积层中渠道渗漏过程示意图

（a）垂直渗漏；（b）侧向渗漏

1—渗漏水流向；2—浸润线；3—地下水峰

二、渠道渗漏量计算

1. 考斯加可夫经验公式法

$$\delta=\frac{A}{Q^m} \tag{8-19}$$

式中　δ——渠道每千米渗漏损失率，%；

Q——渠道流量，m^3/s；

A——土层透水性参数；

m——土层透水性指数。

A 及 m 值与土层的渗透系数 K 值大小有关，如表 8－2 所示。例如，宝鸡峡引渭塬边渠道，土层属中等透水性，用 $A=1.9$、$m=0.4$，设计流量 $Q=50m^3/s$，则 $\delta=0.397\%$。对于不同地区的 A 及 m 值，也可按类似的地质条件下的实测资料确定。例如，陕西的洛惠渠，按实测的 Q 及 δ 值反算求得 $A=1.27$、$m=0.52$（黏质亚砂土），其西干渠 $A=2.0$、$m=0.33$（黏质土）。

表 8－2　与渗透系数 K 有关的 A、m 值经验数值表

土层透水性 / 系数	强	中	弱
	$K>1m/d$	$K=0.001\sim1m/d$	$K<0.001m/d$
A	3.4	1.9	0.7
m	0.5	0.4	0.3

2. 实测流量法

$$\delta_L=\frac{1}{L}\frac{Q_{入}-Q_{出}}{Q_{出}}\times100\% \tag{8-20}$$

式中 δ_L——渠道每千米渗漏强度，%；

L——渠道长度，km；

$Q_{入}$——渠道上游入口实测流量，m^3/s；

$Q_{出}$——渠道下游出口实测流量，m^3/s。

实测流量法应在不同季节，用不同流量实测多次，以求其最大值、最小值和平均值。在地质条件变化大的地带，应划分地质单元（按同类性质的地质条件划分）分段实测 δ_L 值。

3. 工程地质比拟法

选择地质条件相似的邻近渠道，根据渠道未防渗处理前的多年实测渗漏资料，来推算新建渠道的设计渗漏量。例如上述宝鸡峡引渭塬边渠道每公里渗漏损失率 $\delta=0.397\%$，就是根据在邻近的泾洛渭三河老灌区的多年实测资料求得，如用此值计算塬边渠道的渗漏量，按设计 $50m^3/s$，渠道渗漏带长 89.5km 计算，则每公里损失量为 $0.2m^3/s$，渠道总损失量力 $17.9m^3/s$，渠道平均利用系数为 0.642。

三、渠道防渗措施

渠道防渗措施是减少输水渠道透水条件或建设不透水防护层的各种技术措施。渠道防渗除了减少渠道水的渗漏损失外，还具有以下几个优点：一是提高了渠道的抗冲能力；二是减少渠道的粗糙程度，加大水流速度，增加输水能力（一般输水时间可缩短 30%～50%）；三是减少渗漏对地下水的补给，有利于控制地下水位，防治土壤次生盐碱化和沼泽化的发生；四是减少渠道淤积，节省维修费用和清淤成本，降低灌水成本。

为降低成本，渠道防渗应贯彻因地制宜、就地取材的原则。根据所使用的材料，渠道防渗可分为：黏性土护面防渗、砌石（卵石、块石、片石）防渗、混凝土防渗、塑料薄膜防渗（内衬薄膜后再用土料、混凝土或石料护面）、草皮防渗等。

目前，我国渠道防渗中存在的主要问题是衬砌成本较高，影响大面积推广；对于西北地区特殊的湿陷性黄土、盐碱土和膨胀土层，渠道衬砌还需解决变形量过大的问题。

第五节 隧 洞 涌（突）水

隧洞在铁路、公路、水电等领域具有不可替代的作用。隧洞在施工过程中常遇到岩爆、涌水、地热等地质灾害，而涌（突）水问题最为严重。隧洞涌（突）水过大，会淹没隧洞，还可能引发大范围的地下水位下降，导致严重的次生地质灾害，不仅增加工程的经济成本，而且对生命和财产构成极大的威胁。

一、隧洞涌（突）水发生的一般规律

从国内外隧洞涌（突）水实例可知，涌（突）水主要受岩性构造、区域地下水赋存和水文气象等条件的影响。

1. 岩性构造条件

构造破碎带的岩性特征、空间展布、力学性质的发育规律是判断涌（突）水的前提条件。坚硬岩层、沉积岩中的砂岩、砾岩，绝大部分岩浆岩地段，构造发育使岩体破碎，尤其是断层破碎带，岩体具有一定的贮水空间，渗透性大；同时，断层破碎带起着贮水和导水两种功能。在这样的地段，易发生涌（突）水。当构造不发育，岩体完整，则不可能发生涌（突）水。坚硬岩石和软岩互层，构造破碎带表现为坚硬岩石破碎，软弱岩层泥化，这样的断层破碎带不具备贮水能力，但在一定的水头压力下，会产生突然地涌泥和突水，断层破碎带成为导水通道。

岩溶地区，由于岩溶的发育受构造、地壳运动、地下水和水的溶蚀性等多种因素的综合控制，断层破碎带地段岩溶发育程度高，常见溶隙管道、溶洞等，而非断层破碎带地段岩溶发育程度相对较差，常发育一些小的溶孔、溶隙等，且发育深度一般比构造破碎带地段要浅得多，因此，断层破碎带的岩溶水的涌（突）水问题突出。

2. 区域地下水赋存条件

岩性和构造条件的好坏是决定发生涌（突）水的地质基础和必要条件，而地下水是造成隧洞具有外水压力以及施工中大量涌水的直接原因，但要确定涌（突）水的类型和涌（突）水的水量，则需要通过分析区域地下水赋存条件，确定其补给区、径流区和排泄区，掌握地下水位动态规律。

（1）当隧洞高程高于地下水位，则一般不会发生涌（突）水，只有在雨季可能会发生暂时性漏水。

（2）当隧洞高程低于地下水位，将发生涌（突）水，其涌（突）水量的大小除取决于破碎岩石的透水性、涌水点与地下水位相对高差外，还取决于涌水点所处破碎岩石含水带的相对位置。若涌水点位于地下水含水带的补给区，则总涌水量相对较小；若涌水点位于地下水含水带的排泄区，则总涌水量大。

（3）岩溶区地下水系统复杂，许多的溶蚀裂隙和岩溶管道构成相互连通的地下水含水系统，形成渗漏涌（突）水通道。因此，查明岩溶区地下水分布规律以及岩溶通道的连通情况是岩溶地区隧洞设计和施工的重要工作。

3. 水文气象条件

地下水通常不是孤立存在的，为自然界的水循环的重要组成部分，水文、气象条件决定了地下水的补给条件。因此，需要调查研究隧洞线路区的水系分布，年径流量的年内分配，同时调查研究隧洞线路区的地形特征，尤其是断层破碎带出露的地形特征、汇水条件及汇水面积。在基岩山区，当构造破碎带顺河发育时，地表水将不断入渗补给地下水；当构造破碎带顺山谷出露时，雨季山谷的汇水将入渗补给地下水。前者将发生长期大流量的涌水，后者仅在雨季发生大流量的涌水。当构造破碎带出露在山坡上，由于汇水条件差，地下水接受补给困难，一般不大可能产生大流量长时间的涌水。

二、隧洞涌水量计算

隧洞涌水量计算常见计算方法主要有以下几种。

1. 水文地质比拟法

将拟建隧洞与条件类似的已建隧洞进行比较，用已建隧洞的涌水量资料，通过经验公式，计算设计隧洞的可能涌水量。其相似条件包括：地质、水文地质、隧洞的涌水特征、涌水量与水位降深、隧洞的挖掘断面等。

当涌水量（Q）与水位降深（s）、隧洞的开挖断面（F）满足如下关系

$$Q=sF \tag{8-21}$$

或

$$Q=\sqrt{sF} \tag{8-22}$$

则水文地质比拟法计算公式为

$$Q_2=Q_1\frac{s_2F_2}{s_1F_1} \tag{8-23}$$

或

$$Q_2=Q_1\sqrt{\frac{s_2F_2}{s_1F_1}} \tag{8-24}$$

式中　Q_1——相似隧洞某段涌水量，m^3/d；

Q_2——拟建隧洞某段涌水量，m^3/d；

s_1——相似隧洞水位降低量，m；

s_2——拟建隧洞水位降低量，m；

F_1——相似隧洞断面面积，m^2；

F_2——拟建隧洞断面面积，m^2。

2. 地下水动力学法

该方法也称“大井法”，将隧洞涌水地段的进水形态，近似地看成大井，用一般钻孔的涌水量公式来计算隧洞涌水量。此法适用于地下空间的长宽比小于 10 的地下隧洞（图 8－27）的涌水量计算，其公式为

$$Q=\frac{\pi K(2H-s)s}{\ln R_0-\ln r_0} \tag{8-25}$$

式中　R_0——引用影响半径，m；

r_0——引用洞室半径，m；

K——岩层渗透系数，m/d；

H——地下水初始水位，m；

s——隧洞水位降低量，m。

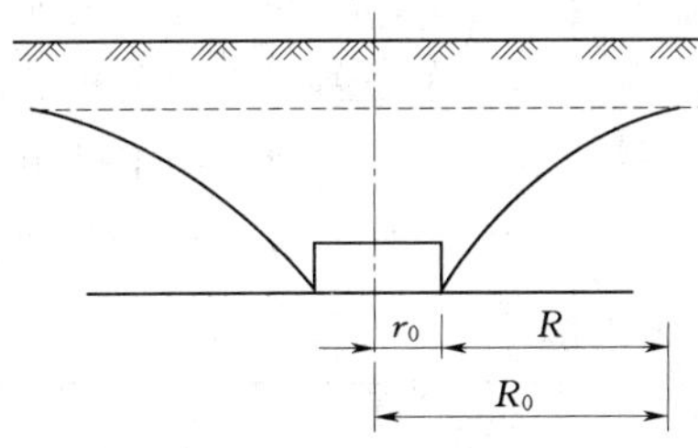

图 8－27　引用影响半径示意图

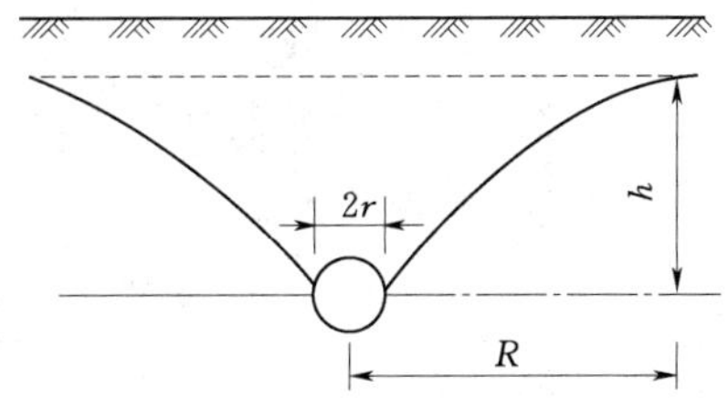

图 8－28　隧洞涌水量计算图

式（8－25）适用于无压完整井条件的计算。如果条件改变，计算公式也应作适当变换。当隧洞的长宽比大于 10（图 8－28），隧洞涌水量计算公式为

$$Q=\frac{2\alpha_1 BKh}{\ln R-\ln r} \tag{8-26}$$

式中　h——隧洞中心至静止水位的高度，m；

B——隧洞计算段长度，m；

r——隧洞半径，m；

α_1——系数，$\alpha_1=\frac{\pi}{2}+\frac{h}{R}$；

R——影响半径，m。

3．水文地质数值法

水文地质数值法预测隧洞涌水量，应首先建立水文地质概念模型，即对计算范围、边界条件、含水层内部结构、含水层水力特征等进行概化，进而建立隧洞涌水数学模型。在此基础上，进行空间、时间离散，通过对模型的校正，建立隧洞涌水数值模型，利用此模型预测隧洞涌水量。

水文地质数值法预测隧洞涌水量具有如下特点：

（1）它能真实地刻画水文地质（概化）模型的各种特征，能够求解诸如含水层形状不规则、含水层非均质性差异大、不同开挖方案等复杂问题。

（2）可同时解决不同堵水技术和不同堵水方案下的隧洞涌水量预测问题。

（3）能真实地模拟复杂边界的几何形态以及较好地描述边界的性质和水力特征。

以上各种隧洞涌水量定量预测方法均必须在获得必要的水文地质资料和参数的基础上才能进行，否则很难获得可靠的计算结果。

第六节　基坑涌水量计算

一、基坑工程地下水控制措施

随着经济的发展，高层建筑、地铁、地下道路、地下停车库、地下街道、地下商城、地下变电站、地下仓库、地下民防工程等民用和工业建筑物不断增多，地下空间开发规模越来越大，基坑开挖深度、规模和复杂程度不断加大。基坑在开挖过程中受到周围土地、地表荷载和地下水浮托力等各种荷载的作用，往往产生一定的变形和位移，当位移和变形超过基坑支护的承受能力时，基坑就会产生破坏，如边坡失稳，坑底隆起、突涌、围护结构破坏等。工程实践表明，城市中的工程事故多是由于地下水处理不当而造成的。为保障基坑工程安全，必须对地下水进行有效的控制。控制的措施可分为截水堵水措施和降排水措施，其主要特点见表8-3。

表8-3　基坑工程地下水控制措施分类

分类		说明
截水堵水措施	钢板桩	其有效程度取决于土的渗透性、板桩的锁和效果和渗径的长度等因素
	地下连续墙	深基坑工程中常使用钢筋混凝土地下连续墙，具有一定的入水深度，既能承受较大的侧向土压力，又能止水隔渗，效果很好，应用广泛
	水泥和化学灌浆帷幕	采用高压喷射注浆，压力注浆或渗透注浆的技术方法在地下形成一道连续帷幕，其有效程度取决于土的颗粒性质，灌浆孔必须一个个紧靠着形成连续的隔水帷幕

续表

分　类		说　明
截水堵水措施	搅拌桩隔水帷幕	采用深层搅拌桩的技术方法施工隔水帷幕，有很好的防渗阻水效果，能有效支撑边坡，应用较广
	冻结法	采用冷冻技术将基坑四周的土层冻结，达到阻水和支撑边坡的目的，适用于淤泥质砂和黏土质砂及砂卵石土；造价昂贵，且一旦失效则补救非常困难，使用较少
降排水措施	集水明排	在基坑内部开挖集水井和集水沟，用泵从集水井中抽水的方法疏干基坑，适用于含水层薄，降水深度小且基坑环境简单的弱透水层中的浅基坑
	井点降水	通过对地下水施加作用力来促使地下水排除，使基坑范围内的地下水降至设计水位以下；有克服流砂和稳定边坡的作用，应用十分广泛；常用的井点降水法分为轻型井点、喷射井点、电渗井点和管井井点等，可依据土层的岩性、渗透性和工程特点而选用；其中管井井点降水有流砂和重复挖填方区使用的效果尤佳

仅从基坑支护结构安全性、经济性的角度，降水是一种常用的地下水控制措施，可有效消除水压力从而降低作用在支护结构上的荷载，减少地下水渗透破坏的风险，降低支护结构施工难度等。但降水可能会造成基坑周边建筑物、市政设施等的沉降而影响其正常使用甚至破坏。另外，降水造成地下水资源的浪费。因此，地下水控制应符合国家和地方法规对地下水资源、区域环境的保护要求，符合基坑周边建筑物、市政设施保护的要求。

二、基坑涌水量计算

基坑涌水量与场地水文地质参数、基坑的形状、大小及补给水边界条件等有关。因此，基坑涌水量的计算要根据地下水的类型、降水井的完整性和补给条件、基坑形状以及布井方式等合理选择计算公式。

在实际工程中，基坑的形状多种多样，常见的有矩形、正方形、圆形、狭长条形、不规则形等。在进行基坑降水涌水量计算时，一般将基坑形状概化为两种形式：①窄长式基坑，长度 C/宽度 $B>10$；②非窄长式基坑，长度 C/宽度 $B<10$。

（一）非窄长式基坑

井点系统在布置时往往是布置在基坑周围，许多井点同时抽水，使得各个单井的水位降落漏斗相互干扰，因此基坑涌水量计算应考虑群井的相互作用。为简化计算，基坑涌水量计算时，可把群井系统视为一口大的圆形单井。

（1）均质含水层潜水完整井（图 8－29）。

$$Q=\pi K\frac{(2H_0-s_d)s_d}{\ln\left(1+\dfrac{R}{r_0}\right)} \tag{8-27}$$

式中　Q——基坑降水的总涌水量，m^3/d；

K——渗透系数，m/d；

H——潜水含水层厚度，m；

s_d——基坑地下水位设计降深，m；

R——降水影响半径，m；

r_0——基坑等效半径，m。

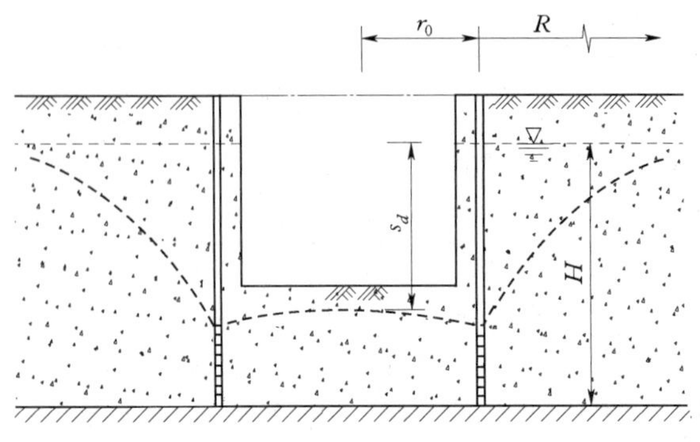

图 8-29　均质含水层潜水完整井基坑

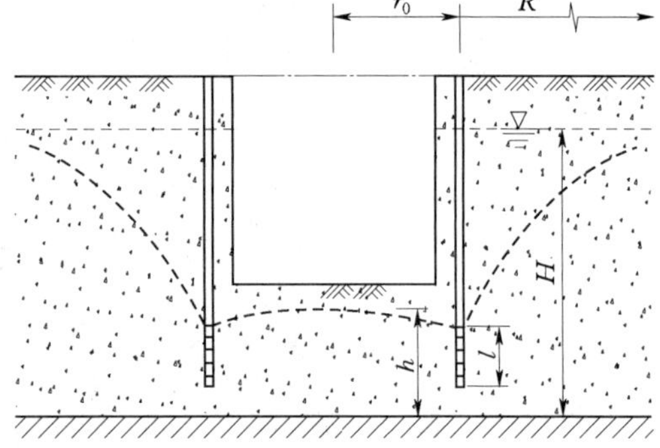

图 8-30　均质含水层潜水非完整井基坑

（2）均质含水层潜水非完整井（图 8-30）。

$$Q=\pi K\frac{H^2-h^2}{\ln\left(1+\frac{R}{r_0}\right)+\frac{h_m-l}{l}\ln\left(1+0.2\frac{h_m}{r_0}\right)} \tag{8-28}$$

$$h_m=\frac{H+h}{2} \tag{8-29}$$

式中　h——降水后基坑内水位高度，m；

l——过滤器进水部分的长度，m。

（3）均质含水层承压完整井（图 8-31）。

$$Q=2\pi K\frac{Ms_d}{\ln\left(1+\frac{R}{r_0}\right)} \tag{8-30}$$

式中　M——承压含水层厚度，m。

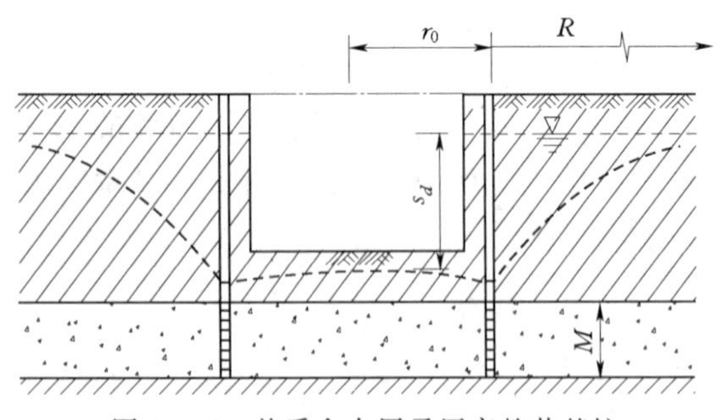

图 8-31　均质含水层承压完整井基坑

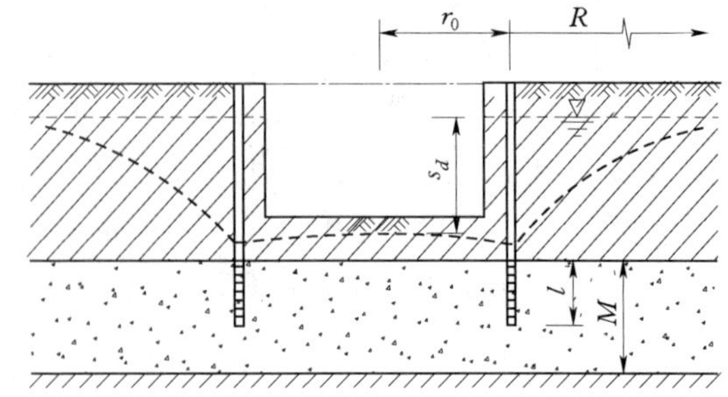

图 8-32　均质含水层承压非完整井基坑

（4）均质含水层承压非完整井（图 8-32）。

$$Q=2\pi K\frac{Ms_d}{\ln\left(1+\frac{R}{r_0}\right)+\frac{M-l}{l}\ln\left(1+0.2\frac{M}{r_0}\right)} \tag{8-31}$$

式中　l——过滤器长度，m。

（5）均质含水层承压-潜水完整井（图 8-33）。

$$Q=\pi K\frac{(2H_0-M)M-h^2}{\ln\left(1+\frac{R}{r_0}\right)} \tag{8-32}$$

式中　H_0——承压含水层的初始水头，m。

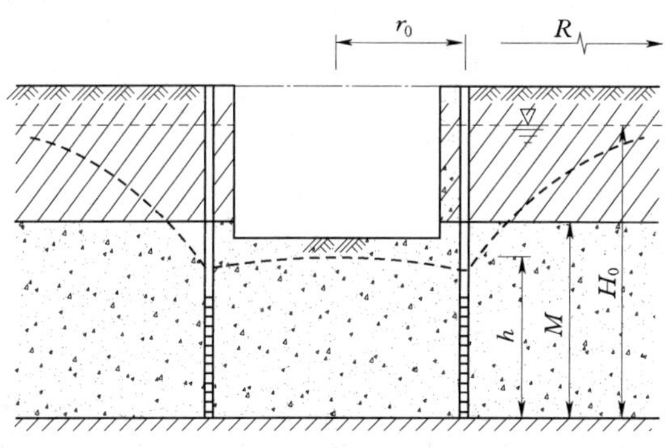

图 8-33　均质含水层承压-潜水完整井基坑

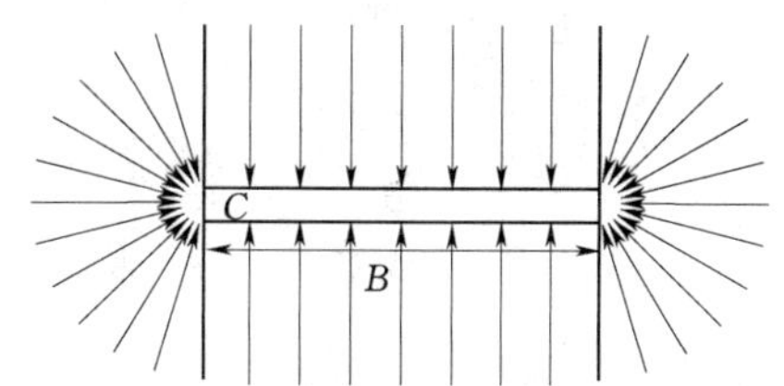

图 8-34　窄长式基坑渗流计算简图

（二）窄长式基坑

如图 8-34 所示，可按流线特点将水流分为两部分：两侧看作平面流，两端近似地看作半径为 $C/2$ 的半个水井。

（1）均质含水层潜水完整井。

$$Q=KB\frac{(2H-s_d)s_d}{R}+\pi K\frac{(2H-s_d)s_d}{\lg R-\lg\frac{C}{2}} \tag{8-33}$$

式中　B——基坑长度，m；

　　　C——基坑宽度，m。

（2）均质含水层承压完整井。

$$Q=\frac{2KMBs_d}{R}+\frac{2\pi KMs_d}{\lg R-\lg\frac{C}{2}} \tag{8-34}$$

（三）等效半径

等效半径 r_0 的确定可以根据基坑的形状和大小确定。

（1）长方形基坑。

$$r_0=\eta\frac{C+B}{4} \tag{8-35}$$

式中　η——系数，可由表 8-4 确定。

表 8-4　　**C/B 与 η 关系表**

C/B	0	0.05	0.1	0.2	0.3	0.4	0.5	0.6～1
η	1.0	1.05	1.08	1.12	1.14	1.16	1.17	1.18

（2）不规则近似圆形基坑。

当 $B/C<2\sim3$ 时

$$r_0=\sqrt{\frac{F}{\pi}}=0.565\sqrt{F} \tag{8-36}$$

当 $B/C>2\sim3$ 时

$$r_0=\frac{P}{2\pi} \tag{8-37}$$

式中　F——不规则基坑的面积，m^2；

P——不规则基坑的周长，m。

（3）不规则多边形基坑。

$$r_0=\sqrt[n]{r_1r_2\cdots r_n} \tag{8-38}$$

式中　n——井点数；

r_1、r_2、…、r_n——多边形顶点到多边形中心点的距离，m。

（四）影响半径

影响半径 R 宜通过试验确定。缺少试验时，可按下列公式计算并结合当地经验取值。

潜水含水层

$$R=2s_d\sqrt{KH} \tag{8-39}$$

承压含水层

$$R=10s_d\sqrt{K} \tag{8-40}$$

复习思考题

1. 坝基（肩）渗漏的主要形式有哪些？比较分析纵谷和横谷的渗漏条件？
2. 如何计算坝基和坝肩渗漏量？
3. 水库渗漏必须具备哪些地质条件？
4. 如何根据地下水分水岭与水库正常蓄水位的关系来分析水库渗漏问题？
5. 水库渗漏量如何计算？
6. 产生水库浸没的地质条件有哪些？
7. 如何预测水库浸没范围？水库浸没的防治措施有哪些？
8. 渠道渗漏的地质因素有哪些？山区和平原地区的渗漏有哪些不同？
9. 常用的渠道渗漏量的计算方法有哪些？
10. 如何防止渠道渗漏，提高渠道水利用系数？
11. 简述隧洞发生涌水的水文地质条件。

第九章 地下水资源评价

地下水资源是指有使用价值的各种地下水量的总称，它属于整个地球水资源的一部分。地下水的使用价值包括水质和水量两个方面。它能否成为有使用价值的资源，首先是由水质决定的。在水质满足利用要求的前提下，看其可被利用的数量有多少。

第一节 概 述

一、地下水资源的特点

作为一种自然资源，地下水资源既不同于矿产资源，也不同于地表水资源，有其自身的特点。

1. 系统性和整体性

地下水资源赋存在复杂的含水地质体（水文地质实体）中，受各种天然因素和人为因素控制。依据地下水赋存的地质环境和地下水循环径流特征，可划分出含水系统和流动系统，也称为地下水系统。地下水系统拥有不同级次的单元，这些单元相互联系、相互影响。地下水系统与外界环境相互作用、相互制约，进行能量、数量、质量和热量的交换；系统中各级次的单元既各自独立，又相互联系，即各个单元既拥有自己的组成特征及各自的行为方式，又彼此联系、相互作用。如由若干个含水层组成的含水系统，每个含水层可视为一个独立单元，有各自的结构特征及补给、径流、排泄方式。当一个含水层受到外界影响（如降水补给、人工开采等）时，会引起其他含水层水量、质量、能量的变化，从而引起整个含水系统的储存、释放、传导、调节等功能的改变。因此，必须以含水系统整体目的性为准则，研究各单元之间的联系。当开发利用地下水资源时，必须从含水系统整体上考虑取水方案，寻求整体开发利用地下水资源的最优方案。

2. 流动性

地下水是流体，与周围环境（气候、水文条件、地质条件等）有着密切的联系，在其补给、径流、排泄过程中，不断循环流动，因此地下水资源又是动态资源，地下水资源的数量、质量和热量随着外界环境的变化而不断发生明显的变化。

3. 循环再生性（又称可恢复性）

循环再生性是通过水文循环实现的。在天然条件下，地下水资源随着年际和年内气候与季节的变化而变化。在丰水年或丰水季节获得补给，在枯水季节以径流或蒸发方式排泄，从而构成周而复始、年复一年的地下水循环。在开采条件下，只要开采量不超过总补给量，就可以通过外界补给获得补偿。地下水资源的再生性与地下水系统的开放性是分不开的。浅层地下水系统与大气圈和地表水系统发生密切联系，积极参与水循环，地下水资源具有良好的再生性。深层承压水系统与外界水力联系相对较弱，水的循环交替速度缓慢，地下水资源可再生能力差。地下水资源的可再生性是地下水资源可持续利用的保证。

4. 调节性

地下水资源的可调节性主要表现在水量方面。由于地下水在含水层中始终处在不断地补给和消耗的新旧交替过程中，补给量和消耗量在不同年份或季节是不同的，特别是补给量随时间变化较大。当补给丰富、大于消耗时，含水层就把多余的水蓄积起来，使地下水的储存量增加；当补给较少或暂时停止时，又可用储存的地下水维持消耗，使储存量减少。储存量的这种可变性，在地下水的补给、径流、排泄及开采过程中均起着调节作用。这种性质是其他矿产资源所不具备的。

二、地下水资源评价的原则

1. 可持续利用原则

地下水资源评价应在可持续发展的前提下进行。可持续发展理论的实质是强调资源利用、经济增长、环境保护和社会发展协调一致，既能满足当代人的需要，又不损害后代人满足需要的能力。地下水资源的可持续利用，就是在保证生态良性循环的前提下，地下水系统能永久持续地提供一定的水资源量，以满足经济增长、社会发展的需要。在进行区域地下水资源评价时，应在不发生不良生态和环境效应的前提下，提供当今时代和未来时代均可以持续利用的水量。

2. “三水”相互转化，统一评价的原则

大气降水、地表水和地下水是相互联系、相互转化的统一体。地表水和地下水均接受大气降水补给并通过蒸发作用将水分排放到大气中去，而地下水与地表水也在不断地相互转化，进行水量的交换。如河流的基流量是由地下水转化而来的，在河流岸边开采地下水时，地下水的补给增量主要来自河水。因此，在进行地下水资源评价时，要从水资源量整体考虑，避免重复计算，实行地下水、地表水统一评价、统一规划、合理开发利用。

3. 以丰补歉，调节平衡的原则

含水层系统具有强大的调蓄功能。在干旱季节或年份，可借用储存量来满足开采，到雨季或丰水年，又可将借用的储存量补偿回来。利用这一原则时，必须注意区域水资源综合平衡，合理截取雨洪水，以达到充分利用水资源的目的。

三、地下水资源评价的内容

地下水资源的评价内容主要包括：

（1）地下水水量评价。根据地下水资源形成的特征和需水量的要求，确定开采利用地下水的方案及允许开采量，论证地下水资源的补给保证程度。

（2）地下水水质评价。按照不同用水户的水质要求，进行物理性质和化学成分的评价，论证地下水开采利用之后地下水水质的变化趋势。

（3）开采技术条件评价。计算在整个开采利用地下水资源的过程中，地下水位的最大下降值是否满足开采区内各点最大的水位下降允许值。

（4）环境影响评价。阐明在开采利用地下水资源之后，由于地下水下降而引起的环境地质问题。

（5）防护措施评述。提出开采利用地下水资源时是否需要特殊的防护措施等。

第二节 地下水资源量计算

由于地下水资源具有可恢复性、流动性、调节性等特点，所以对地下水资源的准确表达较为困难，不同国家出现了许多不同的术语和分类。《供水水文地质勘察规范》（GB 50027—2001）将地下水资源分为补给量、储存量和允许开采量。

一、补给量及其计算

补给量是指天然状态或开采条件下，单位时间从各种途径进入含水系统的水量。可分为天然补给量和补给增量。

（一）天然补给量

天然补给量是指天然条件下汇入含水系统中的水量。按补给水进入含水系统的方向，分为垂向补给和侧向补给（凝结水补给二者兼有）。垂向补给一般指大气降水的入渗补给和相邻含水层的越流补给。侧向补给是经上游边界流入含水系统中的水量，也称地下水的天然流量。

（二）补给增量

补给增量是指在开采条件下，除天然补给量外，尚能夺取的额外补给量，也称开采补充量（或诱发补给量、激发补给量、开采袭夺量等）。开采时能否夺取这部分补充量，取决于开采区水文地质条件、开采强度等因素。常见的补给增量有下列来源组成（图 9-1）。

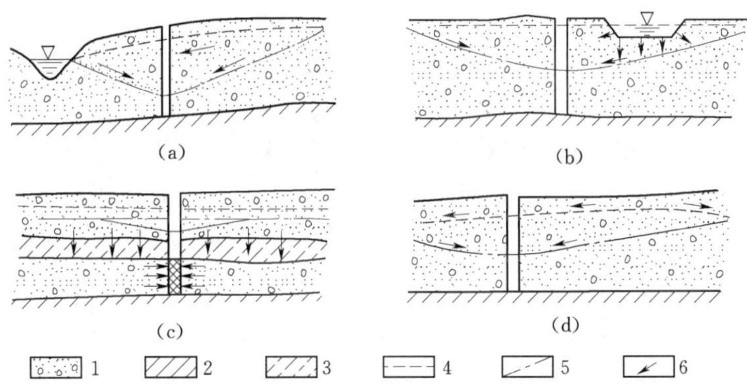

图 9-1 补给增量来源示意图

（a）来自地表的补给增量；（b）来自灌溉系数回渗的补给增量；（c）来自相邻含水层的越流补给增量；（d）来自分水岭外移的补给增量

1—含水层；2—隔水层；3—弱头水层；4—静水位；5—动水位；6—地下水流向

（1）来自地表水的补给增量：当取水工程靠近地表水时，由于开采地下水，使水位降落漏斗扩展到地表水体，可使原来补给地下水的地表水补给量增大，或使原来不补给地下水，甚至排泄地下水的地表水体变为补给地下水。

（2）来自降水入渗的补给增量：由于开采地下水形成降落漏斗，除漏斗疏干体积增加部分降水渗入外，还使漏斗范围内原来不能接受降水入渗补给的地区（例如沼泽、湿地等），腾出可以接受补给的储水空间，因而增加了降水入渗补给量。此外，由于地下水分水岭向外扩展，增加了降水入渗补给面积，使原来属于相邻均衡地段（或水文地质单元）

的一部分降水入渗补给量，变为本漏斗区的补给量。

（3）来自相邻含水层越流的补给增量：由于开采含水层的水位降低，与相邻含水层的水位差增大，可使越流量增加；或使相邻含水层原来从开采含水层获得越流补给，变为补给开采层。

（4）来自相邻地段含水层的侧向补给增量：由于降落漏斗的扩展，可夺取属于另一均衡地段（或含水系统）地下水的侧向流入补给量；或某些侧向排泄量因漏斗水位降低，而变为补给增量。

（5）来自各种人工增加的补给量：包括专门的人工补给地下水以及各种人工用水的回渗量增加而获得的补给量，如人工回灌补给和灌溉水渗漏补给等。

从上述补给增量的来源可以看出，它无非是夺取了本计算含水层或含水系统以外的水量。从整个地下水资源来看，这里的补给量增加了，邻区、邻层的地下水资源就会减少，影响其开发利用。再从区域水资源转化来看，如果大量夺取河水的补给增量，就会减少地表水资源，影响地表水的开发利用。因此，开采时的补给增量不能盲目无限制地扩大。

（三）补给量的计算

计算补给量时，应以天然补给量为主，同时考虑合理的补给增量。

1. 降水入渗补给量

$$Q_{降}=10^{-1}\alpha PF \tag{9-1}$$

式中　$Q_{降}$——降水入渗量，m^3/a；

P——降水量，mm/a；

F——补给区域面积，km^2；

α——降水入渗系数。

不同岩性、不同的地下水位埋深以及不同的降水量 α 值都不尽相同，见表 9-1。一般情况下，地下水位埋藏较浅时，α 值随着埋深的增加而增大，而当埋深大于 3～4m 时，α 值则又随着埋深的增加而减少。目前，研究得到的经验数值不尽相同，仍处于探索阶段。

表 9-1　华北平原不同岩性多年平均降水入渗系数汇总表

岩性	降水量/mm	地下水埋深/m					
		1～2	2～3	3～4	4～6	>4	>6
黏土	450～550	0.10	0.40	0.15		0.30	
	550～650	0.12	0.15	0.16		0.15	
	>650						
粉质黏土	450～550	0.11	0.16	0.15～0.17	0.14	0.17	0.13
	550～650	0.13	0.16～0.21	0.20	0.20	0.20	0.20
	>650		0.25	0.24	0.21		0.21
粉土	450～550	0.12	0.19～0.26	0.19～0.21	0.16	0.20	0.16
	550～650	0.14	0.21～0.32	0.23～0.28	0.26	0.23	0.25
	>650		0.36	0.31	0.28		0.27

续表

岩性	降水量/mm	地下水埋深/m					
		1～2	2～3	3～4	4～6	>4	>6
粉土与粉质黏土互层	450～550	0.11	0.29	0.20		0.20	
	550～650	0.14	0.21～0.23	0.22		0.22	
	>650						
细粉砂	450～550	0.15	0.22～0.37	0.23～0.33	0.30	0.23	0.29
	550～650	0.17	0.23～0.37	0.25～0.35	0.32	0.24	0.30
	>650		0.33	0.28	0.25		0.23
砂砾石①	450～550		0.60	0.57	0.56		0.55
	550～650		0.66	0.64	0.63		0.62
	>650		0.69	0.67	0.66		0.66

① 主要分布于北京山前平原永定河与潮白河冲积扇。

2. 越流补给量

$$Q_{越}=F\Delta H\frac{K'}{m'} \tag{9-2}$$

式中　$Q_{越}$——越流补给量，m^3/d；

F——越流补给面积，m^2；

ΔH——开采层与补给层之间的水位差，m；

K'——开采层与补给层之间的弱透水层垂向渗透系数，m/d；

m'——弱透水层的厚度，m。

式中 F、K'、m'均可由勘探试验资料得到，ΔH 则需根据观测资料或设计开采降深确定。

3. 灌溉水入渗补给量

(1) 灌溉渠系渗漏补给量：指灌溉水进入田间之前，各级渠道（一般为斗渠以上的渠道）对地下水的渗漏补给量，多采用入渗补给系数法确定。

$$Q_{渠}=Q_{引}\,m \tag{9-3}$$

$$m=v(1-\eta) \tag{9-4}$$

式中　$Q_{渠}$——渠系渗透补给量，m^3/a；

m——渠系渗漏补给系数；

η——渠系有效利用系数；

$Q_{引}$——渠道引水量，m^3/a；

v——修正系数。

式中 η、v、m 值可查阅相关手册及规范，渠道引水量需要根据灌区实际供水情况，进行调查统计。渠系有效利用系数 η 也可选择有代表性的地段进行实测。斗渠及以上的大型渠道，可按河道渗漏补给量的计算方法计算。

(2) 田间回归补给量：指地表水或地下水进入田间后，灌溉过程中的渗漏补给量。分渠灌和井灌回归补给两类。

$$Q_{渠}=\beta_{渠}\ Q_{渠灌} \tag{9-5}$$

$$Q_{井}=\beta_{井}\ Q_{井灌} \tag{9-6}$$

式中　$Q_{渠}$、$Q_{井}$——渠灌和井灌回归补给量，m^3/a；

$\beta_{渠}$、$\beta_{井}$——渠灌和井灌回归补给系数；

$Q_{渠灌}$、$Q_{井灌}$——渠灌和井灌水量，m^3/a。

灌溉回归补给系数β值随灌水定额、岩性和地下水埋深的不同，而发生相应的变化，井灌一般取0.05～0.2，渠灌一般取0.05～0.4。

4. 侧向补给量

侧向补给量指地下水以地下径流形式从上游区流入计算区的水量，可用Darcy定律计算。

$$Q_{侧}=KiF \tag{9-7}$$

式中　$Q_{侧}$——侧向补给量，m^3/d；

K——含水层渗透系数，m/d；

i——垂直于剖面方向的水力坡度；

F——过水断面面积，m^2。

5. 河道渗漏补给量

当河道水位高于河道岸边地下水水位时，河水渗漏补给地下水。河道渗漏补给量可采用下述两种方法计算。

(1) 水文分析法。该法适用于河道附近无地下水位动态观测资料但具有完整的河水流量资料的地区。计算公式：

$$Q_{河补}=(Q_{上}-Q_{下}+Q_{区入}-Q_{区出})(1-\lambda)\frac{L}{L'} \tag{9-8}$$

式中　$Q_{河补}$——河道渗漏补给量，m^3/d；

$Q_{上}$、$Q_{下}$——河道上、下水文断面实测径流量，m^3/d；

$Q_{区入}$——上、下游水文断面区间汇入该河段的径流量，m^3/d；

$Q_{区出}$——上、下游水文断面区间引出该河段的径流量，m^3/d；

L——计算河道或河段的长度，m；

L'——上、下两水文断面间河段的长度，m；

λ——修正系数，即上、下两个水文断面间河道水面蒸发量、两岸浸润带蒸发量之和占（$Q_{上}-Q_{下}+Q_{区入}-Q_{区出}$）的比率，其大小主要取决于河道衬砌情况、当地水面蒸发强度以及河道岸边包气带岩性、地下水埋深和河道过水时间。据有关成果分析，其取值范围一般为0.2～0.4之间，衬砌良好且常年过水的砂性土质河道取小值，未衬砌且间歇过水的黏性土质河道取大值。

(2) 地下水动力学法（剖面法）。当河道水位变化比较稳定时，可沿河道岸边切割剖面，通过该剖面的水量即为河水对地下水的补给量。单侧河道渗漏补给量采用达西公式计算：

$$Q_{河补}=KiAL \tag{9-9}$$

式中　$Q_{河补}$——单侧河道渗漏补给量，m^3/d；

K——剖面位置的渗透系数，m/d；

i——垂直于剖面的水力坡度；

A——单位长度河道垂直于地下水流向的剖面面积，m^2/m；

L——河道或河段长度，m。

若河道或河段两岸水文地质条件类似且都有渗漏补给时，则式（9-9）计算得到的 $Q_{河补}$ 的 2 倍即为该河道或河段两岸的渗漏补给量。剖面的切割深度应是河水渗漏补给地下水的影响带的深度；当剖面为多层岩性结构时，K 值应取计算深度内各岩土层渗透系数的加权平均值。

二、储存量及其计算

储存量指地下水循环过程中，储存在含水层中的重力水体积。潜水含水层的储存量，也称为容积储存量，其计算公式为

$$Q=\mu V \tag{9-10}$$

式中　Q——地下水的储存量，m^3；

μ——含水介质的给水度；

V——潜水含水层的体积，m^3。

承压含水层除了容积储存量外，还有弹性储存量，计算方法如下：

$$Q_{弹}=\mu^{*} Fh \tag{9-11}$$

式中　$Q_{弹}$——弹性储存量，m^3；

μ^{*}——弹性储水（或释水）系数；

F——承压含水层的分布面积，m^2；

h——自承压含水层顶板算起的压力水头高度，m。

地下水的补给与排泄常常处于不均衡状态，地下水位总是随时间而变化，因此地下水储存量随时间变化。天然条件下，地下水的储存量随水文气象周期呈周期性变化，主要有年周期，还有不同长短的多年周期。一般应计算一年内最大储存量和最小储存量。开采条件下，若开采量不大于补给量，储存量仍呈周期性变化；若开采量超过补给量，则由储存量来补偿这部分超过的开采量，储存量呈逐年减少的趋势性变化。

储存量又可按其是否参与天然条件下水的转换分为永久储存量和暂时储存量。

永久储存量是指一定期限内的最小储存量，即多年最低水位以下的不变重力水量，又称静储量，它是在一定周期内不变的储存量。永久储存量具有流动和更换性质，但一般情况下，不作为开采资源。只在特殊情况下，可开采部分永久储存量，保证应急供水，如战争时期，救火用水等。

暂时储存量是指最大与最小储存量之差，即含水层最高水位与最低水位之间的重力水体积，又称调节储量。暂时储存量的补给来源为水体的垂直入渗、越流补给和侧向流入。它可以转化为地下径流，也可因蒸发而排泄。开采利用消耗之后，可望补给期得到恢复，具有明显的季节性变化规律。天然条件下，补给量大于消耗量时，暂时储存量增加，表现为正均衡。反之，表现为负均衡。因此，暂时储存量是反映地下水补排关系及调节均衡的一项重要指标。

三、允许开采量及其计算

允许开采量，又称可开采量或可开采资源量，是指通过技术经济合理的取水构筑物，在整个开采期内出水量不会减少，动水位不超过设计要求，水质和水温在允许范围内变化，不影响已建水源地正常开采，不发生危害性环境地质问题等前提下，单位时间内从含水系统或取水地段开采含水层中可以取得的水量，常用的单位为 m^3/d 或 m^3/a。简言之，允许开采量就是用合理的取水工程，单位时间内能从含水系统或取水地段取得出来，并且不会引起一切不良后果的最大出水量。

允许开采量与开采量是不同的概念。开采量是取水工程取出的地下水资源量，反映了取水工程的取水能力。开采量不应大于允许开采量，否则会引起不良后果。允许开采量的大小，是由地下水的补给量和储存量的大小决定的，同时还受技术经济条件的限制。

资源 9-1 允许开采量及其计算

计算地下水允许开采量是地下水资源评价的核心问题。目前地下水允许开采量的计算方法有几十种，依据计算方法的主要理论基础、所需资料及适用条件，可分为四大类：以渗流理论为基础的方法，如解析法和数值法；以统计理论为基础的方法，如系统理论方法、相关外推法、$Q-s$ 曲线外推法、开采抽水试验法等；以水均衡理论为基础的方法，如水均衡法、开采模数法等；以相似比拟理论为基础的方法，如直接比拟法、间接比拟法等。受篇幅所限，这里仅介绍几种简单的计算方法。

1. 实际开采量调查

该方法适用于浅层地下水开发利用程度较高，开采量调查统计较准，潜水蒸发量较小，水位动态处于相对稳定的地区。若平水年年初、年末浅层地下水位基本相等，则该年浅层地下水实际开采量，即可近似代表该区多年平均浅层地下水可开采量。

2. 开采系数（可开采系数）法

适用于水文地质研究程度较高，对浅层地下水有一定开发利用水平，并积累了较长系列开采量调查统计与水位动态观测资料的地区。计算式为

$$Q_{可采}=Q_{总补}\,\rho \tag{9-12}$$

式中　$Q_{可采}$——多年平均允许开采量，m^3/a；

$Q_{总补}$——多年平均地下水总补给量，m^3/a；

ρ——可开采系数，一般应遵循以下基本原则。

(1) 由于浅层地下水总补给量中，可能有一部分要消耗于水平排泄和潜水蒸发，故可开采系数应不大于 1。

(2) 对于开采条件良好，特别是地下水埋藏较深、已造成水位持续下降的超采区，应选用较大的可开采系数，参考取值范围为 0.8～1.0。

(3) 对于开采条件一般的地区，宜选用中等的可开采系数，参考取值范围为 0.6～0.8。

(4) 对于开采条件较差的地区，宜选用较小的可开采系数，参考取值范围为不大于 0.6。

3. 水均衡法

根据某一计算区的含水层，在补给和消耗不均衡发展中，任一时间的补给与消耗差，均等于这个计算区含水层中水体的变化量（即储存量的变化）。据此建立如下的均衡方程：

$$\mu F \frac{\Delta h}{\Delta t}=(Q_t-Q_c)+(W-Q_k) \tag{9-13}$$

$$W=W_r+W_d+W_u+W_w-W_e \tag{9-14}$$

式中　μ——含水层的平均给水度；

F——计算面积，m^2；

Δt——计算时间，即均衡期，a；

Δh——在 Δt 时段内含水层的水位平均变幅，m；

Q_t——含水层的侧向流入量，m^3/a；

Q_c——含水层的侧向流出量，m^3/a；

Q_k——预测开采量，m^3/a；

W——垂直方向上含水层的补给量（包括蒸发消耗量），m^3/a；

W_r——平均降水入渗补给量，m^3/a；

W_d——平均地表水渗漏补给量，m^3/a；

W_u——平均越流补给量，m^3/a；

W_w——灌溉水补给量，m^3/a；

W_e——平均潜水蒸发量，m^3/a。

当考虑到开采时，Δh 为负值，则式（9-13）可写成

$$Q_k=(Q_t-Q_c)+W+\mu F \frac{\Delta h}{\Delta t} \tag{9-15}$$

根据式（9-15）即可求得计算区的可开采量 Q_k，或者确定一个设计开采量，预测计算区的水位变化值 Δh。

第三节　地下水水质评价

地下水水质评价是地下水资源评价的重要组成部分。根据现阶段国家颁布的规范、标准，按照技术要求进行地下水采样分析，依据不同用途对水质的要求，进行地下水水质现状评价，以及预测地下水开采后水质可能发生的变化，并提出卫生防护和管理的措施。

一、饮用水水质评价

饮用水的水质状况直接关系到人体健康，其洁净与安全就显得尤其重要。各国针对各自不同的地理环境、人文环境及水资源状况制定了一系列符合各自用水环境的饮用水水质标准，目的是保证饮用水的安全性和可靠性。随着经济条件和卫生条件的提高，对饮用水水质的要求更加严格，饮用水标准也在不断发展，所以水质评价必须以最新的标准为依据。我国自 2023 年 4 月 1 日起实施新的国家标准《生活饮用水卫生标准》（GB 5749—2022），该标准是 1985 年发布、2006 年修订后的第二次修订。与 GB 5749—2006 相比，新标准水质指标由 106 项调整为 97 项，包括常规指标 43 项和扩展指标 54 项，水质参考指标由 28 项调整为 55 项，其中常规指标涉及微生物、毒理、感官性状和一般化学、放射性，各指标限值见表 9-2。新标准加强了对水质有机物、水质消毒等方面的要求，统一了城镇和农村饮用水卫生标准，实现了饮用水标准与国际接轨。

表 9-2　　生活饮用水水质常规指标及限值（GB 5749—2022）

序号	指　标	限　值
一、微生物指标		
1	总大肠菌群/(MPN/100 mL 或 CFU/100 mL)[a]	不应检出
2	大肠埃希氏菌/(MPN/100 mL 或 CFU/100 mL)[a]	不应检出
3	菌落总数（MPN/mL 或 CFU/mL)[b]	100
二、毒理指标		
4	砷/(mg/L)	0.01
5	镉/(mg/L)	0.005
6	铬（六价）/(mg/L)	0.05
7	铅/(mg/L)	0.01
8	汞/(mg/L)	0.001
9	氰化物/(mg/L)	0.05
10	氟化物/(mg/L)[b]	1.0
11	硝酸盐（以 N 计）/(mg/L)[b]	10
12	三氯甲烷/(mg/L)[c]	0.06
13	一氯二溴甲烷/(mg/L)[c]	0.1
14	二氯一溴甲烷/(mg/L)[c]	0.06
15	三溴甲烷/(mg/L)[c]	0.1
16	三卤甲烷（三氯甲烷、一氯二溴甲烷、二氯一溴甲烷、三溴甲烷的总和)[c]	该类化合物中各种化合物的实测浓度与其各自限值的比值之和不超过 1
17	二氯乙酸/(mg/L)[c]	0.05
18	三氯乙酸/(mg/L)[c]	0.1
19	溴酸盐/(mg/L)[c]	0.01
20	亚氯酸盐/(mg/L)[c]	0.7
21	氯酸盐/(mg/L)[c]	0.7
三、感官性状和一般化学指标[d]		
22	色度（铂钴色度单位）/度	15
23	浑浊度（散射浑浊度单位）/NTU[b]	1
24	臭和味	无臭味、异味
25	肉眼可见物	无
26	pH 值	不小于 6.5 且不大于 8.5
27	铝/(mg/L)	0.2
28	铁/(mg/L)	0.3
29	锰/(mg/L)	0.1
30	铜/(mg/L)	1.0
31	锌/(mg/L)	1.0
32	氯化物/(mg/L)	250
33	硫酸盐/(mg/L)	250
34	溶解性总固体/(mg/L)	1000
35	总硬度（以 $CaCO_3$ 计）/(mg/L)	450

续表

序号	指　标	限　值
36	高锰酸盐指数（以 O_2 计）/(mg/L)	3
37	氨（以 N 计）/(mg/L)	0.5
四、放射性指标[e]		
38	总 α 放射性/(Bq/L)	0.5（指导值）
39	总 β 放射性/(Bq/L)	1（指导值）

a　MPN 表示最可能数；CFU 表示菌落形成单位。当水样检出总大肠菌群时，应进一步检验大肠埃希氏菌；当水样未检出总大肠菌群时，不必检验大肠埃希氏菌。

b　小型集中式供水和分散式供水因水源与净水技术受限时，菌落总数指标限值按 500MPN/mL 或 500CFU/mL 执行，氟化物指标限值按 1.2mg/L 执行，硝酸盐（以 N 计）指标限值按 20mg/L 执行，浑浊度指标限值按 3NTU 执行。

c　水处理工艺流程中预氧化或消毒方式：

——采用液氯、次氯酸钙及氯胺时，应测定三氯甲烷、一氯二溴甲烷、二氯一溴甲烷、三溴甲烷、三卤甲烷、二氯乙酸、三氯乙酸；

——采用次氯酸钠时，应测定三氯甲烷、一氯二溴甲烷、二氯一溴甲烷、三溴甲烷、三卤甲烷、二氯乙酸、三氯乙酸、氯酸盐；

——采用臭氧时，应测定溴酸盐；

——采用二氧化氯时，应测定亚氯酸盐；

——采用二氧化氯与氯混合消毒剂发生器时，应测定亚氯酸盐、氯酸盐、三氯甲烷、一氯二溴甲烷、二氯一溴甲烷、三溴甲烷、三卤甲烷、二氯乙酸、三氯乙酸；

——当原水中含有上述污染物，可能导致出厂水和末梢水的超标风险时，无论采用何种预氧化或消毒方式，都应对其进行测定。

d　当发生影响水质的突发公共事件时，经风险评估，感官性状和一般化学指标可暂时适当放宽。

e　放射性指标超过指导值（总 β 放射性扣除 ^{40}K 后仍然大于 1Bq/L），应进行核素分析和评价，判定能否饮用。

二、农田灌溉用水水质评价

（一）农田灌溉用水对水质的要求

灌溉用水的水质状况，主要涉及水温、水的矿化度及溶解的盐类成分。同时，必须考虑由于人类污染造成的灌溉用水中的有毒有害元素对农作物和土壤的影响。

灌溉用水的水温应适宜。我国北方地区以 10～15℃ 为宜，南方水稻区以 15～25℃ 为宜。水温过高或过低对农作物生长都不利。地下水的温度通常低于农作物要求的温度，因此用井水灌溉一般采用抽水晾晒等措施以提高水温。

灌溉用水的矿化度不能太高，太高对农作物生长和土壤都不利。一般以不超过 1.7g/L 为宜。但是，土壤原有含盐量、气候条件、土壤性质、潜水埋深、排水条件、灌溉与耕作方式等一系列因素，决定了不同地区的农作物对灌溉用水的含盐量有不同的耐盐性。例如，在华北平原灌溉矿化度小于 1g/L 的水，一般作物生长正常；灌溉矿化度为 1～2g/L 的水，水稻、棉花生长正常，小麦生长受抑制。

水中所含盐类成分也是影响农作物生长和土壤结构的重要因素。对农作物生长最有害的是钠盐，尤以碳酸钠危害最大，它能腐蚀农作物根部致使作物死亡，还能破坏土壤的团粒结构；其次是氯化钠，它能使土壤盐化变成盐土，使农作物不能正常生长，甚至枯萎死亡。对于易透水的土壤来说，钠盐的允许含量一般为：碳酸钠 1g/L，氯化钠 2g/L，硫酸钠 5g/L。水中有些盐类对作物生长并无害处，如碳酸钙和碳酸镁。还有一些盐类不但无害，而且还有益，如硝酸盐和磷酸盐具有肥效，有利于作物生长。

为防止土壤、地下水和农产品污染，保障人体健康，维护生态平衡，促进经济发展，农田灌溉用水水质应符合表9－3、表9－4的规定。本标准适用于以地表水、地下水和处理后的养殖业废水及以农产品为原料加工的工业废水作为水源的农田灌溉用水。

表9－3　　农田灌溉用水水质基本控制项目标准值（GB 5084—2005）

序号	项目类别		作物种类		
			水作	旱作	蔬菜
1	五日生化需氧量/(mg/L)	≤	60	100	40[a]，15[b]
2	化学需氧量/(mg/L)	≤	150	200	100[a]，60[b]
3	悬浮物/(mg/L)	≤	80	100	60[a]，15[b]
4	阴离子表面活性剂/(mg/L)	≤	5	8	5
5	水温/℃	≤	35		
6	pH值	≤	5.5～8.5		
7	全盐量/(mg/L)	≤	1000[c]（非盐碱土地区），2000[c]（盐碱土地区）		
8	氯化物/(mg/L)	≤	350		
9	硫化物/(mg/L)	≤	1		
10	总汞/(mg/L)	≤	0.001		
11	镉/(mg/L)	≤	0.01		
12	总砷/(mg/L)	≤	0.05	0.1	0.05
13	铬（六价）/(mg/L)	≤	0.1		
14	铅/(mg/L)	≤	0.2		
15	粪大肠菌群数/(个/100mL)	≤	4000	4000	2000[a]，1000[b]
16	蛔虫卵数/(个/L)	≤	2		2[c]，1[b]

a　加工、烹调及去皮蔬菜。

b　生食类蔬菜、瓜类和草本水果。

c　具有一定的水利灌排设施，能保证一定的排水和地下水径流条件的地区，或有一定淡水资源能满足冲洗土体中盐分的地区，农田灌溉水质全盐量指标可以适当放宽。

表9－4　　农田灌溉用水水质选择性控制项目标准值（GB 5084—2005）

序号	项目类别		作物种类		
			水作	旱作	蔬菜
1	铜/(mg/L)	≤	0.5	1	
2	锌/(mg/L)	≤	2		
3	硒/(mg/L)	≤	0.02		
4	氟化物/(mg/L)	≤	2（一般地区），3（高氟区）		
5	氰化物/(mg/L)	≤	0.5		
6	石油类/(mg/L)	≤	5	10	1
7	挥发酚/(mg/L)	≤	1		
8	苯/(mg/L)	≤	2.5		
9	三氯乙醛/(mg/L)	≤	1	0.5	0.5
10	丙烯醛/(mg/L)	≤	0.5		
11	硼/(mg/L)	≤	1[a]（对硼敏感作物），2[b]（对硼耐受性较强的作物），3[c]（对硼耐受性强的作物）		

a　对硼敏感作物，如黄瓜、豆类、马铃薯、笋瓜、韭菜、洋葱、柑橘等。

b　对硼耐受性较强的作物，如小麦、玉米、青椒、小白菜、葱等。

c　对硼耐受性强的作物，如水稻、萝卜、油菜、甘蓝等。

（二）农田灌溉水质评价方法

1. 灌溉系数法

灌溉系数（K_a）是根据钠离子与氯离子、硫酸根的相对含量采用不同的经验公式计算的，由苏联学者提出。该方法曾广泛使用，但其缺陷在于仅反映了水中的钠盐值，忽略了全盐的作用，评价结果不全面。灌溉系数计算公式见表 9-5。

表 9-5　灌溉系数（K_a）计算表

水的化学类型	钠盐形式	灌溉系数（K_a）计算公式
$\gamma Na^+ < \gamma Cl^-$	NaCl	$K_a=\frac{288}{5\gamma Cl^-}$
$\gamma Cl^- + \gamma SO_4^{2-} > \gamma Na^+ > \gamma Cl^-$	NaCl、Na_2SO_4	$K_a=\frac{288}{\gamma Na^+ + 4\gamma Cl^-}$
$\gamma Na^+ > \gamma Cl^- + \gamma SO_4^{2-}$	NaCl、Na_2SO_4、Na_2CO_3	$K_a=\frac{288}{10\gamma Na^+ - 5\gamma Cl^- - 9\gamma SO_4^{2-}}$

注　γNa^+、γCl^-、γSO_4^{2-} 分别为 Na^+、Cl^-、SO_4^{2-} 离子浓度，单位毫克当量/升（meq/L）。

当 $K_a>18$ 时，水质良好，完全适用于灌溉，不需专门排水；当 $K_a=6\sim18$ 时，适用的水，排水条件不良时要防止土壤逐年积盐；当 $K_a=1.2\sim5.9$ 时，不太适用的水，要加强排水才能防止土壤积盐；当 $K_a<1.2$ 时，不适宜灌溉的水。

2. 钠吸附比值法

美国采用钠吸附比值（A）的方法评价农田灌溉用水水质，它是根据水中钠离子与钙镁离子的相对含量来判断水质的优劣，其计算公式为

$$A=\frac{\gamma Na^+}{\sqrt{\frac{\gamma Ca^{2+}+\gamma Mg^{2+}}{2}}} \tag{9-16}$$

式中　γNa^+、γCa^{2+}、γMg^{2+}——各离子的浓度，meq/L。

当 $A>20$ 时，为有害的水；$A=15\sim20$ 时，为有害边缘的水；$A<8$ 时，为相当安全的水。钠吸附比值反映了钠盐含量的相对值，应用时还应与全盐量、水化学条件相结合。

3. 盐度和碱度评价法

河南省地矿局水文地质队提出的盐度、碱度的评价方法目前已被广泛应用。其评价指标见表 9-6 和表 9-7。该方法将灌溉水水质对农作物和土壤的危害分为以下四种类型。

（1）盐害：主要指氯化钠和硫酸钠这两种盐分对农作物和土壤的危害。水的盐害程度可用盐度表示。盐度即液态条件下氯化钠和硫酸钠的最大危害含量，单位为 meq/L，计算方法为

$$\text{当 } \gamma Na^+ > \gamma Cl^- + \gamma SO_4^{2-} \text{ 时，盐度} = \gamma Cl^- + \gamma SO_4^{2-} \tag{9-17}$$

$$\text{当 } \gamma Na^+ < \gamma Cl^- + \gamma SO_4^{2-} \text{ 时，盐度} = \gamma Na^+ \tag{9-18}$$

（2）碱害：也称苏打害，主要指碳酸钠和碳酸氢钠对农作物和土壤的危害。水的碱害程度用碱度表示。碱度即液态条件下碳酸钠和碳酸氢钠的危害含量，单位为 meq/L，计算方法为

$$\text{碱度} = (\gamma HCO_3^- + \gamma CO_3^{2-}) - (\gamma Ca^{2+} + \gamma Mg^{2+}) \tag{9-19}$$

计算结果为负值时，盐害起主导作用。

（3）盐碱害：即盐害与碱害共存。当盐度大于 10meq/L，并有碱度存在时称为盐碱害。盐碱害的结果是造成土壤迅速盐碱化和农作物的死亡。

（4）综合危害：水中的氧化钙、氧化镁等其他有害成分与盐害、碱害一起对农作物和土壤的危害称为综合危害。危害程度取决于水中所含各种可溶盐的总量，评价指标可用矿化度表示。

属于盐害、碱害、综合危害类型的灌溉水，按表 9－6 进行评价。利用表 9－6 既可按单一指标（盐害、碱害、综合危害）评价水质，也可按双指标（盐害、综合危害；碱害、综合危害）评价水质。对于属于盐碱害类型的水，可按表 9－7 的双项指标进行评价，即盐度大于 10meq/L 时，按盐害、碱害指标评价水质。

表 9－6　　灌溉用水水质评质指标表

危害盐类	评价指标＼水质类型	好水	中等水	盐碱水	重盐碱水
盐害	碱度为零时盐度/(meq/L)	＜15	15～25	25～40	＞40
碱害	盐度小于 10 时碱度/(meq/L)	＜4	4～8	8～12	＞12
综合危害	矿化度/(g/L)	＜2	2～3	3～4	＞4
灌溉水质评价		长期浇灌对主要作物生长无不良影响，还能把盐碱地浇成好地	长期浇灌或灌溉不当时，对土壤和主要作物有影响，但合理浇灌能避免土壤发生盐碱化	浇灌不当时，土壤盐碱化，主要作物生长不好。必须注意浇灌方法，方法得当，作物生长良好	浇灌后土壤迅速盐碱化，对作物影响很大，即使特别干旱时，也尽量避免过量使用
说明		1. 本指标适用于非盐碱化土壤，对于已盐碱化的土壤可视盐碱化程度调整适用； 2. 本表根据豫东地区主要农作物（如小麦、高粱、玉米、棉花、黄豆等）被灌溉后的反映程度确定的，对于蔬菜、果树等，应视具体情况做适当调整			

表 9－7　　盐碱害类型双项指标评价表

盐度/(meq/L)	碱度/(meq/L)	水质类型	灌溉水质评价
10～20	4～8	重碱水	1. 对盐碱水，要特别注意灌溉方法； 2. 对重盐碱水，即使在特别干旱时，也应避免过量使用
	＞8	重盐碱水	
20～30	＜4	盐碱水	
	＞4	重盐碱水	
＞30	微量	重盐碱水	

三、工业用水水质评价

（一）锅炉用水水质评价

不同的工业生产对水质有不同的要求。锅炉用水是工业用水的基本组成部分，因此，对工业用水的水质评价，一般首先需对锅炉用水进行水质评价。

蒸汽锅炉中的水处在高温高压条件下，由于成垢作用、起泡作用和腐蚀作用等各种不良的化学反应，严重影响锅炉的正常使用。因此，对于这三种作用的影响程度的评价是十分必要的。

1. 成垢作用

水煮沸时，水中所含的一些离子、化合物可以相互作用生成沉淀，附着于锅炉壁上形成锅垢，这种作用称之为成垢作用。锅垢厚了不仅影响传热，浪费燃料，而且易使金属炉壁过热融化，引起锅炉爆炸。锅垢的成分主要有：CaO、$CaCO_3$、$CaSO_4$、$CaSiO_3$、$Mg(OH)_2$、$MgSiO_3$、Al_2O_3、Fe_2O_3 及悬浮物质的沉渣等。这些物质是由于溶解于水中的钙、镁盐类及胶体的 SiO_2、Al_2O_3、Fe_2O_3 和悬浮物沉淀而成的。例如：

$$Ca^{2+}+2HCO_3^{2-}\longrightarrow CaCO_3\downarrow+H_2O+CO_2\uparrow$$

$$Mg^{2+}+2HCO_3^{2-}\longrightarrow MgCO_3\downarrow+H_2O+CO_2\uparrow$$

$MgCO_3$ 再分解，则沉淀出镁的氢氧化物：

$$MgCO_3+2H_2O\longrightarrow Mg(OH)_2+H_2O+CO_2\uparrow$$

与此同时还可以沉淀出 $CaSiO_3$ 及 $MgSiO_3$，有时还沉淀出 $CaSO_4$ 等，所有这些沉淀物在锅炉中便形成了锅垢。

锅垢的评价公式如下：

$$H_0=S+C+36\gamma Fe^{2+}+17\gamma Al^{3+}+20\gamma Mg^{2+}+59\gamma Ca^{2+} \tag{9-20}$$

式中　H_0——锅垢的含量，mg/L；

S——悬浮物的含量，mg/L；

C——胶体含量（$SiO_2+Al_2O_3+Fe_2O_3+\cdots$），mg/L；

γFe^{2+}、γAl^{3+}、…——各离子的含量，meq/L。

锅垢包括硬质的垢石（硬垢）及软质的垢泥（软垢）两部分。硬垢主要是由碱土金属的碳酸盐、硫酸盐以及硅酸盐构成，不易清除，软垢容易洗刷。因此，在对水的成垢作用进行评价时，还应对硬垢系数进行评价，其评价公式为

$$H_n=SiO_2+20\gamma Mg^{2+}+68(\gamma Cl^{-}+\gamma SO_4^{2-}-\gamma Na^{+}-\gamma K^{+}) \tag{9-21}$$

$$K_n=\frac{H_n}{H_0} \tag{9-22}$$

式中　K_n——硬垢系数；

H_n——硬垢总含量，mg/L；

SiO_2——二氧化硅含量，mg/L；

其他符号意义同前。

水按锅垢总量和硬垢系数的评价见表 9-8。

2. 起泡作用

起泡作用主要是指水煮沸时在水面上产生大量气泡的作用。如果气泡不能立即破裂，就会在水面以上形成很厚的极不稳定的泡沫层。泡沫太多时将使锅炉内水的汽化作用极不均匀，水位急剧地升降，致使锅炉不能正常运转。产生这种现象的原因是由于水中易溶解的钠盐、钾盐以及油脂和悬浮物，受炉水的碱度作用发生皂化的结果。起泡作用可用起泡

系数来评价，起泡系数按钠、钾的含量来计算：

$$F=62\gamma Na^{+}+78\gamma K^{+} \tag{9-23}$$

起泡作用的评价结果见表9-8。

3. 腐蚀作用

腐蚀作用指由于水中氢置换铁使炉壁受到损坏的作用。氢离子可以是水中原有的，也可以是由于炉中水温度增高，从某些盐类水解而生成。此外，溶解于水中的气体成分，例如氧、硫化氢及二氧化碳等也是腐蚀作用的重要因素。锰盐、硫化铁、有机质及脂肪油类，皆可作为接触剂而加强腐蚀作用的进行。温度的增高以及增高后炉中所产生的局部电流均可促进腐蚀作用。炉中随着蒸汽压力的增大，水对铜的危害也随之加重，往往在蒸汽机叶片上会形成腐蚀。腐蚀作用对锅炉的危害极大，它不仅减少锅炉的使用寿命，而且还有可能发生爆炸事故。

水的腐蚀性可以按腐蚀系数（K_k）进行定量评价：

对酸性水

$$K_k=1.008(\gamma H^{+}+\gamma Al^{3+}+\gamma Fe^{2+}+\gamma Mg^{2+}-\gamma CO_3^{2-}-\gamma HCO_3^{-}) \tag{9-24}$$

对碱性水

$$K_k=1.008(\gamma Mg^{2+}-\gamma HCO_3^{-}) \tag{9-25}$$

腐蚀作用的评价结果见表9-8。

表9-8　一般锅炉用水水质评价指标

成垢作用				起泡作用		腐蚀作用	
按锅垢总量 H_0		按硬垢系数 K_n		按起泡系数 F		按腐蚀系数 K_k	
指标	水质类型	指标	水质类型	指标	水质类型	指标	水质类型
<125	沉淀物很少的水	<0.25	软垢水	<60	不起泡的水	>0	腐蚀性水
125～250	沉淀物较少的水	0.25～0.5	软硬垢水	60～200	半起泡的水	<0，但 K_k+0.0503Ca^{2+}>0	半腐蚀性水
250～500	沉淀物较多的水	>0.5	硬垢水	>200	起泡的水	<0，但 K_k+0.0503Ca^{2+}<0	非腐蚀性水
>500	沉淀物很多的水						

注　Ca^{2+}的单位以mg/L表示。

（二）水的侵蚀性评价

地下水中含有某些化学成分时，对建筑材料中的混凝土、金属等有侵蚀性和腐蚀性。当建筑物经常处于地下水的作用时，应对地下水的侵蚀性给予评价，以保证建筑物的安全性和使用寿命。

1. 地下水对混凝土的侵蚀作用

水对于混凝土的侵蚀是多种因素影响下的综合作用结果，一般认为地下水对混凝土的侵蚀作用主要包括分解性侵蚀、结晶性侵蚀及分解结晶复合性侵蚀。

《岩土工程勘察规范》（GB 50021—2001）（2009年版）规定，在对混凝土侵蚀性进行综合评价时，除考虑水中的化学组成外，还应考虑场地环境、气候、土层的渗透性等综合影响。场地环境分为三个类别，分类结果见表 9－9。

表 9－9　环境类型分类

环境类别	场地环境地质条件
Ⅰ	高寒区、干旱区直接临水；高寒区、干旱区强透水层中的地下水
Ⅱ	高寒区、干旱区弱透水层中的地下水；各气候区湿、很湿的弱透水层湿润区直接临水；湿润区强透水层中的地下水
Ⅲ	各气候区稍湿的弱透水层；各气候区地下水位以上的强透水层

注　1. 高寒区是指海拔高度等于或大于 3000m 的地区；干旱区是指海拔高度小于 3000m，干燥度指数 K 值等于或大于 1.5 的地区；湿润区是指干燥度指数 K 值小于 1.5 的地区。
2. 强透水层是指碎石土和砂土；弱透水层是指粉砂、粉土和黏性土。
3. 含水量 $\omega<3\%$ 的土层，可视为干燥土层，不具有腐蚀环境条件；当混凝土结构一边接触地面水或地下水，一边暴露在大气中，水可以通过渗透或毛细作用在暴露大气中的一边蒸发时，应定为Ⅰ类。
4. 当有地区经验时，环境类型可根据地区经验划分；当同一场地出现两种环境类型时，应根据具体情况选定。

表 9－10 和表 9－11 分别表示不同环境类别条件下，气候和土层的渗透性影响水对混凝土结构的腐蚀性评价。根据上述评价标准，可以对任何环境类别、气候和渗透性条件下水对混凝土的侵蚀强度进行评价。

表 9－10　按环境类型水和土对混凝土结构的腐蚀性评价

腐蚀等级	腐蚀介质	环境类型		
		Ⅰ	Ⅱ	Ⅲ
微	硫酸盐含量 SO_4^{2-} /(mg/L)	<200	<300	<500
弱		200～500	300～1500	500～3000
中		500～1500	1500～3000	3000～6000
强		>1500	>3000	>6000
微	镁盐含量 Mg^{2+} /(mg/L)	<1000	<2000	<3000
弱		1000～2000	2000～3000	3000～4000
中		2000～3000	3000～4000	4000～5000
强		>3000	>4000	>5000
微	铵盐含量 NH_4^+ /(mg/L)	<100	<500	<800
弱		100～500	500～800	800～1000
中		500～800	800～1000	1000～1500
强		>800	>1000	>1500
微	苛性碱含量 OH^- /(mg/L)	<35000	<43000	<57000
弱		35000～43000	43000～57000	57000～70000
中		43000～57000	57000～70000	70000～100000
强		>57000	>70000	>100000
微	总矿化度 /(mg/L)	<10000	<20000	<50000
弱		10000～20000	20000～50000	50000～60000
中		20000～50000	50000～60000	60000～70000
强		>50000	>60000	>70000

注　1. 表中数值适用于有干湿交替作用的情况，Ⅰ、Ⅱ类腐蚀性环境无干湿交替作用时，表中硫酸盐含量数值应乘以 1.3 的系数。
2. 表中数值适用于水的腐蚀性评价，对土的腐蚀性评价，应乘以 1.5 的系数；单位以 mg/kg 表示。
3. 表中苛性碱（OH^-）含量（mg/L）应为 NaOH 和 KOH 中的 OH^- 含量（mg/L）。

表 9-11　　按地层渗透性水和土对混凝土结构的腐蚀性评价

腐蚀等级	pH 值		侵蚀 CO_2/（mg/L）		HCO_3^-/（mmol/L）
	A	B	A	B	A
微	＞6.5	＞5.0	＜15	＜30	＞1.0
弱	5.0～6.5	4.0～5.0	15～30	30～60	1.0～0.5
中	4.0～5.0	3.5～4.0	30～60	60～100	＜0.5
强	＜4.0	＜3.5	＞60	—	—

注　1. 表中 A 是指直接临水或强透水层中的地下水；B 是指若透水层中的地下水。强透水性层是指碎石土和砂土；弱透水层是指粉土和黏性土。

2. HCO_3^- 含量是指水的矿化度低于 0.1g/L 的软水时，该类水质 HCO_3^- 的腐蚀性。

3. 土的腐蚀性评价只考虑 pH 值指标；评价其腐蚀性时，A 是指强透水土层；B 是指弱透水土层。

当按表 9-10 和表 9-11 评价的腐蚀等级不同时，应按下列规定综合评定：

（1）腐蚀等级中，只出现弱腐蚀，无中等腐蚀或强腐蚀时，应综合评价为弱腐蚀。

（2）腐蚀等级中，无强腐蚀，最高为中等腐蚀时，应综合评价为中等腐蚀。

（3）腐蚀等级中，有一个或一个以上为强腐蚀，应综合评价为强腐蚀。

2. 地下水对钢结构的腐蚀性评价

地下水对钢筋混凝土结构中钢筋的腐蚀性评价应符合表 9-12 的规定。

表 9-12　　对钢筋混凝土结构中钢筋的腐蚀性评价

腐蚀等级	水中的 Cl^- 含量/(mg/L)		土中的 Cl^- 含量/(mg/L)	
	长期浸水	干湿交替	A	B
微	＜10000	＜100	＜400	＜250
弱	10000～20000	100～500	400～750	250～500
中	—	500～5000	750～7500	500～5000
强	—	＞5000	＞7500	＞5000

注　A 是指地下水位以上的碎石土、砂土，稍湿的粉土，坚硬、硬塑的黏性土；B 是湿、很湿的粉土，可塑、软塑、流塑的黏性土。

复习思考题

1. 地下水资源有什么特点？
2. 地下水资源评价的原则和内容是什么？
3. 地下水资源的组成及其之间的关系如何？
4. 各类地下水资源量如何计算？
5. 什么是允许开采量？其组成如何？计算方法有哪些？
6. 饮用水水质评价主要包括哪些指标？
7. 如何进行灌溉用水水质评价？常用哪几种方法？
8. 如何评价地下水对混凝土的侵蚀性？

第三篇　工 程 地 质 学

第十章　岩体结构的工程地质研究

通常将工程影响范围内的岩石综合体（自然地质体）称为岩体。一个岩体的规模大小，可视所研究的工程地质问题所涉及的范围和岩体的特点而定。工程岩体通常有地基岩体、边坡岩体和地下洞室围岩三种类型。

岩体和岩石的概念是不同的。岩石是矿物的集合体，其特征可以用岩块来表征。岩体则是由一种岩石或多种岩石组成，甚至可以是不同成因岩石的组合体。岩体在形成过程中，还经受了构造运动、风化作用及卸荷作用等各种内外力地质作用的破坏与改造，因此，岩体经常被节理、断层、层面及片理面等切割，使其成为具有一定结构的多裂隙体。

一般把岩体中存在的各种不同成因、不同特征的地质界面，包括物质分异面（层理、沉积间断面等）和各种破裂面（如节理、断层及片理面等）以及软弱夹层等称为结构面。结构面在空间按不同的组合可将岩体切割成不同形状和大小的岩块，这些被结构面围限的岩块称为结构体。岩体在工程荷载作用下的变形与破坏，主要受各种结构面性质及其组合关系的控制。因此，研究岩体的工程地质性质，首先必须研究岩体的结构特征。

第一节　岩体的结构特征

岩体是由结构面和结构体两部分组成的。结构面和结构体称为岩体结构单元，不同类型的岩体结构单元的组合和排列形式称为岩体结构。所以，岩体的结构特征，就是指岩体中结构面和结构体的形状、规模、性质及其组合关系的特征。

一、结构面的成因类型

不同的结构面，具有不同的工程地质特性，这与其成因密切相关。结构面按成因可分为原生结构面、构造结构面和次生结构面三类。见表 10－1。

资源 10－1
岩体的结构特征

二、结构面的规模分级

岩体结构面的规模分级，应符合表 10－2 的规定。

表 10-1　　结构面的基本类型

<table>
<tr><td rowspan="2">成因类型</td><td colspan="3">原生结构面</td><td>构造结构面</td><td colspan="2">次生结构面</td></tr>
<tr><td>沉积结构面</td><td>火成结构面</td><td>变质结构面</td><td>内动力形成的结构面</td><td>外动力形成的结构面</td><td>综合形成的结构面</td></tr>
<tr><td>地质类型</td><td>层理、层面、沉积间断面、沉积软弱夹层</td><td>侵入体与围岩的接触面、火山熔岩层面、冷凝节理</td><td>变余层理
片理</td><td>构造节理
断层
劈理
层间错动面</td><td>风化裂隙
卸荷裂隙
爆破裂隙
次生充填软弱夹层</td><td>泥化夹层</td></tr>
</table>

表 10-2　　岩体结构面的规模分级

<table>
<tr><td rowspan="2">级别</td><td colspan="2">规　　模</td></tr>
<tr><td>破碎带宽度/m</td><td>破碎带延伸长度/m</td></tr>
<tr><td>Ⅰ</td><td>>10.0</td><td>区域性断裂</td></tr>
<tr><td>Ⅱ</td><td>1.0～10.0</td><td>>1000</td></tr>
<tr><td>Ⅲ</td><td>0.1～1.0</td><td>100～1000</td></tr>
<tr><td>Ⅳ</td><td><0.1</td><td><100</td></tr>
<tr><td>Ⅴ</td><td colspan="2">节理裂隙、层理、片理、劈理等</td></tr>
</table>

三、结构面的特征

由于结构面是控制岩体工程地质性能的重要结构因素，因此，在工程实践中非常重视对结构面规模及特征的研究。结构面的规模大小相差悬殊。大者可延展数十公里，宽度可达数十米。规模小者延展仅数十厘米或数十米，甚至可以是很微小的不连续裂隙。很明显，结构面规模不同，它们对岩体稳定和渗漏的影响是不一样的。

结构面特征是影响结构面强度及其他性能的重要因素。可从以下几方面进行研究。

（1）结构面的方位：即结构面的产状。

（2）结构面的密集程度：包括间距和线密度。

（3）结构面的连续性：它是表征结构面延伸长度和展布范围的指标。

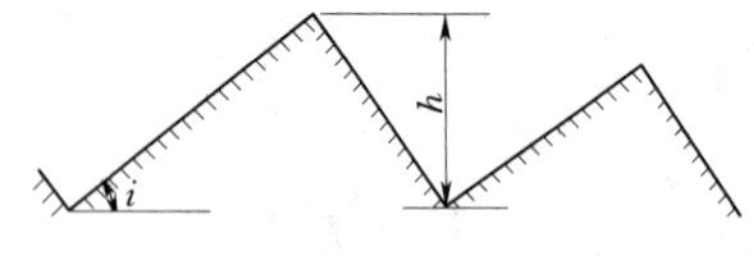

图 10-1　结构面的起伏程度
i—起伏角；h—起伏差

（4）结构面的粗糙度：结构面的平整光滑程度不同，抗剪强度也不同。结构面的形态有平直的、波状的、锯齿状的、台阶状的和不规则状的几种。结构面的起伏程度可用起伏差及起伏角表示（图 10-1），结构面的粗糙程度可用粗糙度系数（*JRC*）表示，详见结构面的抗剪强度部分。

（5）结构面侧壁强度：它可以反映结构面经受风化的程度，可用施密特回弹仪或点荷载仪测定节理壁的强度。

（6）结构面的张开度：指结构面两壁的垂直距离。通常不大，一般小于 1mm。

（7）结构面的充填物：结构面内常见的充填物有砂、黏土、角砾、岩屑及硅质、钙质、石膏质沉淀物。结构面经胶结后强度会提高，其中以铁或硅质胶结者强度最高，泥质及易溶盐类胶结者强度低、抗水性差。未胶结的充填物强度低，充填物厚度不同时，结构面的变形与强度也不同。

（8）结构面内的渗流：结构面内有无渗流及流量的大小，对结构面的力学性质、有效应力的大小及施工的难易程度均有重要的影响。

（9）节理组数：节理组数的多少，决定了岩石块体的大小及岩体的结构类型。

（10）块体大小：自然界中结构体的形状非常复杂，它们的基本形状有块状、柱状、板状、菱形、楔形及锥形等六种。

四、软弱夹层

一般认为，软弱夹层是指岩层中厚度相对较薄、力学强度较低的软弱层或带。它是一种特殊的结构面，其中的泥化部分又称泥化夹层，是一种非常软弱的结构面。

软弱夹层，尤其是泥化夹层，由于它们的抗剪强度低，常构成影响坝基、边坡、地下洞室稳定及许多地质灾害形成的重要因素。

（一）软弱夹层的成因类型及特征

1. 软弱夹层的成因类型

软弱夹层的成因和结构面的成因一样，也有原生型、构造型和次生型三大类。在工程实践中遇到的软弱夹层，有不少是属于综合成因的。

（1）原生型：又分为沉积型、喷发沉积型、浅变质软弱矿物富集型。

（2）构造型：多为层间挤压错动形成的层间剪切带，是最主要的软弱夹层类型。

（3）次生型：次生夹层分为风化型、充填型。

关于软弱夹层的分类，目前还没有统一的标准。有的按照岩性分，有的按夹层的破碎程度分，有的着重于形态，有的则根据岩性组合划分。

2. 软弱夹层的特征

软弱夹层通常具有以下特征：

（1）厚度薄，单层厚度一般多为数厘米至十余厘米，有的仅数毫米。

（2）多呈相互平行，延伸长度和宽度不一的多层状。

（3）结构松散。

（4）岩性、厚度、性状及延伸范围，常有很大的变化（相变）。

（5）力学强度低，软弱夹层的结构、矿物成分和颗粒组成的不同，其抗剪强度有很大差别。以岩石碎块、碎屑为主的破碎夹层其摩擦系数较高；结构松散，黏粒含量大于30%，并以蒙脱石矿物为主的泥化夹层，摩擦系数的屈服值仅为0.20左右，乃至更低。软弱夹层的物理力学性质与夹层的物质组成、颗粒大小、含水量及起伏程度等多种因素有关。

泥化夹层是软弱夹层中性质最坏的一类，对建筑物地基、边坡、地下洞室稳定有重要影响，是工程勘察中重点研究的对象。

（二）泥化夹层的形成及特性

黏土岩类岩石经一系列地质作用变成塑泥的过程称为泥化，泥化的标志是其天然含水量等于或大于塑限。因此，泥化夹层具有结构松散、密度小、湿度高、黏粒含量高（一般＞30%）、强度低、变形大等特点，其峰值摩擦系数为0.15～0.30，多数为0.2，变形模量一般小于50MPa。是软弱夹层中性质最差的一类，对岩体的抗滑稳定往往起控制作用。

1. 泥化夹层的形成

泥化夹层通常都是综合成因的，一般认为泥化夹层的形成必须具备下述三个条件。

(1) 物质基础。构成泥化夹层物质基础的母岩通常是黏土矿物含量较高的原生软弱夹层，如坚硬岩层中的黏土岩、黏土质粉砂岩、泥质板岩、泥灰岩、千枚岩等夹层。研究表明：黏粒和黏土矿物含量（尤其是蒙脱石组）越高，则越有利于泥化。

(2) 构造作用。刚柔相间组合的岩层，在构造作用下使原生软弱夹层产生层间错动，使原有岩石破碎或呈粉末状，细颗粒成分增多，原岩的矿物颗粒连接也会受到严重的破坏；而其上下相对较坚硬岩层产生许多构造裂隙，为地下的渗入提供了通道，为泥化提供了条件。许多工程实例表明，由层间错动形成的层间剪切带是形成泥化夹层的重要条件。

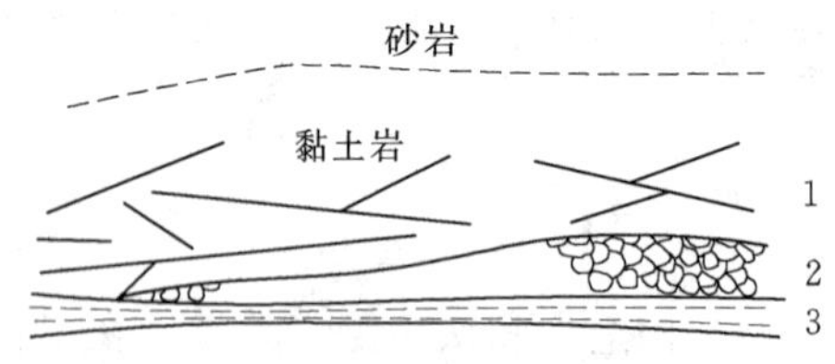

图 10-2　某工程层间剪切带示意图

1—节理带；2—剪切带；3—泥化错动带

发育完善的层间剪切带，一般可分为泥化错动带、劈理带和节理带三个带（图 10-2）。泥化错动带与层间错动的主滑动面相一致，由于主滑面上下岩层错动时的研磨作用，使黏土矿物和水分沿错动面富集，因而形成泥膜或泥化带，并可见镜面及擦痕等剪切滑动的痕迹。劈理带由于片状黏土颗粒沿劈理面定向排列，水极易沿劈理浸入，故劈理带也常易形成泥化。节理带岩石的结构基本未遭破坏，因此，一般不能形成泥化带。

(3) 地下水的作用。黏土岩夹层经层间错动使原岩结构遭受强烈破坏后，改变了夹层内颗粒间的联结和排列状况。水在黏粒周围形成结合水膜，使颗粒进一步分散，颗粒间连接力减弱，含水量增加，使岩石处于塑态甚至接近流态，即产生了泥化。水在泥化夹层形成过程中，还有溶解盐类、水化和水解某些矿物等复杂的物理化学作用。

2. 泥化夹层的特性

(1) 由原岩的固结或超固结胶结式结构，变成了泥质散状结构或泥质定向结构。

(2) 黏粒含量较原岩增多并达一定含量。

(3) 干容重比母岩小，天然含水量高，通常接近或超过塑限。

(4) 常具一定的膨胀性。

(5) 力学强度比原岩大为降低，岩性极为软弱，泥化带的摩擦系数通常只有 0.2 左右，压缩性较大。

(6) 由于结构松散，因而抗冲刷能力低，在渗透水流作用下，易产生渗透变形，一般前期以化学管涌为主，后期以机械管涌为主。

对泥化夹层的研究，应着重于研究其成因类型、存在形态、分布和所夹物质的成分、物理力学性质以及这性质在条件改变时的变化趋势。

五、岩体的结构类型

为概括岩体的变形破坏机理及评价岩体稳定性的需要，可根据岩体的节理化程度，划分岩体的结构类型。在水利水电工程中，应用较普遍的分类有两个，其一是中国科学院地质研究所早期的分类，该分类将岩体结构划分为整体块状结构（整体结构、块状结构）、层状结构（层状结构、薄层状结构）、碎裂结构（镶嵌结构、镶嵌碎裂结构、碎裂结构）

和散体结构四大类八亚类；其二是《水利水电工程地质勘察规范》（GB 50487—2008）将岩体结构划分为5个大类和13个亚类，其基本特征见表10-3。

表10-3　GB 50487—2008的岩体结构分类表

类型	亚类	岩体结构特征
块状结构	整体结构	岩体完整，呈巨块状，结构面不发育，间距大于100cm
	块状结构	岩体较完整，呈块状，结构面轻度发育，间距一般大于50～100cm
	次块状结构	岩体较完整，呈次块状，结构面中等发育，间距一般大于30～50cm
层状结构	巨厚层状结构	岩体完整，呈巨厚层状，层面不发育，间距大于100cm
	厚层状结构	岩体较完整，呈厚层状，层面轻度发育，间距一般50～100cm
	中厚层状结构	岩体较完整，呈中厚层状，层面中等发育，间距一般30～50cm
	互层状结构	岩体较完整或完整性差，呈互层状，层面较发育或发育，间距一般10～30cm
	薄层状结构	岩体完整性差，呈薄层状，层面发育，间距一般小于10cm
镶嵌结构	镶嵌结构	岩体完整性差，岩块镶嵌紧密，结构面发育到很发育，间距一般10～30cm
碎裂结构	块裂结构	岩体完整性差，岩块间岩屑和泥质物充填，嵌合中等紧密～较松弛，结构面较发育到很发育，间距一般10～30cm
	碎裂结构	岩体破碎，结构面很发育，间距一般小于10cm
散体结构	碎块状结构	岩体破碎，岩块夹岩屑或泥质物
	碎屑状结构	岩体破碎，岩屑或泥质物夹岩块

第二节 岩体的主要力学特性

对工程岩体来说，无论是局部或整体变形，都往往限制了工程的使用。因此，变形控制是工程设计的基本准则之一。为了工程建筑物的安全和正常使用，必须研究岩体的变形性质。岩体的变形是岩块、结构面及其充填物三者变形的总和。在一般情况下结构面及其充填物的变形起着控制性作用。

一、岩体的变形特征及指标

（一）岩体的变形特征

岩体的变形通常包括结构面变形和结构体变形两部分。实测的岩体应力-应变曲线，是上述两种变形叠加的结果。图10-3分别绘出了坚硬岩石、岩体和软弱结构面的应力-应变曲线，这三条变形曲线的特征是不同的。坚硬岩石曲线的特点是弹性变形显著，软弱面曲线的特征表明以塑性变形为主，而岩体的曲线特征则复杂得多。

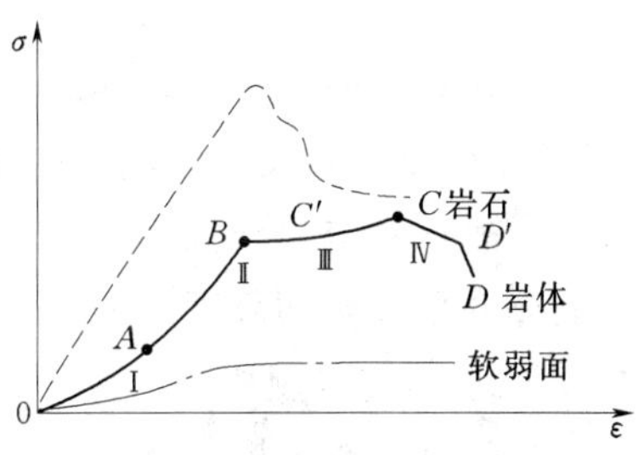

图10-3　岩石、岩体与结构面的应力-应变（σ-ε）关系曲线

岩体的应力-应变曲线可分为四个阶段：图10-3中的0A段曲线呈凹状缓坡，这是由于节理压密闭合

造成的；AB 段是结构面压密后的弹性变形阶段；BC 段呈曲线形，它表明岩体已开始产生微破裂或塑性变形；C 点的应力值就是岩体的峰值强度（极限强度），过 C 点后产生应力降表明岩体进入全面的破坏阶段。

试验表明：岩体结构类型不同，岩体的应力-应变曲线也不同。通过对各类岩体变形试验发现，岩体的应力-应变曲线可以划分为四种类型，如图 10-4 所示。

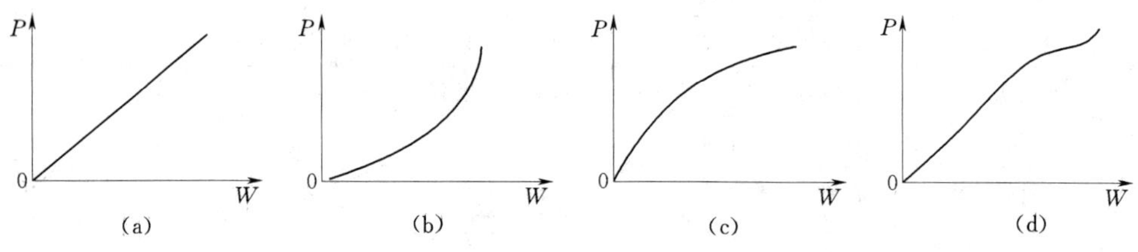

图 10-4　岩体变形曲线类型

（a）直线型；（b）上凹形；（c）下凹形；（d）复合型

（二）岩体的变形指标

变形模量或弹性模量是表征岩体变形的重要参数。由于岩体中发育有各种结构面，所以岩体变形的弹塑性特征较岩石更为显著。如图 10-5 所示，岩体在反复荷载作用下对应于每一级压力的变形，均有弹性变形 ε_e 和残余变形 ε_p 两部分，总变形 $\varepsilon_0=\varepsilon_e+\varepsilon_p$。

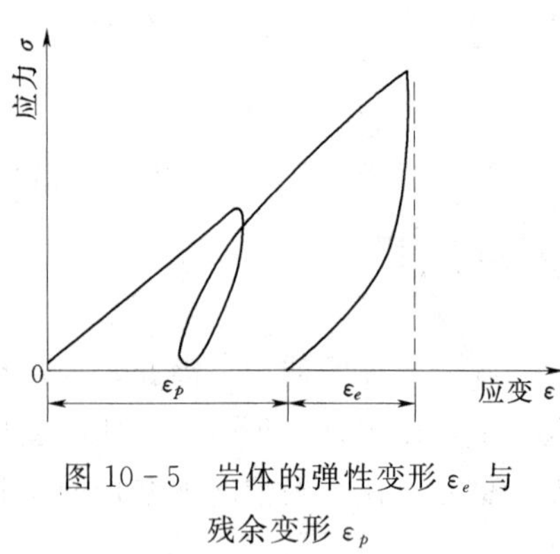

图 10-5　岩体的弹性变形 ε_e 与残余变形 ε_p

岩体的变形指标，主要是通过现场的原位岩体变形试验确定。岩体变形的现场试验方法很多，主要是静力法和动力法两大类，其中，静力法有承压板法、单轴压缩法、夹缝法、协调变形法及钻孔弹模计测定法等；而动力法主要分为地震法、声波法及超声波法等。目前，广泛应用的是承压板法和动力法岩体变形试验。

变形模量（E_0）为岩体在无侧限受压条件下的应力与总应变的比值$\left(E_0=\dfrac{\sigma}{\varepsilon_0}\right)$。

弹性模量（E_e）为岩体在无侧限受压条件下应力与弹性应变的比值$\left(E_e=\dfrac{\sigma}{\varepsilon_e}\right)$。

一般来说，坚硬完整岩体的变形模量高。软弱破碎岩体，因残余变形大，所以 E_e 和 E_0 两者往往差异较大。因此，在水利水电工程建设中常采用变形模量区别岩体的好坏。

二、岩体的流变特性

固体介质在长期静荷载的作用下，应力或变形随时间而变化的性质称为流变性。

1. 流变性的表现形式

（1）蠕变：当温度、湿度等环境条件不变时，在恒定应力作用下，变形（或应变）随时间的持续而逐渐增长的现象。

（2）松弛：当温度、湿度等环境条件不变，应变保持恒定时，固体介质承受的应力随时间的增长而逐渐减小的现象。

试验和工程实践表明，岩石和岩体均具有流变性。特别是蠕变现象尤为显著。有些工程建筑的失事，往往不是因为荷载过高，而是在应力较低的情况下，岩体产生蠕变而导致的。软弱岩石、软弱夹层、碎裂及散体结构岩体，其变形的时间效应明显，蠕变特征显著；而坚硬完整岩体蠕变特征不显著。

2. 蠕变曲线

对一组试件，分别施以大小不同的恒定荷载，测定各试件在不同时间的应变值，则可得到一组如图 10－6 所示的蠕变曲线。

由该图可见，岩体的蠕变曲线，因恒定荷载大小不同可分为两种类型。

（1）稳定蠕变曲线：是在较小的恒定荷载作用下，变形随时间增长，变形速率递减最后趋于稳定，是一种趋于稳定的蠕变。

（2）非稳定蠕变曲线：当恒定荷载超过某一极限值后（$>\sigma_\infty$），变形随时间不断增长，最终导致破坏。

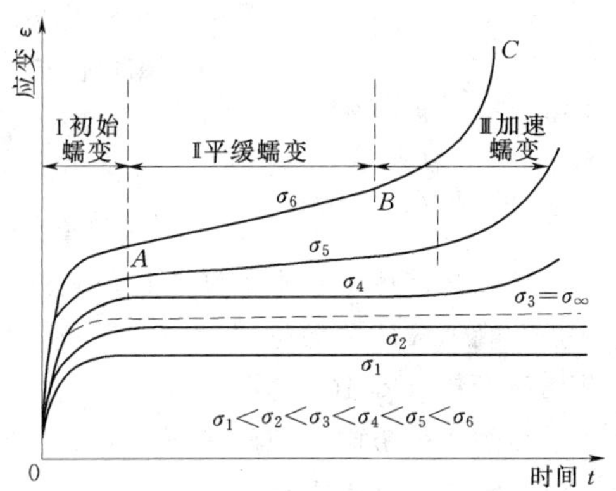

图 10－6　不同应力条件下岩体的蠕变曲线

典型的蠕变曲线可分为以下三个阶段。

（1）初始蠕变阶段（0*A* 段）。其特点是变形速率逐渐减小，所以又称阻尼蠕变阶段。

（2）平缓蠕变阶段（*AB* 段）。其变形缓慢平稳，应变随时间呈近于等速的增长。

（3）加速蠕变阶段（*BC* 段）。本阶段的特点是变形速率加快直到岩体的破坏。

3. 影响岩石蠕变的主要因素

（1）应力。当应力小时，蠕变速率缓慢，可能渐趋稳定；当应力大时，蠕变加速，应力越大，蠕变速率也越大，可引起破坏（图 10－6）。

（2）温度。温度越高，蠕变变形越大。当低温时，蠕变近似地与时间的对数、应力和温度等成比例；在高温时，蠕变近似地与时间幂函数（t^m）及应力幂函数（σ^n）成比例，指数 m 和 n 随温度升高而增大。

（3）加载速率。当应力相同时，蠕变变形随加载速率的减小而增大。此外，岩石蠕变还与湿度有关。

4. 长期强度

当岩体所受的长期应力超过某一临界应力值时，岩体才经蠕变发展至破坏，这一临界应力值（即蠕变破坏的最低应力值）称为岩体的长期强度，以 σ_∞ 或 τ_∞ 表示（图 10－6）。

岩体的长期强度取决于岩石及结构面的性质、含水量等因素。根据原位剪切试验资料，软弱岩体和泥化夹层的长期剪切强度（f_∞）与短期剪切强度（f_c）的比值，约为 0.8 左右，大体相当于快剪试验的屈服值与峰值强度的比值。

三、岩体的破坏方式与机制

岩体的破坏方式与破坏机制与受力条件及岩体的结构特征有关。岩体结构类型不同，其破坏方式也不同。一般地，岩体的破坏方式主要有：脆性破裂、块体滑移、层状弯折、追踪破裂、塑性流动等几种类型。

通过剪应力-剪位移曲线的分析，岩体的剪切破坏有脆性破坏和塑性破坏两种类型。

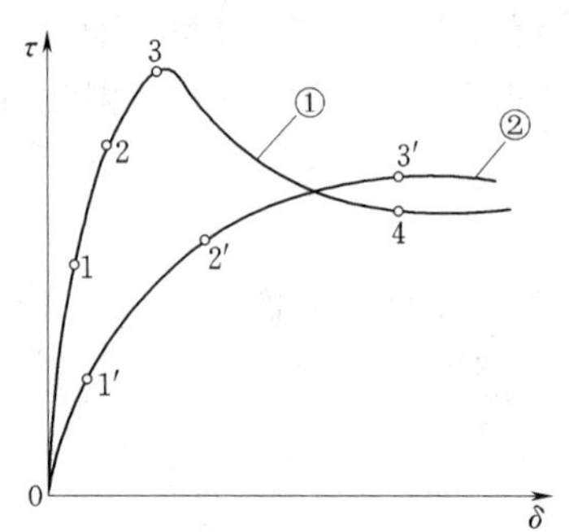

图 10－7　岩体典型剪应力-剪位移曲线
①—脆性破坏；②—塑性破坏

（1）脆性破坏型：坚硬完整岩体多属此种类型，其剪应力-剪位移曲线的主要特征是岩体在剪切破坏前剪位移较小，破坏后有明显的应力降，变形曲线可分为三个阶段（图 10－7 中①）：第一阶段剪应力-剪应变呈线性关系，终止于点 1，该点的强度称为比例极限强度。剪力如继续施加，即进入第二阶段。岩体部分出现微裂隙，剪应力-剪应变曲线开始向横轴弯曲，该阶段终止于点 2，与 2 点相应的应力称为屈服极限。第三阶段位移速率明显增加，当剪应力达到峰值点 3 后，试件全部剪断，剪应力骤然下降，直至点 4 后才趋于一个定值。3 点的应力称为破坏极限或峰值强度。4 点以后的应力值称残余强度。

（2）塑性破坏型：半坚硬或软弱破碎岩体多属此种类型。其剪应力-剪位移曲线类型特征是在峰值破坏前剪位移较大，过峰值后剪应力基本保持不变，试件以一定的位移速率沿剪切面滑移（图 10－7②）。

上述的比例极限、屈服极限、峰值强度及残余强度为岩体剪切的特征强度值。

四、岩体的强度性质

由于岩体是由结构面和各种形状岩石块体组成的，所以，其强度同时受二者性质的控制。在一般情况下，岩体的强度既不等于岩块的强度，也不等于结构面的强度，而是二者共同影响表现出来的强度。但在某些情况下，可以用岩块或结构面的强度来代替。如当岩体中结构面不发育，呈完整结构时，岩体的强度即为岩石强度；如果岩体沿某一结构面产生整体滑动时，则岩体强度完全受结构面强度控制。

因此，岩体的强度受结构面的产状、结构面的密度及围压大小等因素影响。下面重点介绍结构面的抗剪强度。

1. 平直光滑无充填结构面抗剪强度

这类结构面以光滑结构面及磨光面为代表，如剪切节理面等。其摩擦强度曲线为一通过原点的斜线，如图 10－8 中的①线所示，表达式为

$$\tau = \sigma \tan\varphi \qquad (10-1)$$

式中　σ——结构面的法向应力；

φ——结构面的摩擦角。

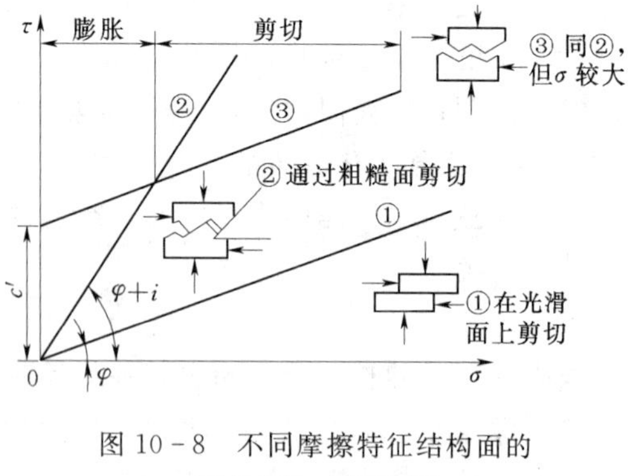

图 10－8　不同摩擦特征结构面的强度曲线（据帕顿）

2. 粗糙起伏无充填结构面的抗剪强度

结构面的粗糙起伏增加了结构面的抗剪强度。对于规则锯齿状结构面的抗剪强度，帕顿（F. D. Patton）等人通过试验研究发现，存在于结果面上的凸起体对其抗剪强度的影响较大。

（1）当法向应力较小时，在滑移过程中允许岩体向上剪胀，结构面的凸起体部分可以互相骑越，凸起体的起伏角为 i，其强度曲线如图 10－8 中的②线所示，表达式为

$$\tau=\sigma\tan(\varphi+i) \tag{10-2}$$

（2）当法向应力较大时，在滑移过程中岩体无法向上剪胀，在剪应力作用下凸起体被剪断。这时，结构面的抗剪强度不单取决于剪切面的摩擦阻力，而主要是由凸起体强度决定，其强度曲线如图 10－8 中的③线所示，表达式为

$$\tau=\sigma\tan\varphi+c' \tag{10-3}$$

3. 有充填物结构面的抗剪强度

有充填物结构面的抗剪强度，主要取决于充填物的成分、结构、厚度及充填程度等。充填物的成分和粒度不同时，结构面的强度也不同。一般结构面的强度随充填物中黏土含量增加而降低，随碎屑成分粒度加大而增加。结构面的抗剪强度，一般还随充填物厚度增加而降低。对于起伏结构面其强度还受充填厚度 t 与起伏差 h 之间关系的控制，t/h 称为充填度。一般随充填度增加结构面的强度逐渐降低，当充填物的厚度 t 大于起伏差 h 后，充填物逐渐起控制作用。当充填度达到 200％以后，结构面的摩擦系数 f 趋于稳定。如图 10－9 所示。

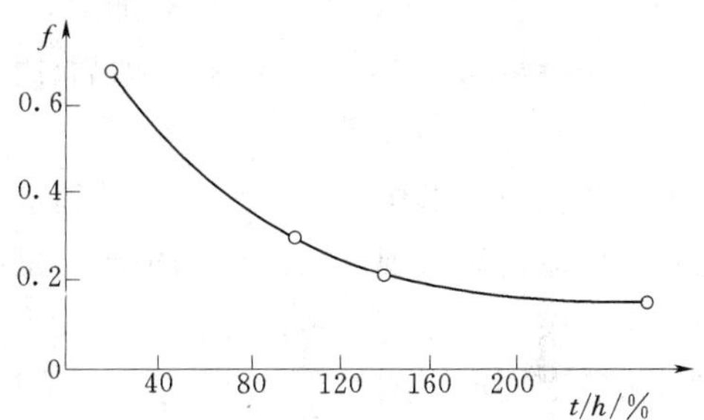

图 10－9　夹泥充填度对摩擦系数的影响

第三节　地应力的工程地质研究

工程实际中，常将工程施工前就存在于岩体中的地应力，称为初始应力或天然应力。通常，在地壳内各点由于所处的构造部位和地理位置不同，其应力状态也不尽相同，地壳内各点的应力状态在空间分布的总和，称为地应力场。地应力活动会产生或影响地质构造，剧烈的地应力活动会引起地震，地应力活动还可影响地壳内岩石、矿物的物理性质和化学性质。

一、地应力的起源及组成

岩体中地应力的起源，主要是在地壳形成过程中伴随各个时期的构造运动一起形成的，并在形成后由于剥蚀或堆积，不断改变其应力状态。地热、上覆岩层的重量、地球自转速度的变化、气温变化等自然因素在地壳内均产生应力。不同的作用产生不同的应力，如由地壳构造运动在岩体中所引起的构造应力、由上覆岩体的重量所引起的自重应力等。此外，岩体中还存在流体应力及由于岩体的物理状态、化学性质或赋存条件方面的变化而引起的变异应力等。广义上讲，这些应力都称地应力。在地壳表层，常以自重应力和构造应力为主。

1. 自重应力

在地表近于水平的情况下，重力场在岩体内任一点上形成相当于上覆岩层重量的垂直应力 σ_z' 与水平应力 σ_x'、σ_y'，如图 10－10 所示，分别为

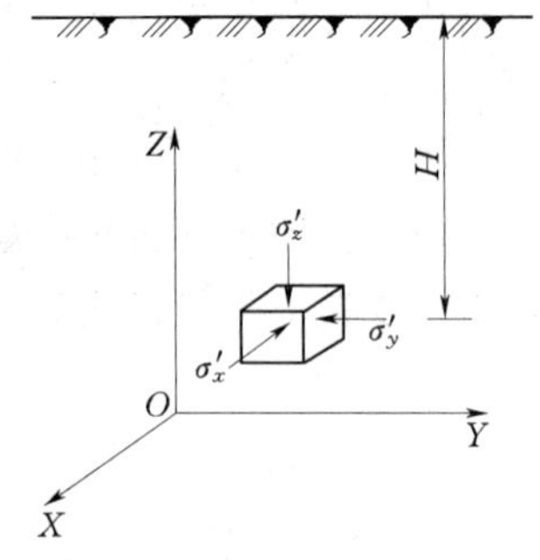

图 10-10　体内的自重应力

$$\sigma_z' = \gamma H \tag{10-4}$$

$$\sigma_x' = \sigma_y' = \frac{\mu}{1-\mu}\sigma_z' = \lambda\sigma_z' \tag{10-5}$$

式中　γ——岩石的容重，kN/m^3；

μ——岩石的泊松比；

λ——侧压力系数。

在地壳浅部或地表出露岩体处于弹脆性或弹塑性状态时，一般 $\mu=0.1\sim0.3$，$\lambda=0.11\sim0.42$，故自重应力场造成的水平应力总是小于垂直应力。但在地壳深处，岩体自重荷载加大，并处于三维应力状态下，岩体呈塑流状态，此时 $\mu\approx0.5$，$\lambda\approx1.0$，$\sigma_x'\approx\sigma_y'\approx\sigma_z'$，即岩体应力状态接近于静水压力状态。

2. 构造应力

构造应力是由构造运动所引起的地应力。它可能是古构造运动的残余构造应力，也可能是新构造运动或现代构造运动中产生的构造应力。

构造应力场是随构造形迹的发生发展而变化的非稳定应力场，但就人类工程活动的时间与构造形迹形成的时间相比，可以近似地、相对地把构造应力场看成是不随时间而变化，只随空间变化的应力场。一般构造应力场的特点是，最大主应力为水平应力，而且具有很强的方向性。构造应力可因地震释放而减小，也可重新积累而增加。

二、地应力分布的规律

岩体中天然应力状态是非常复杂的，目前还难以准确地说明其内在的规律性。但从国内外大量岩体应力测量的结果，可初步认识以下基本规律。

1. 岩体中存在三向不等的空间应力场

世界各地岩体应力实测表明，岩体中三向应力经常是不相等的。其中垂直应力通常是最小主应力 σ_3。两个水平主应力并不一定水平，其倾角多在 10°～25°，最大不超过 30°。

2. 垂直向应力与岩体自重的关系

国内外大量实测资料表明：垂直向应力（σ_v）往往大于岩体自重。若 $\lambda_0=\sigma_v/\gamma H$，我国实测资料：$\lambda_0<0.8$ 者约占 13%，$\lambda_0=0.8\sim1.2$ 者约占 17%，$\lambda_0>1.2$ 者占 65%。

3. 水平应力与垂直应力的关系

实测资料表明：在绝大多数地区的地壳浅层水平应力大于垂直应力。人们常将平均水平应力与垂直应力的比值 λ' 称之为侧压比，其值随深度增大而减小。对于不同地区，λ' 值略有差异。但其变化范围基本上介于下述不等式范围：

$$\frac{100}{H}+0.30\leqslant\lambda'\leqslant\frac{1500}{H}+0.50 \tag{10-6}$$

式中　H——实测应力的深度，m。

图 10-11 中阴影面积就是由上述不等式所圈定的 λ' 值的变化范围。由该图可知，λ' 值的变化幅度是 0.5～5.5，并随 H 的增大而减小。在深度不大情况下（例如 $H<1000m$），λ' 值较为分散，并且数值较大；随着深度的增加，λ' 值的分散度逐渐变小，由实测资料表明，此时 λ' 值逐渐趋于 1 的附近；由此可知，在较大深度时，应力状态接近

于静水压力状态，这也是瑞士地质学家海姆（Heim）早就指出的情况。

4. 水平应力具有强烈的方向性

在自重应力场中，两向水平应力是相等的。实测的地应力场两向水平应力多数不等，并显示出明显的方向性。例如，在斯堪的纳维亚地区的前寒武系岩体中 σ_{H2} 与 σ_{H1} 的比值一般为 0.3～0.75。在我国，据有关统计结果，该比值 12%位于 1.0～0.75 之间，56%位于 0.75～0.5 之间，24%位于 0.5～0.25 之间，8%位于 0.25～0.0 之间。

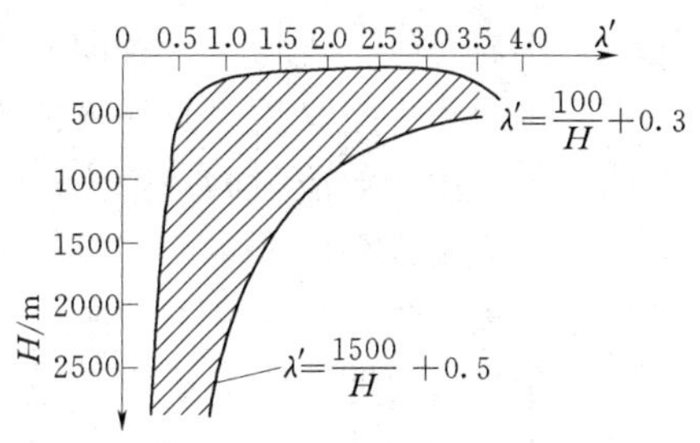

图 10-11　侧压比 λ' 与深度 H 的关系

水平地应力的优势方向与地壳运动有关。如我国华北地区和日本列岛，由于受太平洋板块俯冲作用的结果，最大的水平主应力都是近东西向。

三、影响地应力分布的主要因素

地应力的分布，常受到地质构造、岩体结构、物质组成、物理力学性质、地形地貌、埋深及温度等一系列因素的影响，特别是地形和地质构造的影响最大。

（1）地形的影响：地形的影响常在侵蚀基准面以上及其以下一定范围内表现特别明显。河谷地区由于剥蚀卸荷使地应力大量释放，但没有释放殆尽，而有一部分向深部转移，形成应力集中区，越靠近谷底应力集中越明显。河谷地区应力分布状态表明，这是一种重分布的应力场，从地表向深部，地应力分布具有分带性。

（2）地质构造的影响：地质构造决定了地应力的类型、大小和方向性。一般在未经褶皱变位或构造变动轻微的地区，应力比较均一，具有单一自重应力场的特征。在构造变动强烈的地区，一般具有较高的水平应力，其最大水平主应力方向常常和地区的构造线方向相垂直。但有些地区，由于近期的构造应力场方向和老构造应力场不一致，所以实测的最大水平主应力方向不一定符合上述规律。

四、地应力的测量方法

地应力测量是对岩体内部应力状态所进行的测量。根据测量原理的不同分为应力恢复法、应力解除法、应变恢复法、应变解除法、水压致裂法、声发射法、X 射线法、重力法等。其中应力解除法的钻孔套芯应力解除法和水压致裂法是目前应用最为普遍、技术发展最为成熟的地应力测量方法。

1. 钻孔套芯应力解除法

钻孔套芯应力解除法是利用大口径钻头将岩芯与围岩分离开来，从而使得岩芯内原来承受的应力全部解除，据此过程中岩芯产生的应变（或变形）和岩石的弹性常数，反演原来的应力状态。按照被测量的物理量及测量部位的不同，分为钻孔孔壁应变测量法、钻孔孔径变形测量法和钻孔孔底应变测量法。其中钻孔孔壁应变测量法应用最为广泛。世界上最大测量深度为 510m。

2. 水压致裂法

水压致裂法测量原理是建立在弹性力学平面问题理论基础上的，其经典理论以如下 3 个假设条件为前提：

（1）围岩是线性、均匀、各向同性的弹性体。

（2）围岩为多空介质时，注入的流体按达西定律在岩石孔隙中流动。

（3）岩体中初始应力的一个主应力方向为铅垂向，与钻孔方向一致。

该方法主要设备由 3 部分组成：钻孔承压段的封隔系统、加压系统和量测、记录系统。根据实测压裂过程曲线（图 10－12）确定压裂参数并计算测段岩体最大和最小水平主应力，根据裂缝张开方向确定主应力方向。水压致裂法是迄今为止进行深部地应力测量最有效的手段，世界上最大测量深度达 5105m。

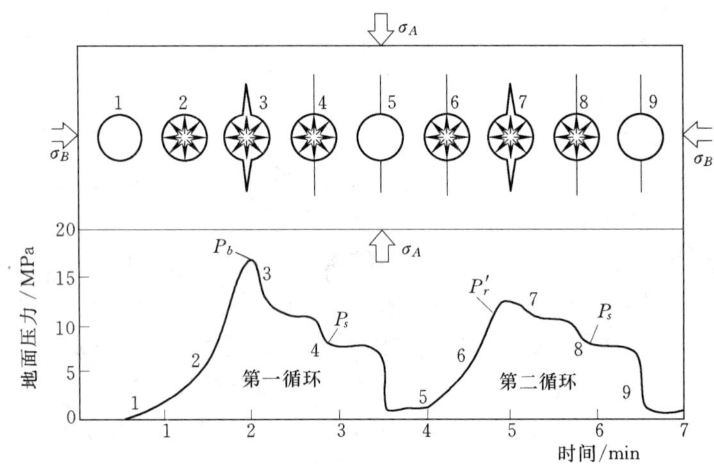

图 10－12　水压致裂法实测压裂过程曲线

五、岩体地应力分级

1. 岩体地应力的确定

岩体地应力的确定应符合下列规定：

（1）在无实测地应力成果时，根据地质勘察资料，利用理论计算和经验对初始地应力场作出评估。

1）在构造应力等因素影响不显著的地区，一般情况下，初始应力的垂直向应力为自重应力 rH，水平向应力不小于 $rH\mu/(1-\mu)$。

2）通过对区域历次构造形迹的调查和对近期构造运动的分析，确定初始地应力的最大主应力方向。

历次发生的地质构造运动，常影响并改变自重地应力场。一般情况下，垂直向主应力和最大水平向主应力可按表 10－4 取值。

表 10－4　受构造应力影响较大地区的主应力

主　应　力	埋　深/m	
	<1000	≥1000
垂直向主应力 σ_v	$(0.8\sim3.0)rH$	$(0.8\sim1.2)rH$
最大水平向主应力 σ_H	$(0.8\sim3.0)\sigma_v$	$(0.7\sim2.0)\sigma_v$

注　r 为岩石密度，t/m^3；H 为深度，m。

3）埋深大于1000m，随着深度增加，初始地应力场逐渐趋向于静水压力分布，埋深大于1500m以后，一般可按静水压力分布考虑。

4）在峡谷地段，从谷坡至山体以内，可区分为地应力释放区、地应力集中区和原始地应力区。峡谷的影响范围，在水平方向一般为谷宽的1～3倍。河谷快速下切的地区，一般应力释放区的影响范围较小，反之，则应力释放区的影响范围变大；谷坡位置越高，地应力释放区的影响范围越大。对两岸山体，最大主应力方向一般平行于岸坡。在河谷谷底较深都位，最大主应力方向趋于水平且转向垂直于河谷。

5）发生岩爆或岩芯饼化现象，应视为存在高地应力，此时，可根据岩体在开挖过程中出现的主要现象，按表10-5进行评价。

（2）有实测地应力成果时，直接利用实测值。根据需要，通过回归分析确定初始地应力场。

2. 岩体初始地应力的分级

应符合表10-5的规定。

表10-5　　岩体初始地应力的分级

应力分级	最大主应力量级 σ_m/MPa	岩石强度应力比 R_b/σ_m	主要现象
极高地应力	$\sigma_m \geqslant 40$	<2	硬质岩：开挖过程中时有岩爆发生，有岩块弹出，洞壁岩体发生剥离，新生裂缝多；基坑有剥离现象，成形性差：钻孔岩芯多有饼化现象。 软质岩：钻孔岩芯有饼化现象，开挖过程中洞壁岩体有剥离，位移极为显著，甚至发生大位移，持续时间长，不易成洞；基坑岩体发生卸荷回弹，出现显著隆起或剥离，不易成形
高地应力	$20 \leqslant \sigma_m < 40$	2～4	硬质岩：开挖过程中可能出现岩爆，洞壁岩体有剥离和掉块现象，新生裂缝较多；基坑时有剥离现象，成形性一般尚好；钻孔岩芯时有饼化现象。 软质岩：钻孔岩芯有饼化现象，开挖过程中洞壁岩体位移显著，持续时间较长，成洞性差；基坑发生有隆起现象，成形性较差
中等地应力	$10 \leqslant \sigma_m < 20$	4～7	硬质岩：开挖过程洞壁岩体局部有剥离和掉块现象，成洞性尚好；基坑局部有剥离现象，成形性尚好。 软质岩：开挖过程中洞壁岩体局部有位移，成洞性尚好；基坑局部有隆起现象，成形性一般尚好
低地应力	$\sigma_m < 10$	>7	无上述现象

注　R_b为岩石饱和单轴抗压强度，MPa；σ_m为最大主应力，MPa。

第四节　岩体的工程地质分类

岩体工程地质分类是根据岩体的结构特征和物理力学性质，对岩体的工程特性和质量进行的分类或分级，用以对岩体的质量和基本工程地质特性作出评价，为岩石工程的设计计算及工程处理措施的选择提供基础。

岩体工程地质分类是把岩体当作工程应力作用下的材料进行研究。不论岩体由何种岩石组成，只要岩体的工程地质性质相同或近似，均可划为同一类岩体。岩体工程地质分类种类繁多，大部分用于地下洞室围岩分类（参见第十四章），较有代表性的如下。

（1）岩石坚固系数分类。苏联普罗托季亚科诺夫1931提出的，以岩石单轴抗压强度的1%为指标把岩石分为10类，用以评价地下工程支护结构上的地压。

（2）岩体载荷分类。美籍学者太沙基（K. Terzaghik）1946年提出的，按不同的岩性和裂隙发育程度把岩石分为9类，并提出相应的地压范围值。

（3）岩石质量指标 *RQD* 分类。美国迪尔（D. U. Deere）1964年提出的。它是利用直径为54mm的金刚石钻机钻进，用大于10cm长的岩心之和与钻进进尺长度之比的百分数表示 *RQD* 值，按 *RQD* 值的高低，将岩体的质量分成五级：很差（＜25%）、差（25%～50%）、一般（50%～75%）、好（75%～90%）、很好（＞90%）。*RQD* 值不仅能反映岩体的完整性，而且还能反映岩石的风化程度。但是，*RQD* 值不能反映结构面的形态、充填及产状等因素，也不能反映对岩体质量有重要影响的地下水的作用等。

（4）节理岩体的地质力学 *RMR* 分类。南非比尼奥斯基（Z. T. Bieniawski）1974年提出的，主要用于地下洞室。这一分类是采用6个因子分项评分之和来评定地下洞室围岩的质量等级，这6个因子是：岩石单轴抗压强度、*RQD*、不连续面的间距、性状和方向以及地下水的状况。根据各个因子条件好坏，赋予一定的评分值，按6个因子评分值之和确定 *RMR*。比氏按 *RMR* 值将岩体分成五类，即很好、好、一般、差、很差，据此确定洞室适宜的开挖跨度、施工方法、支护方式及岩体自稳时间等。

（5）岩体质量 *Q* 系统分类。挪威学者巴顿通过对200多个已建隧洞的资料分析，于1974年提出了隧洞支护所需的岩体工程地质分类法。巴顿首次建立了岩体质量指标 *Q* 的概念，他认为决定岩体质量的因素包括岩体的完整程度、节理的性状和发育程度、地下水的状况及地应力方向与大小等几个方面，并且用 *RQD*、节理组数 J_n、节理面的粗糙度 J_r、节理面蚀变系数 J_a、节理水折减系数 J_w、应力折减系数 *SRF* 六个参数表示，其关系可用下式表示。

$$Q=\left(\frac{RQD}{J_n}\right)\left(\frac{J_r}{J_a}\right)\left(\frac{J_w}{SRF}\right) \tag{10-7}$$

Q 值变化范围为0.001～1000，共5个数量级，在类型划分上灵敏度较好。巴顿据此将岩体从特好到特坏分成9个质量等级，并对各类岩体的支护压力和支护形式做了具体估算和规定，可以作为实用的参考。

中国适用于水利水电工程建设的岩体工程地质分类，近年来国家标准有：《工程岩体分级标准》（GB 50218—2014）、《水利水电工程地质勘察规范》（GB 50487—2008）附录V。

一、《工程岩体分级标准》（GB 50218—2014）

20世纪90年代初，我国总结了国内外岩体分类的经验，从国内100个工程中收集了460组实测数值进行了统计分析，最终确定以岩石单轴饱和抗压强度 R_b 和岩体完整性系数 K_v 两种参数评定岩体的基本质量 *BQ*。

（一）岩体基本质量分级

1. 基本质量级别的确定

岩体基本质量分级，应根据岩体基本质量的定性特征和岩体基本质量指标 BQ 两者相结合，并按表 10－6 确定。

表 10－6　　岩体基本质量分级

基本质量级别	岩体基本质量的定性特征	岩体基本质量指标 BQ
Ⅰ	坚硬岩，岩体完整	＞550
Ⅱ	坚硬岩，岩体较完整；较坚硬岩，岩体完整	550～451
Ⅲ	坚硬岩，岩体较破碎；较坚硬岩，岩体较完整；较软岩，岩体完整	450～351
Ⅳ	坚硬岩，岩体破碎；较坚硬岩，岩体较破碎-破碎；较软岩，岩体较完整-较破碎；软岩，岩体完整-较完整	350～251
Ⅴ	较软岩，岩体破碎；软岩，岩体较破碎-破碎；全部极软岩及全部极破碎岩	＜250

当岩体基本质量的定性特征和岩体基本质量指标 BQ 确定的级别不一致时，应通过对定性划分和定量指标的综合分析，确定岩体基本质量级别。当两者的级别划分相差达 1 级及以上时应进一步补充测试。

2. 基本质量指标 BQ 的确定

$$BQ=90+3R_c+250K_v \tag{10-8}$$

式中　R_c——岩石单轴饱和抗压强度，MPa；

K_v——岩体的完整性系数即岩体声波纵波速度与岩石纵波速度之比的平方。

在应用上式时，为使权重合理

当 $R_c>90K_v+30$ 时，应以 $R_c=90K_v+30$ 代入公式计算。

当 $K_v>0.04R_c+0.4$ 时，应以 $K_v=0.04R_c+0.4$ 代入公式计算。

按式（10－8）求得 BQ 值后，可按表 10－6 确定岩体基本质量的级别。

（二）工程岩体级别的确定

对工程岩体进行初步定级时，应按表 10－6 确定的岩体基本质量级别作为岩体级别。

对工程岩体进行详细定级时，应在岩体基本质量分级的基础上，结合不同类型工程的特点，根据地下水状态、初始应力状态、工程轴线或工程走向线的方位与主要结构面产状的组合关系等修正因素，确定各类工程岩体质量指标。

岩体初始应力状态对地下工程岩体级别的影响，应按表 10－9 以相应初始应力和围岩强度确定的强度应力比值作为修正控制因素。

岩体初始应力状态，有实测的应力成果时，应采用实测值；无实测成果时，可根据工程埋深或开挖深度、地形地貌、地质构造运动史、主要构造线、钻孔中的岩心饼化和开挖过程中出现的岩爆等特殊地质现象，按本标准附录 C 作出评估。

对膨胀性及易溶性等特殊岩类，还应根据其特殊的变形破坏特性、岩溶发育程度及其对工程岩体的影响，综合确定工程岩体的级别。

1. 地下工程岩体级别的确定

（1）地下工程岩体详细定级，当遇有下列情况之一时，应对岩体基本质量指标 BQ 进行修正，并以修正后获得的工程岩体质量指标值依据表 10－6 确定岩体级别。

1）有地下水。

2）岩体稳定性受结构面影响，且有一组起控制作用。

3）工程岩体存在由强度应力比所表征的初始应力状态。

（2）在岩体基本质量的基础上再结合工程特点，对地下水状态、初始应力状态、主要软弱结构面产状等因素进行修正后，对工程岩体作详细分级确定工程岩体质量指标［BQ］。

$$[BQ]=BQ-100(K_1+K_2+K_3) \tag{10-9}$$

修正系数 K_1、K_2、K_3 的选取，可查阅表 10－7～表 10－9。

表 10－7　　地下工程地下水影响修正系数 K_1

地下水出水状态	BQ				
	>550	550～451	450～351	350～251	<250
潮湿或点滴状出水，$p\leqslant 0.1$ 或 $Q\leqslant 25$	0	0	0～0.1	0.2～0.3	0.4～0.6
淋雨状或涌流状出水，$0.1<p\leqslant 0.5$ 或 $25<Q\leqslant 125$	0～0.1	0.1～0.2	0.2～0.3	0.4～0.6	0.7～0.9
涌流状出水，$p>0.5$ 或 $Q>125$	0.1～0.2	0.2～0.3	0.4～0.6	0.7～0.9	1.0

注　p 为地下工程围岩裂隙水压，MPa；Q 为每 10m 洞长出水量，L/(min·10m)。

表 10－8　　地下工程主要软弱结构面产状影响修正系数 K_2

结构面产状及其与洞轴线的组合关系	结构面走向与洞轴线夹角<30°，结构面倾角 30°～75°	结构面走向与洞轴线夹角>60°，结构面倾角>75°	其他组合
K_2	0.4～0.6	0～0.2	0.2～0.4

表 10－9　　初始应力状态影响修正系数 K_3

围岩强度应力比 (R_c/σ_{max})	BQ				
	>550	550～451	450～351	350～251	≤250
<4	1.0	1.0	1.0～1.5	1.0～1.5	1.0
4～7	0.5	0.5	0.5	0.5～1.0	0.5～1.0

2. 边坡工程岩体级别的确定

岩石边坡工程详细定级时，应根据控制边坡稳定性的主要结构面类型与延伸性、边坡内地下水发育程度以及结构面产状与坡面间关系等影响因素，对岩体基本质量指标 BQ 进行修正，并以获得的工程岩体质量指标值［BQ］，按表 10－6 确定岩体级别。

边坡工程岩体质量指标［BQ］，可按下列公式计算。其修正系数 λ、K_4 和 K_5 值，可分别按表 10－10、表 10－11 和表 10－12 确定。

$$[BQ]=BQ-100(K_4+\lambda K_5) \tag{10-10}$$

$$K_5=F_1F_2F_3 \tag{10-11}$$

式中　λ——边坡工程主要结构面类型与延伸性修正系数；

K_4——边坡工程地下水影响修正系数；

K_5——边坡工程主要结构面产状影响修正系数；
F_1——反映主要结构面倾向与边坡倾向间关系影响的系数；
F_2——反映主要结构面倾角影响的系数；
F_3——反映边坡倾角与主要结构面倾角间关系影响的系数。

表 10-10　边坡工程主要结构面类型与延伸性修正系数

主要结构面类型与延伸性	修正系数 λ
断层、夹泥层	1.0
层面、贯通性较好的节理和裂隙	0.9～0.8
断续节理和裂隙	0.7～0.6

表 10-11　边坡工程地下水影响修正系数 K_4

边坡地下水发育程度	BQ				
	>550	550～451	450～351	350～251	<250
潮湿或点滴状出水，$P_W \leqslant 0.2H$	0	0	0～0.1	0.2～0.3	0.4～0.6
淋雨状或涌流状出水，$0.2H < P_W \leqslant 0.5H$	0～0.1	0.1～0.2	0.2～0.3	0.4～0.6	0.7～0.9
涌流状出水，$P_W > 0.5H$	0.1～0.2	0.2～0.3	0.4～0.6	0.7～0.9	1.0

注　P_W 为边坡坡内潜水或承压水头，m；H 为边坡高度，m。

表 10-12　边坡工程主要结构面产状影响修正

序号	条件与修正系数	影响程度划分				
		轻微	较小	中等	显著	很显著
1	结构面倾向与边坡坡面倾向间的夹角/(°)	>30	30～20	20～10	10～5	≤5
	F_1	0.15	0.40	0.70	0.85	1.0
2	结构面倾角/(°)	<20	20～30	30～35	35～45	≥45
	F_2	0.15	0.40	0.70	0.85	1.0
3	结构面倾角与边坡坡面倾角之差/(°)	>10	10～0	0	0～-10	≤-10
	F_3	0	0.2	0.8	2.0	2.5

注　表中负值表示结构面倾角小于坡面倾角，在坡面出露。

二、《水利水电工程地质勘察规范》(GB 50487—2008) 附录 V

坝基岩体工程地质分类，是根据影响坝基岩体工程地质条件的主要因素：岩石单轴饱和抗压强度、岩体结构类型、岩体完整程度、结构面发育程度及其组合作为分类基础，将坝基岩体分为 5 大类 7 亚类。这一分类反映了坝基岩体质量的好坏，Ⅰ类、Ⅱ类岩体为高质量的坝基岩体，Ⅳ类、Ⅴ类岩体作为坝基则需从工程设计和地基处理多方面慎重对待。参见表 10-13。

表 10-13　　坝基岩体工程地质分类表

类别	A 坚硬岩（$R_b>60$MPa）		
	岩体特征	岩体工程性质评价	岩体主要特征值
Ⅰ	$A_Ⅰ$：岩体呈整体或块状、巨厚层状、厚层状结构，结构面不发育-轻度发育，延展性差，多闭合，岩体力学特性各方向的差异性不显著	岩体完整，强度高，抗滑、抗变形性能强，不需作专门地基处理。属优良高混凝土坝地基	$R_b>90$MPa，$V_p>5000$m/s，$RQD>85\%$，$K_v>0.85$
Ⅱ	$A_Ⅱ$：岩体呈块状或次块状、厚层状结构，结构面中等发育软弱结构面局部分布，不成为控制性结构面，不存在影响坝基或坝肩稳定的大型楔体或棱体	岩体较完整强度高，软弱结构面不控制岩体稳定，抗滑抗变形性能较高，专门性地基处理工作量不大，属良好高混凝土坝地基	$R_b>60$MPa，$V_p>4500$m/s，$RQD>70\%$，$K_v>0.75$
Ⅲ	$A_{Ⅲ1}$：岩体呈次块状、中厚层状结构或焊合牢固的薄层结构。结构面中等发育，岩体中分布有缓倾角或陡倾角（坝肩）的软弱结构面，存在影响局部坝基或坝肩稳定的楔体或棱体	岩体较完整，局部完整性差，强度较高，抗滑、抗变形性能在一定程度上受结构面控制。对影响岩体变形和稳定的结构面应作专门处理	$R_b>60$MPa，$V_p=4000\sim4500$m/s，$RQD=40\%\sim70\%$，$K_v=0.55\sim0.75$
	$A_{Ⅲ2}$：岩体呈互层状、镶嵌状结构，层面为硅质或钙质胶结薄层状结构。结构面发育，但延展差，多闭合，岩块间嵌合力较好	岩体强度较高，但完整性差，抗滑、抗变形性能受结构面发育程度、岩块间嵌合能力以及岩体整体强度特性控制，基础处理以提高岩体的整体性为重点	$R_b>60$MPa，$V_p=3000\sim4500$m/s，$RQD=20\%\sim40\%$，$K_v=0.35\sim0.55$
Ⅳ	$A_{Ⅳ1}$：岩体呈互层状或薄层状结构，层间结合较差。结构面较发育-发育，明显存在不利于坝基及坝肩稳定的软弱结构面、较大的楔体或棱体	岩体完整性差，抗滑、抗变形性能明显受结构面控制。能否作为高混凝土坝地基，视处理难度和效果而定	$R_b>60$MPa，$V_p=2500\sim4500$m/s，$RQD=20\%\sim40\%$，$K_v=0.35\sim0.55$
	$A_{Ⅳ2}$：岩体呈碎裂结构，结构面很发育，且多张开，夹碎屑和泥，岩块间嵌合力弱	岩体较破碎，抗滑抗变形性能差，不宜作高混凝土坝基。当局部存在该类岩体需作专门性处理	$R_b>60$MPa，$V_p<2500$m/s，$RQD<20\%$，$K_v<0.35$
Ⅴ	$A_Ⅴ$：岩体呈散体状结构，由岩块夹泥或泥包岩块组成，具松散连续介质特征	岩体破碎，不能作为高混凝土坝地基。当坝基局部地段分布该类岩体，需作专门性处理	—
	B 中硬岩（$R_b=60\sim30$MPa）		
Ⅰ	—	—	—
Ⅱ	$B_Ⅱ$：岩体结构特征与 $A_Ⅰ$ 相似	岩体完整，强度较高，抗滑、抗变形性能较强，专门性地基处理工程量不大，属良好高混凝土坝地基	$R_b=40\sim60$MPa，$V_p=4000\sim4500$m/s，$RQD>70\%$，$K_v>0.75$
Ⅲ	$B_{Ⅲ1}$：岩体结构特征与 $A_Ⅱ$ 相似	岩体较完整，有一定强度，抗滑、抗变形性能一定程度受结构面和岩石强度控制，影响岩体变形和稳定的结构面应做局部专门处理	$R_b=40\sim60$MPa，$V_p=3500\sim4000$m/s，$RQD=40\%\sim70\%$，$K_v=0.55\sim0.75$
	$B_{Ⅲ2}$：岩体呈次块或中厚层状结构，或硅质、钙质胶结的薄层结构，结构面中等发育，多闭合，岩块间嵌合力较好，贯穿性结构面不多见	岩体较完整，局部完整性差，抗滑、抗变形性能受结构面和岩石强度控制	$R_b=40\sim60$MPa，$V_p=3000\sim3500$m/s，$RQD=20\%\sim40\%$，$K_v=0.35\sim0.55$

续表

类别	B中硬岩（$R_b=60\sim30MPa$）		
	岩体特征	岩体工程性质评价	岩体主要特征值
Ⅳ	$B_{Ⅳ1}$：岩体呈互层状或薄层状，层间结合较差，存在不利于坝基（肩）稳定的软弱结构面、楔体或棱体	岩体完整性差，抗滑、抗变形性能明显受结构面控制。能否作为高混凝土坝地基，视处理难度和效果而定	$R_b=30\sim60MPa$，$V_{pv}=3000\sim3500m/s$，$RQD=20\%\sim40\%$，$K_v<0.35$
Ⅳ	$B_{Ⅳ2}$：岩体呈薄层状或碎裂状，结构面发育～很发育，多张开，岩块间嵌合力	岩体较破碎，抗滑抗变形性能差，不宜作高混凝土坝基。当局部存在该类岩体需作专门性处理	$R_b=30\sim60MPa$，$V_p<2000m/s$，$RQD<20\%$，$K_v<0.35$
Ⅴ	$B_Ⅴ$：岩体呈散体状结构，由岩块夹泥或泥包岩块组成，具松散连续介质特征	岩体破碎，不能作为高混凝土坝地基。当坝基局部地段分布该类岩体，需作专门性处理	—
	C软质岩（$R_b<30MPa$）		
Ⅰ	—	—	—
Ⅱ	—	—	—
Ⅲ	$C_Ⅲ$：岩体强度大于5MPa，岩体呈整体状或巨厚层状结构，结构面不发育～中等发育，岩体具各向同性力学特征	岩体完整，抗滑、抗变形性能受岩石强度控制	$R_b<30MPa$，$V_p=2500\sim3500m/s$，$RQD>50\%$，$K_v>0.55$
Ⅳ	$C_Ⅳ$：岩石强度大于15MPa。结构面发育或岩体强度小于15MPa，结构面中等发育	岩体较完整，强度低，抗滑、抗变形性能差，不宜作为高混凝土坝地基。当局部存在该类岩体，需专门处理	$R_b<30MPa$，$V_p<2500m/s$，$RQD<50\%$，$K_v<0.55$
Ⅴ	$C_Ⅴ$：岩体呈散体状结构，由岩块夹泥或泥包岩块组成，具松散连续介质特征	岩体破碎，不能作为高混凝土坝地基。当坝基局部地段分布该类岩体，需作专门性处理	—

注　本分类适用于高度大于70m的混凝土坝。R_b为饱和单轴抗压强度，V_p为声波纵波波速，K_v为岩体完整性系数，RQD为岩石质量指标。

复习思考题

1. 岩体和土体、岩块和岩体的有何区别？岩体的特点是什么？
2. 结构面和结构体的定义。
3. 结构面的成因类型及其特征？卸荷裂隙与风化裂隙的分布有何规律？
4. 结构面的自然特征应从哪些方面描述？如何评价结构面？
5. 软弱夹层和泥化夹层的定义和特征？泥化夹层形成的基本条件？
6. 岩体结构类型如何划分？
7. 岩体的变形特征和变形指标有哪些？
8. 什么是岩体的流变性？什么是岩体的长期强度？如何确定岩体的长期强度？

9. 简述岩体的破坏方式和机制。
10. 简述岩体的强度性质。有充填结构面与无充填结构面的抗剪强度有何不同?
11. 影响结构面抗剪强度的主要因素有哪些?
12. 地应力的概念、种类和起源?
13. 地应力的分布有何规律?影响地应力分布的主要因素有哪些?
14. 地应力的测量方法有哪些?
15. 较有代表性的岩体工程地质分类有哪些?
16. 节理岩体的地质力学分类 *RMR* 和岩体质量 Q 系统分类都考虑了哪些因素?

第十一章　坝的工程地质研究

水工建筑物主要由三大部分组成：挡水建筑物（坝、闸）、泄水建筑物（溢洪道、泄洪洞、排砂洞等）及取水输水建筑物（隧洞、管道及渠系建筑物等），其中挡水建筑物的拦河大坝或闸是主要建筑物。此外，水电站厂房、航运船闸、鱼道等为附属建筑物，通常将建筑物的综合体，称为水利枢纽。

大坝坐落在岩土体地基上，承受了巨大垂直压力和水平推力。坝基可能由于变形或滑动破坏坝体的稳定；与此同时，由于水库蓄水坝的上下游形成了水头差，会引起坝基岩土体渗透变形破坏等，降低坝基的强度和稳定性。坝与地质环境间的相互作用，使得大坝的修建十分复杂，不仅要求大坝本身的结构强固，尤其要求坝基与坝肩具有足够的坚固性和稳定性。从世界坝工建筑史来看，地质方面原因引起大坝失事的约占大坝总失事的30%～40%，主要原因是坝基的强度低或抵抗变形性能差、坝基（肩）的抗滑稳定性差、地下水的渗透作用及区域稳定地震和水库诱发地震作用等造成的。

在进行工程规划、设计、施工之前都应进行工程地质勘察工作。水利水电工程坝的工程地质工作目的在于查明水工建筑地区的工程地质条件，充分论证有关的工程地质问题，以便充分利用有利的地质因素，避开或改造不利的地质因素，以保证水利工程的经济、合理与安全。坝的工程地质研究主要内容：坝区渗漏与渗透稳定性分析评价；坝基（肩）岩体的抗滑稳定性分析评价；坝基的应力分布，坝基的变形与坝基的强度分析评价等。

第一节　水工建筑物的工程地质条件和工程地质问题

一、水工建筑物的工程地质条件

工程地质条件是一个综合性概念，可理解为与工程建筑有关的地质因素的综合。一般认为，它包括工程建筑地区的地形地貌、岩土类型及工程地质性质、地质结构、水文地质条件、物理地质现象、地质物理环境（如应力及地热等）、天然建筑材料等7个方面。

1. 地形地貌条件

地形是指地表形态、高程、地势高低、山脉水系、自然景物、森林植被以及人工建筑物等，常以地形图予以反映。地貌主要指地表形态的成因、类型以及发育程度等，常以地貌图予以反映。

地形地貌是相互关联的，但都受地区的岩性和地质构造条件所控制。河流地带的地形地貌条件往往对坝址选择、坝型选择、枢纽布置、施工方案选择等，都有直接影响。例如，拱坝就要求坝址两岸谷坡规整对称，最好为坚硬完整的基岩山体；土石坝要求坝址地区应有布置溢洪道的地形条件。

2. 岩土类型及工程地质性质

水工建筑物是建筑在地表或地壳浅部，以岩土体作为地基或修建环境，有时也利用岩土体作为天然建筑材料。因此，岩土类型和性质对建筑物的稳定性、技术上的可行性、经济上的合理性都有着极为重要的作用。如坝基，基本上可分为两大类：岩石坝基和土体坝基，它们又简称为岩基与土基。一般情况下，岩基的工程性质比土基好，在岩基上可以修建高坝、混凝土坝，水利枢纽多采用集中布置方案；而在土基上，则往往可以修建低坝、土石坝、水利枢纽多采用分散式布置方案。

水工建筑中对岩土体的研究，除包括成因类型、形成年代、埋藏条件与环境、空间分布等外，还要进行岩土体的物理力学性质试验，定量地确定岩土体的物理力学性质指标，以供设计使用。尽管现代的水工设计已广泛地引用了计算机，但设计的合理性、正确性，在很大程度上仍然取决于岩土的工程性质指标和各种有关地质参数的正确选定。

3. 地质结构

地质结构包括地质构造（褶皱及断裂构造）和岩土体结构。地质结构可以说是水电工程建设的决定因素，它对工程建筑物的稳定有很大影响，例如坝址的选择、工程建筑物的布置都应考虑地质构造和岩体结构的不利作用。

4. 水文地质条件

水文地质条件一般包括以下内容：

（1）地下水类型：潜水、承压水、包气带水等类型划分。

（2）含水层与隔水层的埋藏条件、组合关系、空间分布规律及特征。

（3）岩层的水理性质：给水性、透水性、冻融性等。

（4）地下水的运动特征：流向、流速、流量等。

（5）地下水的动态特征：水位、水温、水质随时间变化规律。

（6）地下水的水质、水的物理性质、化学性质、水文评价标准等。

水文地质条件好坏直接关系到水库是否漏水、坝基是否稳定以及地下水资源评价是否可靠等一系列工程建设问题。

5. 自然（物理）地质现象

自然（物理）地质现象或称自然地质现象，是指由内外动力地质作用在地表表层引起的一系列地质现象，例如滑坡、泥石流、崩塌、岩溶、地震、岩石风化、冲沟等现象。物理地质现象的存在和发育程度，直接影响工程建筑物的稳定、安全、经济和正常运行。

在水利水电工程建设中，在大坝区附近及水库区的自然地质现象，要求在工程地质勘察时进行充分的调查和研究，对影响大坝或水库安全的应采取有效措施，进行处理或整治。

6. 地质物理环境

地质物理环境包括地应力及地热条件等。地应力主要是在重力和构造运动综合作用下形成的，有时也包括岩体的物理、化学变化及岩浆侵入等作用下形成的应力。地应力的大小、方向和分布、变化规律除了与地震和活动断裂活动密切相关，影响到工程场地的区域稳定性外，还对工程建筑的设计和施工有直接影响。在水利工程施工时，由于地应力的存在常引起基坑、边坡、地下工程开挖面产生卸荷回弹和应力释放变形破坏现象，例如基坑底部隆起、基坑边坡滑移、地下洞室侧墙的变形、岩爆等。

7. 天然建筑材料

水工建筑材料主要有砂砾石、土、碎石及石料等。砂砾石料，主要用于混凝土骨料，或用作土石坝体的填筑料；黏土主要用作土坝体材料，或用作防渗墙、围堰、堤防等；碎石、块石料，用作堆石坝、砌石坝、土石混合坝材料，以及混凝土坝的填石料。在水利工程建筑中，天然建筑材料的用量相当大，特别是当地材料坝（土坝、砌石坝、土石混合坝），基本上都是土石方工程。所以天然建筑材料的数量、质量及开采运输条件，直接关系到坝址、坝型的选择、工程造价、工期长短。因此，天然建筑材料是工程地质条件评价的主要内容，有时甚至可以成为工程决策的决定因素。

二、不同坝型对地形、地质的要求

坝的型式较多，它们的工作特点和对地质的要求不同。下面介绍常见的几种坝型对地形与地质要求。

1. 土石坝

土石坝又称当地材料坝，应用最多。根据材料不同可分为：土坝、砌石坝及土石混合坝。

土坝是疏松土体筑成的，坝坡平均坡度，上游迎水面为1∶2.25～1∶3.0，下游面为1∶1.75～1∶2.5，故土坝断面宽（坝高4～6倍），坝体都较大。

土坝对地基的要求较低，除有活断层及大的顺河断层、巨厚强透水层、压缩变形强烈的淤泥软黏土层、膨胀崩解较强土层、强震区存在较厚的粉细砂层等不利条件外，一般均可修建。土坝坝体属于塑性坝体，可适应一定的地基变形；塑性心墙或斜墙坝的适应性更强，特别是抗震性能比其他坝型都好。由于土坝的坝顶不能直接溢流，因此在坝址选择时，需要考虑有利于溢洪道布置的地形地貌条件。另外，需要在坝址附近分布天然建筑材料料场。

堆石坝是用当地石料筑成，并用防渗料作心墙或斜墙。堆石坝同土坝一样，坝顶一般不溢流。

堆石坝对地基变形的适应性能较好。砂卵土、砂土及黏性土地基上均可修建，但需要对坝基作防渗处理。对于岩石坝基要注意整体性，要适当处理大裂隙、断层和破碎带。

2. 重力坝

重力坝是一种常见的坝型，它的横断面近于三角形，用混凝土或浆砌石筑成。它体积大，重量大，主要依靠坝体自重与地基间摩擦力维持稳定，坝体坚固可靠，使用耐久。

重力坝对坝基的要求比土石坝高，大坝都建造在基岩上。要求坝基应具有足够的抗压强度以承受坝体的重量和各种荷载；坝基岩体应具有足够的整体性和均一性，尽量避开大的断层带、软弱带、裂隙密集带等不良地质条件；坝基岩体应具有足够的抗剪强度，抵抗坝基滑动破坏；坝基岩体应具有足够的抗渗性能，抵抗坝基渗透变形破坏；坝肩及两岸边坡要稳定等。

3. 拱坝

拱坝系一空间壳体结构，整体性好。平面上呈拱形，凸向上游，两端支撑在岸坡岩体上。它利用拱的作用，把水压力的大部分或全部传递给两岸山体，以保持稳定。

所有坝型中，拱坝对地形、地质条件的要求最高，除考虑重力坝对地基的要求外，尚应考虑：两岸岩体应当完整坚硬而新鲜；坝基岩体要有足够整体性和均一性，以免发生不均匀沉降影响整个坝体产生附加应力，导致坝体破坏；要求拱端有较厚的稳定岩体；地形应是对称的 V 形或 U 形峡谷等。

4. 支墩坝

支墩坝由倾斜的挡水面板部分和一系列支墩（大致呈三角形）组成的坝型，一般也由混凝土浇筑而成。上游水压力由面板传到支墩上，再经支墩传给地基岩体，根据挡水面板的形式又可分为平板坝、大头坝、连拱坝及设有基础板的平板坝等。

支墩坝对地形地质条件的要求，介于拱坝与重力坝之间。支墩所在的地基岩体要坚固。支墩坝适于宽阔的河谷地形，但支墩之间不允许不均匀沉降。地基摩擦系数 f 值对挡水面板的坡度影响很大，当 $f=0.9$ 时，坝面倾斜角可为 50°～60°。f 值越小，坝面坡度要求越缓，底宽及开挖量越大。

三、水工建筑物的工程地质问题

人类工程活动和自然地质作用会改变地质环境，影响工程地质条件变化。当工程地质条件不能满足工程建筑稳定、安全的要求时，亦即工程地质条件与工程建筑之间存在矛盾时，就称为存在工程地质问题。

水利工程的工程地质问题是复杂多样的，常遇到的工程地质问题可归纳为以下几个方面：

（1）坝基工程地质问题：包括坝基渗漏、坝基渗透稳定、坝基（肩）抗滑稳定、坝基强度与变形等问题。

（2）输水及泄水建筑物的工程地质问题：包括渠系建筑物的线路选择、渗漏渗透稳定、地基稳定等。

（3）水库区工程地质问题：包括水库渗漏、水库岸坡稳定、水库浸没、水库淤积及水库诱发地震问题等。

（4）区域地壳稳定问题：包括水库上、下游一定范围内断裂构造活动性、场地的地震效应及地震动力学问题、地应力状况等。

（5）环境工程地质问题：包括自然地质灾害及人为活动引起的地质问题对水利工程影响。

第二节　坝基的渗透变形

坝基岩土体在渗透水流作用下，使其某些颗粒移动或颗粒成分、结构发生改变的现象称为渗透变形。渗透变形能够引起坝基岩土体强度降低，渗透性增大，严重的渗透变形不仅影响工程效益，而且危及大坝稳定。如国际大坝委员会统计资料（1989 年），统计的 45 座因地质问题失事的坝中，有 25 座（占 55%）是与渗透变形破坏有关。

一、坝基渗透变形的形式

坝基渗透变形的类型主要有管涌、流土、接触冲刷和接触流失四种类型。

1. 管涌

管涌是指土体内的细颗粒或可溶成分由于渗流作用而在粗颗粒孔隙通道内移动或被带走的现象。一般又可称为潜蚀作用，可分为机械潜蚀和化学潜蚀。管涌可以发生在坝闸下游渗流逸出处，也可以在砂砾石地基中。在基岩地区，若岩体中裂隙被可溶盐充填，或裂隙充填物为可溶盐胶结时，也可因地下水的化学溶蚀作用和渗透动水压力的作用，形成渗透通道，即化学潜蚀。此外，穴居动物（如各种田鼠、蚯蚓、蚂蚁等）有时也会破坏土体结构，若在堤内外构成通道，亦可形成管涌，称之“生物潜蚀”，如黄河大堤曾出现过这种现象。

2. 流土

流土是指在上升的渗流作用下，局部黏性土和其他细粒土体表面隆起、顶穿或不均匀的砂土层中所有颗粒群同时浮动而流失的现象。一般发生于以黏性土为主地带。坝基若为河流沉积的二元结构土层组成，特别是上层为黏性土，下层为砂性土地带，下层渗透水流的动水压力如超过上覆黏性土体的自重，就可能产生流土现象。这种渗透变形常会导致下游坝脚处渗透水流出逸地带出现成片的土体破坏、冒水或翻砂现象。

3. 接触冲刷

接触冲刷是指渗透水流沿着两种渗透系数不同的土层接触面或建筑物与地基的接触流动时，沿接触面带走细颗粒的现象。

4. 接触流失

接触流失是指渗透水流垂直于渗透系数相差悬殊的土层流动时，将渗透系数小的土层中细颗粒带进渗透系数大的粗颗粒土的孔隙的现象。

二、渗透变形产生条件

土体的渗透稳定性决定于渗透水流对土体的作用力与土体阻抗力这一对矛盾的发展变化过程。土体对渗透水流的阻抗能力称为抗渗强度。当渗透动水压力大于土体的抗渗强度时，渗透变形即可发生。因此，分析渗透变形产生条件，主要分析土体结构特征和渗透水压力。

1. 土体结构因素分析

坝基产生渗透变形的实例表明：土体结构，特别是颗粒组成的均匀性，是形成潜蚀或流土的主要原因，具体表现在下面几个方面：

(1) 粗细颗粒粒径比：能在粗颗粒骨架之间孔隙通过的细颗粒，其粒径小于孔隙直径。据试验资料证明，只有 $d_{大}/d_{小}>20$ 时，才易于形成管涌。

(2) 土颗粒级配的不均匀系数：土颗粒的级配反映了土体粗细颗粒含量分布状况。当细粒含量较多时，粗颗粒不能相互接触构成骨架。研究表明：$C_U<10$ 的土易产生以流土为主要形式渗透变形；$C_U>20$ 的土易产生管涌为主要形式的渗透变形；$10<C_U<20$ 的土，则可能产生流土，也可能产生管涌。

(3) 土层结构：多层结构的松散土层发生渗透变形的可能性决定于渗透水层与不透水层上下组合关系、相对厚度、透水层性质及其连通性。在二元结构情况下，当黏性土在上、砂性土在下，且黏性土层厚而完整时，则不易产生渗透变形。但当黏性土薄或不完整时，易在坝的下游产生流土隆起，并相继产生下层砂土管涌。

2. 水动力条件

渗透压力是渗透水流作用在单位土体上的压力，其大小主要与渗透水流的水力坡降和水的重度有关，即

$$D_{动}=r_{\omega}i \tag{11-1}$$

式中　$D_{动}$——动水压力，kN/m^3；

r_{ω}——水的重度，kN/m^3；

i——渗透水流的水力坡降。

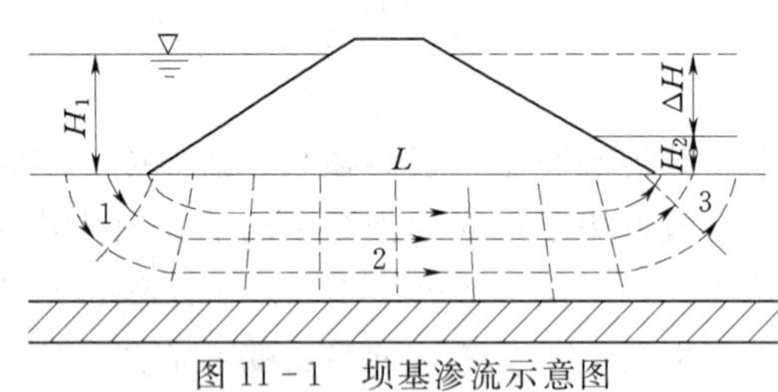

图 11-1　坝基渗流示意图

1—坝基上游渗流方向向下；2—坝基渗流方向水平；3—坝基下游渗流方向向上；H_1—上游水深；H_2—下游水深；L—渗流距离；ΔH—水位差（$\Delta H=H_1-H_2$）

库水渗入坝下透水层，至下游排泄出来，其渗流方向在不同部位是不同的。如图 11-1 所示。坝前渗入段，渗透水流是由上向下，使土体压实。在坝基下渗透水流是水平的，动水压力与渗流方向一致，此时如果土体颗粒对动水压力的阻抗力小于动水压力，则会沿动水压力方向，顺水流向下游移动。在坝下游坡脚处，是渗透水流逸出段，渗透水流由下向上，是渗透变形的危险区。

分析渗透水流水力坡降与土层临界水力坡降的关系，是确定能否产生渗透变形的主要方法。所谓土层的临界水力坡降是指渗透水流使土体发生渗透变形极限平衡状态时所具有的水力坡降。其理论值大小为

$$i_{cr}=(G_s-1)(1-n) \tag{11-2}$$

式中　i_{cr}——临界水力坡降；

G_s——土粒比重；

n——土的孔隙率。

一般情况下，当渗透水流的实际水力坡降大于土体临界水力坡降时，则会产生渗透变形破坏。但在渗透变形稳定性评价时，为了工程安全，应确定防止渗透变形破坏的允许水力坡降，以土的临界水力坡降除 1.5～2.0 的安全系数确定。

关于临界水力坡降的确定，对于中小型工程和地层结构简单的地基，可以用经验公式或理论公式计算；对于大型工程和地层复杂的地基应通过专门试验确定。

确定了临界水力坡降，除以安全系数即可得到允许水力坡降。把允许水力坡降与实际水力坡降相比较，若实际水力坡降小于允许水力坡降则渗透变形是安全的，否则是危险的。当预测到有发生渗透变形危险时，应采取防渗措施，如增加渗径长度和排水减压降低水力坡降及设置反滤层等保护措施。

第三节　坝基的抗滑稳定

坝基岩体的抗滑稳定性是指坝基岩体在建坝后的各种工程荷载作用下，抵抗发生剪切滑动破坏的性能。它是混凝土坝，特别是重力坝工程地质勘察和设计研究的主要工程地质问题。

一、坝基滑动破坏类型

一般情况下，重力坝坝身比较坚固，很少有坝身受到剪切滑动破坏的坝。但是坝基岩体则不然，多数坝基岩体总是存在着风化岩体、软弱夹层、断层破碎带、地下水等不利地质条件，在不利条件组合下易引起坝基滑动。重力坝坝基滑动破坏形式有三种：表层滑动、浅层滑动和深层滑动。

1. *表层滑动*

表层滑动是沿坝体底面与坝基岩体的接触面发生的剪切破坏现象。一般发生在坝基岩体坚硬、均匀、完整，无控制滑动的软弱结构面，岩体强度远大于坝体混凝土强度的条件下。此时，混凝土坝底与岩体接触面常成为薄弱而有滑动可能的面，如图 11-2（a）所示。

2. *浅层滑动*

浅层滑动的发生主要是由于坝基岩体软弱，风化岩层清除不彻底，或岩体比较破碎，岩体本身抗剪强度低于坝体混凝土与基岩接触面的强度而引起的，即滑动面位于坝基岩体浅部。如图 11-2（b）所示。一般国内较大型的混凝土坝对坝基处理要求严格，故浅层滑动不作为控制设计的主要因素。而有些中、小型水库，坝基发生事故常是由于清基不彻底而造成的。

3. *深层滑动*

深层滑动发生于坝基岩体深部。当坝基岩体深部存在特别软弱的可能滑动面，坝体连同一部分沿深部滑动面产生剪切滑动，如图 11-2（c）所示，这类滑动的形成条件比较复杂，是坝基工程地质中要重点研究和预测的问题。

此外，有时还会出现上述几种滑动类型组合而成的混合滑动类型，如图 11-2（d）所示。

坝基可能滑动形式的确定，是进行坝基抗滑稳定计算、坝基岩体力学模型试验，以及定性和定量评价坝基稳定性的先决条件。

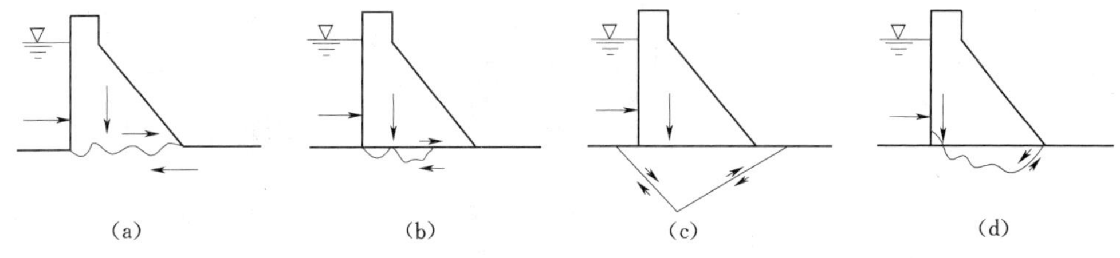

图 11-2 坝基滑移形式示意图

（a）表层滑移；（b）浅层滑移；（c）深层滑移；（d）混合滑移

二、坝基抗滑稳定分析

（一）坝基岩体滑动的边界条件

坝基岩体表层滑动的边界条件比较简单，坝基抗滑稳定性主要取决于坝体混凝土与基岩接触面的抗剪强度；浅层滑动发生于坝基岩体浅部，抗滑稳定性决定于浅部岩体的抗剪强度；坝基深层滑动的边界条件比较复杂，除去需要形成连续的滑动面以外，还必须有其他软弱面在周围切割，才能形成滑动破坏。即滑动面、纵横向切割面、临空面，构成了深层滑动边界条件。

1. 滑动面

滑动面是指坝基岩体滑动破坏时，发生明显位移的软弱结构面，通常构成滑动面的有软弱夹层、断层破碎带、软弱岩脉、围岩蚀变带、缓倾角裂隙、层面等。坝基岩体抗滑能力主要取于滑动面的工程地质特性。因此，滑动面及其抗剪强度指标的确定是坝基抗滑稳定分析的关键。

2. 切割面

切割面分为纵向切割面和横向切割面，它们是将坝基滑移体与周围岩体分割开的结构面。纵向切割面顺河方向延伸，工程作用力在该面上产生剪应力；横向切割面垂直于河流方向发育，它垂直于工程作用力方向，岩体滑动时在该面上产生拉应力。

3. 临空面

临空面是滑移体向下游滑动时能够自由滑出的面。存在于坝下游距坝趾不远的范围内。临空面有两大类：一类是水平临空面，例如下游的河床；另一类是陡立的临空面，如下游的河床深槽、溢洪冲刷坑等。

滑动面、切割面的共同组合，形成了坝基滑动的滑移体。滑移体的形状随各种结构面的组合而异。常见的坝基滑移体有楔形、棱柱形、锥形，如图 11－3 所示。每个滑移体都包含有滑动面、切割面和临空面。

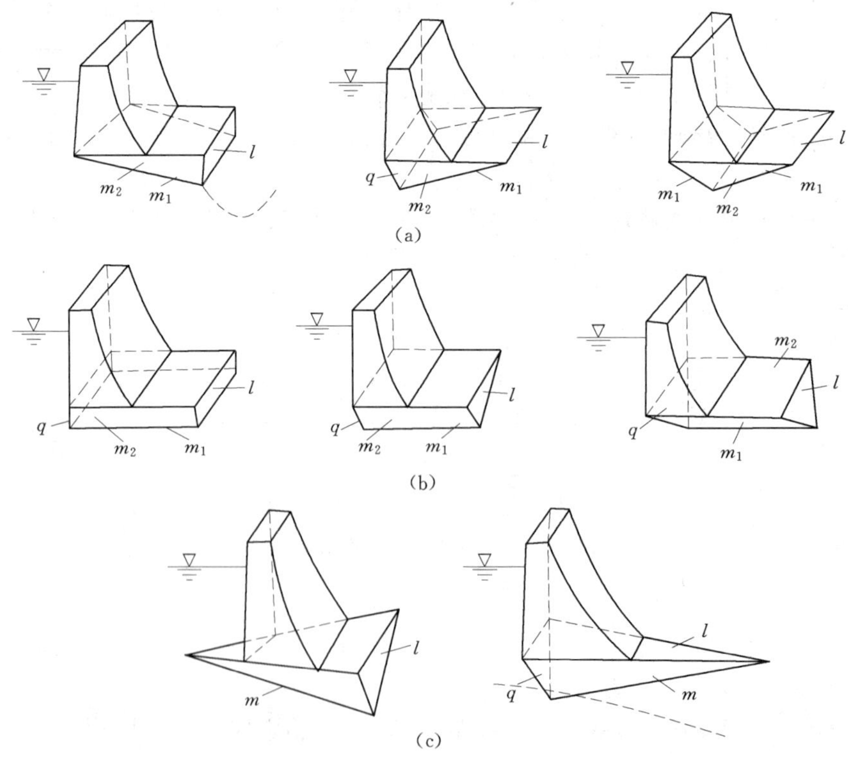

图 11－3　坝基深层滑移类型

(a) 楔形；(b) 棱柱形；(c) 锥形

l—临空面；m—滑移面；m_1—底面滑移图；m_2—侧面滑移图；q—拉裂面

（二）影响坝基抗滑稳定性的因素

坝基抗滑稳定性，受到工程作用力和坝基岩体工程地质条件的制约。所以，分析抗滑稳定影响因素时，主要应分析工程作用力和坝基工程地质条件。

1. 工程作用力

（1）坝体自重：坝体自重是其体积和材料重度乘积。另坝上永久设备重量亦应计入。

（2）静水压力：水库静水压力作用于坝体上，与库水深度平方成正比，即

$$P=\frac{1}{2}r_{\omega}H_1^2 \tag{11-3}$$

式中　P——水压力，kPa；

H_1——库水深度，m；

r_{ω}——水的重度，$10kN/m^3$。

下游尾水静水压力计算方法与库水静水压力相同，只不过它们的作用方向相向。

（3）扬压力：包括浮托力和渗透压力两部分。浮托力是指下游水位产生上举力；渗透压力是指上下游水位差产生的动水压力。

扬压力对抗滑稳定影响较大，但难于精确计算。扬压力的大小与坝基岩体结构面的分布、坝基防渗排水设施、施工工艺有关。

（4）地震力：在设计烈度为Ⅶ度以上的地区应计算地震力，包括地震惯性力、地震动水压力。

此外，在多泥沙河流上筑坝时，应考虑淤砂对坝产生压力；有时还应考虑波浪压力和冰压力等。

上述各种荷载并非同时作用于坝体上。作用于坝体上的荷载分为基本荷载组合和特殊荷载组合两大类。基本荷载组合通常是指坝在正常运行期间可能遇到的正常设计水位时和设计洪水的各种荷载组合；特殊荷载组合包括校核洪水位和地震情况下的各种荷载组合。

2. 坝基岩体的阻滑作用

各种荷载通过坝体传至坝基，由坝基岩体产生反力而得到平衡。坝基岩体的阻滑作用应考虑以下几个方面。

（1）滑动面的阻滑作用。滑动面的抗剪强度是决定岩体抗滑能力的主要因素。形成滑动面的通常是一些软弱结构面，其抗剪强度的大小取决于结构面的成因、性质、充填物性质和厚度、结构面延展性、结构面平整光滑程度等。当滑动面为软弱夹层，特别是泥化夹层时，对坝基抗滑稳定性影响最大。

（2）切割面的阻滑作用。目前坝基抗滑稳定计算不计岩体的侧向切割面阻滑作用的，只是作为安全储备考虑。一般情况下，侧向切割面的阻滑作用是客观存在的，特别是在断层、裂隙走向与河流交角较大时，连通性不强时，阻滑作用还是较大的，例如，某混凝土重力坝坝高113m，滑动面的摩擦系数为0.3，在对其中41、42坝段的抗滑稳定计算时，不计侧向切割面阻滑作用，计算大坝抗滑稳定系数为0.45和0.87；而计入侧向阻滑作用（摩擦系数0.7）后的安全系数则分别为1.54和1.95，可以满足要求。大坝建成数十年，一直运行正常。

（3）坝下游抗力体的阻滑作用。坝基下可能发生滑移的岩体中，有时下游的局部岩体

具有支撑或抗滑作用，这部分岩体称为抗力体。当滑动面倾向下游而无陡立临空面或滑动面平缓时，坝趾下游完整的岩体可以起到抵抗坝基岩体滑动作用。

（三）坝基岩体抗滑稳定计算

坝基岩体抗滑稳定计算方法有极限平衡法、有限单元法和地质力学模型试验等方法。由于极限平衡法计算简明方便，又具有一定的精度，所以在工程上得到了广泛应用，下面介绍这一方法。

1. 表层滑移的抗滑稳定计算

表层滑移的稳定计算（图 11－4），常以式（11－4）、式（11－5）来表述。

$$k_c=\frac{f(\sum G-u)}{\sum H} \tag{11-4}$$

$$k_c'=\frac{f'(\sum G-u)+cA}{\sum H} \tag{11-5}$$

式中　k_c、k_c'——坝基抗滑稳定系数；

$\sum G$——作用于滑动面上的各种垂直力的总和；

$\sum H$——作用于滑动面上的各种水平力总和；

u——作用于滑动面上的扬压力；

c——坝体混凝土与坝基岩石接触面的内聚力；

A——坝体底面积；

f、f'——坝体混凝土与坝基岩石间的摩擦系数。

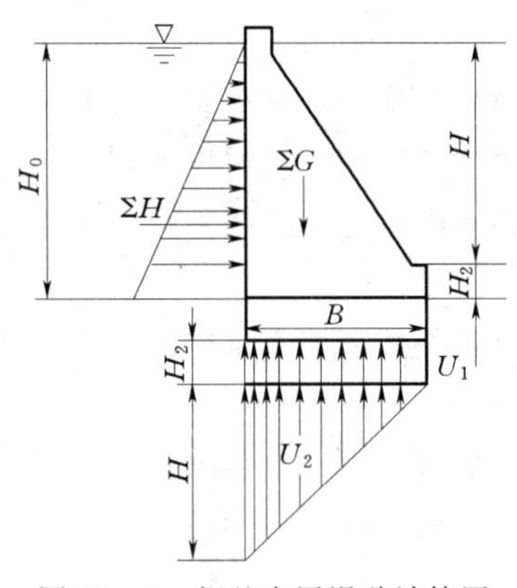

图 11－4　坝基表层滑移计算图

式（11－5）适用于计算大中型工程坝体沿基岩接触面的抗滑稳定性；式（11－4）适用于中小型工程中的中、低坝条件下，坝体沿基岩接触面的抗滑稳定性。式（11－4）、式（11－5）的不同在于，式（11－4）只考虑了摩擦力，而没考虑内聚力，k_c 是按抗剪强度计算的抗滑稳定安全系数，而 k_c' 是按抗剪断强度计算的抗滑稳定安全系数。抗剪强度是抗剪试验求得的指标，即在 $c=0$ 的设定条件下，$\tau=\sigma\tan\phi$ 求得 f；而抗剪断强度是抗剪断试验求得的抗剪指标，即在 $c\neq 0$ 条件下，$\tau=\sigma\tan\phi'+c$ 求得 f'。因此，f 与 f' 是两个具有不同含义的摩擦系数。故按式（11－4）计算的实质假定试件已被剪断，抗剪断强度已经消失，内聚力 $c=0$，这是坝基依靠剪断后的摩擦力来维持稳定，所以 k_c 值实际上是稳定的下限，按式（11－4）、式（11－5）计算的抗滑稳定安全系数 k_c、k_c' 只有满足以下条件，坝基抗滑稳定性才能满足工程要求，即对重力坝，荷载基本组合时，采用 $k_c\geqslant 1.05$、$k_c'\geqslant 3.00$；特殊荷载组合时，采用 $k_c\geqslant 1.00$、$k_c'\geqslant 2.3\sim 2.5$。

2. 浅层滑移的稳定计算

坝基浅层滑移的滑动面位于坝基岩体浅部，其抗滑稳定计算表达式形式同表层滑移，只是滑动面的抗剪指标采用坝体下软弱岩石或破碎岩石的抗剪强度指标，而不能采用混凝土与岩石间的抗剪强度指标。

如果坝基的抗滑稳定在表层及浅层都不能满足设计要求，除可增大坝体体积或进行固结灌浆外，还可采取如下措施。

（1）将坝基基岩面开挖成向下游抬高的斜面或台阶状，如图 11－5（a）所示。

（2）在基岩中增设齿墙，如图 11－5（b）所示。

（3）利用锚索或锚固加固岩体，如图 11－5（c）所示。

（4）利用下游的基岩抗力体，如图 11－5（d）所示。

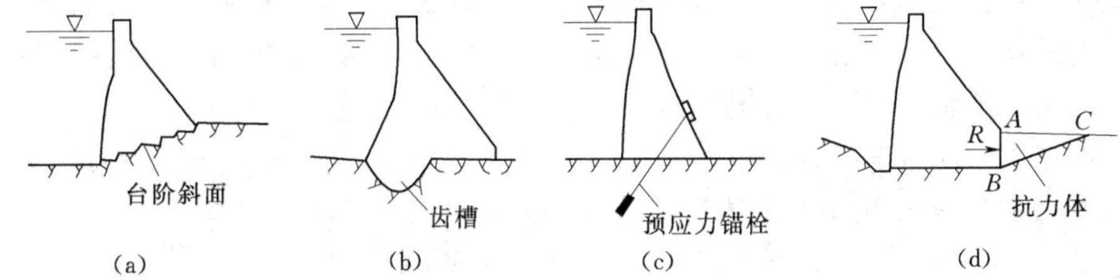

图 11－5　增加坝基抗滑力的措施

（a）将基岩面开挖成向下游抬升的台阶状；（b）增设齿槽；（c）利用预应力锚栓加固；（d）利用坝趾处的抗力体

3. 深层滑移的抗滑稳定计算

深层滑移的抗滑稳定计算，随滑移边界条件而异，且主要受滑动面的产状及结构面的组合形式所控制。以楔形滑移体为例，具体计算方法如下。取坝轴线方向上的单宽剖面，不考虑岩体的天然应力、侧向切割面和横向切割面作用，按平面问题，用极限平衡原理，通常有以下三种情况。

资源 11－1
坝基岩体
深层滑动的
稳定性计算

（1）单斜滑动面倾向下游。如图 11－6（a）所示，下游存在陡立临空面。

由

$$k_c=\frac{\text{抗滑力}}{\text{下滑力}}$$

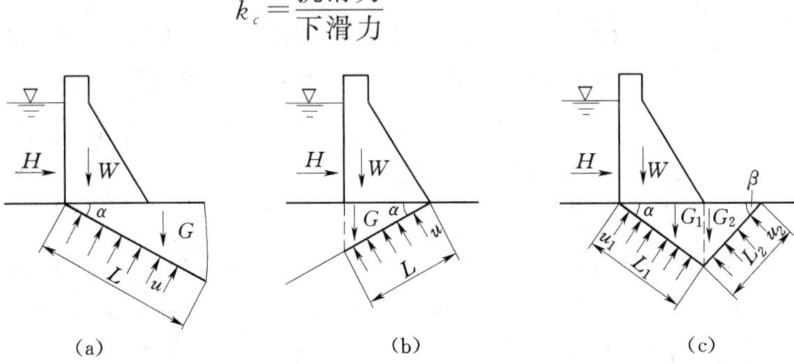

图 11－6　坝基深层滑移体稳定计算图

（a）单斜滑动面倾向下游；（b）单斜滑动面倾向上游；（c）双斜滑动面

可得

$$k_c=\frac{f[(\sum W+G)\cos\alpha-u-\sum H\sin\alpha]}{\sum H\cos\alpha+(\sum W+G)\sin\alpha} \tag{11-6}$$

式中　G——坝基滑移岩体重量；

α——滑动面与水平面的夹角；

$\sum W$——坝体重量；

其他符号意义同前。

(2) 单斜滑动面倾向上游，如图 11－6 (b) 所示。

$$k_c=\frac{f[(\sum W+G)\cos\alpha-u+\sum H\sin\alpha]}{\sum H\cos\alpha-(\sum W+G)\sin\alpha} \tag{11-7}$$

(3) 双斜滑动面，如图 11－6 (c) 所示。当坝基分布有倾向下游和上游的滑动面时，就构成了形状复杂的滑移体。为简化计算，设坝基下滑动面倾向下游，到坝趾处折转倾向上游。此时，可将坝基岩体分为滑移体和抗力体两部分。具体计算时，按块体静力传递原理，坝基滑移体倾向下游滑动面上的剩余推力 R 为该段滑动力与抗滑力之差，这样就可以近似地认为是单斜倾向下游情况，即

$$R=[\sum H\cos\alpha+(\sum W+G_1)\sin\alpha]-f_1[(\sum W+G_1\cos\alpha)-u_1-\sum H\sin\alpha] \tag{11-8}$$

根据剩余推力 R 作用于抗力体情况，计算抗力体稳定系数

$$k_c=\frac{f_2[R\sin(\alpha+\beta)-u_2+G_2\cos\beta]}{R\cos(\alpha+\beta)-G_2\sin\beta} \tag{11-9}$$

式中　G_1、G_2——坝基下滑移体和抗力体重量；

α、β——结构面与水平面夹角；

f_1、f_2——结构面的抗剪强度指标；

u_1、u_2——作用于结构面上扬压力；

R——滑移体作用于抗力体上的剩余推力；

其他符号意义同前。

上述计算未考虑凝聚力，根据不同的荷载组合，抗滑稳定安全系数要求在 1.0～1.3 之间。

三、坝肩的抗滑稳定性分析

坝肩的抗滑稳定性问题，往往在拱坝的设计中比较突出。拱坝的受力特点在于利用拱圈的作用，将上游水压力等荷载传至两岸岩体上来维持稳定。因此，坝肩岩体的稳定是坝体稳定的关键。拱坝一般选择在河谷狭窄、河谷断面对称、岸坡平顺地段，或河谷下游收敛、向上游开阔的位置、对两岸岩体强度和完整性要求较高，岩体中存在的软弱夹层及各种结构面，往往成为拱坝是否稳定的关键因素。

1. 拱坝坝肩稳定的地质条件分析

由于拱坝坝体薄，不但能节省大量的建筑材料，而且抗震性质很高。如日本的高 186m 的黑部川第四拱坝建在地震设计为Ⅹ度的高地震区。美国的帕科依马双曲拱坝，经受了 1971 年 2 月 9 日的 6.6 级地震未遭破坏。所以拱坝成为近代水利工程建设中的常用坝型。工程实践表明，拱坝的破坏多始于坝肩的失稳。常见的可能导致坝肩失稳的地质条件主要如下。

(1) 坝肩岩体内存在（或潜在）滑裂面，如各种裂隙面、断层面、软弱夹层、片理面、不整合面等。它们的延伸方向与拱端的推力方向间的夹角越小，对坝肩稳定性越不利，亦即沿此方向产生滑动破坏的可能性越大，如图 11－7 所示。

(2) 坝肩岩体内存在具有较大变形的岩层，如图 11－7 所示。如断裂破碎带、风化岩层、软弱岩石、喀斯特溶蚀带、张性裂隙密集带等，它们的分布方向与拱端推力方向间的

夹角越大，产生的变形量越大。如果变形量超过了坝体的允许范围，就可能引起拱冠的拉裂，甚至导致整个拱坝的破坏。

(3) 坝肩岩体内存在渗透通道。如果坝肩存在可溶性岩石或被石膏、方解石等充填的裂隙岩石，则可能出现化学潜蚀。如果位于坎肩的张性裂隙带内有泥炙充填物，则在绕坝渗漏的渗透水流作用下，可能形成机械潜蚀。坎肩岩体内的渗透破坏作用的发展，亦会危及坎肩的稳定。

(4) 地震、坝肩附近边坡变形破坏等，也会促使拱坝坝肩岩体失稳。

2. 拱坝坝肩稳定性的力学分析方法

拱坝坝肩稳定的力学分析方法，与前述重力坝坝肩抗滑稳定性计算方法基本相同，所不同的只是受力方向及边界条件有所差异。通常的分析方法是计算拱端单位坝高岩体的稳定性，即将拱坝坝体以不同高程的水平面切成许多独立的拱圈（高度可取 5m 或 10m），分别计算每个拱圈拱端岩体的稳定性。如为 U 形河谷，坝底部分的拱端推力最大；如为 V 形河谷，则在 1/3 坝高处的拱端推力最大。这样的部位均应选入典型拱圈予以验算。如果逐层的计算结果是稳定的，则可认为拱坝坝肩是稳定的。如果部分拱圈的计算结果不稳定，则应做整体稳定计算。

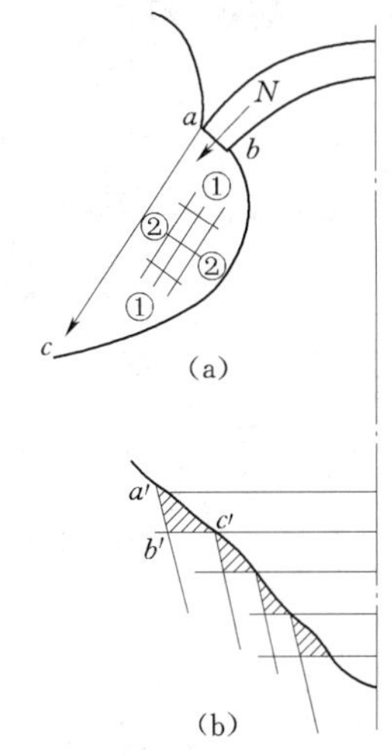

图 11－7　拱坝坝肩危岩体结构面示意图

(a) 平面图；(b) 河谷横剖面

abc—危险岩体；ab—拱断基岩图；bc—临空面；ac—平行于拱断推力 (N) 方向的危险滑移面；①-①—平行于 ac 的结构面（滑移面）；②-②—垂直于 ac 的结构面（压缩滑移面）；$a'b'c'$—不同高程拱端的危险滑移体

对于双曲拱坝，一般应用三维应力计算，稳定分析很复杂，多采用地质力学模型试验方法及有限元计算。但稳定分析所采用的地质指标和参数，仍需要深入现场调查研究，或进行一定的工程地质试验才能取得。

第四节　坝基的沉降与承载力

一、概述

大坝所承受的各种荷载，连同坝体的自重，最后都要由坝基承担。坝基（肩）的稳定除了上面已讲述的渗透稳定和抗滑稳定问题外，还有坝基的压缩变形和强度问题。坝基的变形通常有两种方式：垂直变位和角变位，如图 11－8 所示。对于拱坝来说，应是垂直于拱端坝肩岩面的变位。当坝基由均质岩层组成时，坝基（肩）的变形-沉降往往也是均匀的，如图 11－8 (a) 所示。当坝基由非均质岩层组成时，且岩性差异显著时，则将产生不均匀变形，如图 11－8 (b) 所示。如果变形量特别是不均匀变形量超过了允许变形量，则坝基将会产生破坏，进而导致坝体裂缝，甚至产生失稳，所以，在进行坝址坝轴线选择时，应尽量选择均质岩层做为坝基，坝基的变形量要小于坝的设计要求。但自然界地质体性质多变，完全为均质的坝基几乎是没有的。这就要求对坝基进行工程地质试验或观测，以便分析研究坝基变形和承载力变化规律，采取有效地基处理措施，保证坝基稳定。

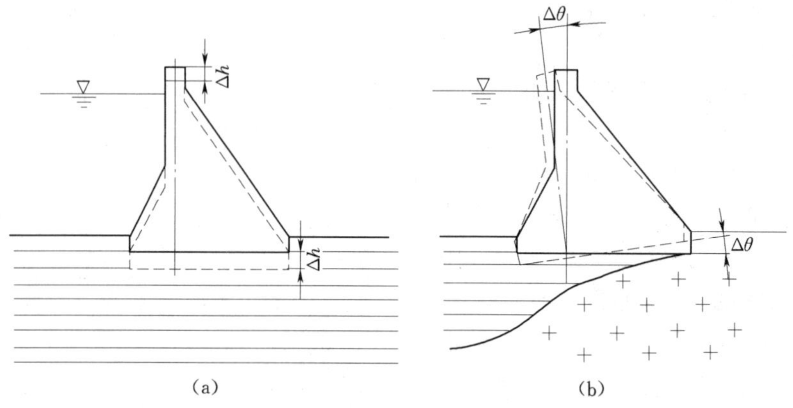

图 11-8　坝基沉降变形方式

(a) 坝基为均质、等厚度岩层产生的均匀垂直变形；(b) 坝基为非均质、不等厚度岩层产生的不垂直角变形

二、坝基的压缩变形

国内外大量原型观测资料证明，坝基的沉降变形，从坝体施工开始，一直持续到大坝建成、水库蓄水后的一个相当长的时间。一般坝基为坚硬岩石或砂卵石时，坝基沉降变形持续时间短，在大坝建成和水库蓄水后不久就趋于稳定。但当坝基为软弱岩石，特别为软土时，其沉降变形时间可持续很长，如在我国苏北地区，有些中华人民共和国成立初期建成的河闸，闸基至今还在变形（这是岩土的流变——Rheolgy 现象），当然变形速率已越来越小。此外，变形范围有时不仅局限于坝基，还可能扩展到坝趾下游很远地方。

坝基的压缩变形，一方面取决于坝高和坝型，另一方面也决取决于坝基岩土体的变形性质。一般混凝土坝，特别是拱坝，整体性刚度较大，坝基断面较小，坝体应力集中传递到坝基或坝肩岩体上。而土石坝是松散结构，坝底断面较大，坝基应力相对较小，故在相同的坝高和相同的地质条件下，前者的变形量会比后者大。此外，地质条件不同时，即使是同等坝高和同一坝型，其变形量也不尽相同。

1. 土体压缩变形分析

土石坝一般多修建于土体地基上。松散土地基在上部荷载作用下要发生压缩变形。一定限度内的压缩变形不仅不会破坏地基，反而可以提高地基总的稳定性。但是，过大的压缩变形或不均匀变形，会使坝顶高度得不到保证，导致坝体裂缝，引起大坝失事。

土体坝基的压缩变形决定于上部荷重在土体中引起的附加应力与土体压缩性的大小。附加应力越大，土压缩变形也越大。松软土坝基压缩变形分析应注意土层种类、土体在垂直方向与水平方向岩性的变化、可压缩性土层厚度的变化、覆盖层下基岩起伏情况等。一般说，饱和软黏土强度低，孔隙度大，是一种高压缩性土。无黏性土的压缩性取决于粒度成分和密实程度，颗粒越细，密度越小，则压缩性越强。当坝基可压缩土层厚薄不均匀或是由于谷坡不平顺、基岩起伏大，河谷中有埋藏谷时都会产生不均匀沉降。如加拿大邓肯坝，坝高 40m，坝址河谷为埋藏谷，谷中基岩埋深达 380m，埋藏谷部位坝基沉降比岸坡部分大，严重的不均匀沉降使心墙和反滤层产生达 5cm、深达 9m 的横向裂缝。

坝基在附加应力作用下，产生压缩变形，从而引起上部坝体的沉降，当沉降达到稳定时的沉降值，称为最终沉降量。坝基最终沉降量的计算，通常采用土力学中的分层总和法。关于土石坝坝基沉降允许值确定，目前常采用以下方法：

对于软基上长高比较大的坝，而且计算点距端岩石岸坡的距离大于 $2h\sqrt[3]{\dfrac{E_1}{\sigma_t E_0}}$ 的条件下，用下式计算：

$$\frac{\Delta S}{L}=\frac{\sigma_1}{E_0^{1/3}E_1^{2/3}} \tag{11-10}$$

式中　ΔS——相距为 L 的两点沉降差；

σ_1——坝体填土允许抗拉强度；

E_0——坝基变形模量；

E_1——坝体填土变形模量；

h——坝高。

不均匀沉降超过了此时计算所得的允许值，即表示不均匀沉降产生的拉应力超过了坝体填土的允许抗拉强度，导致坝体开裂。

此外，也可用经验法确定允许沉降量。根据我国大量大坝资料分析，土坝允许的不均匀沉降斜率以小于 1.5%为宜。

2. 岩石坝基的压缩变形分析

新鲜完整坚硬的岩石坝基压缩变形量很小，且以弹性变形为主，变形模量高，一般可以不分析计算坝基的压缩变形。但是，由于建造在岩基上的坝大多数具有较大刚性，它们对不均匀沉降非常敏感，坝基的不均匀沉降会导致坝体应力重分布，形成局部应力集中或产生拉应力，对坝基稳定性带来危害。因此，须对不均匀压缩变形进行分析计算，以校核对坝体稳定性影响。

造成岩石坝基不均匀变形的地质因素有以下几方面。

(1) 坝基不同部位岩石变形性质差异。如坝体建于软硬差别较大的岩层上时，易产生坝基不均匀沉降。

(2) 组成坝基的岩体及岩体结构差异，导致不均匀沉降。坝基岩体变形是结构体、结构面和充填物变形之总和。坝基岩体中结构面发育，规模大，连续性好，充填物厚度大且性状差，其岩体越破碎，岩体变形模量就明显降低。结构面发育具有方向性，因此岩体变形模量的各向异性显著。层状岩体由于层理的影响，沿平行层理方向的变形模量总大于垂直层理方向的变形模量。结构面不仅使岩体变形特性具有明显的各向异性，而且可以使坝基内的附加应力在软弱结构面所限狭窄范围内产生高度的集中。

(3) 水和风化作用。水和风化作用能降低岩体的强度并使裂隙扩展，软弱夹层的泥化软化，岩层可溶组分的溶蚀等都会降低岩体的变形性能，特别是一些特殊风化现象，如裂隙风化、夹层风化、囊状风化等，易于产生不均变形。表 11-1 为水对岩体变形性质影响，表 11-2 为国外一些大坝坝基变形值。

表 11-1　　水对岩体变形性质的影响

岩石名称	试验条件	变形模量 $/10^3$ MPa	静弹性模量 $/10^3$ MPa
粉砂岩	天然状态	1.4	2.67
	泡水 6d	1.35	1.60
	泡水 12d	0.85	1.20
砂岩	天然状态	1.04	1.85
	泡水 36d	0.65	0.76

表 11-2　　国外一些坝基的沉降值

坝名	岩　性	坝高/m	坝基应力/MPa	沉降量/mm
努列克	砂岩、粉砂岩	297	6.5	153
布拉茨克	辉绿岩、砂岩、泥岩	120	2.9	72
方塔腊	石英岩、千枚岩、页岩	146	3.5	59

当坝基岩体内发育有厚度较大的软弱结构面或断层破碎岩时，必须单独分析它的压缩变形。对于坝基岩体内软弱结构面的单层厚度较薄，但在坝基中呈多层出现时，应用多层的累计厚度进行分析。如软弱结构面或断层破碎带计算厚度为 d，压缩变形量为 ΔS，则应变为

$$\varepsilon=\frac{\Delta S}{d} \tag{11-11}$$

根据胡克定律，压缩变形量 ΔS 的表达式为

$$\Delta S=\frac{\sigma d}{E} \tag{11-12}$$

式中　ΔS——变形量，m；

σ——坝基应力，MN/m^2；

d——变形岩层的厚度，m；

E——弹性模量（变形模量），MN/m^2。

三、坝基的承载力评价

确定松软土坝基承载力的方法与土力学、岩土工程勘察中确定地基土承载力的方法类似。目前确定地基土承载力方法有：按规范查表法、理论公式计算法、现场试验法、经验类比法等。

基岩坝基承载力，一般认为对于裂隙较少的坚硬岩基的承载力是不成问题的。相反，对于整体性较差、不够坚硬的岩基应进行承载力的验算和试验。基岩坝基承载力，通常是根据岩块单轴饱和极限抗压强度，结合岩体裂隙发育程度，折减后作为基岩坝基的承载力，见表 11-3。

表 11-3　　经验方法估算基岩体的容许承载力

岩石名称	容许承载力			
	节理极发育（间距<1.0m）	节理不发育（间距>1.0m）	节理较发育（间距 1.0～0.3m）	节理发育（间距 0.3～0.1m）
坚硬和半坚硬岩石 $R_b>30$MPa	$\frac{1}{7}R_b$	$\left(\frac{1}{7}\sim\frac{1}{10}\right)R_b$	$\left(\frac{1}{10}\sim\frac{1}{16}\right)R_b$	$\left(\frac{1}{16}\sim\frac{1}{20}\right)R_b$
软弱岩石 $R_b<30$MPa	$\frac{1}{5}R_b$	$\left(\frac{1}{5}\sim\frac{1}{7}\right)R_b$	$\left(\frac{1}{7}\sim\frac{1}{10}\right)R_b$	$\left(\frac{1}{10}\sim\frac{1}{15}\right)R_b$

第五节　坝　基　处　理

在任何地区，都无法找到无任何缺陷的坝基。加上各种坝型还有不同的结构要求，因此，坝基处理十分必要而且难度大。坝基处理的目的在于提高坝基的强度和稳定性，以满足大坝对地基在承载力和变形、渗透和渗透稳定、抗滑稳定、边坡稳定等方面的要求。坝基处理方法随地而异，与坝型、工程等级、坝基工程地质条件、施工条件等因素有关。通常包括开挖清基、岩土体加固、防渗排水以及改变建筑物结构等方法。

一、开挖清基

开挖清基，就是将坝基表部的松软土层、风化破碎岩体或浅部的软弱夹层等开挖除掉，使坝体位于比较坚实的土层或坚硬完整的岩体上。

清基对于保证水工建筑物的稳定是一项很重要的工作。根据建筑物的类型和等级的不同，有不同的要求。

对于混凝土高坝或重要的水工建筑物，清基要求达到坚硬、新鲜、渗透性很小的基岩，并应挖成一定的反坡，以提高坝基的抗滑能力。

对于中等高度坝或低坝（混凝土坝），常常可以不必清到新鲜基岩，只要各种力学指标能够满足抗滑稳定要求，有时可以只清到轻微风化带。如果岩石是坚硬的、只因裂隙切割使其力学性质降低，为避免清基过深，可以考虑采取其他加固措施，以提高坝基的抗滑稳定性。

中小型土坝一般不要全部清基，除地基中存在有压缩性大、抗剪性能很低的软弱土层，如淤泥、高塑性软黏土、流砂、腐殖土等必须清除外，其他稳定性较好的砂砾层、密实的黏土层等则可不必清除。

总之，坝基具体开挖深度，应根据坝基的应力、岩土体的力学指标、地基的变形和稳定性，结合上部结构对坝基的要求以及坝基处理效果、工期、费用等经过技术经济比较确定。

二、岩土体的加固

1. 固结灌浆

固结灌浆就是在坝基中用钻孔进行浅层灌注水泥浆，使水泥浆或其他胶结材料填充岩体裂隙，使之连成整体。通过固结灌浆可以改善岩体力学性能，提高岩体变形指标和承载力，加强岩体完整性和均一性，凡经过固结灌浆可以处理的岩体，则可以不予挖除，从而减少开挖量。

灌浆设计要根据坝基的地质特点进行，事先应在典型地段进行灌浆试验，以便正确确定灌浆的施工工艺及各种技术参数。灌浆孔一般按梅花形布置，孔距视浆液扩散的有效范围而定，通常为2～3m。孔深根据加固岩体的要求而定，一般不大于15m。

2. 锚固

锚固就是用钻孔穿过控制岩体的滑移的软弱结构面，深入至坚硬、完整岩体一定深度，插入预应力钢筋或钢缆，钻孔中回填水泥砂浆封闭，以增强岩体稳定的一种加固措施。如法国卡斯铁郎拱坝，处理时，用20多根钢索将岩石锚固。我国的梅山连拱坝、猫跳河三级电站、双牌水电站等工程坝基处理时都曾使用，效果良好。

3. 断裂破碎带的槽、井、洞挖回填处理

对高倾角的断裂破碎带或埋藏较深的软弱夹层，因无法彻底清除，通常采用槽、井或洞挖的方式，将一定范围的软弱破碎物质清除，然后回填混凝土，以增强地基的稳定性和防渗能力。当缓倾角的断裂破碎带埋藏较浅时可全部挖除，回填混凝土。

4. 桩基加固

桩基加固是一种用打桩来加固软土地基的方法。桩基有两种：一是支承桩，其下端直接支承在硬土层上；另一类是摩擦桩，桩身仍在软土层中，利用桩身的表面摩擦作用将建筑物的重量传到四周土层上去。由于所需材料较多，施工期长，故使用上受到限制。

三、防渗和排水

坝基渗流控制是指为了减少通过坝基的渗漏损失、防止坝基岩土体产生渗透变形破坏而采取的防渗排水措施。坝基渗流控制的方法很多，概括起来就是"上铺下排"或"上截下排"。"铺"就是在坝上游设置水平铺盖。水平铺盖的主要作用是延长渗径，把渗流坡降控制在允许范围以内，以防止地基土发生渗透变形。"截"指截水墙、混凝土防渗墙或灌浆帷幕等垂直截渗措施，因为可以将坝基渗流断面全部加以封闭，所以能有效地截断渗流，因而渗透变形问题也就失去了发生的条件。"排"就是在坝址下游坝脚附近设置排水垫层、减压井和排水沟等。其目的主要是排走剩余渗流，降低坝体浸润线和下游的剩余水头。坝基渗流控制措施与大坝是一个整体，所以在上述各种措施中，具体应采用什么方法，需要结合工程特点和坝基水文地质条件综合考虑。下面介绍渗流控制的主要工程措施。

(1) 截水槽：对覆盖层厚度较薄，基岩埋藏较浅的（一般不超过20m）坝基，可以将截水槽挖至不透水层或基岩面，然后向槽内回填黏土或其他土料并压实。在基岩裂隙密集处用混凝土填塞处理。对于较高的坝，在岩面上还要浇筑混凝土盖板，以免上部填充的土料和裂隙接触，产生集中渗流冲刷破坏填土。

(2) 混凝土防渗墙：在坝基现场凿空，就地浇筑混凝土防渗墙。它是防治深厚砂砾石地基渗透变形的有效措施。我国自1985年开始，陆续在月子口、密云、黄河小浪底等几十座闸坝地基采用了这种措施。实践证明大多数混凝土防渗漏墙是成功的，仅个别工程因造孔质量不佳，引起漏水，出现塌坑和管涌等问题。

(3) 灌浆帷幕：当坝基透水层很厚，混凝土防渗墙难以达到隔水层时，可用帷幕灌浆，或上墙下幕的方法进行处理。帷幕落浆主要作用，可以减少坝基和绕坝渗漏，防止其对坝基及两岸边坡稳定产生不利影响；在帷幕和坝基排水的共同作用下，使帷幕后坝基面渗透压力降至允许值之内；防止在软弱夹层、断层破碎带、岩石裂隙充填物以及抗水性能差的岩体中产生渗透变形。国外阿斯旺高坝砂砾石灌浆帷幕达到250m。我国密云水库和毛家村水电站的坝基，都采用混凝土防渗墙和灌浆帷幕相结合的措施是成功的。灌浆材料，以水泥为主，必要时也有使用化学浆液的，这取决于砂砾石地基的可灌性。

断层带和泥化夹层带进行水泥灌浆的效果较差，一般悬浊浆液不能小于0.1mm宽的裂隙所吸收。目前国内外正在研究渗透性高，稳定性强的新浆液，有的已取得重大进展。小浪底工程，对于岩体不均一裂隙的灌浆效果研究表明，最有效的灌浆方向是与最宽裂隙组的壁面直交，即用斜孔灌浆。

在岩盐层分布地段，为了防止盐溶蚀危及大坝安全，罗贡水电站的岩盐层附近设置了水力帷幕和盐水帷幕，使盐水与淡水形成各自运动途径，防止淡水渗流通过盐岩层发生溶解作用。

(4) 铺盖：我国采用人工铺盖防渗的成功例子不少，如临城水库，陡河水库，怀柔水库，漫坝失事前的板桥，石漫滩水库，一直运转良好。但如施工质量或基础处理不好，或者下游排水没有搞好，运行中出现问题的也不少，如王快水库，铺盖长仅为水头的3.8倍，运行后连年发生管涌、塌坑，后来不得不进行加固。国外最高的铺盖为印度河上148m的塔贝拉土石坝，铺盖长为水头的10倍，自1976年蓄水后，铺盖塌坑400多处，需经常修补。

苏联卡马水利枢纽，坝基下部有120m厚的层状石膏和无水石膏层。为了防止地基内石膏层被冲蚀，设置了100m长的铺盖，并在铺盖前缘设置防渗帷幕。

(5) 回填混凝土：挖掉一定深度的破碎软弱岩体，回填混凝土，陆浑坝基截水槽开挖后，对于F5断层及风化破碎岩体，挖除了2～3m，然后铺设0.3～0.5m厚的混凝土，其上直接回填黏土。对于回填混凝土下面的断层，因未做任何处理，担心会发生渗透变形，现已开始对坝基断层进行补强处理。

(6) 坝基排水：采用上述各种防渗措施的透水坝基，有时在下游仍有超过允许的水力坡降，需要采取排水措施。对于良好的坝基，在帷幕下游设置排水设施，可以充分降低坝基渗透压力并排除渗水；对于地质条件较差的坝基，设置排水孔应注意防止渗透变形破坏。为降低岸坡部位渗透压力，保证岸坡稳定，一般在岸坡坝段的坝体内设置横向排水廊道，并向岸坡内设置排水孔和专门排水设施，使渗水尽量靠近基础面排出坝体外。

对于砂砾石坝基，在防渗同时，在下游也常采用排渗沟和减压并进一步降低剩余水头压力，确保大坝安全。

常见的排水措施有排水垫层、排水沟，当表层有较厚的黏性土时，则采用减压井深入到强透水层中进行排水减压，以防止渗流在地表或坝坡逸出，在采用排水措施的渗流出逸段，均需采用反滤保护措施，以防止渗流，对地基造成破坏。

四、改变建筑物结构形式，以适应坝基的地质条件

如果采取以上措施还不能满足要求时，也可以适当改变建筑物的结构形式，以适应坝基的地质条件。如改变坝型、加大坝体断面、扩大基础、设立支撑墙、增加压重、坝肩加设重力墩、预留沉降缝、降低坝高、移动坝轴线、坝轴线拐弯等。这类方法包括增大坝体、放缓边坡、加深齿墙（切断软弱层）、延长上游防冲板或护坦以增大垂直荷载，以及预留沉陷缝以消除不均匀沉陷的危害等。

总之，只要能在查清地区的地质情况的基础上采取必要的措施，即使在地质条件并不优越的情况下，也可以成功地修建各类水工建筑物。但是，也绝不能因此而忽视选择建筑场地的工作，因为选择建筑场地的工作能为更加多快好省地修建各类建筑物提供可靠的保证性。

资源 11-2
石河水库

复习思考题

1. 什么是工程地质条件？什么是工程地质问题？
2. 坝基稳定性的分析应包括哪些内容？
3. 坝基渗透变形破坏形式有哪些？
4. 大坝失稳的形式有哪几种类型？产生的原因各是什么？
5. 影响坝基抗滑稳定性的因素是什么？
6. 简述各种坝型对地质条件要求。
7. 如何评价坝基强度与变形问题？
8. 怎样有效地保护和改善坝基的稳定性？

第十二章　边坡的工程地质研究

边坡是指岩土体表面具有侧向临空面的地质体。它包括自然边坡和人工边坡。自然边坡是指在自然地质作用下形成的山体斜坡、河谷岸坡、海岸陡崖等天然斜坡。人工边坡是指人类工程活动形成的规模不同、陡缓不等的斜坡，例如道路工程中的路堤边坡、房屋桥梁工程的基坑边坡、露天矿山边坡、水利水电工程中的运河渠道边坡、船闸、溢洪道边坡、引水隧洞进出口边坡、土石坝边坡及坝肩边坡等。

边坡在各种内、外地质营力作用下，使坡体内应力分布发生变化，当岩土体强度不能适应此应力分布时，就产生了边坡的变形破坏。尤其是大规模的工程建设，使自然边坡发生急剧变化，或产生高陡的人工边坡，边坡的失稳破坏常形成严重的灾害。1959 年湖南省柘溪水库施工期间，大坝上游左岸 1.5km 处发生了大规模的滑坡，滑坡体积达 165 万 m^3，滑入水库后形成 21m 高的涌浪，漫过坝顶，正在施工的工人 20 余人被卷入巨浪之中，淹没了围堰，造成重大损失。1963 年 10 月 9 日发生的意大利瓦依昂大滑坡，是一次震惊世界的大坝失事。巨大的深层滑动岩体（据估计为 2.8 亿 m^3）从峡谷左岸在 30s 内迅速滑落到库底，产生 260m 高的涌浪（据巴黎、罗马等地测得的地震记录推算）越过高 276m 双曲薄拱坝的坝顶，冲向下游河谷，下游朗加隆镇的大部分房屋、道路在 7min 后荡然无存，死亡近 3000 人，正在坝址现场进行观测的 45 名工程师全部遇难，损失惨重。1985 年 6 月 12 日，长江三峡库区的新滩滑坡群的老滑坡体大面积复活，3000 万 m^3 滑坡体将新滩镇全部摧毁并推入江中，河道被堵塞 1/3，激浪高达 54m，对岸水浪爬高 90 余米，由于抢救及时，镇上 1000 余人，滑动前全部撤离，无一人死亡，船运客轮及时避险，将灾害减小到最低程度。

从上述实例可以知道，在水利水电工程建设中，对边坡稳定性的研究已成为非常重要的工程地质问题。

第一节　我国边坡工程的研究现状

我国对边坡工程的系统研究始于中华人民共和国成立后，随着国家经济建设的迅速发展，工程建设涉及的自然边坡越来越多，同时产生了大量的人工边坡，因而对边坡的工程地质研究也日益加深。国内对边坡的工程地质研究基本分为三个阶段：

（1）被动治理阶段（20 世纪 50 年代初至 60 年代中期）。20 世纪 50 年代初期，由于对边坡变形破坏产生的条件、作用因素、运动机理及其危害性缺乏认识，在建设中盲目挖方，造成边坡失稳的事故屡屡发生，被迫对已发生的边坡进行勘测、研究和治理，既耽误了工期，又增加了投资，产生很大的浪费。60 年代总结了以往的经验教训，开始加强对不稳边坡的地质勘察工作，在建设中注意避开大型不稳边坡和滑坡集中分布地段，减少了大量的边坡失稳事故，但对不稳边坡发生和运动机理的认识尚不深入。1958 年宝成铁路修建总结中的《路基设计与坍方滑坡处理》部分，是徐帮栋、任龙章等人对该线宝鸡-略阳段崩塌、滑坡研究与治理的经验教训进行系统的总结，是我国在研究不稳边坡方面的第一部具代表性的著作，反映出我国 20 世纪 50 年代不稳边坡研究的水平。徐帮栋、王恭先等编写的《滑坡防治》一书，全面地反映了我国 20 世纪 50—60 年代在滑坡防治方面的经验和科研成果。

（2）专题研究阶段（20 世纪 60 年代中期至 80 年代初）。人们从实践中逐渐认识到要有效地预防、减轻和防治边坡失稳造成的灾害，必须深入系统地研究各种边坡的类型、分布、产生的条件、作用因素及其发生和运动的机理，对此列出了若干个专题进行研究。从 1961 年开始，铁道部门先后召开全国不稳边坡防治经验交流与科研协作会议，对不稳边坡治理的新技术、新经验进行及时的总结。在第六个五年计划期间，地矿部将“中国西南、西北崩滑灾害与山区斜坡稳定性研究”列为专题进行重点攻关。在第七个五年计划期间，三峡工程地质地震专题组对三峡库区沿岸重点滑坡进行登记和调查。对不稳边坡的治理已基本建立在一定的理论基础上，变被动治理为主动预防和防治。

（3）由治理为主发展到以预防为主阶段，逐步形成不稳边坡防治的理论体系（20 世纪 80 年代至今）。随着国民经济的大发展，不稳边坡失稳造成的影响更加突出，对防灾减灾的要求也更高。对重点工程项目的建设前应进行灾害调查、预测和评价，或事先避开，或采取预防措施，防止和减少灾害的发生。特别对高速远程危害大的滑坡也进行了较深入的研究，滑坡发生时间预报也取得了突破性进展，逐渐形成了不稳边坡防治的理论体系。

20 世纪 80 年代以来，水利水电部门对龙羊峡、李家峡、五强溪、龙滩等大型项目的边坡工程进行了系统的研究，1980 年潘家铮编著的《建筑物的抗滑稳定和滑坡分析》一书，反映了我国水电系统在滑坡防治技术方面的水平；1987 年出版的《宝天、宝成、阳安铁路水害抢建工程技术总结汇编》中滑坡部分，反映了我国 20 世纪 80 年代滑坡治理的技术水平。1994—1998 年，由林秉南等负责完成的“三峡船闸高边坡的变形与稳定”项目，其研究成果《岩石高边坡的变形与稳定》标志着我国岩石高边坡研究的一个新阶段，取得了科学和技术上的突破。

目前随着我国大规模的工程建设向西北和西南推进，特别是高山峡谷区的一些大型水利水电建设项目，基本都涉及高陡边坡变形和稳定的问题。西南雅砻江锦屏一级水电站等工程涉及的边坡高度达 900m 以上；西北塔里木河流域下坡地下水库等工程相关的边坡高度超过 1000m。边坡规模的增加，致使边坡工程地质条件更为复杂。

一、边坡工程理论研究方法

在滑坡研究的早期阶段，理论基本以工程地质类比分析为主，现已从定性的类比发展到定量的类比。但由于滑坡灾害系统的复杂性，因此对滑坡的预测是近似的、相对量化的。

从 20 世纪 70 年代以来，随着数理等学科的突破性发展和科学计算水平的提高和普及，学科的相互交叉与渗透使得滑坡计算、预测预报有了很大的发展。近 30 年来，逐步发展了时空预测的信息量法、灰色系统预测法等定量和半定量的分析方法、可靠性分析方法。近年来，把耗散结构理论、混沌动力学、协同论、突变论、分形理论等非线性方法渗透到滑坡预测中，另外，又发展了定性、定量相结合的综合研究方法，例如专家系统预测方法等。

二、新技术的应用

随着3S技术的发展和普及，现在越来越多的应用到边坡工程治理的各个环节。3S系统指地理信息系统（Geography Information System，GIS）、遥感系统（Remote Sensing System，RS）和全球卫星定位系统（Global Positioning System，GPS）。三者融为一体为边坡工程的防治与预测预报提供了新的观测手段。

用数值计算方法处理有复杂边界条件和地质条件的边坡工程，可以得到边坡的应力场、应变场和位移场，能够非常直观的模拟边坡；可以根据岩土体的破坏准则，确定边坡的塑性区或拉裂区域，分析边坡破坏过程和确定边坡的起始破坏部位；能够模拟边坡整体破坏过程。

在稳定性分析评价方面，人工神经网络的应用，对于边坡工程的稳定性分析和评价提供了一条新途径。

随着数值分析方法的不断发展和完善，现在采用不同数值方法的相互耦合，例如有限元、边界元、离散元与块体元等相互耦合。这些方法的耦合能够充分发挥各自的特长，来解决复杂的边坡工程问题。

三、高边坡的施工处理

1. 三峡永久船闸边坡不稳定块体处理

永久船闸为双线连续五级船闸，位于三峡大坝的左侧，航道轴线总长6442m，其中主体段长1637m，在山体中深切开挖修建，并采用1.5～2.4m的薄衬砌墙结构，两线间保留高度45～68m、宽60m的中间岩石隔墙，最大开挖深度达170m，下部为45～68m直立墙的“W”形的双向岩质高边坡。坡比：全风化岩体1∶1，弱风化岩体1∶0.5，微风化至新鲜岩体1∶0.3。

永久船闸直立墙不稳定块体处理遵循动态设计的思想和方法，对块体进行工程处理，以改善和提高块体的稳定性。一般处理采取“锚固为主、不开挖或小开挖为辅”的原则。

（1）对于埋深小于5m的小规模块体，采用系统锚杆和随机锚杆结合（挂网）喷混凝土进行加固。

（2）对于埋深为5～8m的中等规模块体，采用预应力锚杆加固，但对于较小块体，也可以采用普通锚杆进行加固。

（3）对于埋深大于8m的较大规模块体，采用预应力锚索进行加固。

对永久船闸高边坡，在原设计南、北及中间隔墩4个直立墙面上布设系统锚索1652束，高强锚杆10万根。随着开挖的进行，由于高强锚索材质和结构型式方案滞后，对直立墙顶部第一阶段范围内增设了长度为12～14m普通砂浆锚杆6861根。随着开挖高程的逐渐降低，大量不稳定块体的出现，随机锚索也逐步增多，据统计随机锚索总量达2043束。永久船闸一、二期锚索总量达4123束，对埋深小于8m块体增布了随机锚索2万根，考虑雨水对岩体产生的不利影响，对直立墙顶部平台及裸露的边坡进行找平混凝土封闭及喷护、直立墙管线廊道以上进行喷护混凝土的措施。

2. 大型危岩体加固

链子崖危岩体是位于长江三峡航道咽喉上的稳定性最差的大型灾害性崩滑体。危岩体在长江的南岸，下距宜昌市73km，距三峡坝址27km，属湖北省秭归县，对岸是1985年又一次大规模活动的新滩滑坡和新滩镇（老镇被滑坡推入江中）。

链子崖危岩体防治工程的目的是改善坡体的稳定性，防止大规模的崩滑物质入江造成危害。危岩体锚固工程是整个防治工程的重要组成部分，主要是改善水马门一带的“五万方”危岩体。危岩体防治工程施工共完成锚索151束，其中1000kN锚索50束；2000kN锚索61束；3000kN锚索40束。在高达百米的悬崖上进行锚固施工，难度非常大。经过多次研究施工方案，最后搭设了高82.6m的碗口式施工排架及物料提升机，才克服了在悬崖边高空施工的困难。

“五万方”危岩体锚索工程从1996年3月到1997年8月，历时1年半时间，共完成锚索施工151束，总锚固力达23.1万kN。

第二节　边坡变形与破坏的类型

无论是自然边坡或人工边坡，边坡形成受自然或人为营力作用，其中边坡应力分布特征决定了边坡变形破坏的形式和机制，因此，首先要了解边坡形成后坡体中应力分布特征。

一、边坡岩土体应力分布特征

天然岩土体应力分布较复杂，除普遍存在的自重应力外，还有区域性的构造应力，有温差产生的温度应力，地下水产生的水压力，由地震产生的附加地震力等。一般认为在自重应力作用下，未形成边坡前岩（土）体中的主应力（初始应力）是呈垂直与水平状态的，即垂直应力为最大主应力（σ_1），水平应力为最小主应力（$\sigma_2=\sigma_3$）（图12-1）。

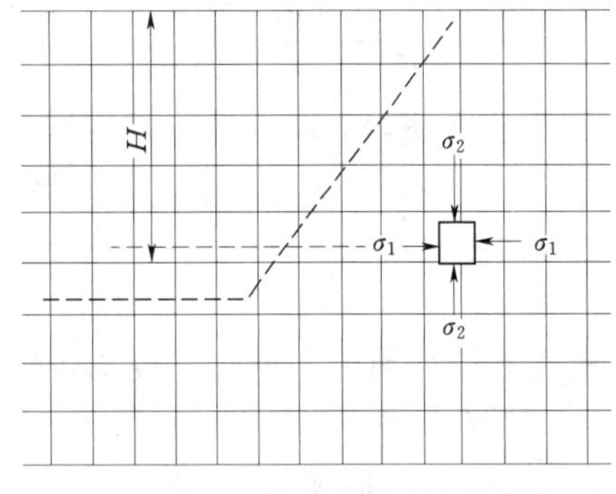

图12-1　边坡形成前岩土体内任一点的应力状态

$$\sigma_1=\sigma_z'=\gamma H \tag{12-1}$$

$$\sigma_2=\sigma_3=\sigma_x'=\sigma_y'=\frac{\mu}{1-\mu}\sigma_z' \tag{12-2}$$

式中　γ——上覆岩（土）体的平均容重，kN/m^3；

H——上覆岩（土）体重心点的深度，m；

μ——上覆岩（土）体的泊松比；

σ_z'——上覆岩（土）体重量的垂直应力，kPa；

σ_x'、σ_y'——上覆岩（土）体重量的水平应力，kPa。

在边坡形成过程中，由于坡面上产生卸荷作用，引起岩土体内应力重新分布。根据光弹性试验资料和有限元计算，边坡内应力重分布主要发生以下变化：

（1）边坡岩土体主应力迹线发生明显偏移，越接近边坡坡面，最大主应力（σ_1）越近平行于边坡临空面；而最小主应力（σ_3）则与边坡临空面几乎正交，远离坡面趋于天然应力场状态（图12-2）。

（2）在坡脚附近形成明显的应力集中带，边坡越陡，应力集中越严重。随着河谷的下切，坡面附近的最大主应力（近平行于谷坡方向）显著提高，最小主应力显著降低，至坡面降为零。

(3) 最大剪应力迹线发生偏转，呈凹向临空面的弧线。在最大、最小主应力差值最大的部位（一般在坡脚附近），形成一个最大剪应力区，容易发生剪切破坏（图 12-2）。

(4) 在坡顶和坡面接近表面部位，由于侧向应力近于零，实际上变为两向受力。在较陡边坡的坡面和坡顶出现拉应力，形成拉应力带。拉应力带的分布位置与边坡的形状和坡脚的角度有关，图 12-3 为不同边坡的拉应力带分布位置。

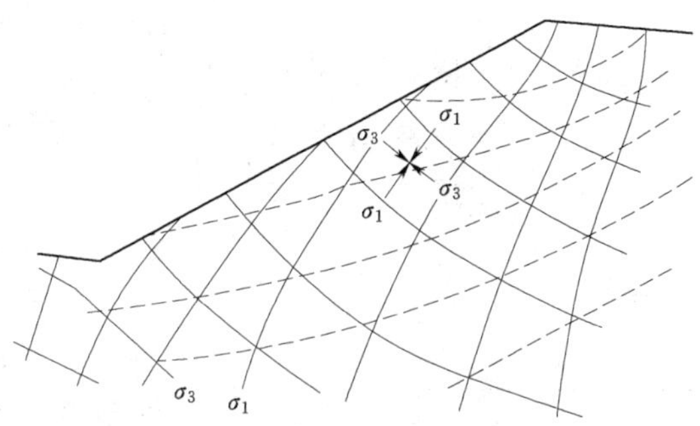

图 12-2　边坡中最大剪应力迹线（虚线）与主应力迹线（实线）示意图

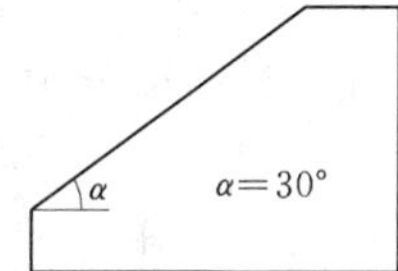

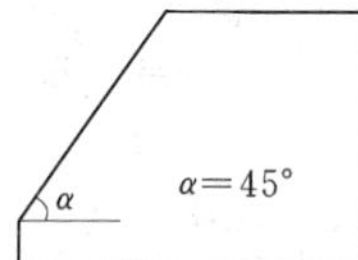

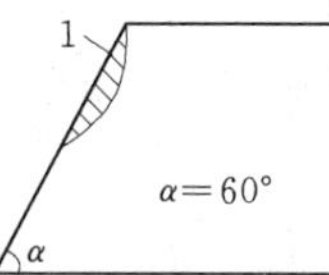

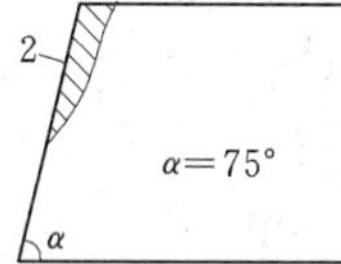

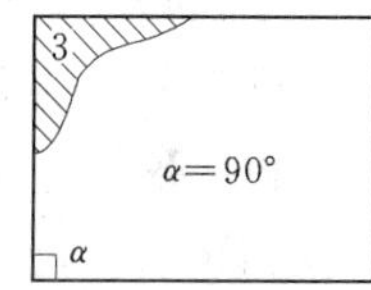

图 12-3　边坡拉应力带分布示意图

1、2、3—拉应力带

二、边坡变形破坏的基本类型

边坡在形成过程中，其内部原有的应力状态发生变化，引起应力重分布和应力集中等效应。为适应这种应力状态的变化，边坡将发生不同形式和不同规模的变形与破坏。边坡的变形与破坏是应力状态调整的结果，是推动边坡演变的内在原因。各种自然营力和人类工程活动也可造成边坡外形、内部结构及应力状态的变化，这些营力则是推动边坡演变的外部因素。

资源 12-1 边坡变形破坏的基本类型

边坡变形破坏可划分为边坡变形、边坡破坏及边坡岩体中已形成贯通性破坏面和破坏后的继续运动三大类型，它们分别代表了边坡变形破坏的三个演化阶段。常见的边坡变形破坏的主要类型有松弛张裂、蠕动、剥落、崩塌和滑坡。边坡变形破坏是工程中广泛研究的课题，边坡破坏后的继续运动研究的较少。

（一）边坡变形

边坡变形以未出现贯通性的破坏面为特点，尤其是在坡面附近可能有一定程度的破裂与错动，但整体上没有产生滑动破坏，一般分为卸荷回弹（松动）和蠕动等形式。

1. 松弛张裂

松弛张裂是指当边坡侧向应力减弱之后，由于卸荷回弹而出现张开裂隙的现象。一般在多层卸荷裂隙发育的情况下，往往在边坡形成松弛张裂带，这种表生结构面及岩体，通常称为卸荷带（unloading zone）。其发育深度与组成边坡的岩性、岩体结构特征、天然应力状态、外形以及边坡形成演化历史等因素有关。

在河谷谷坡上形成的卸荷裂隙，主要是由于河谷部位的部分岩体，长期被河水冲刷而

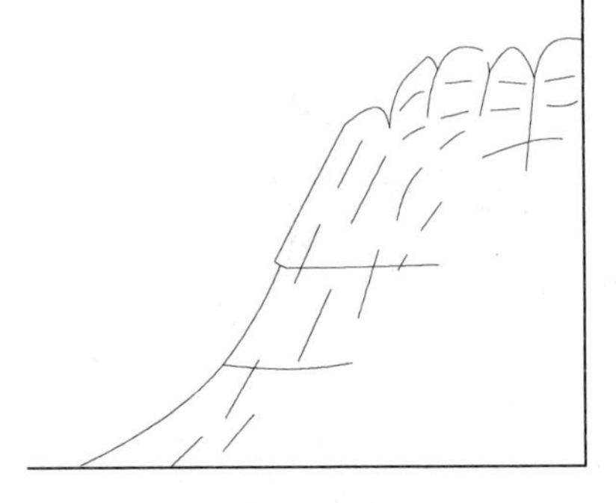
图 12-4　边坡松弛张裂

侵蚀掉，使岸坡岩土体失去平衡，岩体内应力重新分布，从而使岸坡岩土体发生向临空面方向回弹变形，产生近于平行边坡的卸荷裂隙。其深度可达百米以上，主要取决于河谷下切深度，一般不低于谷底基岩标高，其特征是上宽下窄。边坡越陡裂隙越发育，松弛张裂带越宽，如图 12-4 所示。

松弛张裂的危害性在于其破坏了岩土体的完整性，进而破坏了其整体稳定性。可使大气降水、坡面地表水易渗入边坡内部，加剧了风化作用的强度，促使边坡进一步破坏。松弛张裂变形后，可导致倾倒、蠕动等其他变形。

2. 蠕动

边坡的蠕动是在坡体应力（以自重应力为主）长期作用下，向临空面方向发生的一种缓慢变形现象。这种变形包含某些局部破裂，并产生一些新的表生破裂面。蠕动可分为表层蠕动和深层蠕动两种类型。

表层蠕动主要表现为表部岩体发生的弯曲变形。在脆性岩层中，如石英岩、砂岩、花岗岩等一般是沿着已有的滑动面或绕一定的转点，向临空面方向长期缓慢的滑动或转动，使岩块发生滑动或扭转。但岩块本身的形态不发生显著的变化，仅岩块之间相对位置发生变化或出现岩块之间拉裂现象，严重的甚至发生倒转破裂、倾倒，如图 11-5（a）所示；在塑性岩层中，如页岩、片岩、板岩、片麻岩、千枚岩等，在一定的荷载长期作用下，发生缓慢的连续弯曲变形，如图 12-5（b）所示。

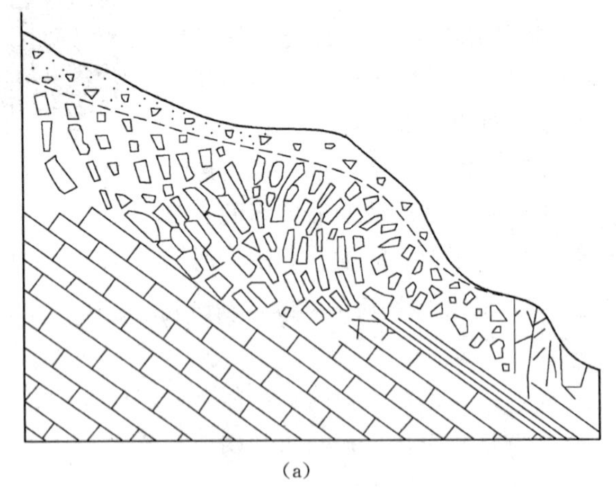
(a)

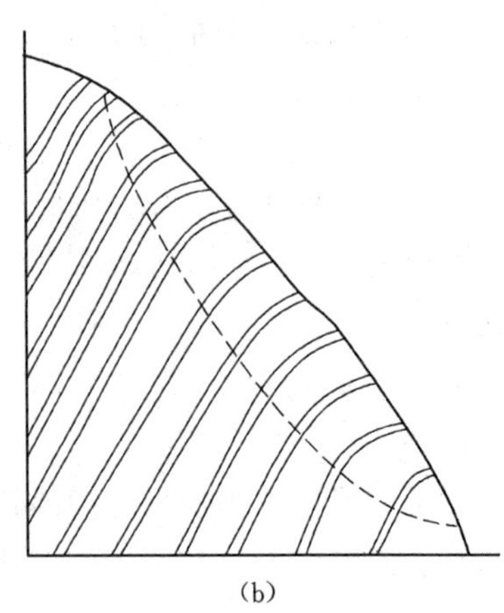
(b)

图 12-5　蠕动变形示意图

(a) 脆性岩石的变形；(b) 塑性岩石的变形

深层蠕动是指在埋深较大的较坚硬岩层之间存在软弱岩层，沿软弱岩层产生的长期缓慢蠕动变形。表现为上部硬岩层出现张裂隙及不均匀沉陷等，软岩层则向外挤出，当蠕动进一步发展并在裂隙水、震动等外部因素影响下导致边坡破坏。

（二）边坡破坏

边坡破坏的类型主要有崩塌和滑坡。

1. 崩塌

崩塌是指在陡坡地段的边坡上，岩土体被多组张裂缝和节理裂隙分割，因受重力作用突然脱离母体，倾倒、翻滚坠落于坡脚的现象。包括小规模块石的坠落、倾倒块体的翻倒和大规模的山（岩）崩。崩塌体通常破裂成碎块堆积于坡脚，形成具有一定天然休止角的岩堆。在一定条件下，可在继续运动过程中发展成碎屑流。长江新滩两岸的岩崩，历史上曾四次造成堵江断航。广家崖岩崩，大量的崩积物促使了新滩滑坡的滑动。

崩塌的形成原因大致有以下几种。

（1）崩塌的形成与地形直接相关。崩塌一般发生在高陡边坡的前缘，发生崩塌的边坡坡角一般大于45°，尤其是大于60°的陡坡，地形切割越强烈，高差越大越易形成崩塌。大规模的崩塌常发生在坡度陡峻的深山峡谷中，例如普渡河崩塌，全长6000m，沟壁坡度多在50°以上，局部达70°～80°。

（2）崩塌一般易发生于厚层坚硬脆性岩体中。这类岩体能形成高陡的边坡，边坡前缘由于应力重分布和卸荷等原因，产生长而深的拉张裂缝，与其他结构面组合，逐渐形成连续贯通的分离面，在触发因素作用下发生崩塌（图12-6）。组成这类岩体的岩石主要有砂岩、石灰岩、石英岩、花岗岩等。

（3）当边坡岩体有软硬相间的岩石组成时，如果软弱岩石发生塑性流变，则导致上部岩层沉陷、拉裂错动而造成崩塌；或软弱岩石由于抗风化能力低，受风化作用影响凹进，使坚硬岩石悬空断裂而坠落形成崩塌（图12-7）。

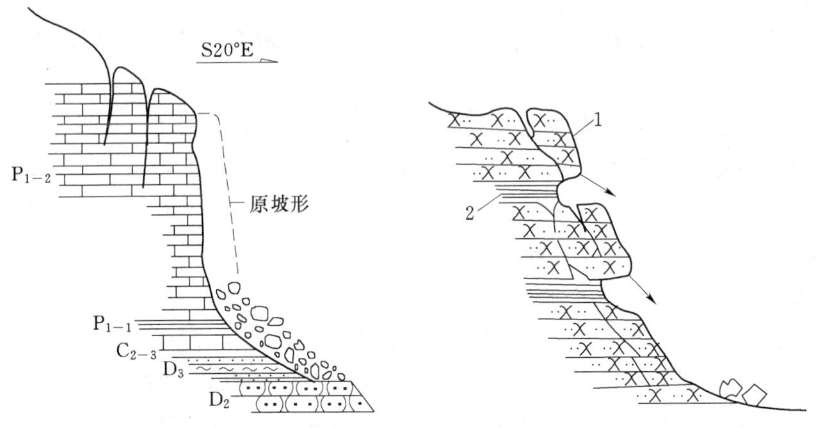

图12-6　坚硬灰岩边坡卸荷裂隙产生崩塌

图12-7　软硬相间陡坡局部崩塌
1—砂岩；2—页岩

（4）由于边坡下部有洞穴、采空区引起塌陷、将边部岩体往外挤出，造成倾倒崩塌。

另外，风化作用的差异性、地下水渗流场的变化、地震、爆破等也可引起崩塌。尤其是强烈的地震，常可引起大规模的崩塌，造成严重灾害。

2. 滑坡

滑坡是边坡岩土体在重力作用下，沿贯通的剪切破坏面（带）整体滑动破坏的现象。

主要是以水平运动为主的变形，这也是滑坡区别于其他斜坡变形的主要标志和特征。它是边坡破坏中，危害最大，最常见的一种变形破坏形式。一般在山区和黄土高原区分布较广泛，规模较大。

（1）滑坡的形态特征：发育完全的滑坡形态特征和内部结构如图 12-8 所示，一般具有下列组成要素，其名称和意义分述如下。

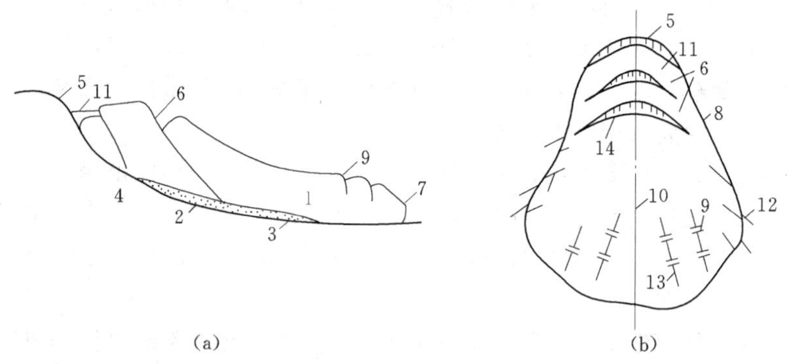

图 12-8 滑坡要素示意图

(a) 剖面；(b) 平面

1—滑坡体；2—滑动带；3—滑动面；4—滑坡床；5—滑坡壁；6—滑坡周界；7—滑坡舌；8—滑坡台阶；9—鼓胀裂隙；10—主滑线；11—封闭洼地；12—剪裂隙；13—扇形裂隙；14—拉张裂隙

1）滑坡体：滑坡发生后，与稳定坡体脱离而滑动的部分岩土体叫滑坡体（简称滑体）。滑坡体内部的岩层，基本上保持原来的相对位置。

2）滑动带：指滑动时在滑坡面以上形成的剪切破碎软弱带。一般厚几毫米到几米不等。

3）滑动面：指滑坡体与滑坡床之间的分界面（简称滑面）。滑动面一般呈光滑镜面，多有擦痕。滑动擦痕是滑动面上动体与不动体之间因相互摩擦而形成的痕迹，它可以指示滑坡滑动的方向。

4）滑坡床：指滑动面以下未滑动的岩土体。

5）滑坡壁：指滑坡体后缘和稳定岩体分离后形成的陡立岩壁。

6）滑坡周界：指滑坡体与周围稳定岩体在地表上的分界线。

7）滑坡舌：指滑体前缘由于岩土体的挤压常形成的舌状隆起地带。

8）滑坡台地：指由于滑坡体不同部位滑动次序或速度的差异，在滑体表面形成的阶梯状分布的小台地。

9）滑坡鼓丘：指滑坡体前缘因滑动受阻隆起的小丘。

10）主滑线：指滑坡体中滑动速度最快的纵向线。它代表滑坡整体的滑动方向，可以是直线，也可以是曲线。

11）滑坡裂隙：由于滑体各部分受力不同而在不同部位形成的不同性质及形态的裂隙。如滑坡壁后部平行滑坡呈弧形分布的拉张裂隙，滑体中部两侧羽毛状剪裂隙、中下部放射状扇形裂隙及前缘与主滑方向垂直的鼓胀裂隙等。

(2) 滑坡分类：滑坡作为一种地质现象，可以发生于不同地区、不同地层、不同条件下，为了对它进行深入研究，进行有效的预防和治理，对其进行适当的分类是必要的。根据不同的依据，划分成各种不同类型，常用的分类方法有以下几种。

1) 按滑体岩土性质分：①堆积层滑坡，滑体由堆积物组成，滑面在堆积层内或沿基岩面滑动；②黄土滑坡，滑体由黄土组成，滑面在黄土层内或沿下伏岩面滑动；③黏性土滑坡，滑坡由黏性土组成，滑面在黏土层内或沿下伏岩面滑动；④砂性土滑坡，滑坡由砂性土组成，滑面在砂性土层内或沿下伏岩面滑动；⑤基岩滑坡，由岩体组成的滑体沿结构面滑动。

2) 按滑面与岩层面的关系分：①顺层滑坡，滑体沿层面或不整合面发生的滑坡［图 12－9 (a)］；②切层滑坡，滑面切穿层面，滑体沿断层或裂隙与层面组合成的折线状滑面滑动［图 12－9 (b)］；③均质滑坡，发生在层面不明显的均质黏性土或黄土中的滑坡，滑动面多为圆弧状［图 12－9 (c)］。

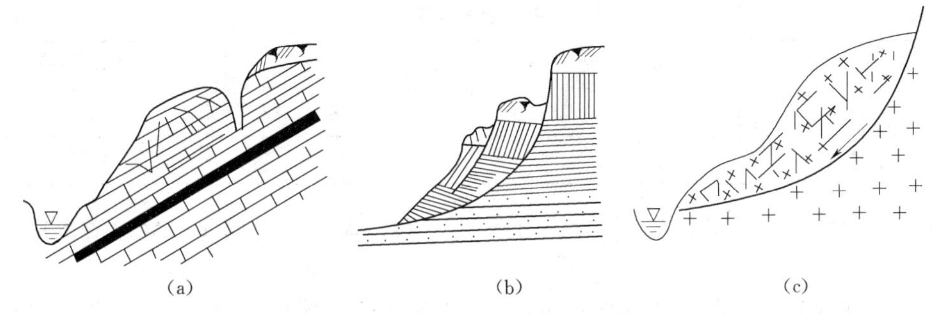

图 12－9　滑坡类型

(a) 顺层滑坡；(b) 切层滑坡；(c) 均质滑坡

3) 按引起滑动的力学性质分：①推动式滑坡，在上覆荷载作用下，滑面后部首先破坏，然后推动滑坡体整体滑动（始动点在后，向前发展）；②牵引式滑坡，坡脚岩土体失去支撑首先破坏，然后牵动着滑坡体整体下滑（始动点在前，向后发展）。

4) 按滑动面的形态可划分为圆弧形滑面和平面两种基本类型（图 12－10）。①圆弧形滑面多发生在土质、半岩质（例如黏土岩）或强风化的岩质边坡中，这类滑动面的形状

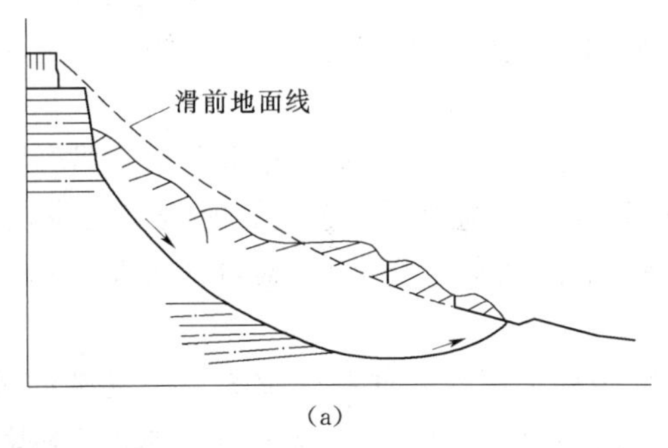

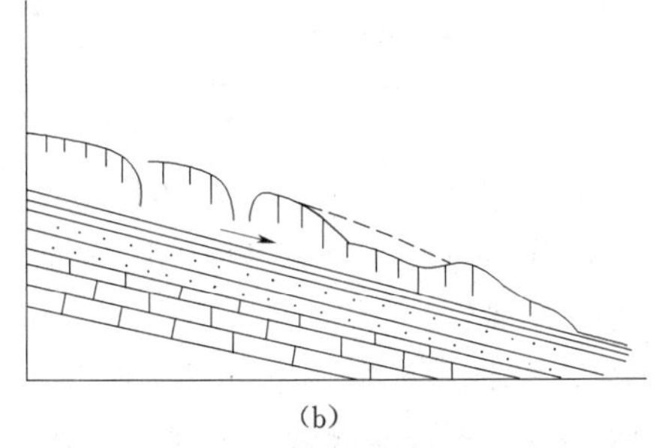

图 12－10　滑坡

(a) 圆弧形滑动；(b) 平面滑动

受坡体中最大剪应力面所控制，或强风化的岩质边坡中，这类滑动面的形状受坡体中最大剪应力面所控制，或强风化的岩质边坡中，这类滑动面的形状受坡体中最大剪应力面所控制，常接近于对数螺旋曲线。在力学计算中，为简化起见，常把滑面作为圆弧形。沿圆弧形滑面的滑坡体在下滑时将发生旋转，故又称旋转式滑坡。②平面滑坡还包括阶梯形滑面及由多组软弱面组成的楔形滑面等。

5）按体积大小分类：分类结果见表12－1。

表12－1　　滑坡按体积分类

类　　型	滑坡按体积分类 类型/m^3	类　　型	滑坡按体积分类 类型/m^3
小型	＜5000	大型	50000～100000
中型	5000～50000	巨型	＞100000

表12－2　　滑坡按滑体厚度分类

类　　型	滑体厚度/m	类　　型	滑体厚度/m
浅层	＜6	深层	＞20
中层	6～20		

除上述分类外，可按滑体厚度分类（表12－2），还可按形成时间分为老滑坡、新滑坡等。

（3）滑坡判断的标志：滑坡产生以后，常在地表形成地形地貌、岩性及岩土结构、水文地质条件等各种局部异常现象，根据这些现象即可判断滑坡体的存在与否。

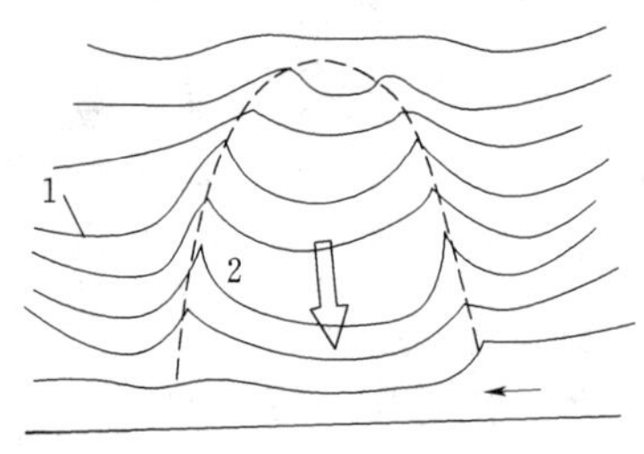

图12－11　滑坡产生的地形线变化与双沟同源现象
1—地形等高线；2—滑坡界限

1）地形地貌及地物标志。滑坡往往造成边坡上出现圈椅状或马蹄状地形，或使斜坡上出现反向台坎及坡脚向河床方向突出。表现在地形图上常出现地形等高线的间距及弯曲度在局部发生异常（图12－11）。滑坡体上常有鼻状凸丘或多级平台。滑体两侧常形成沟谷，并出现双沟同源现象（图12－11）。滑体上常有积水洼地、地面裂缝、树木歪斜（马刀树、醉汉林）、房屋倾斜、开裂等现象。

2）岩土结构特征。由于岩体滑动，常造成滑体周围地层层位、产状等特征的不连续。有时滑体内新老地层倒置，有时岩层层位正常、但产状明显不一致（例如出现地层反倾、走向改变或倾角变化等），或滑体内岩土体常出现扰动松脱现象。

3）水文地质标志。边坡岩体地下水动态发生局部变化，使滑体成为一个复杂的单独含水体。在滑动带前缘常有成排的泉水分布，并且其泉水出水量的大小和泉水的清浊程度往往与滑体的活动有关。

4）滑坡边界及滑坡床标志。滑坡壁上有顺坡擦痕，前缘土体常被挤出或呈舌状凸起；

滑体两侧常以沟谷或裂面为界；滑坡床常具有塑性变形带，其带内常由黏土矿物及磨光角砾组成；滑动面很光滑，而且其擦痕方向与滑动方向一致。

以上主要标志往往相互联系，同时出现，野外一定要注意综合分析，准确判断。

(4) 滑面形成的机制及其边界条件：岩土体的滑动是沿一个或一组滑面（带）发生的。而滑动面（带）常常是在一个点或一个局部范围内首先剪切破坏，然后再形成贯通的破坏面。因此，滑面的形成及其特性对滑坡的产生和发展起着决定性作用。其形成机制有以下两种情况：

1）滑动面受最大剪应力控制。在均质岩土体中，当滑坡发生前岩土体内不存在软弱结构面作为滑动面的情况下，形成呈弧形并在边坡上缘转为陡倾的滑动面。此类情况下，岩土体的强度对边坡稳定性起着决定性作用。例如黄土滑坡及黏土滑坡等。

2）滑动面受已有结构面的控制。当坡体内有软弱结构面存在，并能构成有利于岩土体滑动的结构面（或几个面的组合）时，岩土体将沿已有结构面产生滑动。这时软弱结构面的产状和抗剪强度对边坡稳定性起着控制作用，而不决定于岩石本身的强度。岩质边坡的滑坡绝大多数属这种情况。

无论何种情况，大多数边坡在破坏前一般都要经历一个较长时期的蠕动变形阶段。在这个阶段，岩体主要表现为小量、缓慢、速率较均匀的沉陷或滑移变形。之后坡体上出现裂隙，上部被拉开。这一过程可持续数日或数年以上。如瓦依昂滑坡，蠕动变形阶段至少持续了四年以上。有些边坡甚至可以长时间处于缓慢的蠕动变形之中。

滑坡产生的边界条件通常是指岩土体滑动时必须具备的滑动面、切割面及临空面。

滑动面即滑面，滑面是控制边坡稳定性的一个重要的、起决定作用的边界条件。通常由岩土体中的最大剪应力面或已有结构面（或几个面的组合）构成。

切割面是滑体与后缘及两侧稳定岩体的分界面。与滑动方向一致的一组切割面称为纵向切割面，与之近正交的一组称为横向切割面，这两组切割面把滑体与周围稳定岩体分离开，使滑体成为一个分离体。

临空面指位于滑体前缘的自由面。临空面的存在，使滑体沿滑动方向有了变形空间。如基坑的壁面、边坡的坡面等都是临空面。

具备了上述边界条件，边坡就有了滑动的可能。能否滑动，其影响因素较多，但主要取决于滑动面的物理力学特性，必须根据有关系数定量计算后作出评价。

三、边坡的工程地质分类

关于边坡的分类，目前国内外尚没有一个公认统一的分类方法。一般的分类方法是：按边坡的成因、结构、岩性及地形条件分类。下面简要介绍我国水利水电部门常用的工程地质分类。

（一）边坡一般性分类

边坡一般性分类如表 12－3 所示。

（二）岩质边坡的工程地质分类

1. 按地层岩性进行Ⅰ级划分

地层岩性是决定边坡工程地质特征的基本因素，也是研究边坡稳定问题的主要依据，因此可按地层岩性进行基本分类，见表 12－4。

表 12-3　　边坡一般性分类

分类依据	分类名称	分类特征说明
与工程关系	自然边坡	未经人工改造的边坡
	工程边坡	经人工改造的边坡
岩性	岩质边坡	由岩石组成的边坡
	土质边坡	由土层组成的边坡
	岩土混合边坡	部分由岩石、部分由土层组成的边坡
变形	未变形边坡	边坡岩（土）体未发生变形
	变形边坡	边坡岩（土）体曾发生或正在发生变形
边坡坡度	缓坡	$\theta \leqslant 10°$
	斜坡	$10° < \theta \leqslant 30°$
	陡坡	$30° < \theta \leqslant 45°$
	峻坡	$45° < \theta \leqslant 65°$
	悬坡	$65° < \theta \leqslant 90°$
	倒坡	$90° < \theta$
边坡高度 H/m	超高边坡	$150 \leqslant H$
	高边坡	$50 \leqslant H < 150$
	中边坡	$20 \leqslant H < 50$
	低边坡	$H < 20$
失稳边坡体积/m^3	特大型滑坡	1000 万$\leqslant V$
	大型滑坡	100 万$\leqslant V <$1000 万
	中型滑坡	10 万$\leqslant V <$100 万
	小型滑坡	$V <$10 万

2. 按结构进行Ⅱ级划分

在岩性相同的条件下，边坡结构是决定边坡稳定状况的主要因素，见表 12-4。

3. 按变形方式进行Ⅲ级划分

边坡的变形方式有多种，例如滑动、张裂、崩塌及蠕动型等，而蠕动型又可分为倾倒扭曲、松动及塑流型等，见表 12-4。

（三）土质边坡的工程地质分类

土质边坡的工程地质分类也可按岩性、结构及变形特征进行分类，详见表 12-5。

1. 砂性土边坡

边坡主要是由砂或砂性土组成。砂或砂性土具有结构疏松、黏聚力低的特点，作为工程边坡其稳定性较差，但致密压实的砂性土边坡，其稳定性较好。

表 12 - 4　　岩质边坡的工程地质分类

按Ⅰ级分类指标——岩性分类

边坡岩性			说明
岩质边坡	火成岩	侵入岩类	例如花岗岩、闪长岩、石英斑岩等
岩质边坡	火成岩	喷出岩类	例如玄武岩、流纹岩、安山岩，包括火山碎屑岩，如凝灰岩等
岩质边坡	沉积岩	碎屑沉积岩类	例如砾岩、砂岩、页岩等
岩质边坡	沉积岩	碳酸盐岩类	例如石灰岩、白云岩等
岩质边坡	沉积岩	夹有软弱夹层的沉积岩类	例如夹有泥化破碎夹层的砂岩、石灰岩等
岩质边坡	沉积岩	软弱岩类	抗压强度很低、易风化剥落的岩石，如黏土岩，某些红砂岩等
岩质边坡	沉积岩	特殊岩类	如含有石膏、岩盐等易溶岩、遇水变形或溶解的岩石等
岩质边坡	变质岩	正变质岩类	例如夹有泥化破碎夹层的片麻岩等
岩质边坡	变质岩	副变质岩类	例如夹有泥化破碎夹层的板岩、千枚岩等

按Ⅱ级分类指标——结构分类

边坡岩土体结构		特征剖面
块状结构		
层状结构	水平结构	
层状结构	同向缓倾结构	
层状结构	同向陡倾结构	①
层状结构	反向结构	①
层状结构	斜向结构	岩层走向与边坡走向斜交
碎裂结构		

按Ⅲ级分类指标——变形分类

边坡变形类别		特征剖面
滑动变形边坡		
张裂变形边坡		
崩塌变形边坡		
蠕动变形边坡	倾倒型	
蠕动变形边坡	扭曲型	
蠕动变形边坡	动倒型	
蠕动变形边坡	塑流型	

①　岩石走向与边坡走向平行。

2. 黏性土边坡

由黏性土组成的边坡，在我国分布较广，根据黏性土成分又可分为黏土边坡、红土边坡、裂隙性硬黏土边坡。黏土一般具有干时坚硬开裂，遇水后分解呈软塑状的特点。

3. 土石混合边坡

由岩石碎块和土等碎屑物质混合形成的边坡称为土石混合边坡，按形成条件可划分为堆积型和残积型。按其结构形态，又可分为土石混合结构和土石叠置结构，前者是整个坡体均由土石混合组成，边坡的特征决定于土石混合物本身的特性；后者土石混合体下部有基岩分布，边坡的特性除土石体本身外，尚与土石体和基岩接触面特性有关。

表 12－5　　土质边坡的工程地质分类

按Ⅰ级分类指标——岩性分类			按Ⅱ级分类指标——结构分类		按Ⅲ级分类指标——变形分类	
边坡岩性		说　明	边坡岩土体结构	特征剖面	边坡变形类别	特征剖面
土质边坡	砂性土类		单元结构		滑动堆积边坡	
	黏性土类					
	土石混合类	分为堆积型和残积型	多元结构	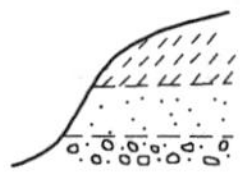	崩塌堆积边坡	
	黄土类	分为黄土和黄土类土	土石混合结构	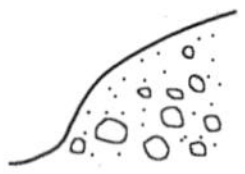	坡积边坡	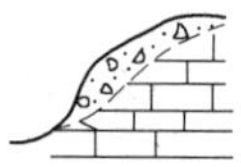
	其他特殊土类	分为膨胀土、软土、冻土、盐渍土等	土石叠置结构	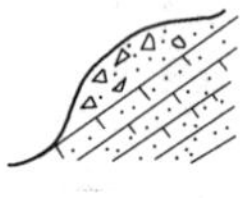		

4. 黄土边坡

根据黄土所特有的垂直节理、大孔隙等特性，黄土边坡变形以崩塌和滑坡为主要形式。引起变形的主要原因是水的作用。黄河三门峡水库黄土库岸，在蓄水后第四天就发生坍岸，坍岸带长达 200km，塌岸总量达 9000 万 m^3，黄土边坡常发生滑坡，而且往往成片出现。

5. 其他特殊土类边坡

特殊土边坡系指由膨胀土、冻土、软土、盐渍土等构成的边坡，这些土构成的边坡一般稳定性很差，应做特殊的处理。

第三节　影响边坡稳定性的因素

影响边坡稳定性的因素主要有内在因素和外部因素两方面，内在因素包括组成边坡的地貌特征、岩土体的性质、地质构造、岩土体结构、岩体初始应力等。外部因素包括水的作用、地震、岩体风化程度、工程荷载条件及人为因素。内在因素对边坡的稳定性起控制作用，外部因素起诱发破坏作用。以下就岩土类型和性质、地质构造和岩体结构、水的作用、地震作用、工程荷载作用等分别进行阐述。

一、岩土类型和性质的影响

不同岩层组成的边坡，其变形破坏形式也有所不同，在黄土地区，边坡的变形破坏形式以滑坡为主；在花岗岩、厚层石灰岩、砂岩地区则以崩塌为主；在片岩、板岩、千枚岩地区则往往产生表层挠曲和倾倒等蠕动变形。在碎屑岩及松散土层地区，则产生碎屑流或泥石流等。

岩性不但对边坡的稳定起控制作用，而且对边坡的坡高和坡角也起重要的控制作用。坚硬完整的块状或厚层状岩石，如花岗岩、石灰岩、砾岩等可以形成高数百米的陡坡，如长江三峡峡谷。而在淤泥或淤泥质软土地段，由于淤泥的塑性流动，几乎难以开挖渠道，边坡随挖随塌，难以成形。黄土边坡在干旱时，直立陡峻，但浸水后易产生崩塌或滑坡现象。松散地层边坡的坡度较缓。

二、地质构造和岩体结构的影响

在区域构造比较复杂，褶皱比较强烈，新构造运动比较活跃的地区，边坡稳定性差。断层带岩石破碎，风化严重，又是地下水最丰富和活动的地区极易发生滑坡。岩层或结构的产状对边坡稳定也有很大影响，水平岩层的边坡稳定性较好，但如存在陡倾的节理裂隙，则易形成崩塌和剥落。同向缓倾的岩质边坡（结构面倾向和边坡坡面倾向一致，倾角小于坡角）的稳定性比反向倾斜的差，这种情况最易产生顺层滑坡。同向陡倾层状结构的边坡，一般稳定性较好，但如由薄层或软硬岩互层的岩石组成，则可能因蠕变而产生挠曲弯折或倾倒。反向倾斜层状结构的边坡通常较稳定，但如垂直层面或片理面的走向节理发育且顺山坡倾斜，则亦易产生切层滑坡。

三、风化作用

边坡岩土体每时每刻都在发生物理化学风化和生物风化作用，物理化学风化作用使边坡岩体产生裂隙，黏聚力遭到破坏，促使边坡变形破坏。生物风化作用使边坡岩体遭受机械破坏（例如裂隙中树根生长促发边坡岩体崩塌），或岩体被分解腐蚀破坏。岩体风化程度不同，边坡稳定性差异很大，如微风化及弱风化岩石，一般可保持较陡的自然边坡，而强风化及全风化岩石，很难保持较陡的自然边坡，常需要对其进行治理。

风化作用对土质边坡（如裂隙黏土边坡）的稳定性影响显著。这类土质边坡开挖时，一般非常稳定，但随着时间的推移，风化作用加剧，边坡出现渐进破坏，一般几年或几十年后可能发生滑坡。

四、水的作用

地表水和地下水是影响边坡稳定性的重要因素。不少滑坡的典型实例都与水的作用有关或者水是滑坡的触发因素，处于水下的透水边坡将承受水的浮托力的作用，而不透水的边坡，坡面将承受静水压力；充水的张开裂隙将承受裂隙水静水压力的作用；地下水的渗流，将对边坡体产生动水压力。水对边坡岩土体还产生软化或泥化作用，使岩土体的抗剪强度大为降低；地表水的冲刷，地下水的溶蚀和潜蚀也直接对边坡产生破坏作用。不同结构类型的边坡，有其自身特有的水动力模型（水动力模型是指在水的动力作用下，岩土体破坏的模式）。

（一）浮托力

处于水下的透水边坡，承受浮托力的作用，使坡体的有效重量减轻，这对边坡的稳定不利。不少水库周围松散堆积层边坡，在水库蓄水时发生变形，浮托力的影响是原因之一。对处于极限稳定状态，依靠坡脚岩体重量保持暂时稳定的边坡，坡脚被水淹没后，浮托力对边坡稳定的影响就更加显著。

（二）静水压力

作用于边坡的静水压力主要包括两种情况：其一是当边坡被水库淹没时，库水对边坡坡面所产生的静水压力；其二是当裂隙岩石边坡的张裂隙充水时，裂隙中的水压力。

1. 边坡坡面的静水压力

当边坡被水淹没，而边坡的表部相对不透水时，坡面上将承受一定的静水压力，静水压力的方向与坡面正交。当边坡的滑动面（软弱结构面）的倾角 θ 小于坡角 α 时，则坡面静水压力传到滑动面上的切向分量为抗滑力，对边坡稳定有利。当 $\theta>\alpha$ 时，则切向分量为下滑力，则不利于边坡的稳定。

2. 边坡裂隙静水压力

有张裂隙发育的岩石边坡以及长期干旱的裂隙黏土边坡，如果因降雨或地下水活动使裂隙充水，则裂隙面将承受静水压力（图 12－12）。静水压力的作用方向与裂隙面相垂直，其大小与裂隙水水头有关。对部分充水的高角度裂隙，裂隙静水压力 P_w（取单宽坡体）为

$$P_w=\frac{1}{2}HL\gamma \tag{12-3}$$

式中　H——裂隙水的水头；

L——裂隙充水的长度；

γ——水的容重。

由于裂隙水活动的不规律性，岩体中的地下水位通常不是圆滑的曲线。在相邻裂隙的地下水位不同时，地下水位高的裂隙较地下水位低的裂隙承受较大的静水压力，这种静水压力的差别，有时是使边坡失稳的原因之一。

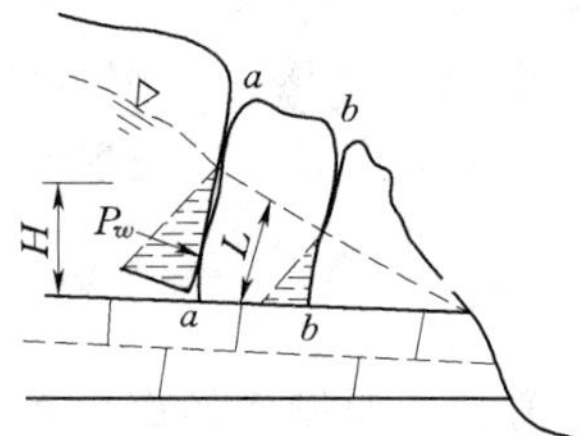

图 12－12　裂隙静水压力

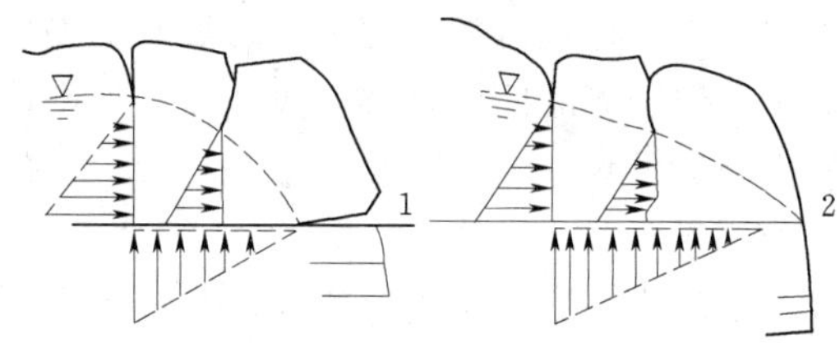

图 12－13　裂隙静水压力分布的不同情况

1—出口节理敞开；2—出口节理闭合

由于地下水出口节理裂隙敞开情况不同，也影响裂隙水压力的大小，因而影响边坡的稳定。如图 12－13 所示，出口节理张开，地下水位低，裂隙水压力小；出口节理闭合，透水性差，则地下水位高，裂隙水压力大。如作用在岩块底部滑面上的静水压力，有时可使上覆岩块隆胀（静水压力＝上覆岩块重），而使边坡稳定严重恶化。

3. 动水压力

动水压力是地下水在流动过程中所施加于岩土体颗粒上的力，其数值为

$$D=V\gamma i \tag{12-4}$$

式中　V——流动水体体积；

γ——水的容重；

i——水力梯度。

动水压力的方向和水流方向平行，在近似计算中，多假定与地下水面或滑面平行，如果动水压力方向和滑体滑动方向不一致，则应分解为垂直和平行于滑面的两个分量参与稳定计算。在边坡稳定的实际计算中，由于渗流方向不是定值，且水力梯度不易精确确定，一般则作简化假定，以采用不同的滑体容重将动水压力的影响计入。即在地下水位以下静水位以上有渗流活动的滑体，计算下滑力时，采用饱和容重；计算抗滑力时，采用浮容重。

五、地震作用的影响

地震对边坡稳定性的影响表现为累积和触发（诱发）等两方面效应。

1. 累积效应

边坡中由地震引起的附加力 S 的大小，通常以边坡变形体的重量 W 与地震振动系数 k 之积表示（$S=kW$）。在一般边坡稳定性计算中，将地震附加力考虑为水平指向坡外的力。但实际上应以垂直于水平地震力的合力的最不利方向为计算依据。如图 12－14 所示，要使变形体沿平面滑移面下滑，施加的最不利外力，其方向应垂直于阻抗力 R。但由于震动期间附加力指向最不利方向的时间极为短暂，因而上述条件并不是导致破坏的充分条件。研究表明，变形体只有沿滑移面累积位移量超过结构面起伏波长 λ 的 1/4 时才有可能失稳。总位移量的大小不仅与震动强度有关，也与经历的震动次数有关，频繁的小震对斜坡的累进性破坏起着十分重要的作用，其累积效果使影响范围内岩体结构松动，结构面强度降低。

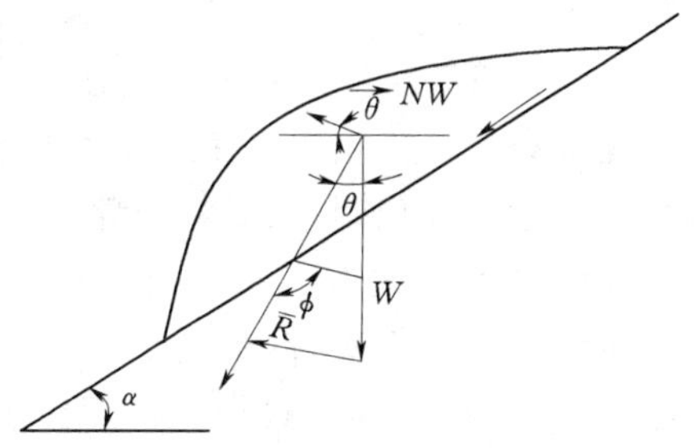

图 12－14　动力作用下边坡岩体受力状况示意图（Hendcrow，1971）

2. 触发（诱发）效应

触发效应可有多种表现形式。

在强震区，地震触发的崩塌、滑坡往往与断裂活动相联系。

高陡的陡倾层状边坡，震动可促进陡倾结构面（裂缝）的扩展，并引起陡立岩层的晃动。它不仅可引发裂缝中的空隙水压力（尤其是在暴雨期）激增而导致破坏，也可因晃动造成岩层根部岩体破碎而失稳。

碎裂状或碎块状边坡，强烈的震动（包括人工爆破）甚至可使之整体溃散，发展为滑塌式滑坡。

结构疏松的饱和受震液化砂土或敏感黏土受震变形，也可导致上覆土体产生滑坡。海底斜坡失稳，不少也与地震造成饱水固结土体的液化有关，这也是为什么在十分平缓的海底斜坡中会产生滑坡的重要原因之一。

我国岩质边坡工程实践中，为量化评价爆破的影响，经验法采取降低计算结构面的抗剪强度，f 值降低 15%～30%，c 值降低 20%～40%。理论计算，降低的低值和高值分别相当于地震烈度Ⅷ度和Ⅸ度时造成的影响。

六、地形地貌

地形地貌与自然边坡稳定性有一定的关系。边坡潜在不稳定的地形地貌有：临空面多的山体；陡坡、陡崖、阶地前缘地带；易受水流冲刷和淘蚀的河流凹岸地带；易汇水的山间缓坡地段；泉水出露地段；山坡表面有裂缝地段等。通常地形变化越大、坡度越陡，对边坡的稳定越不利。

七、植被作用

植被在很多方面有利于边坡的稳定，例如，树木根系起加筋作用，提高边坡表土的抗剪强度；树木的蒸腾作用和树叶的拦截作用，减少或延缓雨水的入渗，防止土体过度饱和或饱和时间过长等。但是，植被特别是高大树木，有时对边坡稳定不利，例如在风力作用下，树根上拔边坡土体，另外树根生长和腐烂可增大地下孔隙，地表水易沿孔隙入渗等。

八、工程荷载条件及人为因素

在水利水电工程中，工程荷载的作用影响边坡的稳定性。例如，拱坝坝肩承受的拱端推力、边坡坡顶附近修建大型水工建筑物引起的坡顶超载、压力隧洞内水压力传递给边坡的裂隙水压力、库水对库岸的浪击淘涮力、为加固边坡所施加的力，如预应力锚杆所加的预应力等都影响边坡的稳定性。由于工程的运行也可能间接地影响边坡的稳定。例如由引水隧洞运行中的水锤作用，使隧洞围岩承受超静水荷载，引起出口边坡开裂变形等。

此外，坡脚人工开挖、爆破、水库蓄水、植被破坏等均可影响边坡的变形与破坏。

第四节　边坡稳定性的评价方法

边坡稳定性分析与评价的目的，一是对与工程有关的天然边坡的稳定性作出定性和定量评价；二是要为合理地设计人工边坡和边坡变形破坏的防治措施提供依据。边坡稳定性分析评价的方法主要有：地质分析法（历史成因分析法）、力学计算法、工程地质类比法、过程机制分析法、理论计算方法等。工程地质评价的步骤是：首先全面考虑影响边坡稳定性的因素及其边界条件，进行定性评价，在此基础上再进行定量力学计算，然后综合评价其稳定性。

一、地质分析法

地质分析法也叫历史成因分析法，是根据边坡的地形地貌形态、地质条件和边坡变形破坏的基本规律，追溯边坡演变的全过程，预测边坡稳定性发展的总趋势和边坡变形破坏的方式，对边坡稳定性作出定性评价。对已发生过的滑坡，则要判断其复活和转化的可能性。判断内容基本上考虑地形地貌、地层岩性、地质构造、水文地质条件及降雨、风化、人工开挖、震动等因素的影响，分析的程序为：首先应对边坡岩土体结构进行分析，并对已有的边坡变形与破坏的迹象做深入研究；然后，进一步联系边坡所处自然环境和历史条件的发展变化，查明促使稳定性发生变化的主导因素，以判断稳定现状和发展趋势，得出边坡稳定性结论。

边坡岩体结构分析，应通过野外的观察并进行观察资料的统计，按边坡变形与破坏的机制，决定坡体中控制性结构面，据以进行岩体结构分类，常将边坡按岩体结构分为：均质边坡，受已有结构面控制的层状边坡和块状边坡，软弱基座边坡，破碎边坡等。不同结构类型的边坡各自有独特的变形与破坏特点，产生不同的变形迹象和破坏方式。通过对边坡中已有变形迹象的研究，并结合边坡形成的全部历史分析，才能确定出起控制作用的结构面，据此对边坡进行结构类型的正确划分。

边坡各部位各种形式的变形与破坏等迹象的分析研究，是通过结构分析并已确定出坡体结构类型的条件下进行的。目的在于通过已有变形与破坏的研究，揭示出坡体应力强度的相互关系，鉴别岩土体稳定的发展阶段，预测岩土边坡的发展模式与破坏方式。变形与破坏都是在一定条件下由坡体应力作用的直接结果，因而对已有迹象的正确鉴别与划分，是判定边坡稳定状态的最直接、最重要的标志。

在深入进行边坡稳定性内在条件分析研究的基础上，还应进行边坡自然环境和形成历史的分析研究，从探寻外在因素的影响，查明影响边坡演变的主导作用因素的发展变化过程。正确阐明边坡自然环境特征和形成历史与各种天然作用力及人类活动关系，并追溯它在边坡形成过程中的历史状况，如区域水文及气象特性、河流地质作用特点、地下水埋藏和运动条件、地形地貌特征、区域地质情况、新构造与地质活动、人类工程作用的现状和历史过程等。实践和理论研究表明，任何边坡在一定天然条件和历史阶段的演变过程中经常存在着某种或几种起着主导作用的应力因素。因此对边坡所处的自然环境与形成历史过程的研究中，查明各阶段的主导作用因素的发展变化，对正确论证边坡稳定现状和预测其发展趋势，并为边坡不稳定性防治制定合理措施都是非常重要的。

显然，地质分析法不仅能判定边坡稳定现状，对边坡稳定性的演化也可以作出预测，并能为力学计算方法确定边界条件和选用参数，为工程地质类比法提供类比依据。

二、常规力学计算法

力学计算方法是判断边坡稳定性的一种定量分析方法。力学分析方法的可靠性很大程度上取决于计算参数的选取和边界条件的确定，特别是对结构面抗剪强度指标的选取至关重要。力学分析法必须以正确的地质分析为基础。力学计算方法很多，应根据不同的边界条件和变形破坏的类型采用合适的计算方法。如对均质滑坡通常采用土力学中介绍的圆弧面法（瑞典法、毕肖普法等）；对平面及折线状滑动面的岩质边坡的计算，可采用刚体极限平衡方法。

（一）土质边坡的稳定性计算

1. 砂性土边坡的稳定计算

砂性土颗粒之间一般没有黏聚力或很小，其颗粒会沿坡面滑动，即潜在滑动面与坡面平行，其稳定性主要取决于坡面颗粒内摩擦角的大小。

（1）当边坡内无地下水（即干坡）时，坡面单位土体的稳定系数（图 12－15）为

$$F_s=\frac{\text{抗滑力}}{\text{滑动力}}=\frac{N\tan\varphi}{T}=\frac{W\cos\beta\tan\varphi}{W\sin\beta}=\frac{\tan\varphi}{\tan\beta} \tag{12-5}$$

式中　β——边坡坡角，(°)；

　　　φ——土内摩擦角，(°)。

从式（12－5）中可以看出，当 $\varphi>\beta$ 时，边坡稳定；当 $\varphi<\beta$ 时，边坡不稳定；当 $\varphi=\beta$ 时（即 $F_s=1$），坡角 β 为土坡的休止角。

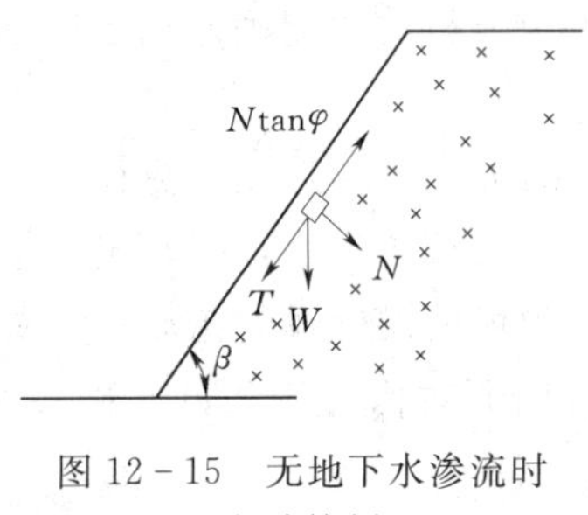

图 12-15　无地下水渗流时稳定计算剖面

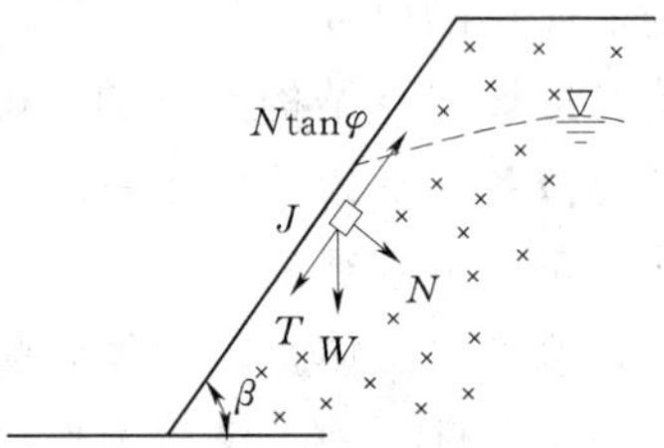

图 12-16　有地下水渗流时稳定计算剖面

（2）若边坡内有地下水渗流时，在稳定性计算中应考虑动水压力的影响（图 12-16）。单元体还作用一个附加力即渗透力 J，渗流方向与坡面一致，此时作用于坡面单位土体的滑动力为 T、J 之和，$T=W\sin\beta$（土体自重的下滑分力），$J=\gamma_{水} i=\gamma_{水}\sin\beta$（动水压力），因此安全系数为

$$F_s=\frac{抗滑力}{滑动力}=\frac{T_f}{T+J}=\frac{W\cos\beta\tan\varphi}{W\sin\beta+J}=\frac{\gamma'\cos\beta\tan\varphi}{\gamma'\mathrm{sing}\beta+\gamma_{水}\ \mathrm{sing}\beta}=\frac{\gamma'\tan\varphi}{(\gamma_{水}+\gamma')\tan\beta} \tag{12-6}$$

式中　γ'——土的浮容重，t/m^3；

$\gamma_{水}$——水的容重，t/m^3；

i——渗流坡降，当地下水渗流坡降很小时，可设近似等于 $\sin\beta$。

2. 黏性土边坡的稳定计算

均质黏性土土坡滑动时，其滑动面形状常为一曲面，截面近似于圆弧（称滑弧）。圆弧的位置在滑动前不明确，因此在稳定性计算中，须假定若干圆弧，经试算后，以稳定系数最小的圆弧为可能滑动的圆弧。对滑动面为圆弧形的土质边坡的稳定计算，常采用瑞典圆弧法、条分法、综合 C 值法、摩擦圆法等，其具体计算详见《土力学》（卢延浩 等，河海大学出版社，2002）。

（二）岩质边坡的稳定计算

岩质边坡稳定性计算时，首先应该选择有代表性的断面，并应划分出牵引、主滑和抗滑地段；其次各段计算指标应根据测试结果结合当地经验综合确定；另外，一般用刚体极限平衡理论求抗滑稳定系数 F_s（F_s=抗滑力/下滑力）以表示边坡稳定性。

1. 滑面为圆弧面的稳定计算

对于均匀体边坡及节理发育的岩体或弃石堆积边坡，易发生旋转破坏，滑动面为圆弧形，这时宜采用总应力法或有效应力法计算。

（1）按总应力法时：

$$F_s=\frac{\sum N\tan\varphi+c\hat{L}}{\sum T} \tag{12-7}$$

式中　N、T——分条条块重量垂直和平行于潜在滑动面的分量，kN/m；

c、φ——边坡物质的黏聚力（kPa）和内摩擦角（°），用直接快剪或三轴不排水剪求得；

$\hat{L}$——潜在滑弧长度，m。

（2）按有效应力法时：

$$F_s=\frac{\sum(N-u)\tan\varphi'+c'\hat{L}}{\sum T} \tag{12-8}$$

式中　u——孔隙水压力，kPa；

c'、φ'——边坡物质的有效黏聚力（kPa）和有效内摩擦角（°），用直接慢剪或三轴固结不排水剪求得；

N、T 含义同前。

2. 滑面为平面的稳定计算

当岩质边坡的主要结构面走向平行坡面、倾向一致、结构面倾角（β）小于坡角（α）且大于其内摩擦角（φ）时，易发生平面破坏（图 12-17）。其抗滑稳定系数按下式计算：

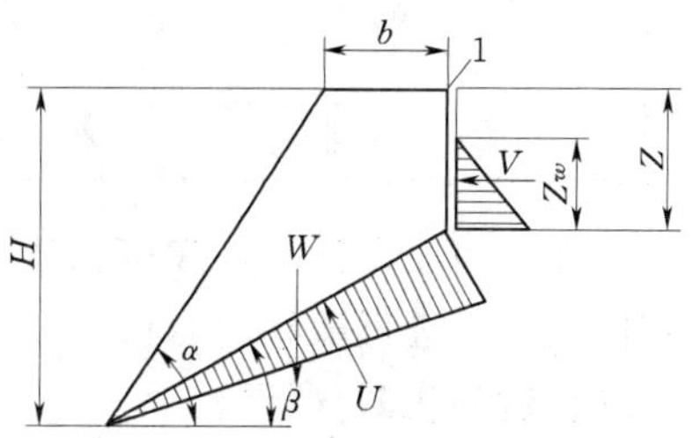

图 12-17　坡面上有张裂隙的单滑面滑动

$$F_s=\frac{cA+(W\cos\beta-U-V\sin\beta)\tan\varphi}{W\sin\beta+V\cos\beta}$$

$$A=(H-Z)\cos\beta$$

$$U=\frac{1}{2}\gamma_{\omega}Z_{\omega}(H-Z)\cos\beta$$

$$V=\frac{1}{2}\gamma_{\omega}Z_{\omega}^2$$

$$W=\frac{1}{2}\gamma H^2\left\{\left[1-\left(\frac{Z}{H}\right)^2\right]\cot\beta-\cot\alpha\right\} \tag{12-9}$$

式中　γ_{ω}——水的重度，kN/m³；

γ——岩体的重度，kN/m³；

α——坡角，（°）；

β——结构面倾角，（°）；

φ——结构面摩擦角，（°）；

W——滑体所受的重力，kN。

3. 双滑面的稳定计算

当岩层边坡两组结构面的交线倾向坡面、交线倾角小于坡角大于其摩擦角时，易发生楔形破坏，滑面呈楔形，楔体沿结构面交线下滑。其稳定系数可按下式计算：

$$F_s=\frac{N_A\tan\varphi_A+N_B\tan\varphi_B+c_AA_A+c_BA_B}{W\sin\beta_{AB}} \tag{12-10}$$

式中　N_A、N_B——由 W 引起的作用于结构面 A、B 上的法向力，kN；

c_A、c_B——结构面 A、B 上的黏聚力，kPa；

φ_A、φ_B——结构面 A、B 的摩擦角，（°）；

A_A、A_B——结构面 A、B 的面积；m²；

W——楔体所受的重力，kN；

β_{AB}——A、B 结构面交线的倾角，（°）。

当边坡中有地下水活动，或边坡位于强震区，以及边坡上有荷载作用时，稳定计算还应考虑其对边坡稳定的影响。

边坡稳定系数 F_s 的取值应符合表 12－6 要求。

表 12－6　　边坡稳定系数 F_s 取值

边坡类型		F_s
新设计边坡	破坏后果很严重的一级边坡工程	1.30～1.50
	破坏后果严重的二级边坡工程	1.15～1.30
	破坏后果不严重的三级边坡工程	1.05～1.15
已有边坡		1.10～1.25

对大型边坡设计时，除按上述规定外，还宜进行边坡稳定可靠性分析，并对影响边坡稳定性的因素进行敏感性分析。

三、过程机制分析法

这种方法的实质就是应用边坡变形、破坏的基本规律，通过追溯边坡演变的全过程，对边坡稳定性发展的总趋势和区域性特征作出评价和预测。主要包括以下几个方面。

（1）根据边坡的阶段性规律，预测其所处演变阶段和发展趋势。

1）确定边坡可能的变形形式和破坏方式。如前所述，边坡可能具有的变形形式和破坏方式与边坡外形特征、地质结构以及所处环境之间是密切相关的。对于一个具一定外形和结构特征的边坡，可以应用赤平投影方法综合分析坡体中起控制作用的结构面或软弱面的空间状况，根据边坡变形破坏的已有类型，即可大致确定边坡的类型和可能的变形机制及破坏方式。

2）根据边坡变形迹象判定边坡演变阶段。通过现场调研，查明具体边坡的已有变形迹象，阐明其形成演变机制。在分析中要特别注意变形模式的转化，它往往是失稳的前兆。

3）演化全过程再现模拟分析。对于一些重要的边坡，通过现场调研，查明边坡类型和变形机制模式，建立相应的演化机制的地质力学概念模型和数学模型，采用物理或数值再现模拟。将模拟成果与实际调查情况相互印证，开展评价预测。

（2）根据影响边坡因素的规律性，判定促进边坡演变的主导因素。促进边坡变形破坏的各种因素，在地质历史进程中都有其各自的周期性变化规律。例如河流由侵蚀变为淤积，由淤积再变为侵蚀；地震的周期性出现以及气象、水文动态的季节性变化和多年变化等。因而边坡演变也会具有周期性，并且必然受主导因素的周期性变化规律所制约。这样，追溯边坡演变过程中的周期性规律，也就有可能判定不同时期促进边坡演变的主导因素。

四、近代理论计算法

（一）概述

近代理论计算分析是将土力学、岩石（岩体）力学、弹塑性力学、断裂力学、损伤力学等多种力学和数学计算方法应用于边坡稳定性的定量评价和预测。量化分析涉及稳定性计算、失稳时间预报、稳定空间预测等。目前采用的主要计算方法见表 12－7。

表 12－7　　边坡稳定性评价、预测方法汇总表

<table>
<tr><td rowspan="8">斜坡稳定性计算</td><td rowspan="2">刚体极限平衡计算法</td><td>1. 楔体分析法（霍埃克，1974，等）</td><td>楔形滑面，各滑面均为平面。以各滑面总抗滑力和楔体总下滑力确定稳定系数</td></tr>
<tr><td>2. 萨尔玛法（1979）</td><td>非圆弧滑面或楔形滑面等复杂滑面。认为除平面和圆弧面外，滑体必先破裂成相互错动的块体才能滑动，方法以保证块体处于极限平衡状态为准确定稳定系数</td></tr>
<tr><td rowspan="2">弹塑性理论计算法</td><td>1. 塑性极限平衡分析法</td><td>适于土质边坡，假定土体为理想刚塑性体，按摩尔-库伦屈服准则确定稳定系数</td></tr>
<tr><td>2. 稳定系数分析法</td><td>适于岩质斜坡，用弹塑（黏）有限元等数值法，计算斜坡应力布状况，按摩尔-库伦破坏准则计算出破坏点和塑性区分布状况，据此确定稳定系数</td></tr>
<tr><td rowspan="2">破坏概率计算法</td><td>1. 解析法</td><td>根据抗剪强度参数的概率分布，通过分析计算斜坡稳定系数 K 值的理论分布</td></tr>
<tr><td>2. 蒙特－卡洛模拟法</td><td>通过计算抗剪强度参数的均匀分布随机数，获得参数的正态分布抽样，进而模拟 K 值的分布，并计算 $K<1$ 的概率</td></tr>
<tr><td rowspan="2">变形破坏判据计算法</td><td>1. 变形起动判据分析法</td><td>按各类变形机制模式的起动判据，判定斜坡所处变形发展阶段</td></tr>
<tr><td>2. 失稳判据分析法</td><td>按各类变形机制模式可能的破坏方式及其失稳判据进行计算，推定稳定性系数</td></tr>
<tr><td colspan="2" rowspan="4">失稳时预报</td><td>1. 外延法（霍埃克 1977）</td><td>对进入加速蠕变阶段的位移监测资料绘制曲红外延推定</td></tr>
<tr><td>2. 斋藤法</td><td>适用于土质边坡及圆弧滑坡预报，按蠕变速率计算推定</td></tr>
<tr><td>3. 灰色预报</td><td>采用灰色理论，对监测信息进行滤波、数据生成、建模、残差修正等处理后，作出预报并针对不同演化机制类型，采用不同滤波方法</td></tr>
<tr><td>4. 非线性理论预报</td><td>将非线性理论，如突变论、混沌、耗散结构论、人工神经网络理论等应用于边坡失稳预报</td></tr>
<tr><td colspan="2" rowspan="3">稳定程度空间评价预测</td><td>1. 因子（素）叠加法</td><td>按在边坡变形破坏中作用大小，赋予每一因素（子）一定数值，根据叠加数据按一定标准评定区域边坡稳定性</td></tr>
<tr><td>2. 因子聚类法</td><td>将研究区划分为网格单元（规则或不规则），以单元内影响因素作变量，抽样论证边坡稳定性与变量特征组合的关系，再按变量的相似程度对单元聚类，可采用模糊聚类等方法</td></tr>
<tr><td>3. 综合因子法</td><td>将所有主要因子在斜坡演化中的作用，以一种综合参数表示，利用综合因子与其临界参数进行比较，判定地区边坡的危险程度。具体方法有：系统模型法、逻辑信息量法</td></tr>
</table>

随着当代科学技术的进步，计算方法也会不断发展和完善。但实践证明，任何计算方法的成功都必须建立在深入查明原型特征和作出符合实际情况的演化机制分析的基础之上，机制分析至少从以下几个方面为理论计算提供了必不可少的信息。

1. 力学模型和数学模型

必须根据地质和演化机制模式建模。潜在破坏面的位置和形态特征、坡体中的变形破裂迹象，以及水动力学模式等，均要通过变形破坏机制分析加以确定。

2. 主导因素和敏感因素

根据边坡形成演化全过程与各环境动力因素的相关分析加以确定。不仅是单体斜坡稳定性计算中建立动力作用模型的依据，而且也是群体边坡稳定性评价时确定权值和隶属度等有关参数的重要信息。

3. 计算参数的选取

坡体各种强度参数和物理、水理性质等参数，都是随边坡演化的变量，因而只有判明边坡的演化机制和发展阶段，才能正确选定。例如进入滑移面贯通阶段的变形体，滑移面强度已接近残余值；缓慢变形的蠕变体，可采用流变试验确定有关参数。此外在采用反演分析推定参数时，也必须对变形破坏机制和（或）破坏后运动学特征作出正确判断。

4. 计算方法的选择

见表 12-7 所列，方法选择也要建立在机制分析基础上。变形破坏判断计算法（表 12-7），可以更充分地反映边坡演变的实际情况，是值得进一步探索完善的量化分析方法。

（二）有限单元法分析边坡的稳定性

用有限单元法分析边坡岩体的应力应变特征，来评价边坡的稳定性，已是边坡稳定性工程地质评价中广泛采用的一种方法。这个方法的基本原理和步骤是：将一个连续的边坡岩体，通过离散化，变换成离散的单元组合体，利用网格剖分，将边坡（采用二维或三维）剖面体系在形式上划分为有限个单元体，假定各单元均作为均匀、连续、各向同性的完全弹性体，保持自己的介质特征，有自己的物理力学参数；各单元由节点相互联结，边坡岩体的内力和外力由节点来传递。单元所受的力，按静力等效原则移置到节点，成为节点力。当按位移法求解，取各节点的位移作为未知数，按照一定的函数关系，求出各节点位移后，即可进一步求得单元的应变与应力。有限单元法，实质上为一种“化整为零”的计算方法。单元的形状一般都采用简单的三角形或四边形，以便于适应边坡坡面复杂的边界形状。网格的大小、单元的划分布置，则取决于模拟边坡各种特定工程地质问题的要求和精度，一般可参照边坡中层面、断层面、节理面等各种结构面的特征和岩体进行划分。在应力变化比较剧烈的部位，单元要划分的密一些；在岩性、物理力学参数突变的部位，应将突变线作为单元的分界线，例如，软弱岩带的界面等。此外，还要确定边界约束条件和荷载位置。如果以节点位移为未知量，在将单元计算参数输入后，先计算各节点的力，再计算节点的位移，最后求解应力。根据各单元的应力和位移特征，分析评价边坡的变形破坏机制，进而对其稳定性作出评价。由于将坡体划分为有限个单元体，因而可使复杂的问题归结为求解线性方程组，借助于电子计算机，可以迅速解出。

有限单元法的优点在于部分地考虑了以岩体的非均质不连续介质的特性，考虑了岩体弹性和塑性，因而可以避免将坡体视为刚性块体过于简化计算边界条件的缺点，能够较接近实际从应力应变分析边坡的变形破坏机制，并可以直接得出边坡的位移量和坡体的应力分布。

有限单元法分析边坡稳定性，有无实际价值，仍取决于边坡的工程地质条件的研究，特别是正确的定出边坡的岩体结构、边界条件和岩体及结构面物理力学性质参数的选择。

（三）散体单元法分析边坡的稳定性

对于由节理岩体组成边坡，用散体单元法进行数值模拟可获得满意的结果。节理岩体具有明显的不连续性、非均匀性和各向异性，一旦切割分离体脱落失控后，岩体将失去支撑力的平衡作用，沿着节理，破碎面分割成坡体逐步垮落。Cundall 提出的散体单元法（Discrit element method）可以用来模拟节理岩体组成的边坡。由于切割岩体的节理、裂隙等不连续结构面的刚度远较完整岩石的刚度为低，它们对开挖引起的位移、变形与应力重分布起着关键作用，因此在分析中可以忽略完整岩块的弹性，视其为刚性体或刚体，从而把节理岩体视为节理分割成的均质岩石块体状的集合，显然，当地应力场较低，且完整岩石具有较高强度及刚性模量时，这种模拟是可行的，散体单元法便是基于此思想的一种分析节理岩体的数值方法，它将节理岩体视为块体集合，每个块体的运动服从牛顿第二定律（$F=ma$），而块体之间又满足一定的力-位移关系，这种方法充分考虑到节理岩体的不连续性，以裂隙切割成的块体为出发点，各个块体可以有较大的位移，甚至岩块还可以脱离母体而自己下落。可以充分模拟节理岩体的变形破坏过程及形式。

五、工程地质类比法

工程地质类比法也叫工程比拟法，通常是根据大量已有边坡工程的设计经验，指导条件相似的各类边坡的研究和设计的一种方法。

其实质是把已有的天然边坡或人工边坡的研究或设计施工、治理、监测等经验应用到条件相似的对象边坡的研究及人工边坡的设计中去。经验包括有边坡分类的经验，边坡变形破坏形式以及发展变化规律的经验，边坡整治的经验等。在进行类比时，不但要考虑边坡结构特征的相似性，还要考虑边坡所处自然环境的相似性，以及促使边坡演变的主导因素和边坡发展阶段的相似性。

随着类比资料、数据的不断丰富和积累，以及分析研究方法的不断发展与完善，类比分析步入建立评价预测软件系统阶段，例如边坡稳定性诊断系统和专家系统等，其基本思路和分析程序如图 12－18 所示，这是目前一个重要的发展方向。

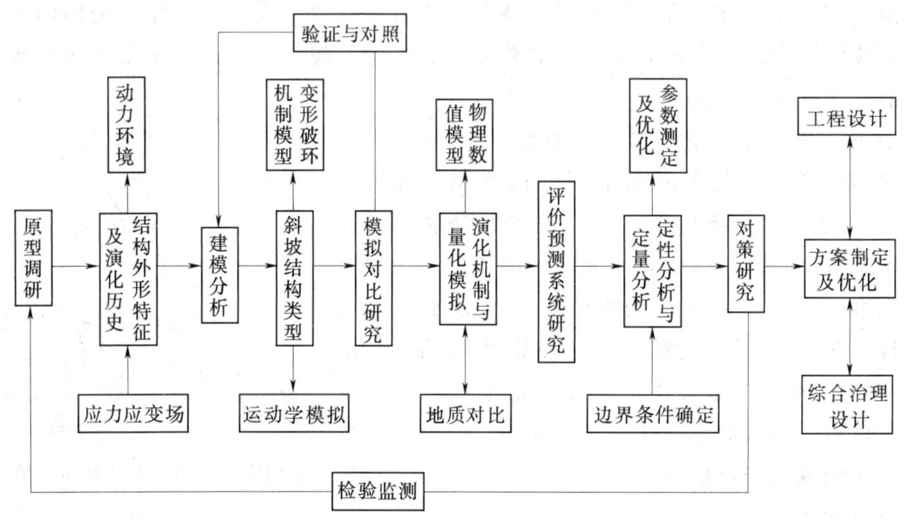

图 12－18　斜坡稳定问题工程地质分析系统框图

第五节　防治边坡变形与破坏的措施

边坡的治理应根据工程措施的技术可能性和必要性、工程措施的经济合理性、工程措施的社会环境特征与效应，并考虑工程的重要性及社会效应来制定具体的整治方案。防治边坡变形和破坏的目的在于消除其危害性，依据防治原则，能避开的尽量避开，能预防的尽量预防。对于不能避开的，或施工开挖后出现的不稳定边坡，做到一次根治，不留后患。

不稳定边坡的防治原则为以防为主，及时治理。常用的防治措施可归纳如下。

一、防渗与排水

防渗与排水目的主要是消除和减轻地表水和地下水的危害。

1. 防止地表水入渗到滑坡体

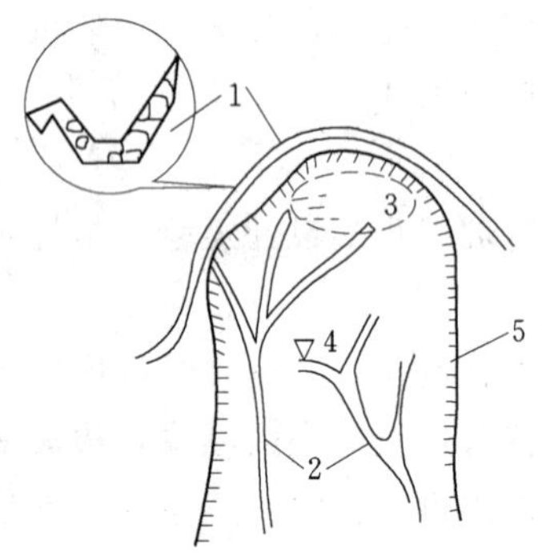

图 12－19　排水沟示意图
1—截水沟；2—树枝状排水沟；3—积水洼地；4—泉；5—滑坡体

地表防渗和排水的目的是把滑坡区以外的来水截排，不使其流入滑坡区，滑坡区以内的降水及地下水露头（泉水、湿地及其他水体）通过人工沟渠排出滑坡区，减少其对滑坡稳定性的影响。

地表排水系统包括滑坡区以外的山坡截水沟、滑坡区内的树枝状排水沟及自然沟的疏通和铺砌等，形成一个统一的排水网络，如图 12－19 所示。

对滑坡区以外的山坡截水沟，应布设在滑坡可能发展扩大的范围以外至少 5m 处，以免滑坡滑动，滑坡体范围扩大，破坏水沟，致使水沟内水集中灌入滑坡后缘裂缝，加速滑坡的发展。

在滑坡区内，首先采取填塞裂缝和消除地表积水洼地，然后在滑坡体上设置不透水的树枝状排水沟。主沟方向应尽量与滑坡体的主滑方向一致，或充分利用滑坡体内外的自然沟，把滑坡体区内的地表水排出区外，防止地表水的下渗。另外也可采取种植蒸腾量大的树木等措施。

2. 对地下水丰富的滑坡体进行排水

排水的目的主要是截断补给滑带的水源，或排出滑坡体内的地下水，降低地下水位，减少滑带土的孔隙水压力，提高其抗剪强度，从而增大滑坡的稳定性。

地下水排水工程依据不同滑坡地下水分布和补给情况，常用的措施有：设置截水沟和排水隧洞；在滑体内设仰斜（水平）排水孔、垂直钻孔排水、虹吸排水、支撑盲沟、排水廊道（图 12－20）等。

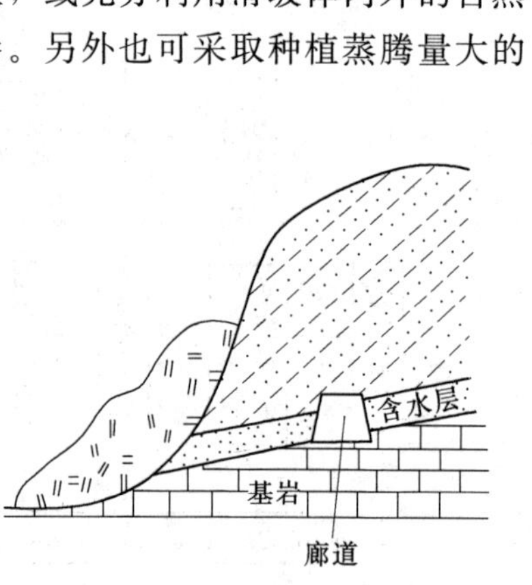

含水层
基岩
廊道

图 12－20　排水廊道示意图

二、削坡减重与反压

1. 削坡减重

削坡减重是指在滑坡体的上部牵引段和部分主滑段（即产生剩余下滑力的部分）挖去一

部分岩土体，以减少滑坡重量和滑坡推力的工程措施。减重设计的方量和坡形，应以不影响上方边坡的稳定为原则。但削坡一定要注意有利于降低边坡有效高度并保护抗力体（图 12－21、图 12－22）。削坡减重形成的坡面，也应有排水措施、必要的防护及绿化措施。

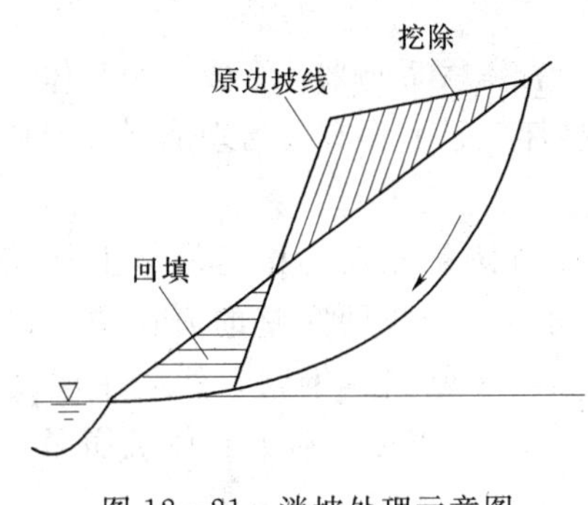

图 12－21　消坡处理示意图

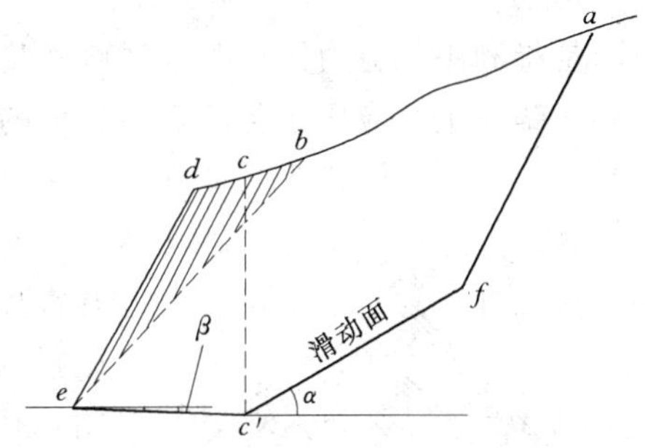

图 12－22　错误的消坡方法

2. 反压

反压就是在滑坡体的前缘抗滑段及其以外填筑土石，增加抗滑力的工程措施。将滑坡体上部减重的土石方，移填到其前缘抗滑段进行反压，既降低下滑力，又增加了抗滑力，有利于增加边坡的稳定性，是最为经济和有效的治理措施。

三、修建支挡工程

修建支挡工程主要是提高不稳定边坡的抗滑力，采取的工程措施主要有修建抗滑挡土墙、布设抗滑桩等。

1. 抗滑挡土墙

抗滑挡土墙主要是在不稳定边坡岩土体下部或滑体前缘，修建挡土墙或支撑墙，靠挡墙本身的重量支挡坡体的剩余下滑力（图 12－23）。按建筑材料和结构形式不同，一般可分为浆片石挡墙、混凝土或钢筋混凝土挡墙等。

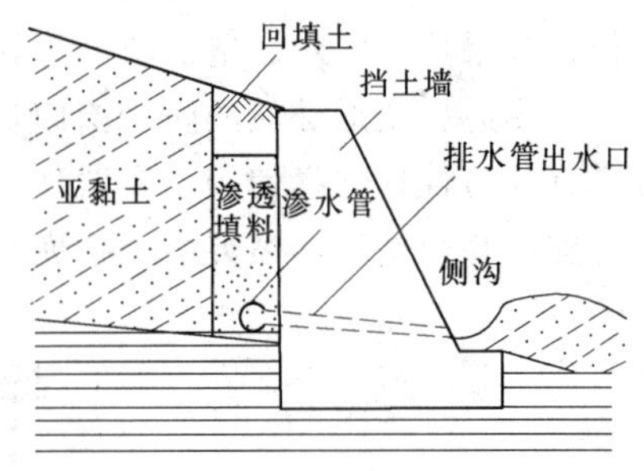

图 12－23　具有排水措施的挡土墙

抗滑挡土墙的优点是结构比较简单，可以就地取材，而且能够很快地起到稳定滑坡的作用。但一定要把挡墙的基础设置于最低滑动面以下的稳固地层中，墙体中应预留泄水孔，以利于消散墙后的孔隙水压力。

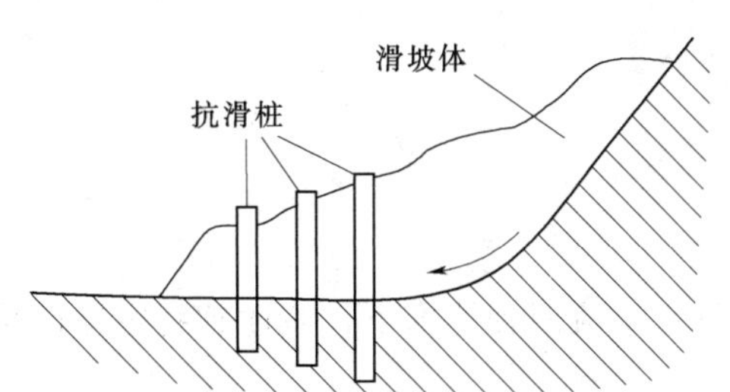

图 12－24　抗滑桩设置图

2. 抗滑桩

抗滑桩是将桩打入滑动面（带）以下稳定的地层中，以平衡滑坡的剩余推力，使滑坡稳定的一种结构物。一般设置在滑坡前缘的抗滑段，并在垂直滑坡的主滑方向成排布设（图 12－24）。抗滑桩按桩身材料分为木桩、钢管桩、混凝土或钢筋混凝土桩等。

抗滑桩的优点是：①抗滑能力大；②施工

安全、方便、省时，对滑坡稳定性扰动小；③桩位灵活；④能及时增加抗滑力，保证滑坡的稳定。现在抗滑桩技术在国内外得到了广泛的应用，特别是多排桩联合使用，使大中型滑坡也可以治理，因此，这种方法变得越来越重要。

四、锚固

锚固是指利用预应力锚杆和锚索将不稳定边坡的岩体联系起来，形成一个整体，借以稳定边坡。锚固主要应用于防治岩质边坡的变形和破坏，是一种有效治理崩塌和滑坡的工程措施。

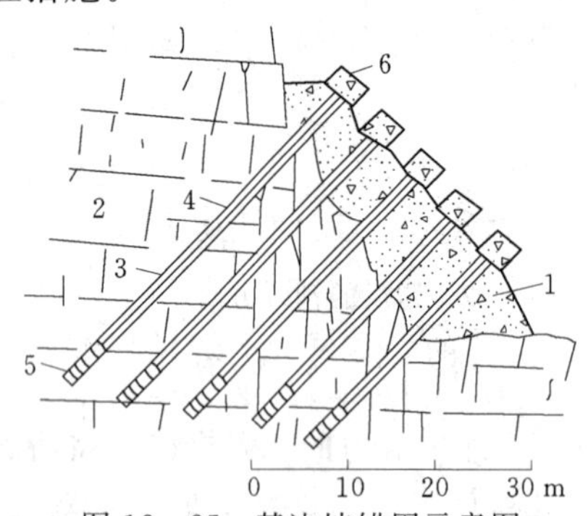

图 12－25　某边坡锚固示意图

1—混凝土挡墙；2—裂隙灰岩；3—预应力10000kN 锚索；4—锚固孔；5—锚索的锚固端；6—混凝土锚墩

锚固的具体方法是先在不稳定岩体上钻孔，钻孔深度达到滑动面以下坚硬完整的岩体中，在钻孔中插入锚杆或预应力钢筋、钢索，然后用混凝土封闭钻孔（图 12－25），以提高边坡岩体抗崩塌、抗滑动的能力。

五、其他措施

除上述防治措施外，对易风化的岩质边坡，护面通常采用喷素混凝土，或先打砂浆锚杆，再挂网，然后喷混凝土即喷锚支护，其目的是保护坡面、防止掉块及地表水入渗等。

此外，对土质边坡，还有用滑带爆破、滑带土焙烧法、灌浆法（固结灌浆或化学灌浆）等措施改变滑带土的性质，使其抗剪强度指标增高，以增加其抗滑稳定性。这些方法目前由于施工不便、效果检验困难、造价较高等原因，还处于试验阶段，有待于进一步的研究。

上述边坡变形破坏的防治措施，应根据边坡变形破坏的类型、程度及其主要影响因素等，有针对性地选择使用。实践证明，多种方法联合使用，处理效果更好。例如常见的锚固与支挡联合使用，喷混凝土护面与锚固联合使用等。

复习思考题

1. 边坡形成后应力重分布有何特征？

2. 边坡变形破坏的类型及其主要特征是什么？

3. 滑坡的主要组成部分有哪些？

4. 野外如何识别和判断滑坡？

5. 边坡的工程地质分类有哪些？

6. 试述影响边坡稳定性的因素。

7. 边坡稳定性的工程地质评价方法有哪些？

8. 砂性土边坡在无地下水（即干坡）和有地下水渗流两种情况下，简述其稳定性计算方法。

9. 简述岩质边坡滑动面为折线时的稳定计算方法。

10. 不稳定边坡的防治措施有哪些？

第十三章 渠道的工程地质研究

渠道是水利水电工程中重要的引水及排水建筑物。如我国已建成的陕西宝鸡峡引渭灌溉工程，河南林县的红旗渠工程，湖南的韶山灌溉工程，甘肃的引大入秦工程，宁夏的引黄灌区工程，黑龙江的引嫩工程和天津的引滦入津工程等，以及正在建设的南水北调东、中线工程等都是著名的大型渠系工程。

渠系工程除渠道外，还包括许多水工建筑物，如用以控制、调节水量的配水建筑物（如分水闸、节制闸、斗门等）；用以通过山谷河流及交通线路的交叉建筑物（如渡槽、隧洞、倒虹吸管及涵洞等）；用以调整渠道断面或渠道纵坡的联合建筑物（如陡槽、跌水、渐变段等）。

第一节 渠道选线的工程地质条件

由于渠道属线型建筑物，在不同的渠段上存在的问题不完全相同，即具有一定的分带性。为了避免和尽量减少不利地质因素的影响，渠道的选线问题是工程成败的关键。渠道线路的确定，主要考虑地质条件的优劣，因此，渠道的选线工作也就成为工程地质勘察工作的主要内容。在渠道选线时，一般遵循如下原则：

（1）尽量避开和绕过陡壁悬崖以及沟谷密集地带。

（2）尽量避开造成渠道半挖半填或填方过多的斜坡低洼地带。

（3）尽量绕避风沙堆积、崩塌堆积和容易产生地基失稳与强烈渗漏的地段。

渠道线路选择问题的研究，是在渠道勘察的规划和可行性研究阶段进行的。主要任务是查明与渠道线路选择有关的工程地质问题，选出工程地质条件最优的线路方案。由于工程地质条件主要包括地形地貌、地层岩性、地质构造、水文地质条件、自然地质现象和天然建筑材料等方面，所以本节就从这些方面详述如下。

一、地形地貌条件

地形地貌条件在渠道线路选择上非常重要，它直接关系到渠道线路的长短、施工的难易、工程量的多少、附属建筑物配备，从而直接影响工程工期和造价。根据地形地貌条件选择渠道线路主要有以下方案。

1. 岭脊线

沿着山顶或分水脊选线。这种线路控制面积最大，配水方便；交叉建筑物最少，容易维护；土石方最少，节省工料。实践表明，这种线路一般适用于山脊地形起伏不大的丘陵地区，对于高山峡谷地区则不适用。

2. 山腹线

在半山坡且平行山坡的盘山渠道，这种线路根据控制面积的大小，选择不同的高程布置。土石方量，特别是石方开挖量及填方量较大，而且易产生塌方、漏水、暴雨冲刷、流土淤塞等地质问题。为防止这些不良地质现象，常修建挡土墙、高架渡槽、隧洞、过水涵洞等附属建筑物，因此往往费工费料，还要经常维修养护。

3. 谷底线

在山谷底部或山麓上开渠，这种线路因高程低，控制面积小，一般容易施工，多为土方工程，石方开挖量较少，但过沟谷建筑物（渡槽、倒虹吸管、涵洞等）往往增多，故工程造价相应提高。

4. 横切岭谷线

为了缩短渠道线路，直接切穿山脊分水岭和沟谷的布置形式，这种线路虽然可以节省大量的盘山绕行渠道，但往往需要开凿较深的地堑或陡坡明渠以及隧洞。在岩石条件较好的情况下，这种方案一般比山腹线及谷底线节省工料。

5. 平原线

适宜在地势平坦的山前平原及平原区的线路。这种线路多为土方工程，而石方工程很少或没有，故施工容易并便于机械化施工。线路选择时应注意微地形变化，尽量选在地势最高处，而且要有适当纵坡降（0.5%左右），以控制自流灌溉面积。此外在地势低洼处，应注意尽量减少填方工程并与排水系统配合使用。

二、地层岩性条件

（1）基岩山区的渠道选线应注意岩石的类型和风化程度。①深成侵入岩、厚层坚硬的沉积岩等坚硬及半坚硬岩石一般均适于修建渠道，但对强度很高的岩石（如石英岩），则施工困难且当裂隙发育时易漏水；②玄武岩、安山岩、火山角砾岩等，其原生节理，尤其是柱状节理发育时，易产生渗漏和渠道边坡失稳；③喀斯特发育的石灰岩、白云岩，以及风化很深的花岗岩、片麻岩等都易形成渗漏段；④软弱岩石，如黏土质的黏土岩、页岩、千枚岩、板岩及凝灰岩等，一般透水性小，是良好的隔水层，但有的遇水易软化、泥化、崩解和膨胀，直接影响渠道边坡的稳定性，故应十分注意它们的水理性质和力学性质的变化。尤其是蒙脱石含量较高时，具有很高的可塑性和胀缩性，常给渠道工程的建设带来困难和危害；⑤石膏层（我国古近纪和新近纪地层常含有石膏层）亦应尽量避开，因石膏有见水快速溶解的特性，对渠道修建十分不利。

（2）松散沉积物地区的渠道选线注意其成因类型、埋藏厚度和分布规律。①对渗透性大的厚层砂砾石、卵石及漂石层等应尽量避开。在戈壁及沙漠地区修建渠道必须研究全线的防渗处理方案；②在黏土、亚黏土及亚砂土层地区，则可以减少渠道渗漏损失及防渗措施；③黄土及黄土质土层，因其有遇水湿陷性，会造成渠道失稳和严重破坏，故应做特殊的地基处理；④膨胀土的地区，应特别注意“见水膨胀”问题，可造成渠道衬砌的上抬和开裂；⑤软土地区，包括淤泥、淤泥质土、泥炭和泥炭质土，由于具有触变形、流变形、高压缩性、低强度和不均匀性易产生差异沉降；⑥冻土区，由于冻土的冻结膨胀和融化沉陷，可造成渠道基底沉陷和衬砌破裂；⑦分散性土是一种灾害性土，其破坏是一个复杂的物理化学过程，具有快速、隐蔽的特点和潜在的危险性，对渠道工程会产生严重影响。

三、地质构造条件

山区渠道，特别是山腹线路，应注意地质构造对渠道及其附属建筑物的稳定性影响。一般水平或近于水平的岩层，对渠道线路是有利的，缓倾角及顺坡向的地质构造是不利的。断层破碎带、强烈褶皱带可能引起渠道的失稳和大量渗漏，切忌沿其走向平行布置，如必须通过时应尽量垂直走向布置，以减少施工处理段长度。

四、水文地质条件

对于灌溉渠道沿线，主要是查明地下水的埋藏深度及动态变化规律，如地下水埋藏较深，上部透水层又较厚，则可能导致渠道大量渗漏。反之，如地下水埋藏较浅，高于渠底设计高程，则将形成水下开挖，造成施工困难，而且引灌后渠道两侧，将由于渗漏使地下水位更加抬高，当地下水位接近地面高程时，可能形成土壤盐碱化，在低洼地区将形成沼泽化。因此在这种地区的渠道选线应考虑灌溉和排水结合的布置方案。对于以排水为主的渠道应沿地下水等水位线（或垂直地下水流向）布置效果最好。

五、自然地质现象

如滑坡、崩塌、岩堆、泥石流，以及喀斯特的地表出露现象（落水洞、溶斗、溶蚀洼地、坡立谷等）。渠道选线时都应十分注意它们在沿线的分布和发育程度，在不能避开的情况下，应分别提出治理措施，以保证渠系建筑物的畅通无阻，长期使用。

六、天然建筑材料

渠道选线亦应查明天然建筑材料的分布、储量和质量，以及开采运输条件，以便最大限度地充分利用当地材料修建渠系工程。此外还应反复测绘及计算土石方的开挖量和填方量，尽量使其取得平衡，以减少天然建筑材料的使用量。

第二节　渠道边坡的稳定问题

无论山区开挖的岩质渠道或平原地区开挖的土质渠道，在工程运行期间都受到各种因素的影响，引起渠道边坡的变形破坏，这直接关系到渠道的安全、经济及能否正常执行。因此渠道的边坡稳定成为渠道的又一主要工程地质问题。

一、渠道边坡的失稳因素及破坏类型

（一）渠道边坡的失稳因素

1. 渠道坍塌的内因

渠道坍塌的根本原因是渠坡内部的剪应力超过了土壤或岩石的抗剪强度，从而引起剪切破坏。抗剪强度的大小取决于渠坡内部的物质组成和结构，一般页岩、泥岩、碎石、土料等材料的抗剪强度较低，容易发生变形，浸水后产生软化、泥化、湿陷、崩解、膨胀等，是边坡失稳的重要原因。渠坡物质的含水量对抗剪强度也有很大影响，含水量越高，抗剪强度越低，所以雨季渠坡浸水后容易滑塌。渠坡物质的结构包括不同土石层的组合情况、岩石中断层和裂隙特征等。渠坡坍塌往往是沿着相对阻力最小的软弱层面发生的。岩层的层面、断层面和节理、裂隙以及夹在石层之间的风化层或坚硬土层之间的黏土夹层，都是渠坡内部抗剪强度较低的软弱结构面，当岩层倾向渠内，或因渠道开挖后岩层下部失去支撑，或因渠道的坡角大于软弱结构面的倾角时，就有可能产生滑坡。剪切力来自上部

荷载和土石体的自重。

2. 渠道滑塌的外因

(1) 渠道断面设计不合理。边坡系数太小，或设计流速太大，产生冲刷，使渠道边坡变陡；深挖方渠道（形成高陡边坡）没有设置平台和截流排水设施，渠坡遭受地面径流的冲刷，使岩土体内应力平衡发生变化，因此在侧向剪切力的作用下发生边坡的塌滑，造成渠道边坡的失稳。

(2) 施工方法不当或施工质量不好。挖方渠道如先抽槽后扩坡，就会加大渠坡的滑动力；采用不适当的爆破方法，破坏了岩层结构的稳定性；废土废石堆放在渠岸附近，增加了滑动力；傍山渠道用半挖半填断面时，新老土结合不好；填方渠段土料填筑不合要求，夯打不实；在易沉陷土壤（黄土、泥炭土等）上筑渠。

(3) 水量调配不合理。渠中水位猛涨猛落，当水位骤然降落后，渠道压力平衡遭到破坏，导致滑坡；当地下水位高出渠底时，随着渠道水位的骤降，渠道两侧的地下水向渠内渗流时，地下水的潜蚀作用和渗透压力作用降低了边坡的稳定性。

(4) 在寒冷地区，冬季输水后渠坡内土壤水分接近饱和，土体结冰冻胀，早春开始输水时，渠坡各部位融解不均，水面线以上部分仍然冻结，而过水断面部分由于水温较高而开始融解，土壤变松，土体失去平衡而滑塌。

（二）渠道边坡的破坏类型

1. 滑坡

无论平地型土质渠道边坡或山区斜坡型岩质渠道边坡，受各种因素的影响，均可形成滑坡。渠道边坡滑动破坏的形式可分为两种：一种是渠道边坡本身滑动破坏形成滑坡（图 13-1）；另一种是斜坡型渠道边坡，由于斜坡不稳定，整个斜坡岩土体连同渠道一起滑动破坏。上部为土层，下部为基岩的谷底线渠道易造成这类滑动破坏。

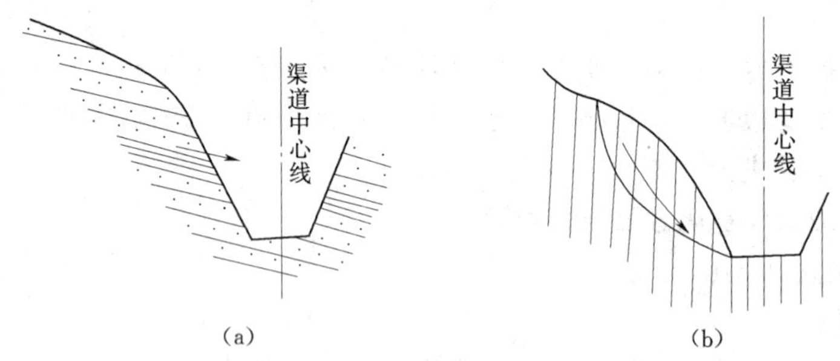

图 13-1　渠道边坡本身滑动破坏示意图

(a) 岩质渠道边坡；(b) 土质渠道边坡（黏土）

2. 塌方

渠道边坡或天然边坡的坍塌称为塌方。渠道边坡塌方常发生在开挖造成边坡较高、坡度较陡的渠道上（包括深挖方、高填方渠道），天然边坡塌方易发生在较陡的天然土质边坡（如黄土）或碎裂结构岩质边坡上。

3. 崩塌

崩塌常发生在开挖造成坡度高、坡度较陡的平地型渠道边坡，或裂隙发育的坚硬岩石构成的斜坡型岩质渠道边坡上。

二、渠道边坡的稳定分析

（一）岩质渠道边坡的稳定分析

山区岩质渠道边坡的失稳，一般不是岩石本身强度不够引起的，主要是受软弱结构面所控制。因为岩石本身的抗剪强度，远远大于软弱结构面的抗剪强度。如前所述，一般反倾向及陡倾角的结构面是稳定或比较稳定的，而同倾向缓倾角的结构面，是可能滑动或不稳定的。在只有一组结构面（可能滑动面）的情况下，当只考虑重力作用时，如果软弱结构面的倾角（α）大于其抗剪强度的内摩擦角（ϕ），而又小于坡面地形坡角（β），即 $\beta>\alpha>\phi$ 时，则此结构面是危险的滑动面。这方面的稳定分析及计算公式前面已讲过（详见第十二章）。由于渠道边坡常被水淹没，故稳定分析时应考虑静水和动水压力的影响。

1. 静水压力的影响

一般渠道过水时，渠道中水的静水压力对边坡稳定有利，但当渠道放空水，岩层中的地下水来不及渗出时［图 13－2（a）］，裂隙 ed 中的地下水及滑动面 abc 上的静水压力和渗透压力，将促使渠坡滑动。此时可以用下列简化公式进行稳定分析。

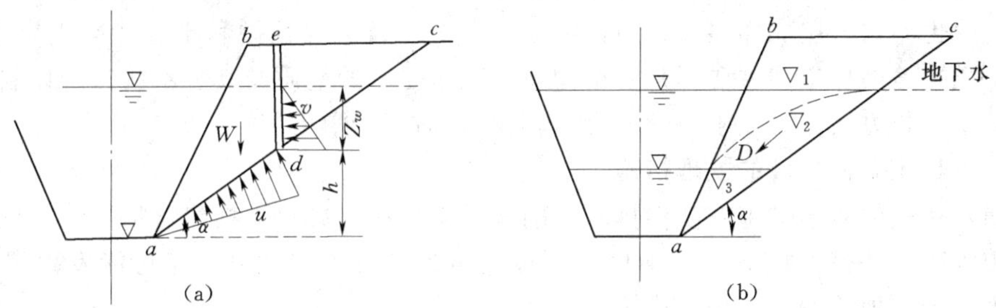

图 13－2　水压力对边坡稳定的影响

（a）静水压力；（b）动水压力

$$K=\frac{(W\cos\alpha-u-v\sin\alpha)\tan\phi'+c'L}{W\sin\alpha+v\cos\alpha} \tag{13-1}$$

式中　W——滑动面以上的岩体重量，t；

α——滑动面倾角；

ϕ'、c'——滑动面的抗剪强度指标（饱水条件下的试验值）；

L——滑动面长度，m；

u——滑动面上的渗透压力，t；

v——某裂隙面的静水压力，t。

其中 u 及 v 值视裂隙充水情况而定，当垂直裂隙中水高度为 Z_ω，并在 a 点排水时，则 $u=0.5\gamma_\omega Z_\omega h\cos\alpha$；$v=0.5\gamma_\omega Z_\omega^2$；$h$、$Z_\omega$ 值如图 13－2（a）所示。

2. 动水压力的影响

渠道边坡动水压力，往往是在渗流的条件下形成的，即当渠道边坡为透水岩层，并已为渠道过水所饱和，在渠道水位下降时，边坡中的地下水向外渗流排泄，这时就产生了动水压力 D［图 13－2（b）］。动水压力与水力坡降成正比，可用 $D=\gamma_\omega VI$ 表示，其中 D

为动水压力，t；γ_{ω} 为水的容重，t/m^3；I 为平均水力坡降；V 为渗流水体积，m^3。

考虑动水压力的影响，假设其作用力的方向与滑动面平行，则边坡稳定系数为

$$K_c=\frac{[V_1\gamma_{水上}+(V_2+V_3)\gamma_{水下}]\cos\alpha\tan\phi'+c'L}{[V_1\gamma_{水上}+(V_2+V_3)\gamma_{水下}]\sin\alpha+D} \tag{13-2}$$

式中　V_1、V_2、V_3——边坡滑动面以上，地下水位上下渗流岩层的体积，m^3；

$\gamma_{水上}$——岩层在地下水位以上的容重，t/m^3，可用天然容重或干容重；

$\gamma_{水下}$——岩层在地下水位以下的容重，即浮容重，$\gamma_{水下}=\gamma_{饱和}-1$，t/m^3；

其他符号意义同前。

由式中可见，动水压力 D 在分母中，是滑动力的组成部分，因而动水压力的存在会降低渠道边坡的稳定性。所以为提高边坡的稳定性，渠道边坡也应做好防渗或排水措施。

当渠道边坡存在两组或两组以上的软弱结构面时，边坡的稳定计算将复杂化，但基本原理同上。

（二）土质渠道边坡的稳定分析

土质渠道边坡的稳定性主要取决于土的性质、结构及含水状态等工程地质条件。一般砂性土比黏性土及软土稳定性好；均质的比非均质的好；不含水的比含水的好。此外，土层中的裂隙也不像岩层那样多和普遍存在，仅在黄土及裂隙性硬黏土等特殊土层中可见，因此对土质边坡的稳定性主要不是受结构面，而是受土的性质及其含水状态所控制，土质边坡的力学分析方法详见《土力学》（卢廷浩等，河海大学出版社，2002）。

三、不稳定渠道边坡的处理措施

不稳定边坡的防治措施有防渗排水、削坡减重反压、修建支挡建筑物（包括抗滑桩）、锚固措施等，这些措施也适用于不稳定渠道边坡的处理上。此外，对可能发生滑塌的渠段，可因地制宜地采取以下预防措施：

（1）渠道选线要避开地质条件较差的地带；对地质条件不好的渠段，应改用隧道、暗渠等输水方式。

（2）对边坡很陡的渠段进行削坡处理。

（3）对深挖方渠段结合削坡增设平台和截流排水设施。

（4）对抗剪强度较小的土质渠段，用打桩编柳、草袋护坡、植树或砌石衬砌等措施加固渠坡，必要时还可采取换土的办法加固渠坡。

（5）在沉陷性较大的土壤上筑渠时，不要把渠道断面挖至计划深度，在渠堤上预留超高，以便沉陷后渠道断面达到设计高程。渠道正式投入使用之前，要进行泡水试渠，逐渐使渠道浸水沉陷。

（6）合理调配水量，使渠道流量缓慢增减。

（7）在低温区，冬季使渠道充水，形成冰盖，防止渠坡结冻。

（8）加强渠道巡护，一旦发现滑塌的征兆，及时采取适当的防治措施。

（9）对已经坍塌的渠坡，清除下滑土体，再把渠坡挖成阶梯形，还土夯实。

第三节　渠道的冻胀问题及处理措施

我国北方高纬度地区和西部高原区广布着各种冻土层。在冻土分布区修建渠道，渠道

的冻害是非常严重的。关于冻胀作用对渠道的破坏，在一些地区成为主要的矛盾，像在我国西北干旱地区，为了提高渠道的过水效率，往往采取混凝土板或浆砌块石作为防渗措施，可是冻胀作用常常使渠道遭到破坏，需年年补修，耗费大量的人力和物力。以往仅只把这种渠道的破坏看作是垫层的厚度及反滤层骨料的粒径和级配的选择不合理造成的，实际上，冻害的发生与冻土带的深度、地下水位的变化、岩土的物理力学性质以及地层结构等有密切的关系，忽视这些工程地质方面的因素，而简单地采用加大垫层厚度的方法是不能从根本上解除冻胀破坏的问题。

一、渠道衬砌冻胀破坏的机理

在季节性冻土地区，细粒土壤中的水分在冬季负温条件下凝析成冰晶，体积膨胀，土壤体积也随之膨胀，地面隆起，这种现象称之为土壤的冻胀。土壤的冻胀程度取决于气温、土壤性质和土壤含水量三个条件。负温是土壤冻结的能源条件，负温高低影响冻胀的强弱。水分是冻结过程中最活跃的因素，只有在土壤含水量达到某一临界值后，土壤才能产生冻胀，该临界值称为起始冻胀含水量。在冻结过程中，土壤水分发生迁移现象，深层的土壤水分沿着土壤温度场的热流方向向冻结锋面聚集，形成冰晶，增加冻层深度。在气温和土壤水分相同的条件下，土壤性质影响着冻胀量的大小。粗粒土壤孔隙率大，透水性好，一般不产生冻胀或只产生微弱的冻胀；以粉粒为主的细粒土壤则可产生强烈的冻胀。冻土层顶部的冻胀变形如果受到限制，就会产生巨大的压力，称为冻胀力。冻胀力随土层深度的增加而增大。衬砌表面与冻土黏结在一起，还会产生切向冻胀力，它限制着渠道衬砌自由变形的能力。当渠道衬砌层承受不均匀冻胀力时，更容易遭受破坏。

二、渠道衬砌冻胀破坏的特点

由于渠道断面各部位接受的太阳辐射不均匀，衬砌表面各处温度不同，渠道断面各部位基土冻结深度和冻胀量也不相同。一般渠底和阴坡大于阳坡。由于受渠道渗水补给的影响，渠底下部的土壤含水量高于上部，地下水位较高时，还有上升毛管水补给，此时含水量的上下差异就更加悬殊，因而渠底坡面下部比坡面上部冻胀严重，衬砌破坏以渠底和坡面下部 1/3 处最为严重。

三、渠道冻胀破坏的防治措施

防止渠道冻胀应主要从改善渠床土壤性质和减少土壤水分入手，以减轻基土的冻胀强度，使衬砌结构适应基土冻胀变形。具体方法可归纳为工程措施和管理措施两类。

1. 工程措施

(1) 正确规划布置渠道，尽可能使渠底高出地下水位的距离不小于冻层深度加地下水位对冻层不发生显著影响的临界深度。当地质条件难以满足这个条件时，应采用填方渠道，渠线应尽量行径砂砾石或排水较好的地带，同时应远离灌水农田及其他水源，以防对渠床土壤的水分补给。

(2) 换置渠床土壤，当渠床为强冻胀性土壤时，在有良好排水条件下，用换土的办法能有效防止冻胀破坏。用砂砾料置换冻胀性基土是中国西北地区普遍采用的方法。换置层的深度随土壤的性质和地下水的补给条件而异，一般应大于冻土深度的 60%。

(3) 合理选择衬砌形式。在弱冻胀地区，可采用预制混凝土板或现场浇筑混凝土板衬砌。前者接缝多，施工质量不好时，会产生渗漏，补给土壤水分，促使冻胀加重；后者防渗效果好，但对不均匀冻胀变形的适应性差。渠道断面较大时，应在坡面下部及渠底中部设置变形缝。在小型渠道上，采用U形断面可以节省工程量，抗冻性能也较好。在强冻胀区，可采用柔性膜料衬砌，以适应冻胀变形。为防止膜料老化，可将膜料埋置于土料保护层之下，保护层厚度一般为30～50cm，土料以黏土或中、重壤土为宜。由于保护层中水分不能排出，经常处于饱和状态，其抗冲能力较低，易于塌滑。一般要求边坡系数大于2，渠道水流速度不大于0.5～0.7m/s。

2. 管理措施

(1) 避免在严寒季节输水，冬季停水日期应比气温稳定通过零度 H 时间提前7～10d，春节开灌日期则不应早于气温稳定通过零度 H。如灌溉许可，最好在冻胀变形恢复，裂缝基本闭合之后输水。

(2) 骨干渠道附近的农田和林带，应在进入负温以前半个月结束冬灌。

(3) 春灌以前，对渠道衬砌出现的裂缝要及时进行修补。

渠道的主要工程地质问题除上述的边坡稳定问题、冻胀问题外，还有渠道的渗漏问题，该问题的阐述参见第八章。

复习思考题

1. 渠道选线时，从地形地貌条件分析有哪几种类型？
2. 渠道选线时，除地形地貌条件外，还应注意哪些工程地质条件？
3. 引起渠道边坡失稳的主要因素？
4. 常见的渠道边坡破坏有哪几种类型？
5. 在岩质渠道边坡稳定分析中，如何考虑静水压力和动水压力的影响？
6. 如何处理黄土或平原地区渠道边坡、渠底中产生的裂隙？
7. 渠道衬砌冻胀破坏的机理？
8. 渠道衬砌冻胀破坏有何特点？
9. 渠道冻胀破坏的防止措施有哪些？

第十四章　地下洞室的工程地质研究

人工开挖或天然存在于岩土体中作为各种用途的构筑物，统称为地下建筑。按其用途可分为交通隧道、水工隧洞、矿山巷道、地下厂房、地下仓库及地下军事工程等类型；按其内壁是否有内水压力作用可分为无压洞室和有压洞室两类。

随着我国水利水电建设事业的飞速发展，地下建筑物的数量越来越多，用途越来越广，规模也越来越大。如有些引水隧洞的长度已达 10 多 km，直径超过 20m。一个装机百万千瓦的地下水电站厂房，跨度可达 30m，高度达 60m 以上。大跨度、高边墙的地下厂房及长隧洞的兴建，必然会遇到复杂的地质条件和大量的工程地质问题。其中围岩稳定问题是最受关注的，它涉及地下工程能否成洞和安全运行，用何种办法进行支护和衬砌，影响到造价和工期。

第一节　地下洞室围岩应力的重分布及变形破坏特征

一、应力重分布特征

地下洞室开挖前，岩体内的应力状态称为初始应力状态，即地应力状态（参见第十章第三节）。此时，岩体内的地应力处于静止平衡状态。开挖后，由于洞室周围岩体失去了原有的支撑，破坏这种平衡状态，围岩将向洞内产生松胀位移，从而引起洞周围一定范围内岩体的应力重新调整（应力大小和主应力方向发生变化），直至达到新的平衡，这种现象称为应力的重分布。

这种应力重分布只限于洞室周围的岩体，通常将洞室周围发生应力重分布的这一部分岩体叫作围岩，而把重分布后的应力状态叫作围岩应力状态或二次应力状态。该应力称重分布应力、二次应力或围岩应力。

直接影响围岩稳定的是二次应力状态，它与岩体的初始应力状态、洞室断面形状及岩体特性等因素有关。在简单情况下，假定岩体为弹性介质，对于侧压力系数为 1 的圆形洞室，取以圆形洞室中心为原点的极坐标 r、θ 系统，则围岩中任一点的应力，如图 14－1（a）所示，可用下式计算：

$$\sigma_r=\sigma\left(1-\frac{r_0^2}{r^2}\right)$$

$$\sigma_\theta=\sigma\left(1+\frac{r_0^2}{r^2}\right) \tag{14－1}$$

式中　σ——初始应力；

σ_r——径向应力；

σ_θ——切向应力；

r_0——洞室半径；

r——围岩中某点至洞室中心的距离；

θ——计算点径向与水平向夹角。

从式（14-1）可知：在$\lambda=1$（$\sigma_h=\sigma_v=\sigma$）时，剪切力$\tau=0$。当A点处于洞壁，即$r_0=r$时，则$\sigma_r=0$，$\sigma_\theta=2\sigma$。即径向应力减小至洞壁处为零，洞壁处的切向应力约为初始应力的2倍左右。在$r=6r_0$处（3倍洞径左右），如图14-1（b）所示，$\sigma_r=\sigma_\theta=\sigma$。因此，应力重分布的范围一般为洞室半径的5～6倍，此范围内的岩体就是围岩。在此范围外，岩体仍处于初始应力状态，不受开挖影响。

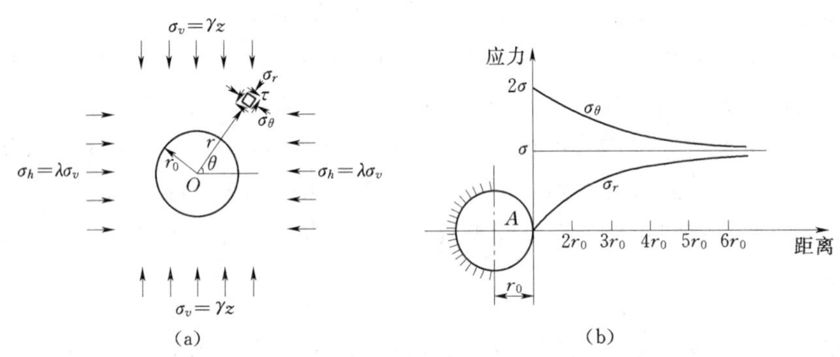

图14-1　圆形洞室围岩应力状态

（a）计算简图；（b）应力分布

在$\lambda\neq1$时，圆形洞室开挖后应力重分布的特征是：径向应力σ_r减小至洞壁处仍为零；切向压应力σ_θ在洞壁处集中，其值与r_0、r、σ_h、σ_v、θ角有关；剪切力τ在洞壁处也为零，在其他部位与r_0、r、σ_h、σ_v、θ角有关；当$\lambda>3$或$\lambda<1/3$时，可能出现拉应力（参见《岩石力学》徐志英，中国水利水电出版社，1993）。

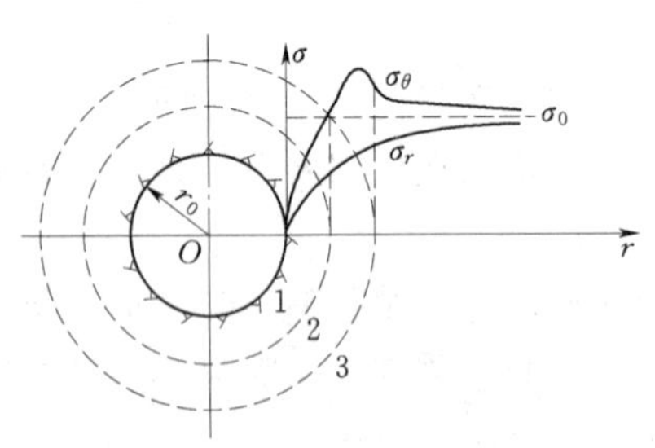

图14-2　松动圈和承载圈

1—应力降低区（松动圈）；2—应力增高区（承载圈）；3—原始应力区

洞室开挖后围岩的稳定性，取决于二次应力与围岩强度之间的关系。如果洞室周边应力小于岩体的强度，围岩稳定。否则，周边岩石将产生破坏或较大的塑性变形。地下洞室开挖后洞壁的切向应力集中最大，当围岩应力超过了岩体的屈服极限时，围岩就由弹性状态转化为塑性状态，形成一个塑性松动圈。但是，这种塑性松动圈不会无限扩大。因为随着距洞壁距离的增大，σ_r由0逐渐增大，应力状态由洞壁的单向应力状态逐渐转化为双向应力状态，围岩也就由塑性状态逐渐转化为弹性状态，最终在围岩中形成塑性松动圈和弹性承载圈。塑性松动圈的出现，使圈内应力释放而明显降低，被称为应力降低区；而最大应力集中由原来的洞壁转移至塑性松动圈与弹性承载圈的交界处，使弹性区的应力明显升高，该区即称应力升高区；弹性区以外是应力未产生变化的天然应力区。如图14-2所示。

松动圈和承载圈的发现，对于洞室设计和施工具有重要意义。首先，松动圈（应力降低区或塑性变形区）可以确定山岩压力的大小，并借以确定隧洞支护或衬砌的设计要求。其次，承载圈（应力升高区或弹性变形区）可以承受上覆岩体的自重以及侧向地应力的附加荷载，在设计支衬时，应当考虑充分发挥围岩的自承能力，即尽量利用围岩支衬代替人工支衬，这样就可以节省设计费用和提高施工速度。这一点已为现代隧洞施工经验——“新奥法”施工经验所证实。第三，应指出的是松动圈和承载圈不是固定不变的，而是随地质条件和时间而变化的；同时与施工方法和速度密切相关，其中关键是确定松动圈。

二、洞室围岩变形破坏的类型和特点

地下开挖以后，洞室围岩由于失去了原有的岩体的支撑而向洞内松胀变形，如果变形超过了围岩本身所能承受的能力，围岩就要产生破坏。由于岩体在强度和结构方面的差异，洞室围岩变形与破坏的形式多种多样，主要的形式有以下几种。

1. 坚硬完整岩体的脆性破裂和岩爆

这类岩体本身具有很高的力学强度和抗变形能力，并存在有较稀疏且延伸较长的结构面，含有极少量的裂隙水。在力学属性上可视为均质、各向同性的连续介质，应力与应变呈直线关系。在坚硬完整的岩体中开挖地下洞室，围岩一般是稳定的。主要破坏方式有脆性破裂和岩爆。

(1) 脆性破裂：脆性开裂常出现在拉应力集中部位，如洞顶或岩柱中。当侧压力系数 $\lambda>3$ 或 $\lambda<1/3$ 时，洞顶常为拉应力集中，在拉应力超过围岩抗拉强度的情况下，常产生拉张破坏。尤其是当岩体中发育近直立的构造裂隙时，即使拉应力集中较小也可产生垂向张裂缝。这时洞顶岩体很不稳定，在存在近水平裂隙交切的情况下，易形成不稳定块体塌落，造成拱顶塌方。

(2) 岩爆：岩爆是在高地应力地区，由于开挖后围岩中高应力集中，使围岩产生突发性破坏的现象。随着岩爆的产生，常伴随有岩块弹射、声响及气浪产生，对地下开挖及建筑物造成危害（参见本章第二节）。

2. 块状结构岩体的滑移掉块

块体滑移是块状岩体中常见的破坏形式之一。这类破坏常以结构面组合交切形成不同形状的块体滑移、塌落等形式出现。其破坏规模与形态受结构面的分布、组合形式及其与开挖面的相对关系控制。分离块体的稳定性取决于块体的形状、有无临空条件、结构面的光滑程度及是否夹泥等。

3. 层状结构岩体的弯折和拱曲

这类岩体常呈软硬岩层相间的互层形式出现。岩体中的结构面以层理面为主，并有层间错动及泥化夹层等软弱结构面发育。层状岩体的变形破坏主要受岩层产状及岩层组合等因素控制。其破坏形式主要有：沿层面张裂、折断塌落、弯曲内鼓等。

(1) 平缓岩层，顶板容易下沉弯曲折断［图 14-3 (a)］。

(2) 在倾斜层状围岩中，当层间结合不良时，顺倾向一侧拱脚以上部分岩层易弯曲折断，逆倾向一侧边墙或顶拱易滑落掉块［图 14-3 (b)］。

(3) 在陡倾或直立岩层中，因洞周的切向应力与边墙岩层近于平行，所以边墙容易凸形弯曲［图 14－3（c）］。在这种条件下，如洞室轴线与岩层走向有一定的交角，边墙的稳定性将得到改善。

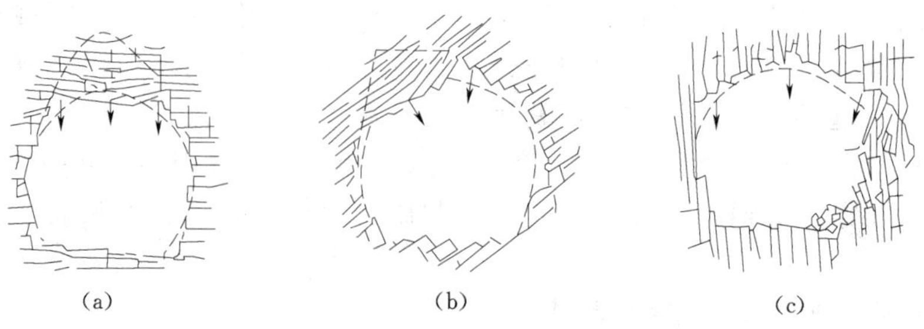

图 14－3 层状围岩变形与破坏特征

（a）水平层状围岩；（b）倾斜层状围岩；（c）直立层状围岩

4．碎裂结构岩体的松动解脱

碎裂结构岩体在张力和振动力作用下容易松动、解脱，在洞顶则产生大块岩石冒落或滑落，在边墙上则表现为滑塌或碎块的坍塌。碎裂岩体的结构特征比较复杂，有不规则块状的、砌块状的和破碎状的几种类型。不规则块状结构围岩的稳定性，取决于岩块分离体的形状、结构面性质及岩块间咬合的程度、含泥量多少。当结构面间夹泥量很高时，由于岩块间失去刚性接触，则易产生大的塌方，如不及时支护，将导致冒顶。

5．散体结构岩体的塑性变形和破坏

散体结构围岩主要为断层破碎带、剧烈风化带及泥化夹层、岩浆岩侵入接触破碎带或新近堆积的松散土体等，其主要特征是岩体极为破碎，常呈片状、碎屑状、颗粒状及碎块状，其间经常大量夹泥。这类围岩的力学属性表现为弹塑性、塑性或流变性，在重力、围岩应力和地下水作用下常产生冒落及塑性变形。因此，这类围岩整体强度低，极易变形，在有地下水参与时极易塌方，甚至冒顶，其破坏方式以塌方、滑动、塑性挤入等形式表现出来（图 14－4）。

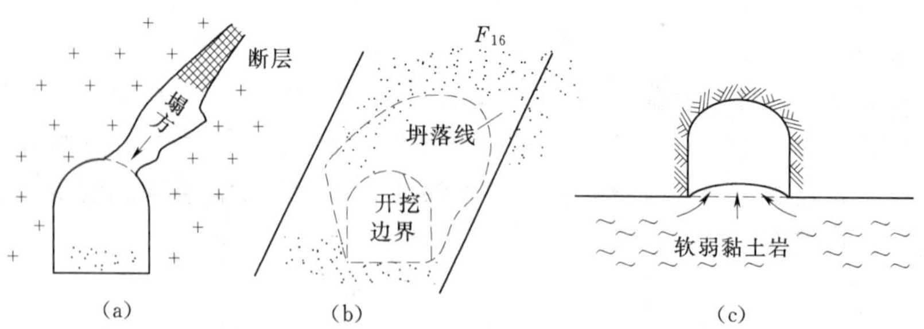

图 14－4 散体结构围岩变形与破坏形式

应当指出，任何一类围岩的变形破坏都是逐次发展的，其逐次变形破坏过程表现为侧向变形与垂向变形相互交替发生，互为因果，形成连锁反应。分析围岩变形破坏时，应抓住其变形的始发点和发生连锁反应的关键点，预测变形破坏逐次发展及迁移的规律。一般除坚硬完整岩体不至于产生大规模的破坏外，对其他各类岩体的变形和破坏均应及时进行处理。否则，其变形与破坏可以发展到很大的规模，造成严重的后果。

第二节　地下洞室位置选择的工程地质评价

在地下洞室设计时，隧洞选线或位置的确定是先决问题之一。首先要考虑区域稳定性及山体的稳定。一般要求，建洞地区应是区域地质构造稳定，无区域性大断裂通过，附近没有发震构造，地震基本烈度应小于 8 度。理想的建洞山体应具备以下条件：

（1）建洞区地质构造简单，岩层厚、节理组数少，间距大，无影响整个山体稳定的断裂带。

（2）岩体坚硬完整。

（3）地形完整，没有滑坡、塌方等早期埋藏和近期破坏的地形。无岩溶或岩溶很不发育。

（4）地下水影响小。

（5）无有害气体和异常地热。

从工程地质条件来分析隧洞线路的选择，一般应注意以下几点。

一、地形地貌条件

隧洞选线时应注意利用地形，方便施工。在地形上要求山体完整，洞室周围包括洞顶及傍山侧应有足够的山体厚度。在山区开凿隧洞一般只有进口和出口两个工作面，如洞线长则将延长工期，影响效益。为此在选线时，应充分利用沟谷地形，多开施工导洞，或分段开挖以增加工作面，如图 14－5 所示。其中Ⅰ－Ⅰ′线隧洞穿越山脊，除进出口两头有工作面外，还可沿沟谷打水平施工导洞增加工作面；Ⅱ－Ⅱ′线隧洞穿越沟谷上部，可利用竖井作施工导洞；Ⅲ－Ⅲ′线隧洞穿越沟谷下部，隧洞出现明段，就可分段施工。但这种方案，如是有压隧洞，就需要在明段用压力管道连接。

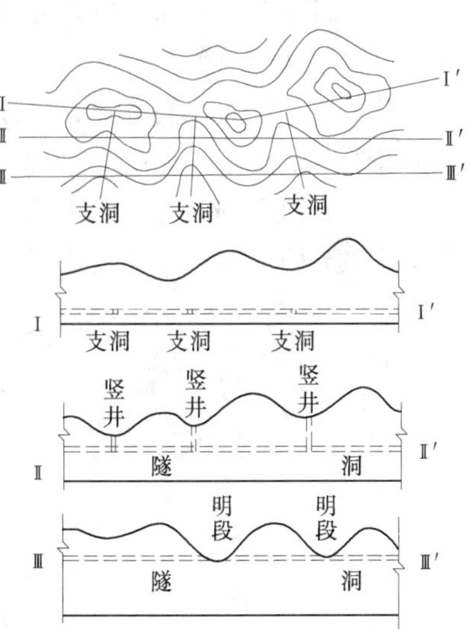

图 14－5　隧洞选线利用沟谷地形示意图

水工隧洞的选线应尽量采取直线，避免或减少曲线和弯道。如采用曲线布置，根据现行规范要求，洞线转弯角应大于 60°，曲率半径不小于 5 倍洞径。此外，隧洞进出口位置的地形地貌条件也很重要。隧洞进出口地段的边坡应下陡上缓，无滑坡、崩塌等现象存在。洞口岩石应直接出露或坡积层薄，岩层最好倾向山里以保证洞口坡的安全。在地形陡的高边坡开挖洞口时，应不削坡或少削坡即进洞，必要时可做人工洞口先行进洞，以保证边坡的稳定性。隧洞进出口不应选在排水困难的低洼处，也不应选在冲沟、傍河山嘴及谷口等易受水流冲刷的地段。在地貌上应避开滑坡、崩塌、泥石流等不良自然地质现象，以及山麓堆积、坡积、崩积及洪积物等第四系松散沉积物。

二、地层岩性条件

地层与岩性条件的好坏直接影响隧洞的稳定性。在洞线选择时，应分析沿线地层的分布和各种岩石的工程性质。岩性比较坚硬、完整，力学性能较好且风化轻微者，对围岩稳定有利；而那些易于软化、泥化和溶蚀的岩体及膨胀性和塑性岩体，则不利于围岩稳定。因此，洞室位置应尽量选在坚硬完整岩石中。一般在坚硬完整岩层中掘进，围岩稳定，日进尺快，造价低。在软弱、破碎、松散岩层中掘进，顶板易坍塌，边墙及底板易产生鼓胀挤出变形等事故，需边掘进边支护或超前支护，工期长，造价高。

三、地质构造条件

地质构造是控制岩体完整性及渗透性的重要因素。选址时应尽量避开地质构造复杂的地段，否则会给施工带来困难。下面就褶皱、断层及岩层产状对围岩稳定性的影响进行简要的分析。

资源 14-1
地质构造条件

1. 褶皱的影响

褶皱剧烈地区，一般断裂也很发育，特别是褶皱核部，由于纵张裂隙极为发育，岩体完整性差，而且向斜轴部往往是承压水储存的场所，地下洞室开挖时地下水会突然涌入洞室，给施工造成困难。背斜岩层自然成拱，纵张裂隙切割的岩块尖顶朝下，理论上不易掉块，但由于洞顶张裂隙发育，加上风化作用，岩层往往很破碎；向斜相反，其轴部所切成的锥形尖顶朝上，洞室开挖后洞顶易于松脱掉块。因此，在布置地下洞室时，原则上应避开褶皱核部。若必须在褶皱岩层地段修建地下工程，可以将洞室放在褶皱的两翼。

在褶皱构造区的隧洞选线，应注意分析洞轴线与褶皱轴线的关系。根据施工经验，洞轴向与褶皱轴线交角应大于30°，故洞轴线与褶轴垂直优于与褶轴平行，且岩层倾角陡立最好。但当隧洞垂直穿过褶皱轴部时，不论是向斜或背斜，由于轴部受拉应力影响，岩石多破裂成梯形棱柱体，亦易造成洞顶坠石塌方（图 14-6）。

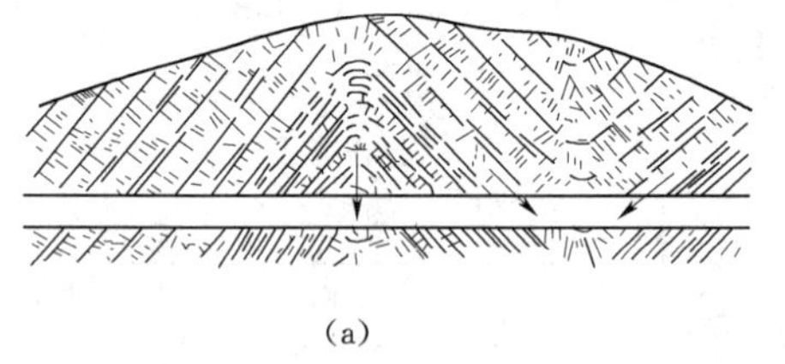

(a)

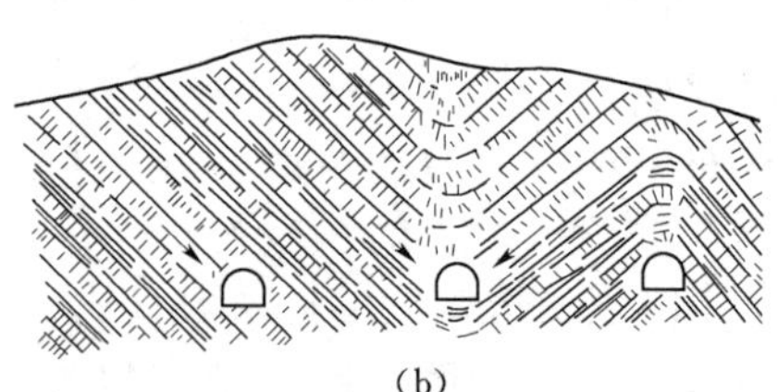

(b)

图 14-6　褶皱构造与洞轴线的布置

(a) 垂直岩层走向；(b) 平行岩层走向

2. 断裂的影响

区域性断层破碎带、活动性断裂及裂隙密集的软弱带，尤其是其交汇区，稳定性极差，应尽量避开。而且隧洞所遇断裂破碎带宽度愈大，其走向与洞轴线交角越小，在洞内出露面积也越大，对围岩的稳定性影响就越大。因此，在隧洞选线时，应尽量避免通过大的断层破碎带，且洞轴线应尽量与断层带呈大角度相交。同一岩性内的压性断层，往往上盘比较破碎，而下盘较完整，应将洞室置于下盘岩体中。

3. 岩层产状的影响

(1) 洞室轴线与岩层走向垂直。在这种情况下，洞室沿线虽然可能遇到较多的岩层组合，甚至还会穿越褶皱轴部，但洞室围岩稳定性较好，特别是对大型地下洞室的高边墙稳定有利。当岩层较陡时稳定性最好。当岩层倾角较平缓且节理发育时，在洞顶易发生局部岩块坍落现象，洞室顶部常出现阶梯形超挖。此外，顺倾向开挖较反倾向开挖有利，后者开挖时虽然容易，但易产生滑块现象。

（2）洞室轴线与岩层走向平行。在水平或缓倾岩层（倾角<10°）中，应尽量使洞室位于均质厚层的坚硬岩层中。若洞室必须切穿软硬不同的岩层组合时，应将坚硬岩层作为顶板，避免将软弱岩层或软弱夹层置于顶部，后者易于造成顶板悬垂或坍塌。软弱岩层位于洞室两侧或底部时，也不利，此时容易引起边墙或底板鼓胀变形或被剪断破坏。若岩层薄，彼此之间联结性差，在开挖洞室（特别是大跨度的洞室）时常常发生顶板的坍塌（图 14－7）。

在倾斜岩层中开挖隧洞容易产生偏压，一般是不利的。通过软硬相间的倾斜岩层，在软弱岩层部位将产生较大的偏压；顺倾向一侧的围岩易于变形或滑动，也将造成很大的偏压；逆倾向一侧围岩侧压力小，有利于稳定；通过部位有软弱夹层时，也会产生偏压。因此，在倾斜岩层地区，最好将洞室置于坚硬完整均一的岩层中（图 14－8）。

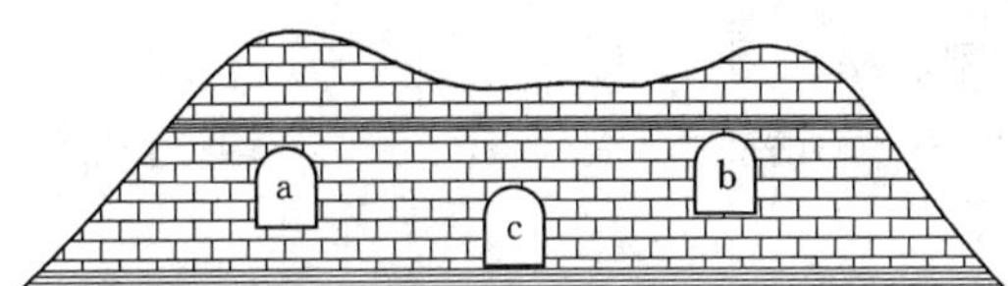

图 14－7　布置在水平或缓倾岩层中的隧洞

a—坚硬岩层中；b—顶板有软弱夹层；c—底板为软弱的黏土岩

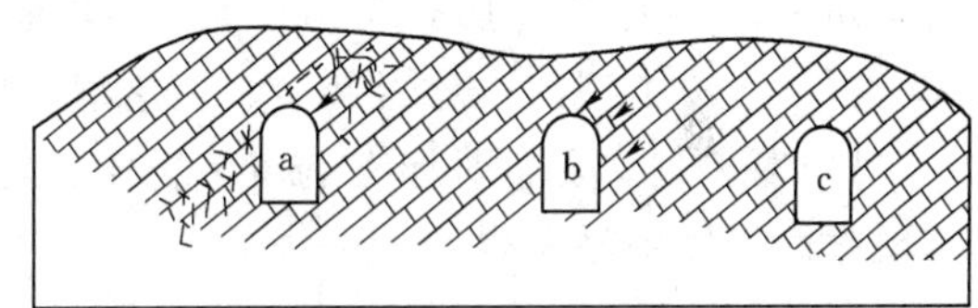

图 14－8　倾斜岩层中隧洞的偏压

a—破碎岩层造成的偏压；b—软弱夹层造成的偏压；c—坚硬岩层

四、地下水

地下工程施工中的塌方或冒顶事故，常常和地下水的活动有关。隧洞施工中地下水涌水带来的危害，已屡见不鲜。地下水对洞室的不良影响主要有以下几个方面：以静水压力的形式作用于洞室衬砌；在动水压力作用下，某些松散或破碎岩层中易产生机械潜蚀等渗透变形；使黏土质岩石软化，强度降低；石膏、岩盐及某些以蒙脱石为主的黏土岩类，在地下水作用下将产生剧烈的溶解或膨胀；因此，在选址时最好选在地下水位以上的干燥岩体内，或地下水量不大、无高压含水层的岩体内。尽可能避开饱水的松散土层、断层破碎带及岩溶化碳酸岩层及地表径流汇水区。

对隧洞沿线的水文地质条件进行调查是十分重要的。主要调查分析地下水埋藏条件、类型及泉水出露情况。对易透水的岩层和构造，特别是喀斯特地区，应密切注意其分布规律和发育程度，并结合隧洞设计高程，分析评价地下水涌水的可能性和涌水量。此外，还应注意地下水水质资料的分析，对 pH 值<7 的酸性地下水，应分析水中侵蚀性 CO_2 和硫酸盐侵蚀性对混凝土衬砌的影响。

五、地应力和岩爆

1. 地应力

初始应力状态是决定围岩应力重分布的主要因素。例如，对圆形洞室来说，当应力比值系数 $\lambda=1$ 时，围岩中压应力分布比较均匀，一般不出现拉应力集中，围岩稳定性最好。

当$\lambda<1/3$或$\lambda>3$时，围岩内将出现拉应力，压应力集中也较大，对围岩稳定不利。

当初始应力场的水平主应力值较大，洞室轴线最好平行最大水平主应力方向布置，否则边墙将产生严重的变形和破坏。

2. 岩爆

岩爆是岩体中应变能集中释放，造成洞壁或基坑突发性岩片爆裂的现象。由于开挖改变了高地应力区岩体的初始应力状态，可使重分布的应力超过岩体抗拉强度而产生岩爆。这是岩体变形的一种形式。中国下马岭、渔子溪、天生桥二级、二滩等水电站深埋隧洞都发生过岩爆。岩爆一般在掌子面开挖的当天最强烈，持续时间常为数天，在自然状态下，长的可达数月至1年。当岩体完整、构造裂隙不发育、无地下水及上覆岩体厚度大于200m时，岩爆多以爆裂形式出现。

岩爆形成的机理是很复杂的，它是储存有很大弹性应变能的岩体，在开挖卸荷后，能量突然释放所形成的，它与岩石性质、地应力积聚水平及洞室断面形状等因素有关。根据国内外一些岩爆现象资料的统计，当最大水平主应力σ_1与岩体不饱和抗压强度R_b的比值，即σ_1/R_b大于0.165～0.35时，在坚硬岩体中易于发生岩爆。

（1）岩爆类型。可分爆裂型、剥落型、喷射型、松动型4种。

1）爆裂型。发生时伴有响声，岩体随之出现不规则裂缝、裂缝扩张和岩块掉落，在坚硬脆性岩体中易发生。

2）剥落型。发生时无响声，岩体骤然劈裂，在软弱或层状岩体中易发生。

3）喷射型。岩块或岩片骤然向外射出或伴有气喷，在高地应力区或深埋隧洞、矿井中易发生。

4）松动型。发生时不易觉察，岩体中裂隙扩大，但尚未掉块。

（2）岩爆的分级与判别。岩体同时具备高地应力、岩质硬脆、完整性好～较好、无地下水的洞段，可初步判别为易产生岩爆。

岩爆分级可按表14-1进行判别。

表14-1　　岩爆分级和判别

岩爆分级	主要现象和岩性条件	岩石强度应力比	建议防治措施
轻微岩爆（Ⅰ级）	围岩表层有爆裂射落现象，内部有噼啪、撕裂声响，人耳偶然可以听到。岩爆零星间断发生。一般影响深度0.1～0.3m。对施工影响较小	4～7	根据需要进行简单支护
中等岩爆（Ⅱ级）	围岩爆裂弹射现象明显，有似子弹射击的清脆爆裂声响，有一定的持续时间。破坏范围较大，一般影响深度0.3～1m。对施工有一定影响，对设备及人员安全有一定威胁	2～4	需进行专门支护设计。多进行喷锚支护等
强烈岩爆（Ⅲ级）	围岩大片爆裂，出现强烈弹射，发生岩块抛射及岩粉喷射现象，巨响，似爆破声，持续时间长，并向围岩深部发展，破坏范围和块度大，一般影响深度1～3m。对施工影响大，威胁机械设备及人员人身安全	1～2	主要考虑释放钻孔、超前导洞等采取应力措施，进行超前应力解除，降低同岩应力。也可采取超前锚固及格栅钢支撑等措施加固围岩。需进行专门支护设计
极强烈岩爆（Ⅳ级）	洞室断面大部分同岩严重爆裂，大块岩片出现剧烈弹射，震动强烈，响声剧烈，似闷雷。迅速向围岩深处发展，破坏范围和块度大，一般影响深度大于3m，乃至整个洞室遭受破坏，严重影响施工，人财损失巨大。最严重者可造成地面建筑物破坏	<1	

(3) 岩爆危害与防治。地下洞室开挖时发生岩爆，威胁施工人员和机械设备的安全；基坑中发生岩爆，原定建基面高程可能被迫降低，二者都将增加处理工程量和造价。对岩爆发生部位、时间和类型的研究，还处于探索阶段，预报尚有困难。岩爆的防治措施，一般有松动爆破或超前钻孔法降低围岩的应力、加固围岩或用注水法等提高围岩塑性变形的能力。当发生问题进行处理时，要尽量保持天然应力状态和增加岩体的抗爆能力。对地下洞室可采取预裂爆破、光面爆破，减少对岩体的扰动破坏；在可能产生应力集中的部位，增设锚杆支护或挂钢丝网，保证施工期安全；对干燥岩面可喷水或凿孔注水。基坑部位可及时打锚杆，不使岩面抬动或预留保护层。

第三节　地下洞室围岩稳定性的工程地质分析

一、山岩压力和弹性抗力的概念及其确定方法

(一) 围岩的山岩压力

围岩的强度适应不了围岩应力而产生塑性变形或破坏时，作用在支护或衬砌上的力称山岩压力，也称围岩压力。它与围岩应力的概念是不同的，围岩应力是单位面积上的围岩内力，而山岩压力是作用在支护或衬砌上的外力。对于坚硬完整的围岩，隧洞开挖后，其强度能够适应围岩应力的变化，隧洞不需支护即能保持稳定，此时不存在山岩压力；对于软弱破碎的围岩，隧洞开挖后，其强度不能够适应围岩应力的变化，产生了变形和破坏，此时就存在山岩压力。确定山岩压力的大小在工程上具有重要的意义。如果取值过大，则衬砌需要做得很厚，造成浪费。反之，取值太小，衬砌做得很薄，承受不了实际的山岩压力，造成衬砌的破坏和围岩失稳。

1. 山岩压力的类型

(1) 变形山压是指围岩变形受到支护限制后，围岩对支护形成的压力，是由于围岩的弹性恢复或塑性变形所产生的围岩压力。一般塑性变形主要有塑性挤入、膨胀内鼓及弯折内鼓等，变形山压具有随时间延长而增大的特点。其大小决定于岩体的初始地应力、岩体的力学性质、洞室形状、支护结构的刚度和支护时间等。

(2) 松动山压是由于开挖造成围岩拉裂塌落、块体滑移、碎裂松动等引起的，以重力形式直接作用在支护上的压力。松动山压仅限于围岩产生松动脱落的局部范围内。它是以重力的形式作用在衬砌上，其大小取决于脱落岩石的重量。产生松动压力的因素有地质的，如岩体破碎程度、软弱结构面与临空面的组合关系等，也有施工方面的，如爆破、支护时间和回填密实程度等。

(3) 膨胀山压指围岩吸水后，岩体发生膨胀崩解而引起围岩体积膨胀变形对支护形成的压力。膨胀压力也是一种变形压力，但与变形压力性质不同，它严格地受地下水的控制，其定量难度更大，目前尚无完善的计算方法。

(4) 冲击山压是由于岩体中积聚的弹性应变能突然释放所引起的，具有产生岩爆的条件时才能产生冲击山压。

2. 山岩压力的确定方法

山岩压力不仅与围岩地质因素和洞室断面形状有关，还与岩体的天然应力状态、衬砌

或支护的性能以及施工方法和速度有关。所以，确定山岩压力的大小和方向是一个极其复杂的问题。对于完整而坚硬的围岩一般可不计山岩压力；对于较完整的围岩，可通过弹塑性理论分析来计算变形山压，常用 R. 芬纳公式、芬纳-塔罗勃公式等；对于较破碎的围岩（松动或松软土层），可用普氏压力拱理论或围岩压力系数法等计算山岩压力；对于块体发育的围岩，可用岩体结构法确定分离体的形状，再用极限平衡理论计算山岩压力；对于软弱岩特别是塑性变形比较大的黏土质岩石，山岩压力的计算应考虑软化、塑流、膨胀等因素引起的蠕动变形所形成的山岩压力。此外，还可应用声波仪器测定洞室围岩的松动圈范围，借以计算山岩压力。

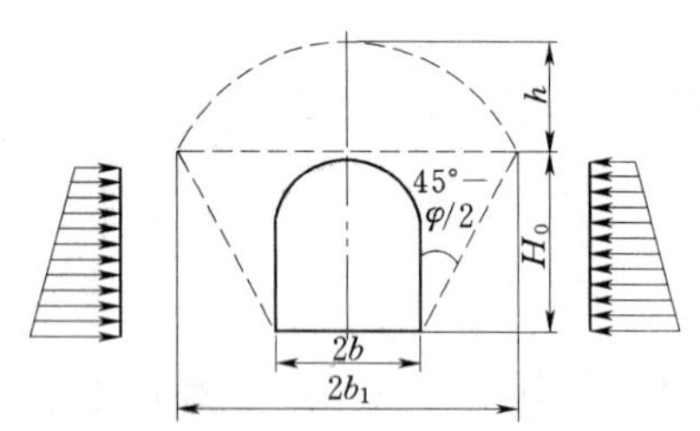

图 14-9 围岩塌落拱示意图

（1）普氏平衡拱理论。俄国学者 M. M. 普罗托季亚科诺夫根据对一些矿山坑道的观察和松散介质的模型试验于 1907 年提出了平衡拱理论。这一理论认为：由于断层、节理裂隙的强烈切割，使围岩成为类似于松散介质，或者围岩本身是土体一类的松散介质。由于洞室开挖应力重分布，洞顶破碎岩体随时间增长而逐步坍塌，直至形成一个自然拱后围岩才稳定下来。所以普氏认为，洞顶山岩压力就是拱形塌落体的重量。这个拱称为塌落拱、平衡拱或压力拱。

普氏理论认为，塌落拱为抛物线形（图 14-9），洞顶的山岩压力 P（kN/m）为

$$P=\frac{4}{3}\gamma bh \tag{14-2}$$

式中 γ——岩石的容重，kN/m^3；

b——塌落拱跨度之半，m；

h——塌落拱高度，m。

塌落拱高度 h 可用下式求得

$$h=\frac{b}{f_k} \tag{14-3}$$

f_k 为岩石的坚固系数，又称普氏系数。对于砂类土，$f_k=\tan\phi$；对于黏性土，$f_k=\tan\phi+c/\sigma$；对于岩石，$f_k=R_\omega/10$。其中，c 为土的黏聚力，kPa；ϕ 为土的内摩擦角，σ 为洞顶土层的自重应力，kPa；R_ω 为岩石的饱和抗压强度，MPa。

普氏理论基本上符合松散体的实际情况，对于坚硬岩体则误差很大。由于岩体不是散粒体，洞顶塌落也并不总是拱形，所以用普氏方法求山岩压力是有缺陷的。但是，由于该法计算简单。故经修正后仍可在生产中应用。根据我国的经验，仍沿用原来的压力拱公式，把 f_k 值作为综合性的围岩压力系数，根据岩体的风化、断裂发育情况及岩石的强度对原有的普氏系数进行修正，即 $f_k=\alpha R_\omega/10$。具体修正方法见表 14-2～表 14-5。

表 14-2 按岩体风化及断裂发育情况确定 α 值

岩体特征	微风化岩体	弱风化岩体	裂隙发育	断裂发育	大断层
α 值	0.5～0.6	0.4～0.5	0.3～0.4	0.2～0.3	0.1

表 14-3 按裂隙率确定 α 值

裂隙率/%	0	<2	2～5	5～10	10～20	>20
α 值	1.0	0.9	0.8	0.7	0.6	0.5

表 14-4 按岩石单轴抗压强度确定 f_k 值

单轴抗压强度 R_ω/MPa	>70	30～70	<30
f_k 计算式	$R_\omega/15$	$R_\omega/10$	$R_\omega/6 \sim R_\omega/8$

表 14-5 塌落拱高度 h 的修正

f_k 值	安全系数 K	塌落拱高度 h
>4	0	0
3～4	1	$1.6b+0.03H_0$
2～3	1.5	$0.38b+0.08H_0$
1～2	2～2.5	$1.0b+0.41H_0$
0.6	3	$2.5b+1.44H_0$

(2) 围岩压力系数法。我国水利水电部门在大量的工程实践基础上，对普氏的压力拱理论做了修改与补充，按照岩石的性质、断裂发育程度以及地下水活动情况，总结出一套反映实际经验的确定围岩压力的方法《水工隧洞设计规范》(SD 134—84)。围岩压力系数有垂直方向的压力系数 S_z 与水平的压力系数 S_x 两种，其取值的依据是按岩体中裂隙发育情况和风化程度而定，如表 14-6 所示。根据表中查取的 S_z 或 S_x 值，再按下列公式分别算出围岩压力值。

铅直围岩压力 $$P=2bS_z\gamma \tag{14-4}$$

水平围岩压力 $$Q=S_x\gamma h \tag{14-5}$$

式中 P、Q——垂直山岩压力和侧向山岩压力；
S_z、S_x——垂直与水平的围岩压力系数；
b——洞室跨度之半；
h——洞室高度；
γ——岩石的重度。

竖井及埋藏特别深或特别浅的洞室不适于用此方法。表 14-6 中所列的围岩压力系数仅适用于 $h \leqslant 3b$ 的隧洞断面。

表 14-6 围岩压力因数表

岩石坚硬程度	代表性岩石	裂隙发育情况及风化程度	围岩压力系数	
			S_z	S_x
坚硬岩石	石英岩、花岗岩、流纹岩、厚层硅质岩等	1. 裂隙少，新鲜 2. 裂隙不太发育，微风化 3. 裂隙发育，弱风化	0～0.05 0.05～0.1 0.1～0.2	
较坚硬岩石	砂岩、石灰岩、白云岩、砾岩等	1. 裂隙少，新鲜 2. 裂隙不太发育，微风化 3. 裂隙发育，弱风化	0.05～0.1 0.1～0.2 0.2～0.3	 0～0.05
较软弱岩石	砂页岩互层、黏土质岩石、致密泥灰岩等	1. 裂隙少，新鲜 2. 裂隙不太发育，微风化 3. 裂隙发育，弱风化	0.1～0.2 0.2～0.3 0.3～0.5	 0～0.05 0.05～0.1
软弱岩石	严重风化及十分破碎岩石、断层破碎带		0.3～0.5 或更大	0.05～0.5 或更大

(3) 块体极限平衡法。岩体常被各种结构面切割成不同形状的块体，当洞室开挖形成临空条件后，其中一些不稳定块体会向洞内滑移或塌落。这时，作用于支护或衬砌上的山岩压力就等于这些分离块体的重量或它的分量（图 14－10）。

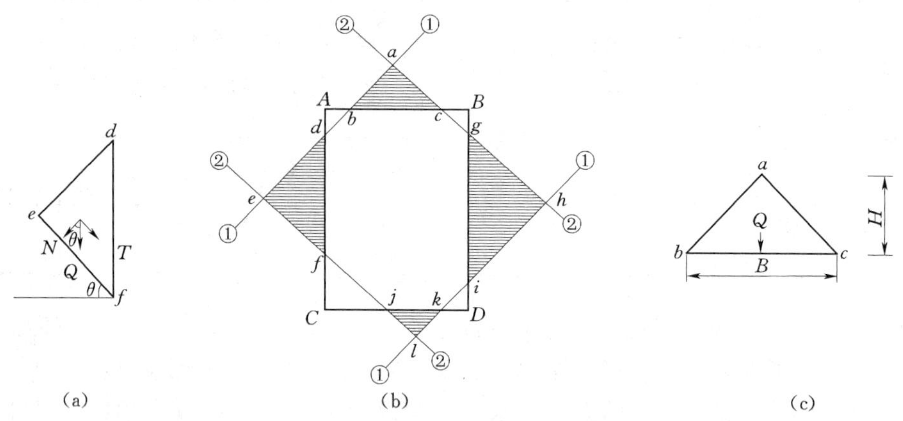

图 14－10　岩体结构法计算山岩压力示意图

1）顶拱的山岩压力 P_1。

$$P_1 = nHB\gamma \tag{14-6}$$

式中　n——分离体形状系数，对于三角形塌落体 $n=0.5$，对矩形、方形塌落体，$n=1$；

P_1——洞顶山岩压力，kN/m；

γ——岩石容重，kN/m^3；

B——分离体宽度，m；

H——分离体高度，m。

2）洞侧壁的山岩压力 P_2。

分离体 Δdef 位于洞壁左侧，df 为临空面；de 为切割面；ef 为滑动面。计算山岩压力时主要考虑 ef 面的抗滑稳定性，一般忽略 de 面及 ef 面上的抗拉强度和内聚力，根据极限平衡原理可用下式计算山岩压力 P_2：

$$P_2 = (T - N\tan\varphi)\cos\theta = (Q\sin\theta - Q\cos\theta\tan\varphi)\cos\theta \tag{14-7}$$

式中　P_2——洞壁山岩压力，kN/m；

Q——分离体 Δdef 的岩体自重，kN/m；

N——Q 的法向应力，即垂直滑动面 ef 的分力；

T——Q 的切向应力，即平行滑动面 ef 的分力；

θ——滑动面 ef 的视倾角；

φ——滑动面 ef 的内摩擦角。

在 $P_2=0$ 时，Δdef 处于极限平衡状态，则由式（14－7）可导出 $\tan\theta=\tan\varphi$，当分离体滑动面的视倾角 θ 等于该面上的内摩擦角 φ 时，分离体处于极限平衡状态。如 $\varphi>\theta$、$P_2<0$，则将稳定；若 $\varphi<\theta$、$P_2>0$，则不稳定，并形成山岩压力，如不支护就将塌方。但实际工作中，常发现 $\varphi<\theta$ 时也不塌方，这是因为 ef 及 de 面上总有一定的黏聚力 c 或抗拉强度。此外，如存在地下水时，应考虑水的侧向推力，特别当隧洞深埋时，更不可忽

视。分离体Δghi与Δdef情况是相同的，而Δjkl分离体位于洞底，一般不会形成山岩压力。

应当指出，分离块体能否全部塌落（或滑坍）取决于结构面的抗滑能力、有无地下水活动及围岩应力的作用。当结构面的抗滑阻力足够大时，分离块体不致全部压在支护上。同时，还应该注意，由于分离块体分布的部位不同，作用在顶拱上的力并不都是均布荷载，往往会造成局部支护的偏压。

（4）声波测定法。是应用声波仪器测定隧洞的松动圈范围，借以计算山岩压力。其原理是根据围岩不同物理力学性质的各带，具有不同的声波速度层。如应力下降带或松动带表现为相对的声波低速区；应力上升带或承压带则为高速区。因此可实测围岩不同深度的波速变化层，就可以划定松动圈的范围和形状。围岩松动带的声波测定，最好是在隧洞直接开挖时进行，测出数据可直接确定山岩压力。

（二）围岩的弹性抗力

对于有压隧洞，由于常存在很高的内水压力作用，迫使衬砌向围岩方向变形，围岩被迫后退时，将产生一个反力来阻止衬砌的变形，把围岩对衬砌的这个反力称为弹性抗力或围岩抗力（图14-11）。它的大小决定围岩的承载力和衬砌设计的类型和厚度，弹性抗力越大，越有利于衬砌的稳定，等于围岩承担了一部分内水压力。当抗力很大时，围岩可以承受大部分内水压力，从而减小衬砌厚度。如云南以礼河水电站的高压隧洞通过坚硬的玄武岩，围岩可承受11.5～12.0MN/m^{2}的内水压力，约为设计内水压力的83%～86%，这样就可降低工程造价。因此，研究围岩抗力具有重要的实际意义，它是水工隧洞设计中的重要地质参数之一。围岩弹性抗力的大小，通常用弹性抗力系数表示。

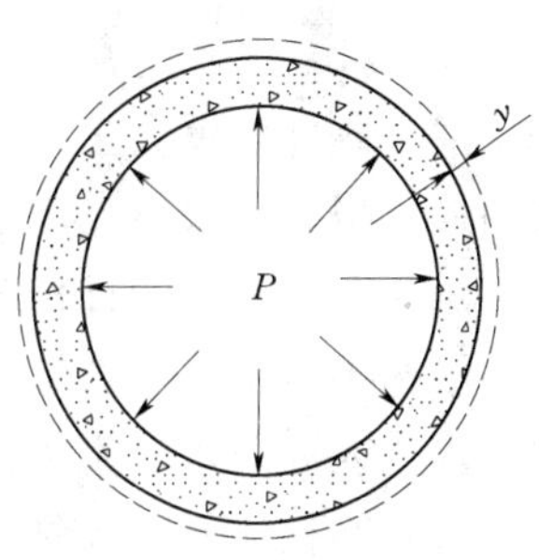

图14-11　在内水压力作用下的洞径变形

1. 弹性抗力系数K

根据文克尔假定，抗力系数K为

$$K=\frac{P}{y} \tag{14-8}$$

式中　K——弹性抗力系数，MPa/cm；

P——围岩所承受的压力，对于有压隧洞即为内水压力，MPa；

y——洞壁的径向变形，m。

从上式看出，K的物理意义是迫使洞壁产生一个单位径向变形所需施加的力。K值越大，说明围岩承受内水压力的能力越大。

在工程上为了便于比较，常采用隧洞半径为100cm时的弹性抗力系数，作为单位抗力系数K_0，即

$$K_0=K\frac{r_0}{100} \tag{14-9}$$

式中　K——弹性抗力系数，MPa/cm；

r_0——洞室半径，cm。

2. 弹性抗力系数的确定方法

(1) 现场试验直接测定法。直接测定法是在已开挖的隧洞中，或选择有代表性典型地段进行现场试验。常用双筒橡皮囊法、堵塞水压法、扁千斤顶法等(图 14-12)。

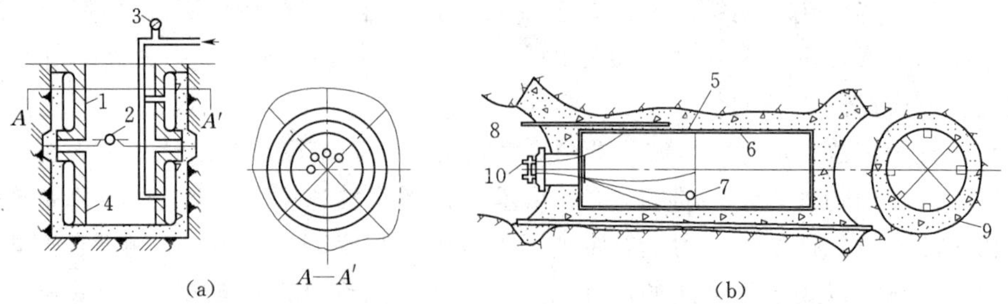

图 14-12　岩体抗力系数的测定方法

(a) 双筒橡皮囊法；(b) 堵塞水压法

1—金属筒；2—测微计；3—水压表；4—橡皮囊；5—衬砌；6—橡皮套；7—测微计；8—孔门；9—伸缩缝；10—排气孔

双筒橡皮囊法是在岩体中挖一个直径大于 1m 的圆形试坑，坑的深度大于直径的 1.5 倍。围岩厚度要求大于直径的 3 倍。在坑内安装环形橡皮囊，其一侧紧靠坑壁，另一侧紧贴圆形钢架，用水泵加压于橡皮囊，使其充水受压，周壁扩张，迫使四周岩体变形，变形值可用测微计(0.001mm)直接读数。

堵塞水压法是在选定的试验段两端或一端将试洞堵死，在洞内安装变形测量计，然后向洞内压入高压水，直接测定变形值。

(2) 间接测量计算法。是根据抗力系数与岩体弹性模量或变形模量 E(MPa)及泊松比 μ 之间的关系确定的。对于坚硬完整不产生松动圈的围岩，可用式(14-10)计算 K 值。

$$K=\alpha\frac{E}{(1+\mu)r_0} \tag{14-10}$$

对于产生松动圈的围岩，洞室开挖后洞壁周围会形成一个半径为 R_0 的环形开裂区，这时抗力系数 K 可用下式计算：

$$K=\alpha\frac{E}{\left(1+\mu+\ln\frac{R_0}{r_0}\right)r_0} \tag{14-11}$$

如果未开裂区的弹性模量(E_1)与开裂区的弹性模量(E_2)不同，则可用下式计算：

$$K=\alpha\frac{1}{\left[\frac{1+\mu}{E_1}+\frac{\ln(R_0/r_0)}{E_2}\right]r_0} \tag{14-12}$$

关于开裂区半径 R_0 的确定，可按实测值或取经验数值。一般 R_0/r_0 的取值范围为 3～300，如在较新鲜完整岩体中取 $R_0/r_0=3$，在多裂隙岩体中取 $R_0/r_0=300$。α 为修正系数，室内试验测定 E、μ 时，$\alpha=1/2\sim1/3$；野外试验测定 E、μ 时，$\alpha=1$。

(3) 经验方法。工程类比法或经验数据法是根据设计隧洞围岩的工程地质性质与已建成隧洞的对比分析，直接引用的 K_0 或 K 值。在初步设计阶段或一般中小型水库工程可采用这种经验方法确定 K 值。关于无压隧洞 K_0 值适用于开挖宽度为 5～10m 的隧洞，当开挖宽度大于 10m 时，K_0 应适当降低。

二、围岩的工程地质分类及其应用

地下洞室围岩的工程地质分类是为评价地下洞室的成洞条件和围岩稳定性而对岩体进行的工程地质分类，是对围岩的整体稳定程度进行判断，并指导开挖与系统支护设计。围岩分类已发展成为多因素综合、定性与定量结合来评价围岩整体稳定性及设计系统支护的重要方法。

目前国内外已提出的岩体工程分类方案有很多（参见第十章），其中以考虑各种地下洞室围岩稳定性的居多。有定性的，也有定量或半定量的，定量方法按分类指标的多少，可分为单一指标法、一个综合指标法、少量指标并列法、多个指标并列法和多个指标复合法。各种方案所考虑的原则和因素也不尽相同，主要考虑地质因素（岩性、岩体的完整性、结构面的性状、地下水及地应力等）、工程因素（如工程类型、断面形状及大小、轴线与结构面方位之间的关系等）和施工因素（开挖爆破方法等）及时间因素等。下面主要介绍国家标准《水利水电工程地质勘察规范》(GB 50487—2008) 附录 N 围岩工程地质分类。

国家标准《水利水电工程地质勘察规范》(GB 50487—2008) 附录 N 围岩工程地质分类，是以控制围岩稳定的岩石强度、岩体完整程度、结构面状态、地下水和主要结构面产状 5 项因素之和的总评分为基本判据。结构面状态是指某洞段比较发育的、强度最弱的结构面状态，包括张开度、充填物、起伏粗糙度和延伸长度等情况。地下水的影响为负值，对围岩的最大影响可使围岩类别降低一类。主要结构面产状的影响也是负值，其产状与地下工程轴线夹角的组合不同，对围岩稳定性的影响也显著不同。

围岩工程地质分类分为初步分类和详细分类。

（一）初步分类

初步分类适用于规划阶段、可研阶段以及深埋洞室施工之前的围岩工程地质分类，详细分类主要用于初步设计、招标和施工图设计阶段的围岩工程地质分类。根据分类结果，评价围岩的稳定性，并作为确定支护类型的依据，其标准应符合表 14－7 的规定。

表 14－7　　围岩稳定性评价

<table>
<tr><th>围岩类型</th><th>围岩稳定性评价</th><th>支护类型</th></tr>
<tr><td>Ⅰ</td><td>稳定。围岩可长期稳定，一般无不稳定块体</td><td rowspan="2">支护或局部锚杆或喷薄层混凝土。大跨度时，喷混凝土、系统锚杆加钢筋网</td></tr>
<tr><td>Ⅱ</td><td>基本稳定。围岩整体稳定，不会产生塑性变形，局部可能产生掉块</td></tr>
<tr><td>Ⅲ</td><td>局部稳定性差。围岩强度不足，局部会产生塑性变形，不支护可能产生塌方或变形破坏。完整的较软岩，可能暂时稳定</td><td>喷混凝土、系统锚杆加钢筋网。采用 TBM 掘进时，需及时支护。跨度>20m 时，宜采用锚索或刚性支护</td></tr>
<tr><td>Ⅳ</td><td>不稳定。围岩自稳时间很短，规模较大的各种变形和破坏都可能发生</td><td rowspan="2">喷混凝土、系统锚杆加钢筋网，刚性支护，并浇筑混凝土衬砌。不适宜于开敞式 TBM 施工</td></tr>
<tr><td>Ⅴ</td><td>极不稳定。围岩不能自稳，变形破坏严重</td></tr>
</table>

（1）围岩初步分类以岩石强度、岩体完整程度、岩体结构类型为基本依据，以岩层走向与洞轴线的关系、水文地质条件为辅助依据，并应符合表 14－8 的规定。

表 14－8　　　　　　　　　　　　　　**围 岩 初 步 分 类**

围岩类别	岩质类型	岩体完整程度	岩体结构类型	围岩分类说明
Ⅰ、Ⅱ	硬质岩	完整	整体或巨厚层状结构	坚硬岩定Ⅰ类，中硬岩定Ⅱ类
Ⅱ、Ⅲ		较完整	块状结构、次块状结构	坚硬岩定Ⅱ类，中硬岩定Ⅲ类，薄层状结构定Ⅲ类
Ⅱ、Ⅲ			厚层或中厚层状结构、层（片理）面结合牢固的薄层状结构	
Ⅲ、Ⅳ			互层状结构	洞轴线与岩层走向夹角小于 30°时，定Ⅳ类
Ⅲ、Ⅳ		完整性差	薄层状结构	岩质均一且无软弱夹层时可定Ⅲ类
Ⅲ			镶嵌结构	
Ⅳ、Ⅴ		较破碎	碎裂结构	有地下水活动时定Ⅴ类
Ⅴ		破碎	碎块或碎屑状散体结构	
Ⅲ、Ⅳ	软质岩	完整	整体或巨厚层状结构	较软岩定Ⅲ类，软岩定Ⅳ类
Ⅳ、Ⅴ		较完整	块状或次块状结构	较软岩定Ⅳ类，软岩定Ⅴ类
			厚层、中厚层或互层状结构	
		完整性差	薄层状结构	较软岩无夹层时可定Ⅳ类
		较破碎	碎裂结构	较软岩可定Ⅳ类
		破碎	碎块或碎屑状散体结构	

（2）岩质类型的确定，应符合表 14－9 的规定。

表 14－9　　　　　　　　　　　　　　**岩 质 类 型 划 分**

岩质类型	硬质岩		软质岩		
岩石饱和单轴抗压强度 R_b/MPa	坚硬岩	中硬岩	较软岩	软岩	极软岩
	$R_b>60$	$60\geqslant R_b>30$	$30\geqslant R_b>15$	$15\geqslant R_b>5$	$R_b\leqslant 5$

（3）岩体完整程度根据结构面组数、结构面间距确定，并应符合表 14－10 的规定。

表 14－10　　　　　　　　　　　　　　**岩 体 完 整 程 度 划 分**

间距/cm \ 组数	1～2	2～3	3～5	>5
>100	完整	完整	较完整	较完整
50～100	较完整	较完整	较完整	差
30～50	较完整	较完整	差	较破碎
10～30	较完整	差	较破碎	破碎
<10	差	较破碎	破碎	破碎

(4) 岩体结构类型划分应符合表 10－3 的规定。

(5) 对深埋洞室，当可能发生岩爆或塑性变形时，围岩类别宜降低一级。

(二) 详细分类

围岩工程地质详细分类应以控制围岩稳定的岩石强度、岩体完整程度、结构面状态、地下水和主要结构面产状五项因素之和的总评分为基本判据，围岩强度应力比为限定判据，并应符合表 14－11 的规定。

表 14－11　地下洞室围岩详细分类

围岩类型	围岩总评分 T	围岩强度应力比 S
Ⅰ	$T>85$	>4
Ⅱ	$85\geqslant T>65$	>4
Ⅲ	$65\geqslant T>45$	>2
Ⅳ	$45\geqslant T>25$	>2
Ⅴ	$T\leqslant 25$	

注　Ⅱ、Ⅲ、Ⅳ类围岩，当围岩强度应力比小于本表规定时，围岩类别宜相应降低一级。

(1) 围岩强度应力比为限定判据，其值可按下式求得

$$S=\frac{R_b K_v}{\sigma_m} \tag{14-13}$$

式中　R_b——岩石饱和单轴抗压强度，MPa；

K_v——岩体完整系数；

σ_m——围岩最大主应力，MPa，当无实测资料时可用自重应力代替。

(2) 岩石强度的评分应符合表 14－12 的规定。

表 14－12　岩石强度评分

岩质类型	硬质岩		软质岩	
	坚硬岩	中硬岩	较软岩	软岩
饱和单轴抗压强度 R_b/MPa	$R_b>60$	$60\geqslant R_b>30$	$30\geqslant R_b>15$	$15\geqslant R_b>5$
岩石强度评分 A	30～20	20～10	10～5	5～0

注　1. 岩石饱和单轴抗压强度大于 100MPa 时，岩石强度的评分为 30。
　　2. 当岩体完整程度与结构面状态评分之和小于 5 时，岩石强度评分为 0。

(3) 岩体完整程度的评分应符合表 14－13 规定。

表 14－13　岩体完整程度评分

岩体完整程度		完整	较完整	完整性差	较破碎	破碎
岩体完整性系数 K_v		$K_v>0.75$	$0.75\geqslant K_v>0.55$	$0.55\geqslant K_v>0.35$	$0.35\geqslant K_v>0.15$	$K_v\leqslant 0.15$
岩体完整性评分 B	硬质岩	40～30	30～22	22～14	14～6	<6
	软质岩	25～19	19～14	14～9	9～4	<4

注　1. 当 $60\text{MPa}\geqslant R_b>30\text{MPa}$，岩体完整性程度与结构面状态评分之和$>65$ 时，按 65 评分。
　　2. 当 $30\text{MPa}\geqslant R_b>15\text{MPa}$，岩体完整性程度与结构面状态评分之和$>55$ 时，按 55 评分。
　　3. 当 $15\text{MPa}\geqslant R_b>5\text{MPa}$，岩体完整性程度与结构面状态评分之和$>40$ 时，按 40 评分。
　　4. 当 $R_b\leqslant 5\text{MPa}$，属特软岩，岩体完整性程度与结构面状态不参加评分。

(4) 结构面状态的评分应符合表 14－14 的规定。

表 14－14　　结构面状态评分

结构面状态	张开度 W/mm	闭合 $W<0.5$		微张 $0.5\leqslant W<5.0$									张开 $W\geqslant5.0$		
	充填物			无充填			岩屑			泥质			岩屑	泥质	无充填
	起伏粗糙状况	起伏粗糙	平直光滑	起伏粗糙	起伏光滑或平直粗糙	平直光滑	起伏粗糙	起伏光滑或平直粗糙	平直光滑	起伏粗糙	起伏光滑或平直粗糙	平直光滑			
状态评分 C	硬质岩	27	21	24	21	15	21	17	12	15	12	9	12	6	0～3
	较软岩	27	21	24	21	15	21	17	12	15	12	9	12	6	
	软岩	18	14	17	14	8	14	11	8	10	8	6	8	4	0～2

注　1. 结构面的延伸长度小于 3m 时，硬质岩、较软岩的结构面状态评分另加 3 分，软岩加 2 分；结构面长度大于 10m 时，硬质岩、较软岩减 3 分，软岩减 2 分。
　　2. 结构面状态最低为零。

(5) 地下水状态的评分应符合表 14－15 的规定。

表 14－15　　地 下 水 评 分

活动状态			渗水到滴水	线状流水	涌　　水
水量 Q/(L/min・10m 洞长) 或压力水头 H/m			$Q\leqslant25$ 或 $H\leqslant10$	$25<Q\leqslant125$ 或 $10<H\leqslant100$	$Q>125$ 或 $H>100$
基本因素评分 T'	$T'>85$	地下水评分 D	0	0～－2	－2～－6
	$85\geqslant T'>65$		0～－2	－2～－6	－6～－10
	$65\geqslant T'>45$		－2～－6	－6～－10	－10～－14
	$45\geqslant T'>25$		－6～－10	－10～－14	－14～－18
	$T'\leqslant25$		－10～－14	－14～－18	－18～－20

注　1. 基本因素评分 T'是前述岩石强度评分 A、岩体完整性评分月和结构面状态评分 C 之和。
　　2. 干燥状态取 0 分。

(6) 主要结构面产状的评分应符合表 14－16 的规定。

表 14－16　　主要结构面产状评分

结构面走向与洞轴线夹角/(°)		90～60				＜60～30				＜30			
结构面倾角/(°)		＞70	70～45	＜45～20	＜20	＞70	70～45	＜45～20	＜20	＞70	70～45	＜45～20	＜20
结构面产状评分/E	洞顶	0	－2	－5	－10	－2	－5	－10	－12	－5	－10	－12	－12
	边墙	－2	－5	－2	0	－5	－10	－2	0	－10	－12	－5	0

注　1. 按岩体完整程度分级为完整性差、较破碎和破碎的围岩不进行主要结构面产状评分的修正。
　　2. 围岩总评分 $T=T'+E$，见表 14－11。

(7) 对过沟段、极高地应力区（＞30MPa）、特殊岩土及喀斯特化岩体的地下洞室围岩稳定性以及地下洞室施工期的临时支护措施需专门研究，对钙（泥）质弱胶结的干燥砂砾石、黄土等土质围岩的稳定性和支护措施需要开展针对性的评价研究。

（8）跨度大于20m的地下洞室围岩的分类除采用本分类外，还宜采用其他有关国家标准综合评定，对国际合作的工程还可采用国际通用的围岩分类进行对比使用。

第四节　隧洞施工的工程地质问题及提高围岩稳定性的措施

为保证地下洞室施工的安全和正常运行，应针对岩体的不同条件，对隧洞施工的工程地质问题进行分析，采取一定的工程技术措施和相应的施工方法，提高围岩的稳定条件。

一、隧洞施工的工程地质问题

影响隧洞施工的不良地质条件除了前述的围岩变形破坏引起的坍方和岩爆以外，还有地下涌水和突泥，有害气体的冒出、高温等。

地下工程施工中，在一定水压力作用下，沿透水岩体（带）以及无（少）泥沙充填的洞穴，突然发生大量出水的现象称为涌水；在一定水压力作用下，沿松散（软）岩带或充填性溶洞，突然大量涌出水、泥、沙等混杂物的现象称为突泥。

形成涌水与突泥的因素很多，但最主要的是岩性、地质构造、岩体风化卸荷状态、地下水和施工方法。在硬质岩内可能发育透水（含水）结构面；在碳酸盐岩内常形成透水或充水、充泥的溶蚀裂隙或洞穴；软质岩中的断层带，软质岩与硬质岩的接触带岩石往往松软破碎，是突泥的物源。在向斜构造轴部、断层破碎带及断层交汇带、胶结不良或松弛的层面以及裂隙密集带易形成地下水汇聚的储水构造，也是喀斯特发育的控制条件，属易发生涌水、突泥的构造。岩体的全、强风化带及风化夹层、岩体卸荷带也是容易产生涌水、突泥的地质环境。地下水有一定的水压力是形成涌水与突泥的必需条件，流动的地下水是突泥的载体。正确的施工方法是防止涌水、突泥地质灾害的必要措施，即使存在发生涌水与突泥的条件，只要采取超前勘探，提前疏干、排水等措施，就可能减轻甚至防止涌水、突泥等灾害的发生。

在坚硬岩体内发生涌水，一般不致引起塌方；而在软岩或破碎岩体中的涌水，常常招致塌方，甚至引起大塌方，严重威胁施工安全。这是由于在掘进过程中，围岩应力发生变化，导致岩体产生破坏、松动，如果支护不及时，围岩破坏范围逐渐扩大，具有隔水能力的地层也受到破坏；或当地下开挖揭穿隔水岩体遇到或接近承压含水层、断层破碎带、溶蚀洞穴、不整合面时，渗流场突然变化，引发涌水与突泥，或泥、水俱下，继之围岩应力场发生变化，使围岩的整体强度降低，变形加大引起塌方。当地下水的补给来源较远时，初期涌水量较大，后逐步趋于稳定；当地下水补给来源较近或地下水来量不丰时，涌水量逐渐衰减，后以枯竭而告终。

为防止涌水和突泥而采取排水措施时，应充分研究其形成的水文地质条件，防止大范围改变水文地质条件，以免引起供水水源被疏干，地面塌陷等新的环境地质问题。

隧洞穿过煤系地层、石油地层及火山岩地层地区有时会出现甲烷（CH_4）、二氧化碳（CO_2）、一氧化碳（CO）及硫化氢（H_2S）等有害气体。特别是甲烷在空气中的浓度达到5%～6%时就会发生“瓦斯爆炸”，其他气体超过一定含量（如H_2S超过0.1%）就能使人中毒死亡。

在高山地区，由于地热，隧洞随深度增温（一般在常温层以下每深 33m 增加 1℃），洞内温度会很高，如日本的黑部川第三发电站尾水隧洞，岩层温度达 175℃，在火山地区还会出现热泉。在这种情况下不仅工人无法施工，而且高温爆破及混凝土施工也相当困难。

二、隧洞施工监控、信息反馈和超前预报

根据国内外地下工程的经验和教训，施工阶段的地质工作，不仅应做好地质编录工作，还应协助设计及施工人员做好施工监控和信息反馈工作。所谓施工监控和信息反馈，就是在施工过程中及时发现地质问题，并根据新测试的地质数据（信息指标），验证原设计方案是否符合当地的地质条件，如不符合则应修改设计，并采取有效的施工措施，解决工程地质问题。在施工地质监控工作中应注意以下几点：

（1）开挖中应观测围岩的变形量、变形速率及加速度，判别围岩的稳定性，预报险情。

（2）确定围岩松动圈范围，找出不稳定的部位，提出支护及补强措施，这就需要及时做好地质记录及编绘工作，岩体物理力学性质的试验工作，以及声波量测工作等，为设计及施工提供地质参数或信息指标。

（3）监控量测工作应紧跟施工工作面进行，并注意尽量减少与施工的干扰。但应明确监控工作实际上也是施工程序中不可缺少的组成部分。

（4）超前预报，是当代隧洞施工中的重要环节，对保证安全，合理施工，往往起决定作用，一般由有经验的地质师担任此工作，施工工程师应尊重并听从地质师的建议和要求，特别是在地质条件比较复杂的地区，尤为重要。

三、围岩加固措施

1. 支撑

支撑是在开挖过程中，为防止围岩塌方而进行的临时性措施，过去通常采用木支撑、钢支撑及混凝土预制构件支撑等。在不太稳定的岩体中开挖时，应考虑及时设置支撑，以防止围岩早期松动。支撑的结构和强度必须与可能产生的围压大小和性质相适应。

2. 衬砌

衬砌是维护隧洞围岩稳定的永久性结构，用以承受山岩压力和内、外水压力。衬砌厚度往往取决于岩石的性质，如对于坚硬类岩石一般要求 20～30cm 即可，特别坚固或裂隙稀少的岩石甚至可不加衬砌，中等坚硬岩石一般 40～50cm，软弱岩石及松散土层则要求 50～150cm 或更厚的混凝土衬砌。

衬砌有单层混凝土及钢筋混凝土衬砌，也可以用浆砌条石衬砌。双层的联合衬砌，一般内环用钢筋混凝土或钢板，外环用混凝土，多用于岩体破碎、水头高的隧洞。

3. 支护

当地下洞室开挖后，围岩总是逐渐地向洞内变形。喷锚支护就是在洞室开挖后，及时地向围岩表面喷一薄层混凝土（一般厚度为 5～20 cm），有时再增加一些锚杆，从而部分地阻止围岩向洞内变形，以达到支护的目的。

传统的刚性支撑或衬砌，由于它不能与围岩紧密的接触，架空部分的围岩仍然继续向洞内变形，并可能产生部分坍塌压在支护或衬砌上，严重时可导致支撑或衬砌的破坏。喷

锚支护的情况则不同，它能使混凝土喷层与围岩连续地紧密贴合，并且喷层本身具有一定的柔性和变形特性，因而能及时有效地控制和调整围岩应力的重分布，最大限度地保护岩体的结构和力学性质，防止围岩的松动和坍塌。如果喷混凝土再配合锚杆加固围岩，则会更有效地提高围岩的承载力和稳定性。

（1）喷混凝土支护：喷混凝土是将一定比例的水泥、砂、速凝剂等搅拌均匀后，装入喷射机中用压缩空气将混合料送至喷头处与水混合后，以高速（约 100m/s）喷射在围岩表面，形成一层与围岩紧密粘贴在一起的混凝土层，从而起到支护作用。喷混凝土能在开挖后迅速有效地控制与防止围岩表层岩体的松动坍落，并能加固岩体。

（2）锚固：锚杆有楔缝式金属锚杆、钢丝绳砂浆锚杆、普通砂浆金属锚杆、预应力锚杆及木锚杆等。目前在大中型工程中，常用的是楔缝式金属锚杆和砂浆金属锚杆两种。

4. 固结灌浆

在裂隙严重切割的岩体中和极不稳定的第四纪松散堆积物中开挖洞室，常需要加固，以增大围岩稳定性，降低其渗水性。最常用的加固方法就是水泥灌浆，其次还有沥青灌浆、水玻璃（硅酸性）灌浆及冻结法等。通过这种方法，可在围岩中大体形成一圆柱形或球形的固结层。

四、合理施工

围岩的稳定程度不同，应选择不同的施工方法。施工方法的合理选择，对保护围岩稳定性具有重要的意义。它所遵循的原则：一是循序渐进；二是开挖后及时支护或衬砌，以尽可能防止围岩早期松动破坏或把松动范围限制在最小范围内。

1. 导洞分部开挖

这种方法适用于断面较大而岩体又不太稳定的情况。为了缩小开挖断面，采取分部开挖、分部衬砌、逐步扩大断面的方法。又可分为如下三种方法。

（1）上导洞先拱后墙法，适用于洞顶不太稳定的洞室。开挖和衬砌顺序是：先在洞顶部开挖导洞后立即支撑，掘进到一定长度后，扩大上部断面，做洞顶衬砌；然后，再扩大断面，做边墙衬砌。这种方法对维护围岩原有稳定性很有效，但施工条件较差。

（2）上下导洞先拱后墙法，上下导洞同时开挖，衬砌顺序为先拱后墙。施工时出渣轨道在下导洞内，上下导洞以竖井相连，便于出渣。

（3）侧导洞先墙后拱法，适用于围岩很不稳定、不仅洞顶易塌方、侧墙也不稳定的情况。这时可先在设计断面两侧开挖导洞，由下向上逐段开挖和衬砌，到一定高度后，再开挖顶部导洞，做好顶拱衬砌，最后挖除残留岩体。

2. 导洞全面开挖法

若围岩较稳定，可采用导洞全面开挖、连续衬砌的办法施工。或上下双导洞全面开挖，或下导洞全面开挖，或中央导洞全面开挖，将整个断面挖成后，再由边墙到顶拱一次衬砌。这样，施工速度快，衬砌质量高。

3. 全断面开挖法

若围岩稳定，无塌方掉块危险或断面尺寸较小时，可全断面一次开挖成形，然后再衬砌。此法施工速度快、施工场地开阔、出渣方便。

五、新奥法、TBM和盾构法在隧洞施工中的应用

（一）新奥法在隧洞施工中的应用

新奥法是一种喷锚支衬的隧洞施工方法，是1948—1965年发展起来的，由奥地利岩石力学专家拉布希维兹（L.V.Rabcewicz）首先命名为“新奥地利隧洞施工法”（New Austrian Tunnelling Method，NATM），或简称“新奥法”。这种方法既适合于坚硬岩石，也适合于软弱岩石，特别适合于破碎、变质、易变形的施工困难段，因此在国内外得到广泛的应用。当然“新奥法”的全部内容不仅在支衬工作方面，而在整个施工过程的机械化和自动化监测等方面。这种方法将取代过去的静力拱山岩压力的原则，即用“岩石支护岩石”的新概念提高隧洞的施工进程和经济效益。如据我国的水工隧洞及地下水电站施工经验表明，它与常规的模板浇注混凝土衬砌相比，可节约水泥1/3～1/2，节省劳动力和投资1/2以上，而且几乎不用木材，可缩短工期1/2～2/3。

喷射混凝土、锚杆和现场量测，被称为“新奥法”的三大支柱，有效地提高了围岩的承载能力。采取光面爆破、掘进机全断面开挖及根据顶拱和边墙的不同地质条件采用分部开挖等施工方法，也有利于维护围岩的稳定。

新奥法隧道掘进的施工工序一般分为：开挖、一次被覆、构筑防水层和二次被覆等。

为了充分利用围岩天然承载力，开挖应采用光面爆破或机械开挖，并尽量采用全断面法开挖。只在地质条件较差时，才采用台阶式等方式开挖。一次开挖的长度应根据岩质条件和开挖方式确定。

一次被覆作业包括：一次喷混凝土、打锚杆、设金属网、立钢拱架和二次喷混凝土等工序。为保护围岩不发生早期松动，一次被覆要及时进行，常与开挖作业同时交叉进行。为了达到支护围岩的目的，一次被覆作业的完成时间非常重要，一般情况下应在开挖后围岩自稳时间的1/2内完成。一次被覆又称喷锚支护，是形成隧道支承环结构的重要工序，以后也不再拆除。喷锚结构设计也是新奥法支衬设计的重要内容。

防水层的设置在一次被覆后，临近二次被覆前进行。常用带有锥形孔的聚酯隔水板或金属薄板构筑在一次被覆与二次被覆之间。防水层中的水可通过集水排水管排出。

二次被覆在一次被覆3～6个月后进行。能否进行二次被覆作业，要根据一次被覆完成后围岩位移是否稳定来确定。二次被覆结构不应承受围岩位移引起的荷载，只起修饰和提高安全度的作用。因此，围岩位移不稳定时一般不能构筑二次被覆。

锚喷结构是新奥法的主要支护手段，主要目的是约束围岩变形，使围岩和支护结构共同形成支承环结构，即充分利用围岩的自承能力来支护围岩。为了达到这一目的，锚喷支护所遵循的原则是：支护要适时；支护结构要有柔性并有一定的强度；在不出现有害松动条件下，允许围岩产生一定的变形，而把握好支护时机和正确选择支护种类是很重要的。

新奥法锚喷支护结构的种类有；喷射混凝土、锚杆加固及锚-喷联合支护等。应根据不同的围岩类别和隧洞的跨度，来确定锚喷支护类型和有关的设计参数。

（二）TBM隧洞施工经验

TBM（Tunnel Boring Machine），即“全断面隧洞掘进机”方法。在欧美，特别是挪威已沿用多年，最常用的TBM直径为3～3.5m，最大直径为12m，它不仅可以开挖水工隧洞，也可开凿铁路、公路、城市隧洞，用途广泛，很受土木、水利工程师的欢迎。下面

做一些简单介绍。

1. TBM 的优点

（1）在条件合适的情况下，掘进速度很快，如果岩石不是十分坚硬，岩爆现象不严重，地质构造不太复杂，围岩基本稳定，采用 TBM 法可比钻爆法加快 50%以上，同时，通风设备要低于钻爆法，可以单头掘进 10～12m，可节省支洞，节省工程量，缩短工期。

（2）洞壁开挖光滑，断面可大大减少，衬砌工程量也大为减少，故造价低并减少糙率。

（3）TBM 是用大型旋转钻头，钻进、电瓶车出渣，无爆炸烟尘，无废气及内燃机废气污染，对工人施工安全度高。

2. TBM 的缺点

（1）设备比较复杂，安装费时，因此洞子较短时，使用不经济。一般 3～4m 洞径，不宜短于 2～3km；4～7m 洞径，不宜短于 4～5km。

（2）TBM 的洞径不能变化太大，弯道半径不能太小，一般半径不小于 150～450m。

（3）坚硬多裂隙岩体，对 TBM 施工不利，如石灰岩、钙质页岩等岩石比花岗岩、石英岩的开挖速度可相差 10 倍以上。

TBM 方法已引进国内，并在很多工地施工，据施工经验，TBM 宜开凿断面较小的长隧洞，经济而快速、安全，对于直径较大的隧洞（超过 10m 以上）宜用钻爆法，也可先用小直径 TBM 方法，打通全洞，实际上是一个地质探洞，掌握隧洞全线的地质条件后，再进行扩洞，或全断面开挖。

（三）盾构法在隧洞施工中应用

盾构隧道施工法是指使用盾构机，一边控制开挖面及围岩不发生坍塌失稳，一边进行隧道掘进、出渣，并在机内拼装管片形成衬砌、实施壁后注浆，不扰动围岩而修筑隧道的方法。这是一项先进的高度机械化、自动化的施工技术。

21 世纪我国隧道和地下工程项目繁多，工程浩大。如在南水北调、西气东输、西电东送、青藏铁路四大工程中，隧道工程都占有一定的比例。西部开发将修建大量的铁路和公路隧道，会涌现出长隧道和隧道群。还有许多学者提出了修建横穿台湾海峡连接大陆与台湾的海底隧道和横穿琼州海峡连接大陆与海南岛的海底隧道。此外横穿渤海海峡连接辽东半岛与山东半岛的海峡通道、上海—崇明岛—南通的长江口越江隧道以及横跨胶州湾连接青岛与黄岛的通道工程等均在组织研究中。在过去的十几年中，我国采用掘进隧道的方法开发地下空间的技术已经建立并不断完善。而在掘进隧道的施工方法中，虽然盾构法起步晚，但近年发展很快，是一种很有发展前景的施工方法。

在盾构法施工技术掘进隧道这一领域中，目前，日本处于世界领先地位，其次，德国的盾构法施工技术也达到了很高的水平。盾构掘进隧道允许在纵长的地下结构以下施工，覆盖层浅，在不稳定地层和含地下水的地层都不会引起地表断裂或较大的沉陷。它可应用于很松散的土质或高压强的地层中，如软塑性的或流动的地层。因而盾构法有着很广阔的应用范围和前景。

盾构的基本原理是基于一圆柱形的钢组件沿隧洞轴线被向前推进的同时开挖土层。该钢组件总在防护着开挖出的空间，直到初步或最终隧洞衬砌建成。盾构必须承受周围地层的压力，而且要防止地下水的侵入。一般讲，盾构掘进隧道不应也不能取代其他方法，但在不良的地层条件下做长距离掘进，对进尺有较高的要求和对地面沉陷又有严格的要求时，它相对其他方法在技术上更合理更经济。其主要的优点和缺点如下。

优点：①机械化程度高，在施工中能把掘进，出渣、支护与衬砌，融为一体；②避开干扰，对地面建筑和环境影响可能性最小；③施工安全、可靠、隧洞形状准确，能缩短工期、提高工效、节约资金。

缺点：①盾构的规划、设计、制造和组装时间长；②施工工艺复杂，熟练操作机器需要时间长；③准备困难且费用高，只有长距离掘进时才较经济；④当地层条件变化时，实施有风险；⑤隧道断面变化的可能性小，断面如需变化时，费用较高。

复习思考题

1. 地下洞室开挖前后应力特征有何不同？什么是围岩？什么是围岩应力？
2. 围岩变形破坏的类型及其特点。
3. 隧洞选线时在地形地貌、地层岩性、地质构造，以及水文地质和自然地质现象方面，应注意哪些问题？
4. 隧洞设计中应注意哪些工程地质问题？
5. 隧洞选线中或地下洞室定位时，应如何考虑地应力的主要方向？为什么？
6. 山岩压力是怎样形成的？怎样确定山岩压力？
7. 隧洞松动圈的大小与地质条件的关系如何？
8. 什么是围岩弹性抗力、弹性抗力系数和单位弹性抗力系数？
9. 围岩弹性抗力系数如何确定？
10. 岩爆的特征、形成机理和分布规律？
11. 岩爆对隧洞施工有何危害？如何防治？
12. 围岩工程地质分类的方法有哪些？都考虑了哪些因素？
13. 我国水利水电工程围岩分类考虑了哪些因素？有何特点？
14. 隧洞施工时应注意哪些地质问题？
15. 提高围岩稳定性的工程措施有哪些？
16. “新奥法”隧洞施工方法的意义？
17. “TBM 法”及“盾构法”隧洞施工方法的优缺点如何？

第十五章　水库的工程地质研究

水库蓄水之后，水文条件发生很大变化，水位上升、水深增大、流速减慢，使库区及其邻近地带的地质环境受到影响。当库区存在某些不利的地貌地质因素时，就可能产生了各种工程地质问题，如：水库渗漏、库岸稳定、水库浸没，水库淤积和水库诱发地震等问题。

（1）水库渗漏：水库内水体经由库盆岩土体向库外渗漏而漏失水量的现象（参见第八章第二节）。

（2）库岸稳定：也叫水库塌岸，是指水库蓄水后或蓄水过程中，受水位变化和风浪作用的影响，引起岸坡土体稳定性发生变化，导致岸坡遭受破坏坍塌的现象。

（3）水库浸没：水库蓄水使库区周边地区的地下水位抬高，导致地面产生盐渍化、沼泽化及建筑物地基条件恶化等次生地质灾害的现象（参见第八章第三节）。

（4）水库淤积：在多泥沙的河流上修建水库后，由于水流断面加大，坡降和流速大大减小，因此水库上游河流携带的悬浮质或推移质泥沙，除一部分可随洪水泄向水库下游外，绝大部分沉积在库底，造成水库淤积。

（5）水库诱发地震：又称水库地震。因水库蓄水引起库盆及库周原有地震活动性发生明显变化的现象。

以上问题不一定同时存在于一个水库工程中，且问题严重性也不尽相同。

本章重点介绍库岸稳定、水库淤积和水库诱发地震三个问题。

第一节　库　岸　稳　定

水库周边岸坡在水库初次蓄水时，其自然环境和水文地质条件将发生强烈的改变，如岩土体浸水饱和及强度降低，库水涨落，引起地下水位波动变化，从而导致岸坡内动、静水压力的变化，以及波浪冲刷作用加剧等，尤其是疏松土石库岸在水位升降及风浪冲蚀作用下，岸壁将逐渐后退和浅滩逐渐扩大，到一定程度（达到新的平衡时）就稳定下来，形成新的稳定岸坡的过程称为水库塌岸，亦称水库边岸再造。

可见，水库塌岸是不同于岩土体崩塌和滑坡的一种特殊的破坏形式。这种现象主要发生于土质岸坡地段。严重的水库塌岸或再造过程，会引起下列问题：

（1）近坝库区的大规模坍塌和滑坡，将产生冲击大坝的波浪，直接影响坝体安全。

（2）危及河岸主要城镇、铁路、厂房等建筑物的安全，使大量农田遭受毁坏。

（3）坍塌物质造成大量固体径流，使水库迅速淤积，减少有效库容，并可能诱发大规模的岩崩、滑坡，堵塞水库航道。

因此，必须对水库塌岸作出预测以便迁出塌岸范围内的已有建筑设施，避免在塌岸带内再修新建筑工程。

一、水库边岸的再造过程

水库蓄水最初几年内塌岸表现最为强烈，随后渐渐减弱，可以延续几年甚至十几年以上。因而，塌岸是一个长期缓慢演变过程。最终塌岸破坏带的宽度可达几百米，如我国黄河三门峡水库最大塌岸带宽度284m，最大单宽塌方量达7000m^3以上。某一水动力条件和地质条件下，最终塌岸完成时间及塌岸带宽度总是一定的。塌岸的过程十分复杂，大致如图15-1所示。

资源15-1
水库边岸的
再造过程

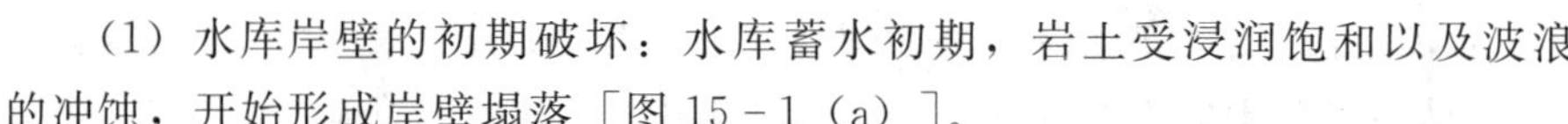

(1) 水库岸壁的初期破坏：水库蓄水初期，岩土受浸润饱和以及波浪的冲蚀，开始形成岸壁塌落［图15-1 (a)］。

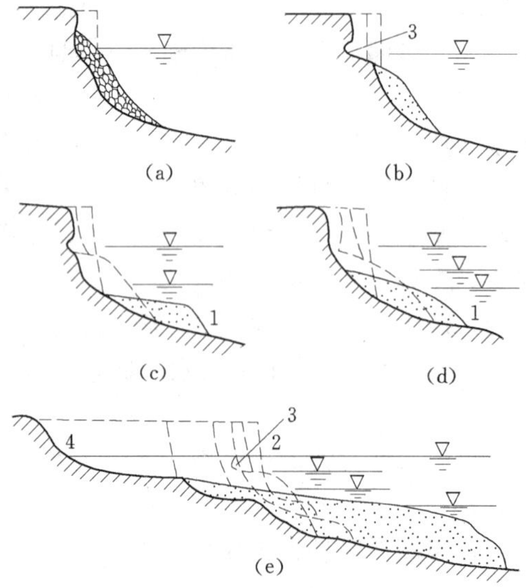

图15-1　土质库岸塌岸过程示意图
(a) 蓄水初期；(b) 出现浪蚀龛和水下浅滩雏形；
(c) 出现水下浅滩；(d) 水位升降时，浅滩扩大；
(e) 稳定库岸形成
1—水下浅滩；2—原库岸；3—浪蚀龛；4—最终库岸

(2) 浪蚀龛及浅滩的形成：在库岸较高的地带，水位以上的岩土处于干燥状态，具有较高强度。而处于库水位附近的岩土，受波浪淘蚀，逐渐形成佛龛状地形——浪蚀龛。波蚀物质堆积在波蚀龛下，形成浅滩［图15-1 (b)］。

(3) 岸壁后退，浅滩增大：随着库水位的升降变化［图15-1 (c)、(d)］，浪蚀龛不断加深，上部岩体受重力作用而塌落，岸壁也随之后移，浅滩逐渐扩展。

(4) 稳定岸坡的形成：由于浅滩的形成和扩展，减小了近岸部分的水深，加长了波浪击岸的路程，因而削弱了波浪冲蚀岸壁的能力，减少了沉积物质的来源，进而又限制了浅滩本身的继续发展。这种反馈作用增长到足以消耗奔向岸壁的波浪的全部能量时，冲蚀和堆积作用基本停止（尚有库岸环流的作用），岸坡臻于稳定。

二、水库塌岸因素的分析

影响水库塌岸的因素有库岸岩性和构造条件、库岸形态特征、波浪作用强度、冻融作用、岸流和片流作用、溶蚀作用等，前三个方面是主要的。

资源15-2
土质库岸
塌岸过程

1. 库岸岩性和构造条件

库岸坡的地层岩性及地质构造条件是影响坍滑的内因，决定着岩土边坡的抗剪强度和抗冲刷能力，也决定着最终坍滑的范围、作用强度和坍塌类型。

库水作用于性质松软的第四纪松散（软）土层，尤其是对水反应敏感的特殊土（如黄土类土等）时，往往容易产生严重的塌岸。半坚硬岩石中抗冲蚀性差的黏土岩、页岩、泥灰岩、千枚岩、凝灰岩等，位于水上部分易风化，位于水下部分易软化，甚至具崩解性，由这类岩石组成的库岸，在水库运行期间，往往塌岸比较严重。坚硬岩石和部分半坚硬岩石抗冲蚀性强，一般不易形成水库塌岸。若其中地质构造现象发育，存在有大的断层破碎带，节理密集带，褶皱等软弱结构面或软弱夹层，则在一定条件下有可能形成崩塌性的塌岸。对此我们要特别注意各种软弱结构面的产状和组合关系、分布高程，结合库水位高程和变化幅度进行具体分析。

2. 库岸形态

库岸形态是指岸高、岸的坡度、库岸沟谷切割及岸线弯曲情况等。它们对塌岸也有很大影响。库岸越高陡、库岸线曲率越大、切割越破碎，越容易产生塌岸。水下岸形陡直，岸前水深的库岸，波浪对库岸的作用强烈，塌落物质被搬运的快，因此加快了塌岸过程。一般当地形坡度小于10°时，便不发生塌岸。在平面形态上，支沟发育，地形切割严重的，岸线弯曲的库岸塌岸严重，特别是突咀，凸岸三面临水，坍塌严重，平直岸和凹岸则较轻微。

山区和平原河流，水库坍岸所造成的影响有很大的差别。低平的平原岸坡因有植物覆盖，坡度近似于水库天然冲刷坡的坡度，所以很少有坍岸作用。而山区坍滑是很普遍的，尤其当紧靠水库的正常蓄水位以下边坡较陡，并且有大量松散物质或岩体结构面组合的不稳定体，塌滑现象严重（特别是在水库蓄水初期），对工程影响很大。

3. 水文气象条件

库面波浪、库岸环流、库水位变化、降雨以及浮冰作用等，对塌岸均有一定影响，其中以风浪冲蚀作用对库岸的破坏最为显著。风浪的大小、作用强度取决于波浪高度及波长和持续作用时间，前者又与库水深度、水域面积、自然风力等有关。波浪对塌岸的影响主要表现为击岸浪对岸壁土体的淘刷和磨蚀，对塌落物质进行搬运，从而加速塌岸过程。

水库回水，促使地下水位上升，引起库岸岩土体的湿化和物理、力学、水理性质改变，破坏了岩土体的结构，从而大大降低其抗剪强度和承载力，易于塌岸的发生。随着库水上升，地下水壅高，地下水的坡降减缓，动水压力降低，暂时有利于库岸的稳定。当库水再度消落时，却又增加了地下水的动水压力，库岸的稳定性又显著降低。

波浪冲蚀作用是造成塌岸的主要外动力因素，其作用强度取决于波浪高度及波长和持续作用时间，前者又与库水深度、水域面积、自然风力等有关。

此外，库水位的变化幅度与各种水位持续的时间对水库塌岸影响甚大。高水位时所形成的浅滩，当水位下降时就会受到破坏。在其他条件相同的情况下，库水位的变化幅度越大，浅滩就越容易受到破坏，变得越宽缓；库水位的持续时间越长，波浪作用的或然率就越高，使塌岸速度加快，塌岸范围扩大。

4. 其他因素

岸坡植被程度、自然地质现象、水文地质条件等都与塌岸带的形成和发展密切相关。库岸带良好的植被和库尾的淤积作用，可保护岸壁和减弱水库塌岸。风化作用、滑坡崩塌、地表水流的冲刷作用、冲沟、泥石流等自然地质现象都与塌岸带的形成和发展密切相关，在一定程度上加速了塌岸的过程。据观测，在库水位初期上升和水位消落两个时段内，分别因岩土充水饱和后抗剪强度降低和地下水动水压力的作用，往往最易产生塌岸。

三、库岸坍滑的类型及稳定性分析评价

根据已有工程归纳出的水库坍滑类型见表15-1。

表 15-1　　水 库 坍 滑 类 型

类型		坍滑特征	规模及方式	工程
土质岸坡	黄土坍岸	黄土浸水湿陷，坡脚失去稳定	层层坍落范围大	三门峡
	崩坡积层	基岩界面倾向河床，上有松软带，水浸后各层透水性不一，孔隙压力增大，排水慢，坡脚冲淘，基岩面以上或黏土夹层以上能维持稳定	范围大	凤滩
	湖相沉积	库岸陡峻，岩层松散，平缓层面有细颗粒夹层	范围大	龙羊峡
	古滑坡复活	库水渗入滑动面，降低摩擦系数	突发性	黄龙滩
岩质岸坡	顺层滑坡	千枚岩、页岩、层面倾向河床 15°～35°，有易滑动的软弱夹层	规模较大	刘家峡
	切层滑坡	断裂发育的岩体中，有组合成倾向河床的不利结构体	大小不一	瓦依昂
	断层破碎带坍滑	岩体破碎，水库蓄水后强度降低不能维持原状	局部	费尔泽
	古滑坡复活	山坡较陡水库水渗入滑动面后，已稳定的老滑坡复活	较大	碧口
	蠕动带	卸荷带软弱岩体裂隙张开，岩层变位，蓄水后不能维持原来稳定	变形缓慢规模小	安康

水库岸坡可划分为土质岸坡和岩质岸坡两大类，其破坏形式和稳定性的分析评价方法截然不同。

1. 土质岸坡

多见于平原和山间盆地水库，主要由各种成因的土层、砂砾石层等松散堆积物组成。其破坏形式以坍岸为主，可分为风浪坍岸和冲刷坍岸。

（1）风浪坍岸主要发生在水库库面宽阔，库水较深的地段。在库水浸泡和波浪冲蚀作用下，库岸首先形成内凹的浪蚀穴（龛），然后引起上部岸坡的崩塌。

（2）冲刷坍岸多发生在水库库尾地段，特别是上游有梯级水电站的情况。当夏季度汛腾空防洪库容期间，水库库尾恢复河流形态，因岸坡土体饱水，在河湾处易发生冲刷坍岸；特别是上游梯级水电站泄洪，更易发生这种情况。例如中国黄河刘家峡水电站下游盐锅峡水库库尾河湾凹岸在 20 世纪 60 年代曾发生冲刷坍岸。河道型水库在低水位运行时，水流状况与天然河道相似，更易发生冲刷型坍岸。

2. 岩质岸坡

多出现在峡谷和丘陵水库，其破坏形式以滑坡和崩塌为主。近坝库岸（一般认为大致在距坝 5km 范围内）的高速滑坡可能激起翻坝涌浪，威胁大坝及下游人们生命财产安全，是库岸稳定性研究的重点。

滑坡的发生与岸坡的地形地质条件，如坡面形态、排水条件、物质组成、岩体结构（特别是岩体内软弱层带的发育及组合特征）以及水文、气象等条件有密切关系。水库滑坡多属老滑坡复活，新生滑坡较少。

水库滑坡按一般边坡分析方法做稳定分析，常规用刚体极限平衡法。边坡抗滑稳定程度以稳定系数表示。稳定系数是边坡自身的抗滑力（或抗滑力矩）与滑动力（或滑动力矩）的比值。为保证安全要求达到的最低稳定系数称安全系数。参照各国经验，在水库正常工作状态下，近坝库岸、重要城镇及建筑物所在库岸，安全系数在 1.2～1.3 之间；较次要库岸，安全系数在 1.1～1.2 之间；一般库岸安全系数在 1.05～1.1 之间。在短暂和偶然工作状态下，如暴雨、久雨、库水骤降和地震条件下，安全系数应适当降低，但需满足等于或大于 1 的要求。当确知库岸破坏难以防护，又不会造成较大损失时，允许其发生可以预料或可以控制的破坏。例如中国李家峡坝前Ⅰ号、Ⅱ号滑坡，经研究论证蓄水后不会发生整体性剧滑，决定严密监测，仅作局部处理。又如新西兰克莱得水库内有 16 个蠕滑或静止的老滑坡，体积一般 300 万～8000 万 m^3，最大在 10 亿 m^3 以上。预测蓄水后各滑坡稳定系数将下降 2%～20%，其处理原则是抵消蓄水效应并使失稳风险降低到可以接受的程度，即要求安全系数不小于 1，共花费投资 2.5 亿美元。

除滑坡外，岩质水库岸坡另一种常见的失稳是岩崩，多发生在岸坡陡峻，岩性坚硬，呈厚层状，岸坡卸荷裂隙发育的岩体中，尤其是当岸坡岩体结构呈上硬下软或下部有采空区的岸坡，极易产生大型岩崩。

四、水库塌岸带的预测

水库蓄水后某一期限内以及最终的塌岸宽度、塌岸速度、形成最终塌岸的可能期限的预测，直接关系到水库移民数量、新居民点的建设、工矿企业、道路等设施迁移计划和库岸防护工程的兴建。预测的方法很多，包括计算法、图解法、类比法、试验法等。目前，我国对河北官厅水库、河南三门峡水库等黄土库岸和黄土质库岸进行了比较准确的塌岸预测工作，取得了较系统的观测资料，可供参考。

预测塌岸时，一般以工程地质分析方法，划分稳定和不稳定区。可以根据水面长度和风向、风速及其分布频率，采用经验公式计算浪高和浪爬高度，根据对蓄水前河岸边坡或相同岩性的其他水库边坡的调查，采用类比原则以及图解或计算方法，预测出最终（永久）塌岸范围，也有用波浪冲刷能量法预测塌岸范围的。可以根据岸坡破坏进展速度，预测一定期限内的塌岸范围，划分 10 年、50 年和永久塌岸区。中国自官厅水库预测塌岸以来，已积累丰富的水库塌岸预测经验。但是对峡谷河道型水库库岸和基岩库岸，塌岸预测的方法还很不成熟，积累的经验也很少，可根据遥感资料及地面地质测绘工作，确定可能塌岸带的地点和范围。

五、水库塌岸防治措施

水库塌岸的防治是通过在塌岸段修造防护体，以减缓或阻止库水对岸坡的浪蚀作用。通常可以采用抛石、草皮护坡、砌石护坡、护岸墙、防波堤等措施。

第二节　水　库　淤　积

在多泥沙的河流上修建水库后，由于水流断面加大，坡降和流速大大减小，因此水库上游河流携带的悬浮质或推移质泥沙，除一部分可随洪水泄向水库下游外，绝大部分沉积在库底，造成水库淤积。粗粒的沉积在上游，细粒的沉积在下游，更细的散布于整个水库中，极细的可以悬浮于水中随库水泄出库外。但随着时间的推移，泥沙沉积的部位从库尾逐渐向坝前推进，直至均匀地分布于库底。

一、研究水库淤积问题的重要性

当淤积层的渗透系数远小于库盆岩层的渗透系数时，水库淤积虽然能起到天然铺盖防渗的良好作用，但却使水库的库容大为减少，降低了水库调节径流的能力，有些淤积严重的水库将会在短期内失去大部分有效库容，缩短了水库的寿命，影响航运和发电，因而是有害的。我国北方黄土分布地区的水库淤积问题也很严重，如黄河年总输泥沙量达14.8亿t，河水最大含沙量为286kg/m^3，在全世界河流含沙量中名列前茅。因此，在多泥沙的河流上修建水库时，淤积问题非常突出，防止泥砂淤积是工程能否长期发挥效益的关键。例如，建于黄土分布区的黄河三门峡水库，由于原设计中对泥沙问题未予足够重视，1960年9月建成蓄水，水库淤积速度很快，1年淤积量达10亿m^{3}左右。由于水库淤积，还引起关中平原和西安市附近地下水普遍上升达11m，导致黄土湿陷和建筑物的不均匀湿陷事故。于是不得不进行改建，将高水头发电站改造成利用自然径流的低水头发电站，左岸打了两条排沙隧洞，8条发电引水钢管中的4条改成排沙管，打通了8个施工导流底孔用以排沙。这样才基本上解决了三门峡水库的淤积问题，使该工程能发挥防洪、防凌、灌溉、供水和发电的综合效益。

二、水库淤积的固体径流来源问题

固体径流来源系指河水携带的固体物质，包括悬移质和推移质。前者为悬浮于水中的细沙、粉沙和黏土，后者为被水流推动沿河底移动的粗沙和卵砾石等。

悬移质泥沙用水流的平均含砂量表示。我国南方河流的含沙量较小，为0.1～0.2kg/m^3，而北方河流含沙量则较高，尤其是黄河、泾河、渭河、无定河、永定河等流经黄土地区的河流，含沙量极高，多年平均含沙量均在35kg/m^{3}以上。这类地区黄土和黄土类松软土广泛分布，厚度巨大，沟壑发育、暴雨集中，森林和草原遭到破坏，由于盲目开垦农田，冲刷强烈，水土流失极为严重，造成了河流很高的含沙量。

粗沙砾石等推移质颗粒主要是来自松散碎屑堆积物，如崩落、剥落的岩堆、滑坡、基岩破碎风化严重地段、泥石流地段、水库塌岸段。

所以，造成水库淤积的固体径流来源问题与地区的地质结构、地貌条件和动力地质作用等有关系。确定固体径流来源问题可为分析水库淤积量提供依据。

三、防治水库淤积的措施

加强上游各支流的水土保持工作，整治冲沟、植树造林及建拦沙坝，加固库岸，排洪蓄清和异重流排砂等是减少水库淤积的主要措施。

过去曾有人认为，水库的淤积是无法防治的，只能加以延缓。如今，由于全面开展了水土保持工作，在易于形成水土流失的地区，修梯田、打坝淤地、大面积的植树造林、种草，在水利枢纽的建设中，增设清淤排沙工程（如在坝身留底孔，或布置大孔口排砂隧洞）等，对于控制水库进沙量，防治水库淤积，均是行之有效的措施。

在水库调度中，科学地运行管理，对改善淤积情况也有一定的作用，如部分工程采用的“两蓄一泄”——冬春蓄（清）水保夏灌、汛末蓄水保秋灌，汛期泄空防洪淤，以及缓洪排沙，异重流排沙、泄空冲沙等，使有的水库“焕发青春”，取得了较好的效果。

第三节　水 库 诱 发 地 震

水库蓄水后，使库区及其邻近地带地震活动明显增强的现象称水库诱发地震，又称水库地震。它是人类兴建水库的工程建设活动与地质环境中原有的内、外应力引起的不稳定因素相互作用的结果，是诱发地震中震例最多、震害最重的一种类型。

世界上首次关于水库诱发地震的资料报道是美国的胡佛坝。该坝 1935 年开始蓄水，1936 年汛期首次发生有感地震，1939 年春库水上升至运行水位后不久，出现地震高潮，其中最大是该年 5 月 4 日的 5 级地震。有些学者认为，1931 年以来希腊马拉松（Marathon）水库附近的地震，1933 年 1—5 月阿尔及利亚乌德福达（Oude Fodda）大坝附近的地震，也属于水库诱发地震。它们是世界上首批水库地震的震例。

世界上见诸报道的水库诱发地震事例已有 130 余起，分布在六大洲的 34 个国家，得到较普遍承认的超过 90 例。中国是水库诱发地震最多的国家之一，迄今已报道有 27 例，得到广泛承认的达 19 例。

早期发生的震级大于 6 级的水库诱发地震是我国的新丰江水库。坝高 105m，总库容 11.5 亿 m^3，库区基本烈度原定为Ⅵ度，1959 年 10 月开始蓄水，一个月后就记录到水库区逐渐加强的微震活动。1962 年 3 月 19 日在距大坝东北 1.1km 处发生 6.1 级主震，震中烈度Ⅷ度，到 1981 年底余震仍未停息，地震使大坝右岸坝段产生 82m 长的水平裂缝，左岸坝段在同高程也有较小的不连续裂缝，并引起渗漏、库岸滑坡、房屋破坏等震害。地震后按Ⅷ度设计、Ⅸ度校核，进行了大坝加固工程，水库才得以安全运行。随后有非洲赞比亚与津巴布韦边界上的卡里巴（Kariba，1963 年，6.1 级）、希腊的克瑞马斯塔（Kremasta，1966 年，6.3 级）以及印度的柯依纳（Koyna，1967 年，6.5 级）。柯依纳水库诱发地震是迄今为止世界上震级最大的水库诱发地震，震中烈度Ⅷ～Ⅺ度，震中在大坝南 3km，震源深 8～10km。致使大坝开裂，柯依纳市绝大部分砖石房屋倒塌，死 177 人，伤 2300 人，被迫放空水库进行加固处理。

一、水库诱发地震的特点

（1）水库诱发地震震级小，震源浅（从 3～5km 至近地表），但震中强度偏高。

（2）空间分布上震中大部分集中在库盆和距库岸 3～5km 以内的地方；少数主震发生在大坝附近，大部分是在水库中段甚至在库尾。

（3）时间分布上存在着十分复杂的现象，初震往往出现在水库开始蓄水后不久，地震高潮和大多数主震发生在蓄水初期的 1～4 年内，主要取决于震中区的地震地质条件，也与水库的运行调度情况有一定关系。

（4）震型正常为前震-主震-余震型，与构造地震相比，余震衰减率缓慢得多。绝大部分主震震级是微震和弱震，但其震感强烈，震中烈度偏高；中等强度以上的破坏性地震占 20%～30%，其中震级（M）6.0 级以上的强震仅占 3%。

（5）强和中强的水库诱发地震多数情况下都超过了当地历史记载的最大地震。

（6）发生诱发地震的水库在水库工程总数（坝高大于 15m）中所占比例不足 0.1%，但随着坝高和库容的增大，比例明显增高。中国 100m 以上大坝和 100 亿 m^3 以上库容水库中发震比例均在 30%以上，超过世界平均水平。

二、水库诱发地震的成因类型

水库蓄水后，增加了库水的体积重，水又向地下渗入，形成水对地质体的水压力，水还能软化或泥化岩石，溶蚀岩石，改变地热地温，使地质体产生膨胀或收缩，甚至造成汽化或水化，也就是使地质体不仅产生了重力场和应力场的改变，而且使地质体产生了各种各样的地球物理及化学变化，使地质体变成了储能地质体。当这些储能地质体的内部应力达到或超过岩体的破坏极限时，地下岩体就开始破裂，这时就会发生诱发地震。

1. 构造型水库诱发地震（内成成因）

是对水利水电工程影响最大、也是世界各国研究最多的类型。主要发生在新构造活动断裂地区，发震断层在构造应力场的作用下，发生变形，积累能量，后在库水荷载产生的附加应力和地下水的物理化学作用下，库区储能地质体产生走滑或倾滑运动而导致诱发地震。一般震级较高、震源较深、主震滞后时间较长。如我国的新丰江、佛子岭、参窝水库等诱发地震属此类。

2. 喀斯特型水库诱发地震（外成成因）

是最常见的类型，中国震例中70％以上处在碳酸盐岩分布地区。主震震级多数为1～2级，最大不超过4级。主要由喀斯特溶洞塌陷、滑坡或山崩的重力为源而产生的地震，一般震源很浅，震级较低，宏观等震线呈不规则的多边形，震中呈点状分布或原地重复出现。如我国的黄石（湖南）、邓家桥（湖北）、乌溪江（浙江）、乌江渡（贵州）等水库属此类。

3. 地表卸荷型水库诱发地震（外成成因）

近年的资料表明，这一类型比原先预想的更为常见。主要发生在断陷盆地和巨大的重力梯级带上的喀斯特发育地带，库区的储能地质体，在重力场和区域地应力的双重作用下，发生变形和能量积累，后又在水库荷载作用下和地下水物理化学作用下，使断块或岩块产生倾滑或岩体塌陷，而导致诱发地震。其震级一般比应力型低，震中多呈点线结合形式分布，震源由浅变深，然后又逐渐变浅。如我国的丹江口（湖北）、前进（湖北）水库的诱发地震属此类。

4. 混合型水库诱发地震

混合型水库诱发地震的发生原因不是单一的，是由两种或两种以上诱因共同作用产生的。

水库诱发地震在国外还有“热能型”（包括冻融型）及“化学潜能型”的，主要是由温度应力及地质体存在某些特殊物质如石膏层、磋石层等，这些物质在水的作用下，易发生水化、溶解、膨胀、相变，致使上覆地层产生拉伸、破裂而形成诱发地震。

三、水库诱发地震的主要影响因素

只有当水库水和地下水作用，使原应力场调整，并在某一特定部位集中，或降低了岩石的结构强度时，才能发生地震。这些与地质体本身的岩石、矿物成分和类别，原始地应力的大小，地温的高低，地质构造环境等因素密切相关。基于对水库诱发地震形成条件和机制的认识，有下列几个诱震因素：库水荷载；构造应力环境；断层的活动性；岩性；地震活动背景；水文地质结构面的发育规模、透水深度等。

1. 库水深度的影响

库水对地质体的影响，真正具有普遍意义且可能向深部传递的，主要是蓄水造成附加孔隙压力的水压作用和水体重量的荷载作用这两项。荷载作用是一种体力，理论上会引起地质体内的弹性应力增加，库盆不均匀下沉，库边出现张裂缝等。但已进行的大量计算表明，与地质体内原有应力状态相比，库水荷载影响的量值是很小的。

每个库段有其各自的库水深度，它等于该库段附加孔隙压力的最大值，同时又反映了库水对库盆的压强，选用库水深度作为独立诱震因素之一是恰当的。然而应该指出，孔隙压力传递的前提条件是必须有透水通道，在新鲜岩体中，只有具有一定透水导水能力、同时又与库水保持某种水力联系的不连续结构面，才能成为这样的通道。

2. 构造应力环境的影响

一般认为由构造变形引起的应力积累是地震产生的必要条件，当应力积累超过介质的瞬时强度时，就会引起地震。不同构造应力环境对水库诱发地震有着不同的影响，大多数的水库诱发地震发生在正断层作用区（约占总数的57%）和走滑断层环境区（占总数的26%），而逆断层作用区仅占17%，在4.5级以上的中强水库地震震例中尤为明显。

3. 断层活动性的影响

构造型水库地震的发生地点受控于一定的构造条件，活动断层对水库诱发地震的作用，一方面表现在控制地震发生的地点，另一方面，活动断层控制库水的渗入，是构成深部水力联系的通道，使孔隙压力有可能传递到岩体深部，改变深部的应力状态。

4. 岩性的影响

统计资料表明，水库地震的强度与岩性的关系比较明显，中强度地震多发生在坚硬的块状岩体组成的库段，而岩溶类型的库区诱发的外生成因的水库地震一般属弱震和微震。在水库诱发地震的震例中，发生在碳酸盐岩地区的水库占了很大比重，但是，碳酸盐岩地区的水库要具备合适的岩溶水文地质结构才有可能诱发水库地震。

5. 地震活动背景

尽管现有的统计资料并未表明水库所在区域的地震活动性与水库诱发地震有密切的相关关系，但地质构造条件被认为是确定是否将要发生水库地震有决定意义的因素。区域地震地质条件的研究，常被用来指明现时的构造状态，并提供过去几万年至几十万年构造活动的证据，一个地区的地震活动水平总体上可反映区域的稳定状态。

6. 水文地质结构面的发育规模和透水深度

从水文地质角度，库水的影响只能通过断层、裂隙等不连续结构面才能向地质体深部传递。水库水位的抬高，常伴随下伏岩石中孔隙压力的增大，改变地应力的状态。因此，断裂等破碎带的透水性是水库诱发地震的重要影响因素。

岩体中具有一定含水性和导水性的不连续结构面，称为水文地质结构面。其性质及与库水的沟通关系如何，是有无可能诱发中强以上构造型水库地震的最主要条件之一。水库蓄水以后，随着时间的推移，库水的作用主要表现为孔隙压力的增加，如果有与水库相交的活动性断层等较深的水文地质结构面存在，可使库水的影响延伸到较深、较远的地点，因此可能诱发较大地震级的地震。对一些震例的分析也证实了这种观点。

四、水库诱发地震的危险性预测

水库诱发地震危险性预测，是前期工程勘测的一项主要工作，其任务是对工程蓄水后出现水库诱发地震的可能性、危险地段、最大强度及其对大坝和库区环境影响进行评估，一般在可行性研究或初步设计阶段进行。早期以专家评估为基础的预测方法，一般是通过了解工程场区的地震地质情况、地震活动及现场考察，与其他水库诱发地震的震例资料进行比较后，对诱发地震的可能性和最大震级作出判断。

（1）水库诱发地震预测应包括下列内容。

1）进行全库区的水库诱发地震地质环境分区。

2）预测可能诱发地震的库段。

3）预测可能发生诱发地震的成因类型。

4）预测水库诱发地震的最大震级和相应烈度。

（2）水库诱发地震预测研究工作宜包括下列内容。

1）初步查明水库区及影响区地层岩性、火成岩的分布和岩体结构类型。

2）初步查明水库区及影响区区域性和地区性断裂带的产状、规模、展布、力学性质、现今活动性、透水性及与库水的水力联系。

3）初步查明水库区及影响区中新生代构造盆地的分布、其边界断裂的现今活动性、透水性及与库水的水力联系。

4）初步查明水库区及影响区的水文地质条件，泉水和温泉的分布、地热异常分布，喀斯特发育程度、规模及与库水的关系。

5）收集水库区及影响区历史地震记载和现代仪测地震。

6）了解水库区的现今构造应力场。

7）初步查明水库区岸坡卸荷变形破坏现象和采矿矿洞分布及规模。

8）初步查明水库区及影响区天然喀斯特塌陷和矿洞塌陷的规模和频度。

9）水库诱发地震的预测研究工作应充分利用水库区工程地质勘察和地震安全性评价工作的成果。

（3）当预测有可能发生水库诱发地震时，应提出设立临时地震台站和建设地震台网的初步规划和建议。

（4）预测模型。随着震例的增加，研究人员尝试引入各种物理、数学模型，以期减少专家主观因素的影响和使预测意见定量化。

1）物理模型。常用的有工程类比法和成因模型法两类。

a. 工程类比法。研究人员在全面系统地查清待测水库或其某一区段各诱震因子的状态及其组合之后，与已有震例相类比，作出宏观预测；或者采用专家赋值的方法，对每个因子、每种状态给定一个分数值，按所得总分的高低，分档预测水库地震危险性的大小。此法比较直观且简单易行，有广泛的应用，但研究者的主观影响仍然偏大。

b. 成因模型法。这类模型往往对复杂的地质和水库运行条件进行高度简化，主要参数难于取得实测值，在工程实践中没有得到推广。

2）水库诱发地震数学模型。数学模型中用得最多的是统计预测模型。这类模型避开成因机制方面的争论，把与水库诱发地震有关的若干因素视为随机量，选取一定数量的发震水库和未发震水库组成样本集，分别求出每一因子不同状态的先验概率，然后按某个统计模型预测所研究水库的诱发地震可能性。

目前应用较广的是两类：①统计检验模型；②模糊数学和灰色系统方法。

复习思考题

1. 水库的主要工程地质问题有哪些？
2. 严重的水库塌岸会引起哪些问题？
3. 影响水库塌岸的因素有哪些？
4. 库岸坍滑的类型及稳定性分析评价？
5. 如何进行水库塌岸的预测？其防治措施有哪些？
6. 水库淤积对工程有什么危害？研究水库淤积有何重要意义？
7. 防治水库淤积的措施有哪些？
8. 什么是水库诱发地震？世界上震级超过 6 级的水库诱发地震震例有哪些？
9. 水库诱发地震有何特点？
10. 水库诱发地震的成因类型和主要影响因素有哪些？
11. 如何预测水库诱发地震的危险性？

第十六章 环境地质问题

环境地质问题是指由于天然地质营力、人类的生活生产活动或两者的共同作用而引起的对人类生存环境产生的不良影响和破坏的地质灾害、现象及事件。按照地质营力的起因不同，通常将环境地质问题分为原生环境地质问题和次生环境地质问题。由自然地质作用所引起的原生环境地质问题，也叫天然地质灾害，它是人类历史上最早出现的环境问题，包括地震、火山爆发、泥石流、海啸、洪泛、干旱、海岸侵蚀等，对这类环境地质问题，目前人类还无法控制和准确预测。由于人类的生产和生活活动引起的次生环境地质问题，主要包括由化学污染引起的环境地质问题，如地下水污染、“三废”引起的环境污染；大型工程和资源开发利用引起的环境地质问题，如滑坡、崩塌、地面沉降、土地沙漠化、洪水等；城市化引起的环境地质问题，如地面沉降、城市地质灾害等。由于人类与地质环境之间各要素的相互联系，在上述两种地质灾害中，有些灾害具有两重性，既有自然地质因素，也有人类活动的原因，如崩塌、地下水污染、土地沙漠化、沼泽化和盐渍化、洪泛灾害、海水入侵、诱发地震、地裂缝等。目前国内外对环境地质问题尚无统一的划分标准。

人类社会的发展过程，也是与自然灾害抗争的过程，是认识自然、影响环境、改造、修复和保护环境的过程。环境地质问题的研究，对于人类的生存与安全，改善地质环境的质量，达到人与自然、人与环境和谐相处，推动人类社会不断进步及经济的持续发展，具有深远的重要意义。

本章将重点介绍一些与水利水电建设有关的环境地质问题，如地面沉降、地面塌陷、地裂缝、地下水污染、海水入侵、洪涝灾害、固体废弃物等。

第一节 地面沉降

一、概述

地面沉降是由多种因素引起的地表海拔缓慢降低的现象，是一种缓变的地质灾害。随着人类社会经济的发展、人口的膨胀，许多国家地面沉降现象越来越频繁，沉降面积也越来越大。在人口密集的城市，地面沉降现象尤为严重。在美国50个州中，大约有24个州由于开采地下水、石油和可燃性天然气而产生不同程度的地面沉降，在加利福尼亚州南部和中部地区最大沉降量曾经达到9.0m。日本已有10000km^2面积出现地面沉降，其中有1128km^2地面标高低于海平面。意大利的威尼斯，素有“水都”之称，地面沉降非常严重，著名的市政府大楼罗内丹宫已下沉了3.18m。欧洲和东南亚的一些沿海低地城市也发现有严重的地面沉降问题。

我国的地面沉降问题更不容忽视。地面沉降是我国的主要地质灾害，目前，我国19

个省、区、市中超过50个城市发生了不同程度的地面沉降。从地域上看，主要分布在长江三角洲地区，如上海、苏锡常地区；松辽、黄淮海广大平原地区，如黑龙江、天津、河北、河南、山东、安徽等；东南沿海平原，如宁波、湛江等地；内陆河谷平原和山间盆地，如西安、太原、大同等地。《2011—2020年全国地面沉降防治规划》指出，全国累计地面沉降量超过200mm的地区达到7.9万km^2，并有进一步扩大的趋势。2019年我国地面沉降严重区（年沉降量大于50mm）面积约为1.14万km^2，主要分布在华北平原、长江三角洲、汾渭盆地和淮北平原。地面沉降问题已经成为制约我国社会、经济可持续发展的重要灾害之一。造成我国地面沉降的主要原因是地下水的长期超量开采，第四纪以来的活动断裂和大范围的构造沉降加剧了这一灾害的发生和危害。地面沉降和地裂缝在成因上有一定联系，因此在许多地区伴生出现，两者的叠加，危害性更大。

上海市地面沉降始于1920年，至1964年已发展到最严重的程度，最大累计沉降量为2.63m，以后逐步控制，现处于微沉状态；据统计，1949年到2000年上海市地面沉降造成的直接经济损失144.53亿元，间接经济损失2753.69亿元。江苏省自20世纪60年代后期在苏州、无锡、常州三市分别出现地面沉降，70—80年代早期仅在苏锡常三个中心城市出现沉降，沉降速率为32～38mm/a，80年代后期至1994年，沉降加速，特别是城市外围地区发展较快，形成区域性地面沉降，沉降速率达30～90mm/a。1995年后，沉降速率减少到20～30mm/a。目前，三市沉降中心的累计沉降量都超过了1m，有的地区已超过2m。据江苏地质调查研究院估计，截至2000年总的经济损失超过300亿元。自20世纪50年代以来，华北平原京津唐-沧州、衡水一带持续发生大片地面沉降，局部累计最大沉降量3.18m，最大年沉降量高达100mm以上，受影响面积7万余km^2，占华北平原一半以上，其中以北京、天津、塘沽和沧州等地最为严重，从20世纪70年代至今，沧州大约沉降了2.4m。2008年，中国地质调查局历时5年完成的《华北平原地面沉降调查与监测综合研究》表明，地面沉降给该地区造成的直接经济损失达404.42亿元，间接经济损失2923.86亿元，累计损失3328.28亿元。而且随着地面沉降情况的恶化，经济损失也不断扩大。由于几十年来无节制地超量开采，著名的陕西关中平原的地下水位持续下降，形成一巨大漏斗状，千年古城西安在不知不觉中“变矮”，地面沉降面积已达158km^2，地面沉降量超过500mm的面积竟达48km^2。西安市城区更为严重，作为古城重要标志之一，有1300余年历史的大雁塔也沉降了1198mm。

二、地面沉降的危害

地面沉降会造成地面建筑物下沉和开裂破坏、深井的井管拉裂、道路桥梁开裂、港口码头下沉、路基下沉、桥基变形、国家测量标志失效、地下水排泄受阻、海平面上升、洼地积水、海水入侵、洪峰警戒水位不准、地下水生态环境破坏严重，加剧洪涝灾害等。2021年1月，一项由联合国教科文组织地面沉降工作组组织的研究警告指出，到2040年，地面沉降将威胁全球近1/5的人口，相关成果在线发表于《科学》。

三、地面沉降的类型

国内外大量研究结果表明，地面沉降大多发生在未固结的粗细粒交互沉积的岩土层和细颗粒土层中。按照岩土体的不同成因特点，可以划分为冲积平原区沉降、三角洲平原区沉降、断陷盆地区沉降和河湖滨海型沉积区沉降。

(1) 冲积平原区沉降是指在河流冲积作用下形成的颗粒沉积粗细层相互交错的泛滥平原所产生的沉降。冲积平原一般易沿河床或古河道形成厚度较大的粗细土层交互的二元或多元结构，是良好的储水层和富水区，一旦过量开采含水层中的地下水，就会发生相应的地面沉降。如我国的黄淮海平原、长江中下游平原、松嫩平原等均属于此种沉降类型。

(2) 三角洲是在河流入海口形成的一种沉积地貌，常常形成以陆相沉积为主的海陆交互沉积相。三角洲地区的地层具有厚度巨大和交互沉积特征，地下水丰富，人口密集，大中城市居多，如美国密西西比河口的新奥尔良市、尼罗河三角洲的埃及开罗市、中国的长江三角洲，由于过量开采地下水资源导致了地面沉降。

(3) 断陷盆地是以早期稳定的地台区为基础，在新近地质时期，由于强烈的褶皱、断裂构造变动，所产生的一种起伏差异很大的地貌形态，具有巨厚沉积层，地下水丰富，油、气、煤炭储量巨大，如四川盆地平均沉积厚度 600m 以上，汾渭地堑中的沉积盆地沉积厚度达 5000m。这些地区的地下水资源被超量开采，引起了严重的地面沉降。

(4) 河湖滨海型沉积区沉降。

不同的沉积物和沉积结构特征，产生不同的地面沉降方式和类型。

四、地面沉降的影响因素及变形机制

1. 影响因素

地面沉降是由各种因素共同作用的结果，是一个复杂的地质过程。影响地面沉降的因素包括自然因素和人为因素两类。

自然因素主要是指岩土体结构、水理、物理和力学特性、地震、火山及地下水埋藏条件等。人为因素主要指人类过量开采地下水和其他矿产资源，如石油、天然气及煤炭，以及大量建立各种地面工程等。其中岩土体结构、水理、物理力学特性是地面沉降的基本控制因素，而地下水的超采对地面沉降起到了发生、发展和诱导的作用。

研究表明，地下水开采量、水位降深在时空分布上和地面沉降幅度有明显一致性，即开采量和水位降深越大的地区和层位，地面沉降量越大，反之亦然。地面沉降在时空上还存在着滞后效应，即在地下水超采早期，地面沉降不明显，而在地下水位停止下降之后，某些地区和层位的地面沉降还在继续进行，并且土层颗粒越细，滞后越明显。此外，地面沉降取决于土的抗压强度、工程荷载大小和量的增加速度，以及地下水的排空状况。如苏、锡、常地区，地面沉降范围与地面上工程建筑群布局一致，说明地面沉降与工程荷载的重力效应是相关的，但地下水漏斗中心与地面沉降漏斗不一定吻合，这主要是由于主抽水层的厚度、固结度和土体压缩性不同所造成的。

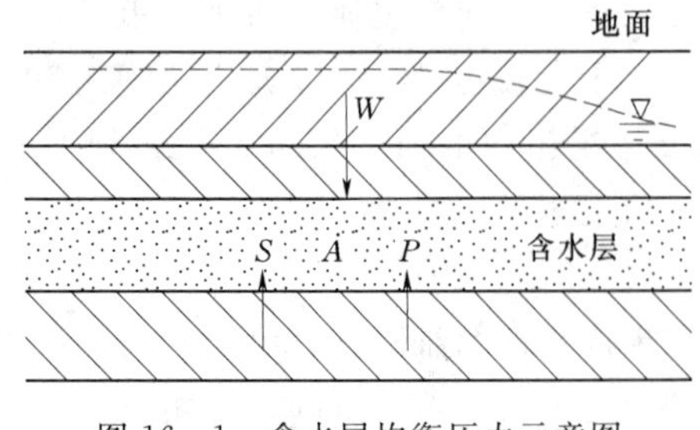

图 16-1 含水层均衡压力示意图

2. 变形机制

地面沉降的原因是复杂的，目前比较普遍的认识是由于超量开采地下水，造成孔隙水压力降低而引起地面沉降。如图 16-1 所示，当地面处于稳定或静止状态时，含水层中任意 A 点处的上覆压力 W 与向上的支撑力——含水层骨架的抗力 (P) 和孔隙水压力 (S) 两者之和处于平衡状态，即

$$W = P + S \tag{16-1}$$

由于超采地下水，造成地下水位持续下降，孔隙水压力 S 随之减小，原有的平衡被打破，为了支撑上覆压力 W，含水层骨架的抗力 P 须增大，这时含水层骨架压缩，厚度变小，引起地面沉降。

五、地面沉降的防治

1. 完善地面沉降监测技术体系，构建地面沉降立体监测网络

地面沉降监测方法包括传统监测、GPS 监测、合成孔径干涉雷达（Interferometric Synthetic Aperture Radar，InSAR）监测等。传统的地面沉降测量方法包括水准测量、基岩标、分层标测量等，这些方法精度高，但只能在比较小的范围内开展工作。InSAR 技术是 20 世纪 90 年代发展起来的一种能够高精度获取地面高程微小变化信息的微波遥感技术，与传统测量手段相比，具有高时空间分辨率、大覆盖、全天候等特征。为全面、快速、准确、动态监测地面沉降演化过程，应重视基岩标、分层标建设，加强新监测技术的应用，完善地面沉降监测技术体系，加强主要城市建成区和高速铁路、机场、南水北调等重大线性工程地面沉降监测，构建地面沉降立体监测网络。目前，我国华北平原已建立了地面沉降监测网，监测面积达 9 万 km^2，覆盖了京津冀整个平原区；其中，建成基岩标 14 个，分层标 31 组，水准监测点 3677 个，GPS 监测点 272 个，地下水监测井 5000 余眼，InSAR 实现了京津冀平原区全覆盖连续动态监测。

2. 加强地下水控采与超采综合治理

国内外学者公认，过量开采地下水是导致地面沉降的主要原因，控制地下水开采是防治地面沉降的关键措施。上海市从 20 世纪 50 年代开采量为 30 万 m^3/d，减少到 80 年代的 4 万 m^3/d，使地下水位得到回升，地面沉降量由每年 22mm 减少到 5mm，地面沉降基本得到了控制。加强地下水控采超采治理与地面沉降防治一体化管理，合理规划地下水资源开发利用，明确以地面沉降为约束的中深层地下水水位管控指标，建立节水压采、水源置换、种植结构调整、休耕轮耕等长效机制和激励机制，生态补水与行业用水价格调节机制，实施地表水地下水联合调蓄、人工回灌等含水层回补与修复工程，科学防治区域性地面沉降。

3. 完善地面沉降防治管理体系

加快地面沉降防治法律制度建设，完善地面沉降防治管理体系，是推进地面沉降防治工作的重要保障。2012 年，国土资源部、水利部、国家发展改革委等十部委联合印发《全国地面沉降防治规划（2011—2020 年）》，2013 年国家实行最严格水资源管理制度，2017 年水利部、国土资源部联合印发《全国地下水利用与保护规划（2016—2030 年）》，加强地下水超采区水资源管理。近年来，国家实施了地下水超采综合治理相关的重大举措，地面沉降进入全面防治阶段，防治成效初显，2019 年我国地面沉降严重区面积相比 2015 年减少约 1000km^2。

第二节 地面塌陷

一、概述

地面塌陷是指上覆岩层发生破坏，岩土体下陷或塌落在地下空洞中，并在地表形成不

同形态的塌坑，这种现象称为地面塌陷。在塌陷区往往伴随有围绕塌坑的若干裂缝，形成大小不等的环形或弧形开裂。由于下陷的不均一性，有时候在塌陷区内形成一些起伏不平的鼓丘或不规则开裂。

地面塌陷是地下矿产采空区或喀斯特区常见的一种地质灾害。据调查我国东北、西北、华北以及南方诸省均分布有地面塌陷，南方地区的喀斯特塌陷最多，而北方地区则以矿产开发引起的地面塌陷为主。据不完全统计，全国 23 个省（自治区、直辖市）发生岩溶塌陷 1400 多例，塌坑总数超过 4 万个，给国民经济建设和人民生命财产带来严重威胁。地面塌陷的主要危害如下。

（1）破坏城镇建筑设施，危害人民生命财产。如 1981 年发生在美国佛罗里达州 Winter Park 巨型塌陷，直径达 106m，深 30m，使街道、公用设施和娱乐场所遭受严重毁坏，损失超过 400 万美元。我国安徽省铜陵市小街区人口密集，由于铜官山铜矿长期疏干排水，为该区喀斯特溶洞的潜蚀和掏空创造了条件。自 1955 年开始，小街区不断发生地面塌陷，塌坑最大直径 19.8m，深 9m，塌陷面积超过 5.2 万 m^2，大批房屋倾斜倒塌，部分公路、铁路交通中断，多种管线被拉断扭曲，经济损失严重。

（2）影响交通和安全运输。据统计，我国交通隧洞和路基坍塌事件已有上百起，造成火车颠覆 2 次。山东泰安岩溶塌陷造成京沪铁路一度中断、长期减速慢行。位于云南省境内的贵昆铁路沿线自 1965 年建成通车以来，西段陆续发现岩溶地面塌陷。至 1987 年已发现塌陷 117 处。1976 年 7 月 7 日在 K606＋475 路段发生塌陷，塌坑长 15m、宽 6m、深 5m，中断行车 61 小时 40 分；1979 年 9 月 1 日在 K534＋0.24 路段发生塌陷，陷坑长 6m、宽 2.5m、深 3m，造成 2502 次列车颠覆，断道 14 小时 25 分。仅这两次塌陷造成的直接经济损失达 3000 万元。

（3）影响对自然资源的开发利用，包括对地表水、岩溶地下水和矿产资源的开发利用。如湖北大门铁矿，1978 年平巷突水引起柯家沟河谷地面塌陷，出现 70 多个陷坑，河水因大量漏入地下而断流，岸边有 4000m^2 建筑物被毁，矿山专用铁路和高压输电线遭受破坏，造成近百万元的经济损失。

（4）引起水库渗漏，影响水库正常运作。如广西大新县的兴安水库，因溶洞塌陷而连成排水通道，将库水在短期内排空。

地面塌陷对地质环境的破坏是显而易见的，主要表现在破坏地表形态，加剧土地荒漠化；使自然景观消失；破坏地表径流，改变水循环条件；污染岩溶地下水；地表泥沙涌入矿坑或地下工程；恶化城乡居民生产生活环境等。

二、地面塌陷的形成条件

地下空洞的存在是地面塌陷的基本空间条件。引起塌陷的空洞发育和分布与构造破碎带有关，尤其是喀斯特溶洞的发育和分布往往受断层破碎带的控制，并在地下水位波动频繁的位置被侵蚀破坏形成塌陷。坍塌边沿和空洞边沿基本形成上下对应关系。地面塌陷的物质构成可以是可溶岩或非可溶岩，可以是第四纪松散沉积物，也可以是变得松软破碎的岩体。塌陷的规模和形态与物质组成有一定的关系。由喀斯特溶洞形成的坍塌一般形成塌落洞，洞成筒状或柱状；由矿山开采引起的地面塌陷往往形成洼地、槽谷或负地形，并伴随有不规则的开裂和地形起伏；高原区的土洞从形成到塌陷具有规模小、历时短、数量多等特点，因此，容易破坏堤坝基础，对于水利建设和防洪都有极大的危害性。

三、地面塌陷的影响因素

地面塌陷的主要影响因素如下。

（1）地形地貌和地质构造。喀斯特地区的洼地、谷地与河谷等，往往是断裂构造和喀斯特的发育地带，也是地下水的主要径流排泄带或汇水区，这些地区十分有利于地面塌陷的产生。

（2）洞顶自重和外加荷载作用。受化学侵蚀、机械剥蚀及人工挖掘等作用的影响，洞顶支撑力减少或自重力加大，当支撑力无法抵消洞顶岩土体重力作用时，就会引起上覆岩层的塌陷。荷载造成的塌陷常与人类活动和工程建设有关。

（3）震动效应。强烈的地震和人为震动都会引起岩土体的各种破坏效应，如果在震动区分布有地下岩洞或人工洞穴，往往会引起地面塌陷或洞室坍塌。地震引起的地面塌陷最为强烈，如我国1975年的海城地震和1976年的唐山地震都有多处地面沉降和塌陷发生。人为震动引起的塌陷以铁路沿线和爆破产生的居多。

（4）降雨和蓄水影响。降雨和蓄水不但直接湿润与饱和岩土体、增加岩土体的容重及降低其强度，而且还抬高地下水位，增强地下水的渗透和侵蚀能力，提高洞内的水压力，故塌陷多出现在雨季或多雨季节。

（5）疏干排水。在进行矿床开采和地下工程建设时，往往要大规模地进行地下水的疏干排水，由于地下水位的大幅度下降，使得上覆岩体失去了浮托力，增大了渗透压力，潜蚀作用增强，极易造成地面塌陷。

（6）冲刷溶蚀作用。在一些工矿企业和城市，由于地下管道漏水或排放废液，对岩土层具有很强的冲刷和侵蚀作用，容易沿着某一通道带走松散和可溶物质，形成空洞导致坍塌。

地面塌陷的分类方法很多，按照成因可以分为重力塌陷、振动塌陷、荷载塌陷、潜蚀塌陷和溶蚀塌陷；按照影响因素不同可以划分为自然塌陷、人为塌陷和综合形成塌陷；按照空洞围岩的物质组成，把塌陷划分为岩溶塌陷、土洞塌陷、煤层塌陷等。

四、地面塌陷的防治措施

防治地面塌陷的技术措施有控水措施和工程措施。控水措施包括：在地下水开采区，要合理控制地下水位；在矿山疏干排水中，对可能出现地面塌陷的地段，采取局部注浆处理；在松散土层进行排水时，要控制井的抽水量，不能大量抽水，以免形成空洞造成坍塌；在喀斯特地区开采地下水时，不能将水位降至岩溶体或溶洞顶层以下。工程措施包括：①回填，即利用黏土或渣石将坑填平夯实；②封堵，对因疏干排水引起的塌陷，可用帷幕灌浆或截水墙封堵地下水流，对由地表水流引起的塌陷，可通过建筑堤坝、围堰进行隔离，对溶洞引起的塌陷，可用混凝土塞将溶洞口塞堵；③加固，当建筑物基础发生塌陷时，可用桩支撑和地基加固等方法进行加固处理。

第三节　地　裂　缝

地裂缝是地表岩土体在自然因素和人为因素作用下，产生开裂并在地面形成一定长度和宽度裂缝的现象。地裂缝一般产生在第四系松散沉积物中，与地面沉降不同，地裂缝的分布没有很强的区域性规律，成因也比较多。

一、地裂缝的特征

地裂缝的特征主要表现为发育的方向性、延展性和灾害的不均一性与渐进性。

地裂缝常沿一定方向延伸，在同一地区发育的多条地裂缝延伸方向大致相同。据王景明等人（1994）统计，河北平原的地裂缝以 NE 5°和 NW 85°最为发育；西安地裂缝在西安市城区和近郊区平行等间距排列，每条地裂缝带的间距为 1000～1500m，而且具有显著的方向性，十条地裂缝带都呈 NEE－SWW 方向延伸，总体走向为 NE70°～80°（武强等，2002）。地裂缝造成的建筑物开裂通常由下向上蔓延，以横跨地裂缝或与其成大角度相交的建筑物破坏最为强烈。地裂缝灾害在平面上多呈带状分布。从规模上看，多数地裂缝的长度为数十米到数百米，长者可达几公里。如山西大同机车厂-大同宾馆的地裂缝长达 5km；宽度在几厘米到几十厘米之间，最宽处可达 1m 以上；裂缝两侧垂直落差在几厘米到几十厘米，大者可达 1m 以上。平面上地裂缝一般呈直线状、雁行状或锯齿状；剖面上多呈弧形、V 形或放射状。

地裂缝以相对差异沉降为主，其次为水平拉张和错动。地裂缝的灾害效应在横向上由主裂缝向两侧致灾强度逐渐减弱，而且地裂缝两侧的影响宽度及对建筑物的破坏程度具有明显的非对称性。同一条地裂缝的不同部位，地裂缝活动强度及破坏程度也有差别，在转折和错列部位相对较重，显示出不均一性。地裂缝灾害是因地裂缝的缓慢蠕动扩展而逐渐加剧的，因此，随着时间的推移，其影响和破坏程度日益加重，表现为灾害的渐进性。地裂缝活动受区域构造运动及人类活动的影响，因此在时间序列上往往表现为一定的周期性。当区域构造运动强烈或人类过量抽取地下水时，地裂缝活动加剧，致灾作用增强，反之则减弱。

二、地裂缝的分类

地裂缝按照其形成的动力条件不同可分为构造地裂缝和非构造地裂缝。

构造地裂缝是由于地壳运动直接或间接在基岩或土层中所产生的开裂变形。构造地裂缝的延伸稳定，不受地表地形、岩土性质和其他地质条件影响，可切错山脊、陡坎、河流阶地等，其活动具有明显的继承性和周期性。构造地裂缝在平面上呈断续的折线状、锯齿状或雁行状排列；在剖面上近于直立，呈阶梯状、地堑状、地垒状排列。构造地裂缝大都形成于隐伏活动断裂带之上。断层的快速黏滑活动常伴有地震发生，由此产生的地裂缝又称为地震地裂缝；褶皱构造作用和火山活动也产生构造地裂缝。更多情况是在广大地区发生缓慢的构造应力积累而使断裂发生蠕变活动形成地裂缝。构造地裂缝形成发育的外部因素主要有两方面：①大气降水加剧地裂缝发展；②人为活动，因过度抽取地下水或灌溉水渗入等都会加剧地裂缝的发展。如西安地裂缝就是由于城市过量抽取地下水产生地面沉降，从而加剧了地裂缝的发展。

非构造地裂缝的形成原因比较复杂，崩塌、滑坡、岩溶塌陷和矿山开采，以及过量开采地下水所产生的地面沉降都会伴随着地裂缝的形成，其纵剖面形态大多呈弧形、圈椅形或近于直立。特殊土地裂缝在中国分布也十分广泛。中国南方主要是胀缩土地裂缝，北方以黄土高原地区黄土地裂缝最为发育。此外，还有干旱、冻融引起的地裂缝等。

实践表明，许多地裂缝并不是单一成因的，而是以一种原因为主，同时又受到其他因素影响的综合作用的结果。截至1999年年底统计，全国发现具有一定规模能引起人们重视的地裂缝有6000余条，其中构造地裂缝占80%左右。如汾渭盆地有地裂缝101处286条，其中构造地裂缝占82%、非构造地裂缝占18%。河北平原有地裂缝201处449条，构造地裂缝占79.3%、非构造地裂缝占20.7%（王景明等，2000）。

三、地裂缝的危害

地裂缝活动使其周围一定范围内的地质体内产生形变场和应力场，进而通过地基和基础作用于建筑物。由于地裂缝两侧出现的相对沉降差以及水平方向的拉张和错动，可使地表设施发生结构性破坏或造成建筑物地基的失稳。地裂缝的主要危害是造成房屋开裂、地面设施破坏和农田漏水。如河北省及京津地区60个县市已发现地裂缝453条，造成大量建筑和道路破坏，上千处农田漏水，经济损失达亿元以上（王景民等，1994）。西安是我国地裂缝灾害最典型、最严重的城市，地裂缝目前分布在155km^{2}的范围内，与地面沉降范围基本一致，已发现的地裂缝带有13条，出露总长度约72km，延伸103km，给城市建设和人民生活造成了严重的危害。截至2006年因地裂缝与地面沉降超常活动毁坏楼房170余栋，厂房、车间57座，民房近2000间，74条道路遭到破坏，累计错断供水、供气管道50余次，立交桥2座，不能有效利用土地3614亩。另有数十口深井因地面沉降井管上升而报废，地面沉降还危及多处文物古迹的安全，著名的唐代大雁塔向西北方倾斜1004mm，钟楼下沉1000mm之多，按2002年实际价格折算直接经济损失达26亿元。另外由于建筑物的严重破坏和供气、供水、排污管道破坏而产生的停气、停水等造成的间接经济损失及社会影响更是难以估量（宁社教，2008）。

四、地裂缝的防治

为了减轻地裂缝的灾害损失，人们采取了许多行之有效的措施，这些措施主要有：①对已发生地裂缝的区域，应进行详细的地质及工程水文环境地质调查，及时查明地裂缝的规模、范围、组合形态、成因类型等，划分出地裂缝的稳定区、非稳定区、安全区、危险区和破坏区；②对拟建工程的选址，应采取避让原则，远离回避地裂缝；③对已建跨地裂缝的建筑物或建筑群，可视具体情况局部拆除或整体搬迁；④提高设计安全标准，建立距离安全区；⑤对无法避开地裂缝的管线工程，如公路、铁路、油气管道、供排水及通信线路等，应采取相应措施消除地裂缝的危害。具体措施包括改变局部管线的铺设方向、让局部管线走向顺地裂缝延伸、增强各种管线抗拉强度等；⑥有些人工引起的地裂缝是可以控制和修复的，如超采地下水引起的地裂缝，通过合理调度水资源，减少地下水位的下降幅度，就可以控制地裂缝的发生与发展。应重视对地裂缝的长期监测工作，通过观测资料的长期积累，了解地裂缝活动的时空特点，以进一步分析其成因，为地裂缝灾害的减灾防灾提供可靠的依据。

第四节 地下水污染

一、概述

关于地下水污染的含义，迄今国内外尚无统一的定义。目前用得比较多的定义是：凡是在人类活动影响下，地下水水质变化朝着水质恶化方向发展的现象，统称为“地下水污染”。全国地下水污染防治规划（2011—2020年）中，根据对京津冀、长江三角洲、珠江三角洲、淮河流域平原区等地区地下水有机污染调查，主要城市及近郊地区地下水中普遍检测出有毒微量有机污染指标。根据《2020中国生态环境状况公报》数据，2020年自然资源部门10171个地下水水质监测点（平原盆地、岩溶山区、丘陵山区基岩地下水监测点分别为7923个、910个、1338个）中，Ⅰ～Ⅲ类水质监测点占13.6%，Ⅳ类占68.8%，Ⅴ类占17.6%；水利部门10242个地下水水质监测点（以浅层地下水为主）中，Ⅰ～Ⅲ类水质监测点占22.7%，Ⅳ类占33.7%，Ⅴ类占43.6%，主要超标指标为锰、总硬度和溶解性总固体；全国地级及以上城市在用地下水集中式生活饮用水水源点304个，268个全年均达标，占88.2%，主要超标指标为锰、铁和氨氮，锰和铁超标主要是由于天然背景值较高所致。根据《全国城市饮用水安全保障规划（2006—2020年）》数据，全国近20%的城市集中式地下水水源水质劣于Ⅲ类。部分城市饮用水水源水质超标因子除常规化学指标外，甚至出现了致癌、致畸、致突变污染指标。据近十几年地下水水质变化情况的不完全统计分析，初步判断我国地下水污染的趋势为：由点状、条带状向面上扩散，由浅层向深层渗透，由城市向周边蔓延。

二、地下水污染来源及污染物种类

地下水的污染来源主要有以下几个方面：

（1）工业污染：由于受工业“三废”的污染，在一些城市的地下水中普遍出现酚、氰化合物及重金属有毒物质（汞、铬、钼、铅等）。如沈阳的镉污染，包头、天津、南通的氟污染，北京、石家庄的有机磷污染，辽阳、鞍山的硝基化合物污染，兰州、锦州、吉林的石油化工污染，都直接反映了地下水受工业污染的特征。矿床开采过程中，尾矿淋滤液及矿石加工厂的污水，矿坑疏干后某些矿物的氧化产物等都可能成为地下水的污染来源。

（2）农业污染：农业生产中大量使用的农药和化肥，成为地下水的重要污染源。早期杀虫剂的稳定性很强，半衰期也较长，如氯丹（8年）、DDT（10.5年），它们在环境中长期存在，从而进入地下水中。化肥一般不能被植物根系全部吸收，有一定比例随水下渗，造成地下水的氮、磷污染，特别是硝酸盐污染严重。此外，我国部分地区利用污水灌溉，也会对地下水造成大面积的污染。

（3）生活污水及生活垃圾污染：生活污水中SS（悬浮固体）、BOD（生化需氧量）、N（主要为NH_4-N）、P、Cl、细菌和病毒含量高，其次为Ca、Mg等。其中对地下水威胁最大的是氮、细菌和病毒。新鲜的生活垃圾含有较多的硫酸盐、氯化物、氨、BOD、TOC（总有机碳）、细菌混杂物和腐败的有机质。这些废物经生物降解和雨水淋滤后，可产生Cl^-、SO_4^{2-}、NH_4^+、BOD、TOC和SS含量高的淋滤液，还可产生CO_2和CH_4气体。

（4）放射性污染：主要是放射性物质外泄，或放射性物质废渣、废液未加保护、处理所造成的，在核电站及核武器生产地区，应特别注意放射性物质的扩散和污染。

地下水污染物种类繁多，按照污染物的生物性质、化学性质可分为微生物、有机物、无机物和放射性物质。微生物是指各种细菌包括病菌（如大肠杆菌）、病毒等污染物。对人体有害的有机污染物主要是酚类、多环芳烃、有机农药和洗涤剂等。地下水中的有机物在微生物作用下可发生氧化分解，引起地下水中溶解氧的减少并导致有机物缺氧腐化，所以可用 COD（化学需氧量）、BOD、TOD（总需氧量）及 TOC 等综合指标来表示有机物污染的程度。地下水的无机污染物主要有硝酸盐、亚硝酸盐、磷酸盐、氯化物、氰化物、氟以及汞、镉、铬、铅等重金属。放射性污染物主要是来自核电站、核武器试验的散落、实验室和医院等部门使用的放射性同位素，以及放射性矿床或含放射性矿地层的 Ra-226、Sr-90、Pu-289、Cs-137 等。

三、地下水污染防治

地下水污染的防治是一项综合性很强的系统工程，地下水一旦遭受污染，其治理是非常困难的。因此，保护地下水资源免遭污染应以预防为主。在采取技术措施的同时，结合行政措施、法律措施和经济措施。合理的开采方式是保护地下水水质的基本保证。尤其在同时开采多层地下水时，对半咸水、咸水、卤水层、已受污染的地下水、有价值的矿水层以及含有有害元素的介质层的地下水均应适度开采或禁止开采；对于报废水井应做善后处理，以防水质较差的浅层水渗透到深层含水层中；用于回灌的水源应严格控制水质。加强环境水文地质工作，加强对各类污染源的监督管理。依靠技术进步，改进工艺，提高废、污水的净化率、达标率及综合利用率。建立水源地卫生防护制度，建立地下水水质监测网点。

污染地下水的处理和净化目前是国际上环境水文地质领域的研究热点，常用的方法有物理-化学法、生物净化法、人工补给法、抽水-处理系统和水力截获技术等。

第五节 海 水 入 侵

海水入侵是指由于滨海地区地下水动力条件的变化，引起海水或高矿化咸水向陆地淡水含水层运移而发生的水体侵入的过程和现象。海水入侵是沿海地区由于地下水资源开发引起的特殊环境地质问题，在全球各大洲的沿海地区广泛存在。美国、墨西哥以及日本、以色列、荷兰、澳大利亚等国家的滨海地区都存在海水入侵问题。我国环渤海地区、长江三角洲的部分沿海城市和南方沿海地区，由于过量开采地下水引起不同程度的海水入侵，呈现从点状入侵向面状入侵的发展趋势，发生海水入侵灾害的大中城市有 52 个，累计海水入侵面积已超过 2 万 km^2，最大入侵距离超过 30km。

一、海水入侵的机制

海水入侵地下水是咸淡水相互作用、相互制约的复杂的水动力学过程。在自然状态下，含水层中的咸、淡水维持相对稳定的平衡状态，滨海地带地下水水位自陆地向海洋方向倾斜，陆地地下水向海洋排泄，此时密度较小的地下水浮托于密度较大的海水或咸水之上，含水层保持较高的水头，而且二者之间形成宽度不等的过渡带或临界面，过渡带取决于咸水、淡水流的强度、含水层的水动力弥散系数和渗透性能。在咸、淡水平衡状态下，此过渡带或临界面基本稳定，可以阻止海水入侵。然而当这种平衡状态一旦被破坏，咸淡水界面就要移动，以建立新的平衡。如果大量开采地下水使淡水压力降低，临界面就要向陆地方向移动，原有的平衡被破坏，含水层中淡水的储存空间被海水取代，于是发生了海水入侵。

二、海水入侵的特征

海水入侵主要受陆地的地质构造条件、岩土体结构特征和地下水水头压力变化控制，因此海水入侵特征取决于上述基本因素。

1. 海水入侵方式

含水层的岩性特征不同，则海水入侵的方式不同。如果含水层是由均匀分布的孔隙性岩土体构成，入侵的海水则以点状入侵开始，并逐渐扩大连成一片，形成面状入侵；当海水沿古河道或河床入侵时，海水会沿河道上溯形成线状、指状或树枝状蔓延，例如沿海河河道呈线状上溯近20km，沿崂山白沙河呈指状上溯5～8km；在构造断裂或裂隙发育地区，海水以脉状入侵，如美国旧金山市的北西侧、洛杉矶的西部地区和青岛市仓口区都是沿断裂带入侵。从水动力学的角度来看，海水入侵可以是滨海地区水位下降后，地下水与海水之间的补排关系发生改变，海水或深部咸水体向陆地方向直接运移扩侵，也可以是倾伏在下部的高矿化咸水向上发生顶托或越流扩侵，还可以是在潮汐作用下海水沿滨海河谷上溯，并从河流两侧渗入补给地下水，使地下淡水咸化。

2. 海水入侵的动态变化特征

海水入侵是一个渐进过程，入侵速度受地下水开采量、开采方式和降雨量、降雨过程等多种因素控制。如果地下水的开采量逐年增加，入侵速度就会随之逐年加快，反之亦然。如果停止开采或者恢复地下水位，则海水入侵就会减弱、停止甚至后退。海水入侵的速度分布并非是均一的，一般来说首先发生在强抽水中心地带和它的降落漏斗区，随着漏斗区的扩大，海水向内陆区推进，直到形成新的咸淡水平衡而稳定下来。

3. 海水入侵的水化学反应

海水入侵后，过渡带的地下水并不是咸水和淡水的简单混合，由于水-岩阳离子交换反应，地下水的化学成分和水化学类型都会发生变化。一般情况下，海水入侵前的陆地岩土层中，由于黏土的吸附作用，存在大量的Ca^{2+}离子，在海水入侵过程中，咸水中的Na^{+}或Mg^{2+}离子会与岩土体吸附的Ca^{2+}发生阳离子交换反应，最终使过渡带地下水中Ca^{2+}含量明显增高，其含量均超过咸水和淡水中原有的Ca^{2+}浓度，并且以Na^{+}和Ca^{2+}之间的交换为主。地下水的化学类型也将由$HCO_3-Cl-Ca-Mg$或$HCO_3-Cl-Ca$型水转化为$Cl-HCO_3-Ca-Na$型水。

三、海水入侵的危害及防治措施

海水入侵的危害主要表现在使地下水水质恶化，影响人体健康，加剧水资源供需矛盾；影响工农业生产；破坏沿海地区的自然生态环境。由于海水入侵使得沿海地区地下淡水资源匮乏，某些浅井被迫停采甚至报废，造成当地群众饮水困难，有些地区的居民只能饮用咸水或污染水，从而导致多种地方病的蔓延和发展。如山东半岛发生海水入侵的18个市（县、区）内，由于饮用被海水污染的地下水，目前患有甲状腺肿、氟骨病和氟斑牙等各种地方性疾病的人数累计达40万人（张梁等，1998）。海水入侵不但使农田失去灌溉水源，而且随着地下水不同程度的咸化，土地逐渐盐渍化，多数农田减产20%～40%，严重的达到50%～60%，非常严重的达到80%，个别地方甚至绝产，农业生产受到严重影响。山东莱州湾南岸是我国海水入侵最严重的地区之一，造成8000多眼农用机井报废，40万人饮水困难，60万亩[1]耕地丧失生产能力，粮食累计减产30亿～45亿kg，直接经

[1] 1亩≈666.67m^2。

济损失 40 亿元。对于工业用水水质要求较高的企业，如果使用被海水污染的水源，则会引起生产设备严重锈蚀、产品质量下降等后果，造成巨大的经济损失；如果另辟新的水源地，则会增加产品的生产成本。

海水入侵的防治措施主要有以下几种。

(1) 合理开采地下淡水资源。确定地下水的合理开采量，要合理布置开采井，放弃咸、淡水界面附近的抽水井，分散开采地下水，定期停采或轮采，防止形成降落漏斗。

(2) 开展人工回灌。利用回灌井、回灌廊道等设施将多余地表水、处理后的废污水等进行回灌，补充地下淡水资源，提高滨海地区地下淡水的水位和流速，有效防治海水入侵。

(3) 阻隔水流。此方法主要适用于海水入侵通道比较狭窄的地区。在海岸线附近布置抽水井或注水井，在地下含水层中形成一个抽水槽或补给水丘，从而阻止咸水向正在开采的淡水含水层入侵。如美国加利福尼亚州、以色列沿海采用了“补给水丘”或“淡水屏障”法，荷兰沿海的淡水砂丘带采用了“抽水槽”法，有效地阻止了海水入侵。

(4) 修建地下帷幕坝。地下帷幕坝是指在海与陆地之间根据地形地貌设置一条水泥隔断，修筑方法是向地下深处灌注水泥浆，水泥浆凝固后在地底形成一道人工挡水墙。此方法投资较大。大连市已在旅顺口区的三涧堡、龙河、龙王塘建成三座地下帷幕坝，监测显示，三涧堡的地下帷幕坝建成后，这一地区的海水入侵面积逐年减小，地下水质略微变好。

第六节 固体废弃物

一、概述

固体废弃物是指人类生产、生活过程中不断废弃的各种固态或半固态物质，俗称垃圾。世界人口的剧增和工业化的迅速发展，必将产生大量的废物。据统计，全世界每年产生的城市废物约为 80 亿～100 亿 t，其中，美国每年约产生 1.5 亿 t 生活垃圾，现有垃圾处置场 5 万余处，占地超过 1.18 万 km^2；日本每年约产生城市废物 1 亿 t，其他垃圾 2.3 亿 t。目前，我国累计堆存废物量已达 60 亿 t。近 10 年来，中国城市垃圾产生量以平均每年 6.98%的速度增长，少数城市的增长率更是达到 15%～20%；在我国近 700 座城市中已有 2/3 被垃圾所包围，全国垃圾占地累计达 5 万 hm^2。固体废弃物在一定条件下会发生化学、物理或生物的转化，对周围的环境产生一定的影响，若处理方法不当，有害物质即通过水、气、土壤、食物链等途径污染环境与危害人体健康。对各种废弃物进行安全、适宜的处理，已成为当今世界急需解决的最重要的环境问题之一。

二、固体废弃物的分类

固体废弃物有多种分类方法，依照其来源可分为：城市废物、矿业废物、工业废物、农业废物和放射性固体废物。矿业废物主要组成物为废矿石、尾矿矿渣、泥沙碎石等；工业废物成分复杂，不同的工业种类其废物组成不同；农业废物主要包括作物秸秆、农业粗加工的各种废物、家畜、饲养场的粪便废物等；城市废物主要含有纸张、塑料、金属、食物、玻璃、木材等。

三、固体废弃物的处置方法

固体废弃物处置方法有四种，即填埋、焚烧、堆肥、回收。

（1）填埋。露天堆放垃圾是最简便、最节省财力，也是使用最多的传统方法。露天垃圾场既不美观，也不卫生，占地很大，具有危险性的化学物质及病原微生物的逸出，进入地表径流，或渗入地下水，污染空气、污染地表水和地下水，对人体健康构成威胁。因此，露天堆放垃圾是一种不安全的处理方法，发达国家取而代之的是卫生填埋场。在考虑自然地理、地质和水文等条件的基础上，选择适合的填埋场地址，把废物压缩成尽可能小的体积，分层处置，每层操作后用土料覆盖，最终用厚实的土掩盖废物于填埋场内。卫生填埋场最值得注意的潜在危害是污染地下水和地表水，以及甲烷气体的产生和散逸。因此，一个符合技术规范和安全措施的卫生填埋场，必须有以下工程措施：场地基础及地下水导流设施、防渗层及其保护层、垃圾渗滤液导流及处理设施、垃圾废气收集及处理设施、排洪及清污分流设施等。深圳市下坪固体废弃物填埋场是我国第一座采用 20 世纪 90 年代国际通用的卫生填埋技术处理城市生活垃圾的大型垃圾处理场。设计总服务年限可达 30 年以上，第一期工程于 1997 年 10 月建成投产后，已卫生填埋生活垃圾共 51 万 t，收到了良好的社会效益和环境效益。

（2）焚烧。焚烧是将可燃性废弃物高温燃烧（900～1000℃）成惰性的灰烬。这种方法的优点是部分地解决了垃圾填埋对空间的要求，另外燃烧产生的热能可以回收利用。欧洲许多城市运用焚烧炉的热量作为发电的能源已有多年的历史，我国第一座垃圾发电厂已在南京正式投入运行，日处理垃圾 3 万 t。该方法的缺点是由于垃圾燃烧时会释放大量的二氧化碳污染大气；在中等温度时，焚烧会产生一些有毒气体；有毒灰烬也要送到填埋场处置。

（3）堆肥。堆肥是有机物经由生物化学作用，分解成类似腐殖质的物质，潮湿的固体有机废弃物，很快由好氧微生物部分分解。堆肥在亚洲、欧洲比较常见，满足集约农业制造对堆肥的需求。该方法的缺点是必须把有机物从废弃物中分离出来。

（4）回收。回收是充分利用有限的资源、减少固体废物总量的一种最经济有效的方法。铜、铝、锌等金属以及玻璃、纸张等都可以回收利用。如美国使用的纸张有 25％是回收再造纸，日本的比例高达 50％。

以上四种固体废弃物处置方法中，卫生填埋法投资最省，处置量最大，终极化处置程度高，维持运行费用低，因此，卫生填埋法仍是目前世界上常用的垃圾处理技术，如美国占 95％，英国占 90％，德国占 72％，并在发展中国家被广泛采用。

第七节　污 染 土 地 基

一、污染土地基的基本规律

（1）酸液与各种土作用的结果，一般导致土的力学指标的降低、压缩系数增加、抗剪强度减少。

（2）碱液可导致酸性土的力学性质减低，而对黄土及碱性岩土，反而使强度提高。

（3）酸碱性均可能改变土的颗粒大小和结构，并可降低颗粒间的黏聚力，从而改变土的可塑性。多数情况使塑性指数降低，但也有增大的实例。

(4) 酸性溶液可使某些土中的易溶盐含量增加，pH 值常作为岩土受到污染程度的指示指标。

(5) 无论酸液还是碱液，都可能使土体减重，部分固体物质被淋滤，并改变其渗透性。

(6) 污染物与土的相互作用，需要一定的时间。并且随时间的增加，土的物理力学性质改变的程度也增加，其反应速度与污染物的成分和浓度、污染源的远近、地层的渗透性等因素有关。

二、工程地质评价

为了对污染土进行正确的工程地质评价，首先要做好调查研究和勘察测试。如查明场地土受污染前后的矿物成分、化学成分、物理力学性质，并进行对比，分析受污染的程度；查明污染物的化学成分和性质、污染源的位置、排放方式和排放量、地下水的赋存和运动规律及其在污染过程中所起的作用；查明污染土的空间分布，确定污染土的力学参数和工程特性；确定污染标准和污染等级等。因此，污染土场地的勘察测试工作比一般场地要复杂得多，钻孔较密，土样和水样的数量较多；还应针对场地的具体条件，增加一些特殊的试验项目，如矿物分析、显微结构鉴定、污染物与土相互作用的室内实验研究、未污染土与污染程度不同的土的物理力学性质对比试验等。在进行污染土的勘察测试时，应注意防止污染物对人体的伤害及对机具仪器的腐蚀。

三、对污染土的防治

对污染土的防治，首先应结合环境保护，切断污染源，使未污染的土不再受污染，已污染的土污染不再发展。对已受污染的土，应根据其污染程度和物理力学性质采取不同的对策，已不能作为天然地基的，可予以挖除，或采用桩基、地基加固等工程措施。对污染土场地，需加强监测，密切监视污染源的扩散及污染的发展趋势。

第八节 环境地质图

环境地质图是环境地质研究的重要内容和重要研究成果。虽然它已成为许多国家制定发展规划和工程建设的重要依据，但是至今环境地质图的编制还处于探索阶段，在表现形式和内容方面还没有统一的规范。许多国家都编制了不同比例尺、范围、目的和要求的环境地质图，如 1∶750 万美国环境地质图，1∶12.5 万得克萨斯州海岸地带环境地质图，苏联 1∶150 万俄罗斯联邦非黑土带地区人类活动影响地质环境变化图，1∶600 万中国环境地质图系，1∶200 万长江流域环境地质图系等。英国在苏格兰的 Fife 地区曾编制了 1∶25000 的环境地质图，图上绘有地层、岩性、表层沉积、岩石顶面等值线，工程特性、矿产资源及可开采区范围，地下水条件以及滑坡信息等。这种图可以为水利规划、土地利用、房屋建筑、工业设施、交通运输、采矿工程、污弃物处理，以及旅游业的规划发展提供科学依据。

我国在编制环境地质图方面还处于起步阶段。2013 年 11 月 26 日，全国地质环境图系编制工作部署会在北京召开，标志着全国地质环境图系编制工作全面启动。根据《全国地质环境图系编制实施方案》，地质环境图系由地质环境条件类、地质灾害类、地下水类、矿山地质环境类、地质遗迹类等五类图件构成，涉及全国、区域和省域三个空间尺度，2013—2018年将编制全国和区域尺度图件49张，其中全国图件22张，区域图件27张；各省（区、市）将根据各自情况参照全国性图件编制相应的省域地质环境图件。

第九节 地 质 灾 害 防 治

中华人民共和国国务院令第394号公布了《地质灾害防治条例》，自2004年3月1日起施行。根据该条例地质灾害包括自然因素或者人为活动引发的危害人民生命和财产安全的山体崩塌、滑坡、泥石流、地面塌陷、地裂缝、地面沉降等与地质作用有关的灾害。地质灾害防治工作，应当坚持预防为主、避让与治理相结合和全面规划、突出重点的原则。地质灾害按照人员伤亡、经济损失的大小，分为四个等级：①特大型，因灾死亡30人以上或者直接经济损失1000万元以上的；②大型，因灾死亡10人以上30人以下或者直接经济损失500万元以上1000万元以下的；③中型，因灾死亡3人以上10人以下或者直接经济损失100万元以上500万元以下的；④小型，因灾死亡3人以下或者直接经济损失100万元以下的。

一、地质灾害防治规划

国家实行地质灾害调查制度。国务院国土资源主管部门会同国务院建设、水利、铁路、交通等部门结合地质环境状况组织开展全国的地质灾害调查，依据全国地质灾害调查结果，编制全国地质灾害防治规划，经专家论证后报国务院批准公布。县级以上地方人民政府国土资源主管部门会同同级建设、水利、交通等部门结合地质环境状况组织开展本行政区域的地质灾害调查，依据本行政区域的地质灾害调查结果和上一级地质灾害防治规划，编制本行政区域的地质灾害防治规划，经专家论证后报本级人民政府批准公布，并报上一级人民政府国土资源主管部门备案。

地质灾害防治规划包括以下内容：①地质灾害现状和发展趋势预测；②地质灾害的防治原则和目标；③地质灾害易发区、重点防治区；④地质灾害防治项目；⑤地质灾害防治措施等。县级以上人民政府应当将城镇、人口集中居住区、风景名胜区、大中型工矿企业所在地和交通干线、重点水利电力工程等基础设施作为地质灾害重点防治区中的防护重点。

编制和实施土地利用总体规划、矿产资源规划以及水利、铁路、交通、能源等重大建设工程项目规划，应当充分考虑地质灾害防治要求，避免和减轻地质灾害造成的损失。编制城市总体规划、村庄和集镇规划，应当将地质灾害防治规划作为其组成部分。

二、地质灾害预防

国家建立地质灾害监测网络和预警信息系统。县级以上人民政府国土资源主管部门应当会同建设、水利、交通等部门加强对地质灾害险情的动态监测。因工程建设可能引发地质灾害的，建设单位应当加强地质灾害监测。地质灾害易发区的县、乡、村应当加强地质灾害的群测群防工作。国家实行地质灾害预报制度。预报内容主要包括地质灾害可能发生的时间、地点、成灾范围和影响程度等。地质灾害预报由县级以上人民政府国土资源主管部门会同气象主管机构发布。

县级以上地方人民政府国土资源主管部门会同同级建设、水利、交通等部门依据地质灾害防治规划，拟订年度地质灾害防治方案，报本级人民政府批准后公布。年度地质灾害防治方案包括下列内容：①主要灾害点的分布；②地质灾害的威胁对象、范围；③重点防范期；④地质灾害防治措施；⑤地质灾害的监测、预防责任人。对出现地质灾害前兆、可能造成人员伤亡或者重大财产损失的区域和地段，县级人民政府应当及时划定为地质灾害危险区，予以公告，并在地质灾害危险区的边界设置明显警示标志。在地质灾害危险区内，禁止爆破、削坡、进行工程建设以及从事其他可能引发地质灾害的活动。县级以上人民政府应当组织有关部门及时采取工程治理或者搬迁避让措施，保证地质灾害危险区内居民的生命和财产安全。地质灾害险情已经消除或者得到有效控制的，县级人民政府应当及时撤销原划定的地质灾害危险区，并予以公告。

在地质灾害易发区内进行工程建设应当在可行性研究阶段进行地质灾害危险性评估，并将评估结果作为可行性研究报告的组成部分；可行性研究报告未包含地质灾害危险性评估结果的，不得批准其可行性研究报告。编制地质灾害易发区内的城市总体规划、村庄和集镇规划时，应当对规划区进行地质灾害危险性评估。对经评估认为可能引发地质灾害或者可能遭受地质灾害危害的建设工程，应当配套建设地质灾害治理工程。地质灾害治理工程的设计、施工和验收应当与主体工程的设计、施工、验收同时进行。配套的地质灾害治理工程未经验收或者经验收不合格的，主体工程不得投入生产或者使用。

三、地质灾害治理

因自然因素造成的特大型地质灾害，确需治理的，由国务院国土资源主管部门会同灾害发生地的省、自治区、直辖市人民政府组织治理。因自然因素造成的其他地质灾害，确需治理的，在县级以上地方人民政府的领导下，由本级人民政府国土资源主管部门组织治理。因自然因素造成的跨行政区域的地质灾害，确需治理的，由所跨行政区域的地方人民政府国土资源主管部门共同组织治理。

因工程建设等人为活动引发的地质灾害，由责任单位承担治理责任。责任单位由地质灾害发生地的县级以上人民政府国土资源主管部门负责组织专家对地质灾害的成因进行分析论证后认定。对地质灾害的治理责任认定结果有异议的，可以依法申请行政复议或者提起行政诉讼。

地质灾害治理工程的确定，应当与地质灾害形成的原因、规模以及对人民生命和财产安全的危害程度相适应。承担专项地质灾害治理工程勘查、设计、施工和监理的单位，应当具备下列条件，经省级以上人民政府国土资源主管部门资质审查合格，取得国土资源主管部门颁发的相应等级的资质证书后，方可在资质等级许可的范围内从事地质灾害治理工程的勘查、设计、施工和监理活动，并承担相应的责任：①有独立的法人资格；②有一定数量的水文地质、环境地质、工程地质等相应专业的技术人员；③有相应的技术装备；④有完善的工程质量管理制度。地质灾害治理工程的勘查、设计、施工和监理应当符合国家有关标准和技术规范。

政府投资的地质灾害治理工程竣工后，由县级以上人民政府国土资源主管部门组织竣工验收。其他地质灾害治理工程竣工后，由责任单位组织竣工验收；竣工验收时，应当有国土资源主管部门参加。政府投资的地质灾害治理工程经竣工验收合格后，由县级以上人民政府国土资源主管部门指定的单位负责管理和维护；其他地质灾害治理工程经竣工验收合格后，由负责治理的责任单位负责管理和维护。任何单位和个人不得侵占、损毁、损坏地质灾害治理工程设施。

资源 16－1
地质灾害

复习思考题

1. 什么是环境地质问题？有哪些环境地质问题与水利水电工程密切相关？

2. 地面沉降是怎样形成的？如何防止地面沉降？

3. 地面塌陷的形成机理是什么？其防治措施有哪些？

4. 地裂缝有何特征？其危害性如何？

5. 地下水污染是由哪些原因造成的？怎样防止地下水污染？

6. 海水入侵的机制是什么？如何控制海水入侵？

7. 如何对污染土进行治理？

8. 环境地质图有何用途？

第十七章　工程地质及水文地质勘察

工程地质及水文地质勘察是应用地质学、工程地质学、水文地质学的理论以及各种测试技术，为解决工程建设或资源开发利用中的工程地质及水文地质问题而进行的调查研究工作。它是工程建设或资源开发利用的基础工作，其任务是查明工作区的工程地质条件，充分论证有关的工程地质问题及水文地质问题，以便充分利用有利的地质因素，避开或改造不利的地质因素，为工程的规划、设计和施工提供可靠的地质资料。因此，水利水电工程技术人员，应当了解地质勘察的基本内容，以便与专业地质人员配合，搞好规划、设计与施工。

第一节　地质勘察工作的目的及任务

一、工程地质勘察的目的及任务

工程地质勘察的目的是查明工程建筑物地区的工程地质条件，分析预测可能出现的工程地质问题，为工程的规划、设计、施工、运用和管理提供可靠的地质资料，以便选择优良的工程场地，使工程建筑与周围地质环境相适应，保证工程建筑的稳定安全和正常运用。

工程地质勘察工作是分阶段进行的，勘察阶段的划分与设计阶段是相适应的。对于大型水利水电工程地质勘察，应按照勘察程序分阶段进行，即规划、项目建设书、可行性研究、初步设计、招标设计和施工详图设计等勘察阶段。项目建议书阶段的勘察工作宜基本满足可行性研究阶段的深度要求。对于病险水库除险加固工程勘察可分为安全评价、可行性研究和初步设计三个阶段。各勘察阶段的工作应循序渐进，逐步深入。以水利水电工程为例，各勘察阶段的目的和任务如下。

1. 规划阶段工程地质勘察

规划阶段工程勘察的目的，是对工程规划方案的选择进行地质论证并提供工程地质资料。其主要工作任务和内容有：了解规划河流、河段区域地质和地震情况；了解水库区的工程地质条件及有关渗漏、塌岸等的分布范围；了解坝址区和引水线路的地形地貌、地层岩性、地质构造、水文地质条件、物理地质现象和岸坡稳定性；分析坝址地形地质条件及其对不同坝型的适应性。

2. 可行性研究阶段工程地质勘察

可行性研究阶段工程地质勘察，是在河流或河段规划选定方案的基础上进行的。其目的是选择工程的建设位置，并对选定的坝址、厂址、线路等和推荐的建筑物的基本形式进行地质论证，提供地质资料。该勘察阶段的主要任务是区域构造稳定性研究，并对工程场地的构造稳定性和地震危险性作出评价；调查并评价水库区主要工程地质问题，调查坝址引水线路和其他主要建筑物场地工程地质条件，并初步评价有关主要工程地质问题；以及天然建筑材料初查。勘察的主要任务是：查明区域地质概况，尤其是区域性大断裂、活动断裂和地震活动性；查明库区地质概况，重点是水库渗漏、浸没、库岸稳定和发生水库诱发地震的可能性等工程地质问题的初步评价；查明各比较坝址的工程地质条件以及软弱夹层、构造断裂、岩体风化程度分带和风化深度、边坡稳定性、岩土的工程地质性质、可溶岩地区渗漏问题等；查明引水线路和厂址的工程地质条件，查明各种天然建筑材料的产地分布、质量和数量。

3. 初步设计阶段工程地质勘察

初步设计阶段勘察，是在可行性研究阶段选定的坝址、线路上进行的。其目的是查明水库区及坝址地区的工程地质条件，为选定坝型、枢纽布置进行地质论证，并为建筑物设计提供地质资料。该阶段勘察的主要任务是查明水库区专门性水文地质、工程地质问题并分析预测水库蓄水后的变化；查明坝址区工程地质条件并进行评价，为选定各建筑物的轴线和地基处理方案提供地质资料与建议；查明导流工程的工程地质条件；天然建筑材料详查；地下水动态观测和岩、土体位移监测。该阶段主要勘察内容包括：水库区工程地质条件，水库渗漏、水库浸没、库岸稳定、水库淤积和水库诱发地震的形成条件及预测发生情况（范围、大小、危害）等；坝、闸址主要工程地质条件，与选定坝型、坝轴线、枢纽有关的工程地质条件，坝基岩体工程地质分类，工程地质问题及评价和处理建议；引水隧洞工程地质条件分段特征，围岩工程地质分类，主要工程地质问题评价及处理建议；移民新址区工程地质条件及场地稳定性适宜性评价。

4. 招标设计阶段工程地质勘察

招标设计阶段工程地质勘察是在审查批准的初步设计报告基础上进行的。其目的是复核初步设计阶段的地质资料和结论，查明遗留的工程地质问题，为完善和优化设计及编制招标文件提供地质资料。初步设计遗留的或初步设计报告审批提出的专门性工程地质问题，是招标设计阶段工程地质勘察的主要工作内容。工程地质复核以内业工作为主，分析初步设计阶段工程勘察成果，复核工程地质结论（如水库工程地质条件及结论、建筑物工程地质条件及结论、主要临时建筑物工程地质条件及结论、天然建筑材料），并根据复核情况，确定相应的勘察工作内容。

5. 施工详图设计阶段工程地质勘察

施工详图设计阶段工程地质勘察是在招标设计阶段基础上进行的。其目的是检验、核定前期工程地质勘察的地质资料与结论，补充论证专门性工程地质问题，进行施工地质工作，为施工详图设计、优化设计、建设实施、竣工验收等提供工程地质资料。施工详图设计阶段勘察的主要任务：对招标设计报告评审中提出补充论证和施工中出现的工程地质问题进行勘察；研究水库蓄水过程中可能出现的专门性工程地质问题；优化设计所需要专门性工程地质勘察；进行施工地质作业，检验核定前期勘察成果；提出对工程地质问题处理措施建议；提出施工期和运行期工程地质监测内容，布置方案和技术要求的建议。专门性的工程地质问题勘察应针对确定的工程地质问题进行，其勘察内容：水库诱发地震监测；建筑物地基、地下洞室围岩以及边坡开挖新出现的地质问题勘察；必要的天然建筑材料复查等。

施工地质工作的主要任务有：检验前期勘察资料的结论，根据变化情况补充必要的勘察；进行建基面、地下洞室地质编录与校核；进行施工地质预报；配合设计进行地质验收；布置工程地质长期观测工作等。不同设计阶段水库区工程地质勘察的主要工作内容异同见表 17－1。

表 17－1 水库区不同设计阶段工程地质勘察重点工作内容比较对比表

阶 段	工 作 内 容
规划阶段	了解区域地质条件和地震，了解库区、坝址区可能存在的主要工程地质问题
可行性研究阶段	评价区域构造稳定性，初步评价库区存在的主要工程地质问题，选定建筑位置
初步设计阶段	要求查明水库及坝址区的工程地质条件，对主要的工程地质问题作出评价和结论
招标设计阶段	复核初步设计阶段的地质资料和结论，查明遗留的工程地质问题
施工详图设计阶段	进行专门的工程地质问题勘察；对不良地质问题提出合适的工程措施；并进行工程地质监测，进行施工地质工作

二、水文地质勘察的目的及任务

水文地质勘察的目的是为了查明地下水的形成、分布规律，并在此基础上对地下水资源作出水量与水质评价，分析可能存在的水文地质问题，为国民经济建设提供水文地质依据。由于各项国民经济建设所要求解决的水文地质问题各不相同，如小范围的城市工矿企业供水水源地的水文地质勘察、大面积的农田供水水文地质勘察、地下热水田的水文地质勘察等，它们都有各自需要解决的水文地质问题。所以这些专门的水文地质勘察的目的还要根据不同的工程建设需要来确定。水文地质勘察工作的任务是运用地质测绘、勘探、试验、观测等方法，查明基本的水文地质条件和解决专门性的水文地质问题。例如，对农田供水的水文地质勘察任务来讲，除了查明地下水的形成、分布规律和补给、径流、排泄这些基本的水文地质条件外，还应着重对地下水资源数量能否满足灌溉需水量要求作出定量的评价，并进行灌溉水质评价和开采技术条件的论证，为经济合理地开发利用地下水提供所需的水文地质资料。而在水利水电工程建设中，进行水文地质勘察的主要目的是查明工程区水文地质条件，评价地下水对工程区及建筑的影响。水利水电工程水文地质勘察一般情况下与工程地质勘察合并进行，在灌区、可能发生严重渗漏和大面积浸没的地区、水文地质条件复杂地区应进行专门性水文地质勘察。专门性水文地质勘察是分阶段进行的。下面以供水水文地质勘察为例说明各个勘察阶段的任务。水文地质勘察通常按普查、详查、勘探和开采四个阶段进行。

1. 普查阶段勘察

普查阶段一般不要求解决专门性的水文地质问题，其主要任务是概要评价区域或需水地区的水文地质条件，如各类含水层的赋存条件与分布规律，地下水的水质、水量以及地下水的补给、径流、排泄等条件。为设计前期的城镇规划，建设项目的总体设计或厂址选择提供水文地质依据。在普查阶段通常进行 1：200000 比例尺的水文地质测绘工作，在一些严重缺水或工农业集中发展的地区也可采用 1：100000 甚至 1：50000 的比例尺的水文地质测绘。比例尺的选择应根据工程建设要求的深度和水文地质条件的复杂程度来确定。

2. 详查阶段勘察

详查阶段的工作一般是在水文地质普查的基础上进行。应在几个可能的富水地段基本查明水文地质条件，初步评价地下水资源，进行水源地方案的比较。在这个阶段工作中要求解决专门性的水文地质问题，为各种国民经济建设部门提供所需的水文地质依据。详查的范围除了农田供水外，一般都比较小，测绘采用的比例尺通常是 1：50000～1：25000。

3. 勘探阶段

勘探阶段的主要任务是查明拟建水源地范围的水文地质条件，进一步评价地下水资源，提出合理开采方案。探明地下水允许开采量，为水源地施工图设计提供依据。该阶段的测绘采用 1：10000 或更大比例尺。

4. 开采阶段勘察

开采阶段的水文地质勘察工作，是根据开采过程中出现的水文地质问题确定具体任务。该阶段应查明水源地扩大开采的可能性，或研究水量减少，水质恶化和不良环境工程地质问题等发生原因，如在供水水文地质工作中，由于井距不合理导致水井间严重干扰，地下水降落漏斗的不断扩展及由此引起的地面沉降、水量枯竭、水质恶化等；在开采动态或专门试验研究的基础上，验证地下水允许开采量，为合理开采和保护地下水资源，为水源地的改、扩建设计提供依据。

第二节 勘察的基本手段和方法

工程地质水文地质勘察工作中，为了查明工程地质与水文地质条件，分析工程地质及水文地质问题，必须采用有效的勘察方法和手段。常用的勘察方法和手段有地质测绘、勘探、试验、长期观测等。

资源 17-1
勘察的基本
手段和方法

一、地质测绘

（一）工程地质测绘及遥感技术的应用

1. 工程地质测绘目的和任务

工程地质测绘是工程地质勘察中最基本的勘察方法，也是其他勘察方法的基础。它是运用地质学的理论和方法，通过野外对地面上的地质体和地质现象进行观察描述，以了解地质变化规律。测绘的内容：地形地貌特征，地层岩性，地质构造，物理地质现象，水文地质条件，天然建筑材料，已建工程的回访调查等。工程地质测绘，贯穿于整个勘察工作始终，只是随着勘察阶段的提高，要求勘察测绘范围、比例尺、研究内容的深度不同而已。测绘的内容要填绘在适当比例尺的地形图上，为下一步布置勘探、试验及长期观测工作打下基础。

2. 工程地质测绘的范围和精度

工程地质测绘范围的确定是一个重要的问题，测绘范围大虽有利于查明工程地质条件，分析解决工程地质问题，但增大了工作量。

工程地质测绘的范围主要是根据建筑物类型、规模和设计阶段，并考虑工程地质条件的复杂程度和已研究程度来确定的。一般情况下，建筑规模大，地质条件复杂、研究程度不足的地区，工程地质测绘的范围就应大一些。另外，在工程设计开始阶段，若有几个比较方案需要进行对比选择时，也应适当扩大测绘范围。

工程地质测绘的比例尺一般可分为三种：小比例尺，1：200000、1：100000、1：50000；中比例尺，1：25000、1：10000；大比例尺，1：5000、1：2000、1：1000、1：500。工程地质测绘比例尺的选择取决于建筑物的类型、规模和工程地质条件的复杂程度。规划阶段和可行性研究阶段，工程设计上对地质条件要求并不高，一般较大范围内的小比例尺测绘便可满足要求。随着设计阶段的提高，设计方案越来越具体，需要更充分详细的地质资料，那么必须进行大比例尺工程地质测绘；同一勘察阶段，当其地质条件比较复杂，工程建筑物又很重要时，测绘比例尺应适当放大。国标《水利水电工程地质勘察规范》（GB 50487—2008）中规定，工程地质测绘与调查的比例尺如下：规划阶段，水库区1：100000～1：50000，可溶岩区1：50000～1：10000，坝址区中峡谷区1：10000～1：5000；平原区1：50000～1：10000；可行性研究勘察阶段，对坝址区，可选用1：5000～1：2000的比例尺；初步设计勘察阶段，一般根据坝型、建筑物类别及可能存在的工程地质问题可选用1：5000～1：500的比例尺；施工详图设计阶段，主要对专门的工程地质问题进行地质测绘，可选用1：1000～1：200的比例尺。

工程地质测绘使用的地形图必须是符合精度要求的同等或大于工程地质测绘比例尺的地形图。图件的精度和详细程度，应与地质测绘比例尺相适应。在图上，大于2mm的地质现象应尽量反映，即地质体实际宽度为2mm乘图幅比例尺分母。对于重要的地质现象以及对工程有意义的地质现象，如软弱夹层、断层、大裂隙、岸边卸荷裂隙、物理地质现象等不足2mm时，可用扩大比例尺或符号表示，并注明其实际规模。地质界线误差，一般不超过相应比例尺图上的2mm，其原因在于制图细实线最小宽度，一般为0.5～1mm，加上仪器测点、勾图累计，故勾绘界线误差定为2mm。

工程地质测绘的精度还取决于单位面积上地质点的多少，地质点越多，精度越高。野外工程地质测绘工作，根据工程设计要求，在搜集并分析测绘区已有的地形地质资料、确定比例尺、范围及工作内容的基础上进行。一般采用路线测绘法、地质布点测绘法、野外地质追索法等。

3. 遥感技术在工程地质测绘中的应用

遥感是根据电磁波辐射的理论，应用各种现代化探测仪器（如航空摄影，电视摄影，红外扫描，测试雷达等），并利用各种运载工具（如车、船、飞机、卫星等），通过对地质体或地质现象的电磁波辐射信号的接收记录，加工整理为图像和数据，从而对地质体或地质现象进行探测和识别的一种综合技术。

各种地质体或地质现象，由于它们的物质成分、组织结构和物理性质上的差异，其吸收和反射太阳光的光谱特性是不同的，所以不同地质体或地质现象的影像形态特征也不同。根据影像特征的差别进行地质解释，就可以揭示地面和地下一定深度内地质情况，并可以编制出各种地质图件。自20世纪60年代以来，世界上许多国家都在大力发展和应用遥感技术促进科学和生产的发展。在我国，近年来遥感技术也得到了广泛应用。

遥感技术之所以能在科学研究与生产中得到迅速的发展和应用，主要是由于其在许多方面具有明显的优越性，例如：宏观视野大，能在高空获取地面大范围的信息资料，有利于研究大区域的自然地理情况；可以对一个地区反复成像，所以可取得重复的连续的和长期的动态变化资料；不仅可以获取地面信息资料，而且可以获得地面以下一定深度内的资料；可以利用现代化的飞行工具和传感器，高速度的获取信息数据和图像资料；特别是在人烟稀少，通行困难的地区利用航片解译成图，更能显示出它的优越性。例如利用航片图像，在已有资料和踏勘的基础上大部分地质界线可预先在室内勾绘，野外只作少量校核和补充工作，既能测制出具有一定精度的影像地质图，又能减少野外工作量，大大提高工作效率。随着遥感技术的发展，近年来其在水利水电工程规划选点、可行性阶段中小比例尺区域地质、库区地质、边坡、岩溶测绘工作中得到了广泛应用。遥感相片可以提供一个坝址、水库、规划河段、河流的地貌形态、地层岩性、地质构造和物理地质现象等连续的立体图像，开阔了视野，看到了测绘区全貌，解决了以往地质测绘中点与点，点与线连图的局限性，遥感相片范围大，能够真实反映测绘区地质变化规律。目前，遥感技术在水利水电工程地质及水文地质勘察中，一般用在以下方面：

（1）勘察水库区和坝址区的区域构造稳定性，例如查明区域性断裂构造以及评价其活动性。

（2）勘察库区和坝址区渗漏问题，例如查找岩溶发育现象，断裂破碎带，古河道，渗透性较大的风化岩体。

（3）勘察库区和坝址区不良自然地质现象发育和分布情况，如滑坡，泥石流，崩塌等。

（4）对天然建筑材料进行普查。

（5）进行地下水资源调查，如确定山区富水的构造带，确定山前地区冲积、洪积扇边缘地带、平原区古河道等富水地带位置。

（6）进行沙漠以及干旱地区地下水资源的调查以及地下热水资源的调查等。

（7）进行洪涝灾害区灾情调查等。

（二）水文地质测绘

1. 水文地质测绘的目的及任务

水文地质测绘是认识和掌握区域地质、地形地貌、水文地质条件的重要调查研究方法。水文地质测绘的目的就是通过对测绘区的地层岩性、地形地貌、第四纪地质、新构造运动及地下水点的调查研究和绘制水文地质图等，查明勘察区内地下水形成与分布的基本规律，在此基础上作出初步的开发利用远景评价，并对区内存在的环境水文地质问题等提出防治措施进行论证。水文地质测绘是水文地质勘察工作的基础与先行工作，测绘的成果可以为水文地质勘探、试验和观测工作提供设计依据。因此，水文地质测绘的基本任务应是查明以下各项：

（1）与地下水形成有关的区域水文、气象因素。

（2）地形地貌及第四纪地质特征。

（3）区域地质，地层情况。

（4）地质构造，例如地质构造类型，构造部位以及富水性等。

（5）地下水的补给、径流、排泄条件。

（6）含水层的埋藏条件及其分布。

（7）泉以及井的调查，水质调查。

水文地质测绘的主要工作步骤，包括室内准备工作、野外工作及内业整编三个方面。测绘工作结束时，应提出相应的地质图、地貌图、第四纪地质图、综合水文地质图、地下水水化学图与有关的剖面图，以及水文、气象图表和文字报告。

2. 水文地质测绘的精度

通过水文地质测绘所取得的成果，主要反映在各种图件上，因此，测绘的精度要求，主要通过图幅的比例尺大小来反映的。不同勘察阶段，不同比例尺填图的精度，取决于地层划分的详细程度和地质界线描绘的精度，以及对勘察地区的地质、水文地质条件的研究详细、准确程度。

水文地质测绘的比例尺，普查阶段宜为 1∶100000～1∶50000；详查阶段宜为 1∶50000～1∶25000；勘探阶段宜为 1∶10000 或更大的比例尺。水文地质测绘每平方公里观测点和路线长度，可按照表 17-2 确定。进行水文地质测绘时，可以利用现有遥感影像资料进行判释与填图，减少野外工作量和提高图件的精度。

表 17-2　　水文地质测绘的观测点和观测路线长度

测绘比例尺	地质观测点数/(个/km^2)		水文地质观测点数/(个/km^2)	观测路线长度/(km/km^2)
	松散岩层地区	基岩地区		
1∶100000	0.10～0.30	0.25～0.75	0.10～0.25	0.50～1.00
1∶50000	0.30～0.60	0.75～2.00	0.20～0.60	1.00～2.00
1∶25000	0.60～1.80	1.50～3.00	1.00～2.50	2.50～4.00
1∶10000	1.80～3.60	3.00～8.00	2.50～7.50	4.00～6.00
1∶5000	3.60～7.20	6.00～16.00	5.00～15.00	6.00～12.00

注　1. 同时进行地质和水文地质测绘时，表中地质观察点数应乘以 2.5；复合性水文地质测绘时，观测点数为规定数的 40%～50%。
2. 水文地质条件简单时采用小值，复杂时采用大值，条件中等时采用中间值。

二、工程地质与水文地质勘探

勘探工作是地质勘察的重要工作方法之一。通过地质勘探可以了解地下深部的地质情况及地质变化规律。对于任何工程地质条件的调查，从地表到地下，从定性到定量的分析评价，都离不开勘探工作。工程地质勘探一般包括物探、钻探和坑探。

（一）工程物探工作

工程物探是探测具有不同物理性质（例如导电性、弹性、磁性、放射性和密度等）地壳表层岩体。通过分析这些物理性质特征，结合地质资料，便可了解地下深部的地质情况。

物探适用于物理特性有显著差异的地质体，而对于物理特性相近的地质体，常难以作出单一结论。目前常用物探方法有：重力勘探、磁法勘探、电法勘探、地震勘探、放射性勘探、声波勘探、地质雷达等。

物探工作的优点是速度快、成本低、设备轻便。物探不仅能对勘探的地质体进行定性的解释，而且还能提供地质体定量评价需要的参数。物探的成果可以为钻探和坑探工作的布置提供有效指导。这有利于减少勘探工作量，加速勘察工作的优化。但由于物探是一种间接的勘探方法，对物探资料的分析，仅能对地质条件做出初步地推断，因为物探工作必须紧密地配合其他勘探方法，才能取得较为理想的效果。

在水利水电地质勘察中，物探可以解决以下问题：

（1）查明覆盖层厚度，基岩面的起伏情况。

（2）查明河床深槽的特征以及古河道。

（3）进行风化带划分与岩体质量评价。

（4）寻找断裂破碎带位置。

（5）确定滑坡体滑动面的埋深和形态。

（6）寻找地下富水构造和含水层。

（7）进行天然建筑材料的初查等。

（二）钻探工作

钻探是利用钻机向地下钻进成孔，以便了解地下深部地质情况的一种勘探方法。通过钻探取得岩芯可直观地确定地层岩性、地质构造、岩体风化特征等；同时钻探可以揭露地下水位，取得的岩土样、水样可进行室内试验；在钻孔中还可进行各种工程地质、水文地质试验和长期观测工作，以及综合测井、地应力测量和变形测量等。

水利水电工程地质勘察中，目前广泛推广钻探效率高和岩心采取质量好的小口径金刚石钻探。小口径钻进采用金刚石钻头，最小口径仅为36mm，这种钻探方法对于提高硬质岩的钻进速度，提高岩芯采取率或成孔质量，常常是行之有效的方法。大口径钻探在一些大型工程也逐渐采用。20世纪50年代在黄河三门峡打过1m直径的钻孔，20世纪70年代在黄河小浪底勘察中也打过1m直径的钻孔，以了解软弱夹层情况。此后，在长江葛洲坝水利水电工程勘察、长江三峡水利水电工程勘察中都采用了大口径钻探技术。水利水电工程地质勘察规范明确规定，为了查明坝址区岩石风化、断裂带、软弱夹层、卸荷裂隙等情况应考虑在坝基或有关地段布置探井或大口井钻孔。

钻探与物探相比，钻探的优点是可以在各种环境下进行，能直接观察岩心和取样，勘探精度高。对于用小口径钻探取样法难以查明的地质现象，如软弱夹层、断层破碎带、裂隙等，可以采用钻孔物探、井下电视、孔内摄影等技术直接观察。

（三）坑探

坑探是用开挖的方式来查明地面以下工程地质条件的一种直接勘探方法。坑探多用于山区的勘察，因此又称为山地勘探。它主要包括试坑、剥土、探槽、探井、平洞等。坑探的特点是使用工具简单，技术要求不高，运用广泛，揭露的面积较大，可直接观察描述地层岩性、地质构造、岸坡卸荷特征、岩石风化特征和裂隙水等；并可以做现场大型试验。但勘探深度受到一定限制，对于大型的坑探工程成本高，周期长。

1. 剥土

在边坡地带，用锹、镐挖去基岩面上1～2m内的覆盖物，用以追索断层和地层界线的位置和规模。

2. 试坑

垂直向下开挖用于探查第四系岩层厚度、结构和岩性成分并进行地基载荷试验等。试坑也可以用于天然建筑材料土料、砂料、砾石料的勘探取样。

3. 探槽

在地表覆盖层不大的地区，为了查明一定长度范围内地层层序的变化、软弱夹层的分布、残积或坡积层厚度及性质或追索地质构造现象，通常沿垂直岩层走向方向布置探槽。槽的宽度一般为 0.6～1.0m，长度可视具体情况而定。

4. 探井

为了查明基岩深部的地质情况，可以利用垂直向下开挖方形或圆形的探井。一般深度不超过 10m 的称为浅井，深度大于 30～40m 的称为竖井。一般布置于平缓岸坡或阶地、漫滩上。查明缓倾岩层结构、断层破碎带、软弱夹层、岩石风化等情况。用于查明滑坡床和岸坡堆积体情况，取得很好效果。天然建筑材料砂、砾石厚度很大时，常用浅井勘探与取样。

5. 平洞

在坡度较陡的岸坡，为了查明基岩水平方向的地质情况，可以沿垂直岩层走向方向，向岸坡内水平开挖探室。平洞断面大小以人能直接进入观察为宜（1.8m×2.0m），深度与方向取决于地质条件以及勘探要求。探查由岸坡向深部地层岩性、地质构造、岸边卸荷裂隙、滑动面、软弱夹层、岩石风化等特性向深部的变化。

坑探掘进过程中，应详细观察描述各种地质现象，并将所观察到的内容用文字及图表表示出来，即工程地质编录工作。主要工作内容有：坑洞地质现象的观察描述工作和坑探工程展视图编制工作。观察、描述的内容一般包括：地层岩性描述；地质结构（包括断层、裂隙、软弱结构面等）特征的观察描述；岩石风化特点描述及分带；地下水渗出点位置及水质水量调查；不良地质现象调查等。

三、工程地质和水文地质野外试验

野外试验是在勘察现场，对没有脱离原有环境，保持天然状态的岩土体进行测试。在工程地质和水文地质勘察中是一项经常进行的重要勘察方法，是获得工程地质水文地质问题定量评价、工程设计、施工和认识区域水文地质条件评价地下水资源所需参数的主要手段。

工程地质水文地质勘察中常进行的野外试验有三大类：①水文地质试验，例如钻孔压水试验、抽水试验、渗水试验、岩溶连通试验、回灌试验、地下水流速流向测定等；②岩土力学性质及地基强度试验，如地基土载荷试验、岩土体大型剪力试验、动力触探、静力触探、标准贯入试验等；③地基处理试验，如灌浆试验、基桩检测等。下面对其中主要的试验项目做一些简要介绍。

（一）钻孔压水试验

在水利水电工程地质勘察中常用钻孔压水试验测定地下岩体裂隙发育和渗透性能，为评价岩层的完整性和透水程度、论证水工建筑物地基和库区岩层的透水情况、制定防渗与基础处理方案，提供必需的基本资料。

钻孔压水试验是用专门的止水设备把一定长度的钻孔段隔离开，然后用固定的水头向该段钻孔压水，水就从孔壁裂隙向周围渗透，最终渗透水量会趋向一稳定值，得出稳定流量。根据压水水头、试段长度和渗入水量，便可确定裂隙岩石的渗透性能。我国过去一直采用单位吸水量 ω 指标表征压水试验的成果，为了进一步提高压水试验技术水平，加强国际间的交流，1992 年由水利部和能源部正式颁布的《水利水电工程钻孔压水试验规程》，第一次规定压水试验的指标为透水率 q（单位是吕荣，Lu）。此后在各行业修订的压水试验规程中一直采用透水率概念。透水率 q 表示，1MPa 压力（相当于 100m 高水柱压力）作用下，每米试验段内每分钟压入的水量升数。

根据透水率可近似地求得岩体渗透系数值。还可与岩芯采取率比较，来判断岩体渗透性与其裂隙发育程度及充填情况的关系。此外，也可用以检测防渗帷幕灌浆的质量。

（二）抽水试验

抽水试验是利用提水设备（提桶、水泵、空压机）从井内抽取一定的水量，同时观察井内水位的下降情况，进而研究井的出水量（Q）、水位降深（S）、含水层水文地质参数和其他有关影响因素之间关系的一种试验。

抽水试验是水文地质勘察中的一项重要工作，通过抽水试验可以确定：含水层渗透系数，含水层之间的水力联系，抽水影响范围，合理井距，地表水与地下水关系等数据。

根据水文地质勘察工作的目的和水文地质条件的差异，抽水试验可以分为试验抽水与正式抽水、单孔抽水与多孔抽水、完整井抽水与非完整井抽水、分层抽水与混合抽水、稳定流抽水与非稳定流抽水等不同类型。

（三）岩土体力学性质试验

1. 岩体力学性质试验

(1) 岩体变形试验。可分为承压板法试验、水压洞室试验、狭缝试验以及钻孔变形试验等，它们的基本原理相同。承压板法一般是在预先挖好的平洞中进行，用千斤顶施压，通过有足够刚性的承压板将压力传递到岩体上，测量岩体变形，按弹性理论计算岩体变形性质指标。

(2) 岩体抗剪试验。岩体的强度主要取决于岩石的坚硬程度以及各种结构面发育特征，在工程力作用下，通常产生沿软弱部位的剪切破坏。因此，直剪试验所取得的指标是评价坝基稳定性、地下洞室围岩稳定性、岩质边坡稳定性等所必需的参数。岩体抗剪强度由摩擦系数和黏聚力两部分组成。抗剪试验分为三种：试件进行剪断的通称为抗剪断试验；剪断以后，沿着剪断面继续进行剪切试验，通称抗剪试验（也称摩擦试验）；试件上不施加垂直荷载的剪切试验，通称抗切试验。岩体抗剪试验多在平洞进行。

试验采用双千斤顶法。在制备好的试件上，利用垂直千斤顶对试样施加一定的垂直荷载，然后通过另一个水平千斤顶逐级施加水平推力，根据试样面积计算出作用于剪切面上的法向应力和剪应力，绘制各法向应力下剪应力与剪切位移关系曲线。根据绘制的曲线确定各阶段特征点剪应力。绘制各阶段的剪应力与法向应力关系曲线，确定相应的抗剪强度参数。

(3) 钻孔变形试验。是国外近 20 年来发展的一种现场原位岩土体变形特性的方法。其特点是，对岩体扰动小，可以在地下水位以下试验，试验方向不受限制，试验所需费用和时间都较少，可了解不同部位、不同深度岩体的特性，但对孔壁要求较高，要求孔壁均匀光滑，在试验孔段壁上不能有大裂隙和破碎岩石，否则易压裂橡皮囊。

目前钻孔变形试验用在土体中较成熟，但在岩体中与承压板法试验对比，其试验成果应用到设计中还需进一步研究。岩体强度高时，测不出变形，孔壁范围小，代表性也差，但用于评价灌浆，取得了较好的效果。

(4) 点荷载试验。是一种轻便、操作简单、适用于野外测定岩石强度指标的试验方法。在野外可对不规则的试样进行试验，无须岩样加工，有利于降低试验成本，加快试验进程，尤其是对于难以取样和无法进行岩样加工的软岩和严重风化的岩石，更显示出其优越性。

2. 地基土载荷试验

地基土载荷试验是用于确定地基土承载力特征值、测定地基土体变形模量、研究地基土体变形范围及应力分布情况的试验。它是一种现场模拟试验。在较不均匀和较软弱地基的工程地质勘察中应用较多，尤其在大型工业与民用建筑的勘察中，与土的室内试验相配合，可取得评价地基稳定性比较可靠的结论。试验设备主要由加荷与传压系统、承压板（柔性和刚性两种）和变形量测系统三部分组成。该试验是通过施力装置给承压板逐级加荷，再通过承压板将力传递给岩土体，直到最后一级荷载使岩土体破坏，测定各级荷载下沉降量随时间的变化至稳定后的荷重压力及相应稳定时间的沉降量，便可绘制压力-沉降量关系曲线，据此，确定岩土的有关力学参数（地基承载力基本值、变形模量）。

3. 标准贯入试验

标准贯入试验属动力触探类型之一，其目的是判别地基土的物理力学性质指标。标准贯入试验适用于砂土、黏土及一般黏性土，对软塑-流塑软土不适用。国外用实心圆锥头（锥角 60°）替换贯入器下端的管靴，使标贯适用于碎石土、残积土和裂隙性硬黏土以及软岩。标准贯入试验过程中，为了尽可能减少对孔底土的扰动，应采用回转钻进的方法成孔，钻至试验土层以上约 15cm 后进行清孔。试验时利用 63.5kg 重的穿心锤，以 76cm 的自由落距将贯入器打入 15cm 后，开始记录连续打入 30cm 的锤击数，此数即为标准贯入击数 N。根据标准贯入击数 N 的大小，可以判别砂土的密实度、砂土和黏性土承载力、粉土与砂土地震液化情况。

4. 静力触探试验

目前，工程界广泛将静力触探试验用于划分土层、土类判别，以及确定地基土力学与变形性质指标。

静力触探是将带有电测传感器的探头，用静力以匀速贯入土中，根据电测传感器的信号，测定探头贯入土中所受到的阻力，再通过贯入阻力与土的岩土工程特性之间的定量关系和统计相关关系，来实现各项岩土工程勘察的目的。按传感器的功能；静力触探可分为常规静力触探（CPT，包括单桥和双桥）和孔压静力触探（CPTU）。单桥探头测定的是比贯入阻力（p_s），双桥探头测定的是锥尖阻力的（q_c）和侧壁摩阻力（f_s）。孔压静力触探探头是在单桥探头或双桥探头上增加量测贯入土中时土中的孔隙水压力（u，简称孔压）的传感器。国外还发展了各种多功能的静力触探探头，如电阻率探头、测振探头、侧应力探头、旁压探头、波速探头、振动探头、地温探头等。静力触探适用于黏性土、粉土、疏松-中密的砂土及含少量碎石的土层，对杂填土、密实的砂土和碎石土则不适用。

静力触探既是一种原位测试手段，也是一种勘探手段。它和常规的钻探-取样-室内试验等勘察程序相比，具有快速、精确、经济和节省人力等特点。特别是对于地层变化较大的复杂场地以及不易取得原状土样的饱和砂土和高灵敏度的软黏土地层，静力触探更具有其独特的优越性。

（四）地质力学模型试验

地质力学模型试验是一种物理模拟研究方法。它是用来研究建筑物在外荷作用下变形形态、稳定情况和破坏机制。这种方法根据相似理论按模型和原型在结构和材料参数上的相似性，从模型的力学性能推算原型的力学性能，所以它是一种相似材料的结构试验。地质力学模型试验的特点是保持模型和原型地质结构的相似性，可以研究工程建筑结构和地质结构的共同作用，定量或半定量地分析在工程荷载作用下地基的应力、应变特征和变形、破坏机制。

水利工程中地质力学模型试验主要应用于以下几个方面：①大坝坝基与基础稳定性、破坏机理及安全度；②大跨度地下洞室围岩稳定性、破坏机理；③基岩与上部结构联合作用下，对上部结构的应力和强度的安全度影响；④滑坡的动力学模拟试验研究。

四、长期观测工作

长期观测工作在工程地质水文地质勘察中是一项很重要的工作。有些水文地质条件，如地下水位、水温、化学成分等，具有随着时间而变化的特点；一些与人类工程活动有关的地质现象，如滑坡、崩塌、泥石流、地震等；一些由于人类活动而引起的工程地质现象，如地面沉降、水库地震、水库渗漏、水库塌岸等。这些地质条件和地质现象仅靠工程地质测绘、勘探、试验等勘察工作往往难于查明其变化规律。因此，必须在勘察工作中或工程进行阶段，设立长期观测站，进行长期观测工作。

如大坝施工开挖、水库蓄水，不可避免地要引起水文、工程地质条件的改变，这种改变随时间发展在变化。监测这种变化的特征、规模及其趋势，并将其控制在允许范围内，是工程地质勘察工作中的一项重要工作。许多工程事故说明，地下水渗透稳定和岩体变形等工程地质作用，常给工程和人民生命财产带来巨大的损失。

坝基岩体变形、库岸山体失稳是逐渐发展增强的，是有前兆的，而且常与降雨、库水位变化有着密切的联系。如意大利瓦依昂水库滑坡是经历三年时间，每周位移仅 1cm，后经过一场大雨，变形才开始加速，不到一个月出现高速滑坡，水库失事前三周，各测站滑动监测情况见表 17-3。

表 17-3　　**滑动监测情况**

日　　期	流变速率/(cm/d)	日　　期	流变速率/(cm/d)
9月18—24日	1	10月8日	40
9月25日—10月1日	10～20	10月9日失事前	40
10月2—7日	20～40		

水利水电工程长期观测内容，可以归纳为：①物理地质现象的长期观测，如滑坡、泥石流、崩塌等；② 与水工建筑有关的地下水动态和渗流稳定的长期观测；③施工基坑、地下工程开挖、施工边坡等岩体变形的长期观测；④水库与地质环境的相互作用，在时间上、空间上的变化规律；⑤水资源开发引起的地面沉降的观测等。

五、勘察报告书的编写及地质图件的编制

在工程地质水文地质勘察的各个阶段，不仅在野外工作过程中需要及时进行资料的分析和整理，而且在野外工作全部结束后，还要进行专门的内业整理，以便全面系统地分析野外勘察所获得的各种地质资料，并提交与工程有关的地质勘察报告书和地质图件。

（一）工程地质图

工程地质图是把客观存在的地貌、地质现象、有关的工程地质条件与工程地质问题，通过图件表示出来。它是反映工程建筑地区的工程地质图件，是工程地质测绘、勘探和试验工作的总结性成果，它与工程地质报告书一起作为工程地质勘察工作基本文件。它也是供设计部门作为工程设计的最基本、最重要的基础资料。

由于各行业部门的要求不同，工程地质图的内容、表现形式、编图原则以及工程地质图分类到目前为止还没有一个完全统一的看法，因此各行业部门编制出来的图件的形式各异。根据测制的方法、表示内容、图件的技术特性、服务的目的和作用，工程地质图可以分为以下几类：

(1) 地质图：反映工程建筑区地层岩性和地质构造的图件，是研究和评价工程建筑地区可能产生工程地质问题的基本图件，如综合地层柱状图、区域地质图等。

(2) 工程地质图：综合反映建筑区的地层岩性、地质构造、地形地貌、水文地质条件、自然地质现象以及勘探与试验成果的综合图件。它是分析评价工程建筑区工程地质条件的主要依据。

(3) 工程地质剖面图：以地质剖面图、勘探资料和试验成果编制而成的图件。它反映了地面以下一定深度内的地质情况。作为选择和论证建筑场地，拟定设计方案，进行工程地质问题分析和地基基础处理方案选定的依据。

(4) 工程地质编录图：如钻孔柱状图、平洞展视图、基坑编录图等。它们是根据勘探资料编制而成的图件，是评价与工程有关的工程地质问题的基本资料。

(5) 专门工程地质图：为勘察专门工程地质问题而测制的图件。其特点在于重点突出表示与该工程地质问题有关的地质特征、空间分布以及相互组合关系，以及与评价地质问题有关数据。如分析边坡稳定的平面图、剖面图等。

（二）工程地质报告书

工程地质报告书是工程地质勘察成果的文字报告书，也是对各类工程地质图件的分析说明书，是为工程规划、设计和施工提供地质依据的基本资料。

工程地质报告书是在整理和分析工程地质测绘、勘探、试验、长期观测资料的基础上，结合建筑物的特点编写的。它的任务是全面反映和论述勘察区的工程地质条件和分析工程地质问题，做出工程地质评价和结论。

根据勘察设计阶段的不同，编写的报告有：规划选点阶段工程地质勘察报告，可行性研究阶段勘察报告，初步设计阶段勘察报告，技施阶段勘察报告及竣工地质报告。工程地质报告书在内容结构上一般为：

(1) 绪言或绪论部分，主要介绍工程概况，说明勘察工作任务，采用工作方法和取得的成果等。

(2) 通论，主要说明区域地质概况及水库一般工程地质条件。

（3）专论部分，主要针对工程特点与客观工程地质条件分析评价工程地质问题。

（4）结论部分，对工程地质条件与工程地质问题的分析做简明扼要总结，并提出建议。

第三节　天然建筑材料的勘察

在水利水电工程建设中，需要大量的天然建筑材料，例如土料、砂料、砾石料和块石料等。这些天然建筑材料的数量、质量、产地分布、开采和运输条件，对工程的质量和造价影响很大，而且在有的河段还直接影响建筑物类型选择或设计方案。如土、石料有无以及数量多少，对于选择当地材料坝是关键因素之一。

一、天然建筑材料勘察任务

天然建筑材料勘察任务是，评价天然建筑材料的数量、质量、开采、运输条件，选择天然建筑材料料场。

天然建筑料场产地的选择应根据工程规划、设计方案、工程总体布置、交通运输等综合考虑。最好选择在建筑物附近，以缩短运输距离。但要避免或减少施工干扰，当地材料坝，坝前取土要有一定距离，不要破坏天然铺盖。当建筑物附近没有料场或数量不足时，本着由近而远的原则，逐渐向上或下游寻找。

二、天然建筑材料勘察方法

天然建筑材料勘察工作方法和要求应根据勘察阶段确定。

规划选点阶段，主要进行天然建筑材料的普查。对于确定为近期开发或控制性工程，必要时进行初查。普查工作，主要通过地质测绘，对天然露头的观察（例如岩性、成因、分布、产状成层特征等）和利用有关已有资料确定天然建筑材料类型、质量，估算储量。编制 1：100000～1：50000 产地综合地质图。

可行性研究阶段进行天然建筑材料初查，其任务是初步查明天然建筑材料储量、质量和开采运输条件，为选择坝址、基本坝型提供资料。当储量和质量有问题时，而且又是坝址、坝型选择的重要条件时，则应对主要产地进行详细勘察。初查要求是：初步查明产地地层结构、岩性、储量和质量；进行产地勘探、取样试验。要求储量误差不超过 40%，勘探量一般不小于设计需要量的 3 倍。

初步设计阶段进行详细勘察，该阶段应详细查明产地地层结构及岩性，上覆无用层厚度，有用层储量、质量、有无夹层及厚度与性质、空间分布，地下水位、开采条件等。根据产地规模、地形地貌特征进行勘探和取样试验。要求储量误差不超过 15%，勘探储量不少于设计需要用量的 2 倍。

施工详图阶段的勘察，主要是复查选定产地储量、质量以及开采运输条件。其工作是对初步设计审批中所提出的天然建筑材料问题或选定产地，查明详查阶段遗留问题，并根据实际需要布置勘探和试验。除此之外，还应配合设计与施工进行专门试验研究。

三、天然建筑材料的质量技术要求

（一）砂料

砂料在工程建筑上应用极为广泛，主要是用于混凝土细骨料。砂料的质量影响混凝土的强度和水泥用量。砂料的质量决定于颗粒形状、软弱颗粒含量和级配。砂中含的云母片会降低混凝土强度，故其含量不应大于1%～3%。级配好的砂孔隙率小，水泥用量少，因此要求砂料的孔隙率小于40%。砂料中常含有黏土块和附于砂表面的黏土膜，影响水泥与砂的胶结，因此，其含量不能高于3%～5%（水上及水位变化区的含量小于3%，水下部分含量小于5%）。

（二）砾石料

砾石或碎石是混凝土的粗骨料，其颗粒形状影响水泥和石料的胶结及混凝土强度。浑圆、扁平或狭长的都会降低混凝土强度，尖角且表面粗糙的则可增加强度。

砾石料作为混凝土的粗骨料，一般要求级配好，孔隙率小于45%，应是混粒状、坚硬的。针片状及软弱颗粒含量的，将会大幅度降低混凝土强度。所以要求针片状颗粒含量应小于15%，位于水上及水位变化区的骨料的软弱颗粒含量小于5%，水下的骨料其含量小于10%。

（三）块石料

块石料（直径大于150mm的块石）常用于堆石坝、砌石坝或护坡砌石。一般要求坚硬完整，抗冻性和抗风化性能强，不易软化或膨胀的新鲜岩石，其技术指标见表17-4。

表17-4　堆石和砌石坝用石料质量技术标准

项目名称	技术指标	项目名称	技术指标
冻融25次的抗压强度	>50.0MPa	饱水系数	<0.8
冻融损失率	<1%	硫酸盐及硫化物含量	<1%
软化系数	>0.85		

（四）土料

土料在水利水电工程建设中用途广，如土坝、围堰、堤防等。其中要求较高的是防渗墙、均质坝。土料勘察既要考虑一般技术要求，又要因地制宜，结合工程要求进行研究。均质坝要求透水性弱，抗剪切强度高，增加坝坡陡度，减少坝断面宽度。

对于防渗土料，关键是渗透系数，一般应小于坝壳透水性50倍，有比较好渗透稳定性，具有比较高的抗渗透变形能力。塑性好，能适应坝体变形，无过大的膨胀性与收缩性，要低压缩性。土料质量技术要求见表17-5。

表17-5　土料质量技术要求

项目	防渗土料	碾压均质坝
黏粒含量	15%～40%	10%～30%
塑性指数	10～20	7～17
渗透系数	碾压后小于10cm/s	碾压后小于10cm/s
有机质含量	<1%	<5%
水溶盐含量	<3%	<3%
天然含水量	最好与最优含水量或塑限相近	
pH值	>7	>7

四、天然建筑材料储量计算

在地质测绘完成以后，根据勘探资料，确定储量计算范围。而后分区、分层、水上水下分别计算。具体计算时，应根据产地地形、岩层结构、勘探点布置情况选择适当方法进行计算。储量计算，主要有平均厚度、平行断面、三角形及等值线等计算方法。

平均厚度法：适用于地形平坦、地层平缓、厚度变化不大的情况。计算时以产地的可用面积乘以各坑孔有效层的平均厚度。

平行断面法：适用于当地层倾斜、勘探网规则的情况。计算时，先分别计算各勘探剖面上的有效层面积，然后逐个计算相邻两平行剖面间有效层体积，即以两平行剖面上有效层面积平均值，乘以两剖面间距，将各分段储量相加，即为产地总储量。

三角形法：适用于勘探网不规则，地形、地层产状和厚度变化均很大的情况。计算时可先在平面上将勘探点连成三角形，先计算各三角形内有效层体积，然后相加即可得有效层的总储量。

等值线法：当勘探坑孔的数量很多、足以精准地画出有效层的等厚线时采用。用等值层的面积乘以相应的有效层厚度，即可逐层相加求出储量。该法精度高，但绘制等值线复杂，且须用求积仪计算大量面积。勘探抗孔减少，该法精度显著降低。

五、天然建筑材料的开采及运输条件

天然建筑材料的开采及运输条件，直接影响到工程建筑的经济合理性。因此，在天然建筑材料勘察中，必须研究其开采运输条件。在研究开采条件时，首先应考虑开采层厚度（有效层）与剥离层的厚度之比。一般认为，二者之比大于 4∶1，并且开采层厚度不少于 3m，开采该建筑材料在经济上是合理的。根据具体条件，一般以地下水位以上开采为主，水下开采较困难。开采石料时，应特别着重研究其裂隙性。岩石被裂隙分割程度影响其强度和用途，裂隙的产状也在不同程度上决定着开采方向和方法。开采时边坡稳定条件，也是影响开采工作的重要因素。

开采方案应考虑当地的运输条件、设备能力和技术水平等。在比较运输条件时，首先应考虑开采地与工程用料距离。太远，运输工作量大，距离近固然好，但不能影响和危及工程安全，同时要考虑到施工方便，因此，距离要适当。对水工建筑物来说，一般要求在大坝上下游 300～500m 范围内，最好不取土。运输方式也是应该很好考虑的因素，如有无运输干线，能否采用溜索或缆车、浮运等。运输线路纵坡太陡，或通往工程施工场地爬坡，对运输不利。几个建筑材料供应产地布局合适，便可同时从几个方向运向施工现场，可扩大工作面，缩短时间，加快施工进度。

复习思考题

1. 简述工程地质水文地质勘察目的与任务。
2. 水利水电工程地质勘察阶段是怎样划分？
3. 工程地质及水文地质勘察有哪些方法？
4. 工程地质测绘比例尺如何选择？
5. 工程地质勘探目的是什么？勘探可分为哪几种类型？

6. 工程地质及水文地质野外试验特点有哪些？常用有哪些？

7. 为何要进行工程地质长期观测工作？

8. 简述工程地质勘察报告的主要内容。

9. 怎样调查和估算天然建筑材料的储量？

10. 水利水电工程建设中，对天然建筑材料料场选择应考虑哪些因素？

参 考 文 献

[1] 戚筱俊．工程地质及水文地质［M］．北京：中国水利水电出版社，1997.
[2] 杨伦，刘少峰，王家生．普通地质学简明教程［M］．北京：中国地质大学出版社，1998.
[3] 石玉章，杨文杰，钱峥．地质学基础［M］．东营：石油大学出版社，1996.
[4] 陈德基．水利工程勘测分册［M］．北京：中国水利水电出版社，2004.
[5] 崔冠英．水利工程地质［M］．北京：中国水利水电出版社，1999.
[6] 左建，郭成久，等．水利工程地质［M］．北京：中国水利水电出版社，2004.
[7] 孙文怀．工程地质与岩石力学［M］．北京：中央广播电视大学出版社，2002.
[8] 陆兆臻．工程地质学［M］．北京：水利电力出版社，1989.
[9] 李智毅，杨裕云．工程地质学概论［M］．武汉：中国地质出版社，1994.
[10] 徐志英．岩石力学［M］．北京：水利电力出版社，1993.
[11] 张倬元，王士天，王兰生．工程地质分析原理［M］．北京：地质出版社，1981.
[12] 张倬元．工程地质勘察［M］．北京：地质出版社，1981.
[13] 胡厚田．土木工程地质［M］．北京：高等教育出版社，2001.
[14] 中等职业教育宝玉石专业教材编委会．宝玉石地质基础［M］．北京：地质出版社，1999.
[15] 张席儒，赵尔慧，霍崇仁，等．地下水利用［M］．北京：水利电力出版社，1988.
[16] 张人权，梁杏，靳孟贵，等．水文地质学基础［M］．7版．北京：地质出版社，2018.
[17] 霍崇仁，王禹良．水文地质学［M］．北京：水利电力出版社，1988.
[18] 林学钰，廖资生，赵永胜，等．现代水文地质学［M］．北京：地质出版社，2004.
[19] 刘俊民．工程地质及水文地质［M］．北京：中国农业出版社，2004.
[20] 张蔚榛，沈荣开．地下水文与地下水调控［M］．北京：中国水利水电出版社，1998.
[21] 张顺联，俞德法，刘宝泉．地下水水文学［M］．北京：水利电力出版社，1986.
[22] 余钟波，黄勇．地下水水文学原理［M］．北京：科学出版社，2008.
[23] 曹剑锋，迟宝明，王文科，等．专门水文地质学［M］．3版．北京：科学出版社，2006.
[24] 陈南祥．给水度与饱和差关系的初步研究［J］．河海大学学报（自然科学版），1998，26（4）：111－114.
[25] 李广贺，刘兆昌，张旭．水资源利用工程与管理［M］．北京：清华大学出版社，1998.
[26] 中国地质调查局．水文地质手册［M］．2版．北京：地质出版社，2012.

附录　水利工程地质及水文地质常见名词（汉-英对照）

一、基础地质部分

造岩矿物　rock-forming minerals
滑石　talc
石膏　gypsum
方解石　calcite
萤石　fluorite
磷灰石　apatite
长石　feldspar
石英　quartz
黄玉　topaz
刚玉　corundum
金刚石　diamond
正长石　orthoclase
斜长石　plagioclase
黑云母　biotite
白云母　muscovite
角闪石　amphibole
辉石　pyroxene
橄榄石　olivine
白云石　dolomite
高岭石　kaolinite
蒙脱石　montmorillonite
斑脱石（膨润土）　bentonite
伊利石　illite
石榴子石　garnet
绿泥石　chlorite
蛇纹石　serpentine
黄铁矿　pyrite
赤铁矿　hematite
磁铁矿　magnetite
褐铁矿　limonite
矿物的物理性质　physical character of minerals
硬度　hardness
光泽　luster
颜色　color
透明度　transparency (pellucidity)
条痕　streak
解理　cleavage
断口　rent (fracture)
晶形　crystal shape
密度　density
容重　volume weight (bulk specific gravity)
自重　dead weight
岩石学　petrology
分类　classification
构造　structure
结构　texture
组织（组构）　fabric (tissue), formation
矿物组成　mineral composition
结晶质　crystalline
非晶质　amorphous
产状　attitude
火成岩　igneous

岩浆岩 magmatic rock
火山岩 volcanic rock
熔岩 lava
火山 volcano
侵入岩 intrusive (invade) rock
喷出岩 effusive rock
深成岩 plutonic rock
浅成岩 hypabyssal rock
酸性岩 acid rock
中性岩 intermediate rock
基性岩 basic rock
超基性岩 ultrabasic rock
岩基 batholith
岩株 stock
岩流 rock flow
岩盖（岩盘） laccolith
岩盆（岩盒） lopolith
岩墙 dike
岩床 sill
岩脉 vein; dyke
花岗岩 granite
斑岩 porphyry
玢岩 porphyrite
流纹岩 rhyolite
正长岩 syenite
粗面岩 trachyte
闪长岩 diorite
安山岩 andesite
辉长岩 gabbro
玄武岩 basalt
细晶岩 aplite
伟晶岩 pegmatite
煌斑岩 lamprophyre
辉绿岩 diabase
橄榄岩 peridotite
黑曜岩 obsidian
浮岩 pumice
沉积岩 sedimentary rock
碎屑岩 clastic rock
黏土岩 clay rock
化学岩 chemical rock
生物岩 biolith
砾岩 conglomerate
角砾岩 breccia
砂岩 sandstone
粉砂岩 siltstone
泥岩 mudstone
页岩 shale
盐岩 salinastone
石灰岩 limestone
白云岩 dolomite
泥灰岩 marl
火山角砾岩 volcanic breccia
火山集块岩 volcanic agglomerate
凝灰岩 tuff
风成岩 eolianite
岩相 lithofacies
波痕 ripplemark
泥裂 mud crack
雨痕 raindrop imprint
化石 fossil
透镜体 lenticle
交错层 cross bedding
磨圆度 psephicity
粒度 size of grains
层理 bedding
沉积物（层） sediment (deposit)
漂石 boulder
卵石 cobble
砾石 gravel
砂 sand
粉土 silt
黏土 clay
砂质黏土 sandy clay
黏质砂土 clay sand

汉	英
壤土、垆坶（水工） 亚黏土（港工、建工、公路）	loam
砂壤土（水工） 亚砂土（港工） 轻亚黏土（建工、公路）	sandy loam
浮土（表土）	regolith（topsoil），soil
黄土	loess
红土	laterite
泥炭	peat
软泥（海泥）	ooze
冲积物（层）	alluvium
洪积物（层）	proluvium（diluvium，diluvion）
坡积物（层）	deluvium
残积物（层）	eluvium
风积物（层）	aeolian deposit
湖积物（层）	lacustrine deposit
海积物（层）	marine deposit
冰积物（层）	glacial deposit
崩积物（层）	colluvial deposit（colluvium）
变质岩	metamorphic rock
板岩	slate
千枚岩	phyllite
片岩	schist
片麻岩	gneiss
石英岩	quartzite
大理岩	marble
糜棱岩	mylonite
混合岩	migmatite
碎裂岩	cataclasite
风化岩	weathered rock
全风化	completely weathered
强风化	intensely weathered
中等风化	moderately weathered
微风化	slightly weathered
新鲜岩石	fresh rock
地质构造	geologic structure
大地构造	geotectonics
产状要素	elements of attitude
走向	strike
倾向	dip
倾角	dip angle
基岩产状	occurrence of bedrock
地层	stratum
岩层	formation，layer
褶皱	fold
单斜	monocline
向斜	syncline
背斜	anticline
穹窿	dome
盆地	basin
断层	fault
正断层	normal fault
逆断层	reverse fault
平移断层	flaw fault
地堑	graben
地垒	horst
断层泥	fault gouge
断层角砾岩	fault breccia
活断层	active fault
擦痕	stria，slickenside
裂隙	fissure，crack
片理	schistosity
板理（叶理）	foliation
节理	joint
原生节理	original joint
次生节理	epigenetic joint
剪节理	shear joint
张节理	extension joint
卸荷裂隙	relief crack（fissure）
水平运动	horizontal movement

升降运动	vertical movement	第三纪（系）	Tertiary period (system)
造山运动	orogeny	老第三纪	Palaeogene period
构造运动	tectogenesis	新第三纪	Neogene period
整合	conformity	第四纪（系）	Quaternary period (system)
不整合	unconformity	全新世（统）	Holocene epoch (series)
假整合	deceptive conformity	更新世	Pleistocene epoch
地质历史	geologic history (geohistory)	上新世	Pliocene epoch
地质年代（龄）	geologic period (geochronology)	中新世	Miocene epoch
太古代（界）	Archaean era (erathem)	渐新世	Oligocene epoch
元古代（界）	Proterozoic era (erathem)	始新世	Eocene epoch
古生代（界）	Palaeozoic era (erathem)	古新世	Palaeocene epoch
中生代（界）	Mesozoic era (erathem)	自然(物理)地质作用	physical geologic function
新生代（界）	Cenozoic era (erathem)	风化作用	weathering
震旦纪（系）	Sinian period (system)	球状风化	spherical weathering
寒武纪（系）	Cambrian period (system)	风化壳	weathering crust
奥陶纪（系）	Ordovician period (system)	风化带	weathering zone
志留纪（系）	Silurian period (system)	河流地质作用	fluvial geological process
泥盆纪（系）	Devonian period (system)	侵蚀（冲蚀）	erosion (erode)
石炭纪（系）	Carboniferous period (system)	搬运	transportation
二叠纪（系）	Permian period (system)	沉积	deposition
三叠纪（系）	Triassic period (system)	剥蚀	denude (disintegration)
侏罗纪（系）	Jurassic period (system)	磨蚀	corrasion
白垩纪（系）	Cretaceous period (system)	腐蚀	corrosion
		溶蚀	corrosion
		河谷	river valley
		河道	river course
		河床	river bed (channel)
		河漫滩	floodplain(alluvial flat)
		阶地	terrace
		基准面	datum plane (horizon, level)
		海侵	transgression, ingression
		海退	regression

汉	英
地下河	underground river
钟乳石	stalactite
石笋	stalagmite
石灰华	calcareous sinter (tufa,travertine,adarce)
滑坡	landslide
崩塌	avalanche
岩堆	talus, rock pile
蠕动	creep
滑移	slump, glide
塌方	landslide, rockslide
潜蚀	suffosion, subsurface erosion
管涌	piping
泥石流	debris flow, mud rock flow
地震	earthquake, seism
地震震级	earthquake magnitude
地震烈度	earthquake intensity
地震灾害	earthquake catastrophe, seismic hazard
地震效应	seismic effect
震源	earthquake source
震中	epicenter
地震带	seismic belt

二、水 文 地 质 部 分

汉	英
水文地质学	hydrogeology
水文循环	hydrologic cycle
大气圈	atmosphere
水圈	hydrosphere
岩石圈	lithosphere
地下水	groundwater (subsurface water)
地表水	surface water
大气水	atmospheric water
蒸发	evaporation
蒸腾	transpiration
空隙	void
孔隙率	porosity (pore rate)
孔隙水	pore water
裂隙水	fissure (fracture) water
岩溶水（喀斯特水）	Karst water
气态水	vaporous water
液态水	liquid (aqueous) water
固态水	solid water
吸着水	hygroscopic water
薄膜水	film water
结合水	bound water
毛细水	capillary water
重力水	gravity water
矿物水	mineral water
沸石水	zeolitic water
结晶水	crystallization water
结构水	constitution water
容水性（度）	water capacity
持水性（度）	water-holding capacity
给水性（度）	specific yield
透水性	permeability
渗透系数	permeability (conductivity) coefficient, hydraulic conductivity
含水层	aquifer
隔水层	aquiclude, aquifuge
不透水层	aquifuge (impermeable layer)
透水层	permeable bed
均质含水层	homogeneous aquifer
非均质含水层	heterogeneous aquifer
矿化度	degree of mineralization (total dissolved solid)

汉	英
酸碱度	alkalinity acidity
硬度	hardness
德国度	German degree
侵蚀性	erosiveness
水质分析	water quality analysis
简分析	partial analysis，simple chemical analysis
全分析	bulk analysis，total analysis
毫克当量	milligram equivalent
渗入水	infiltration water
埋藏水	fossil water，buried water
凝结水	condensation water
再生水	rejuvenated water
岩浆水	magmatic water
初生水	juvenile water
包气带	aeration zone，vadose zone
土壤水	soil water
上层滞水	perched groundwater，perched water
饱水带	saturated zone
承压水	confined water
潜水	unconfined（phreatic）water
自流水	artesian water
等水位线	contour of water table
等水压线	piezometric contour
补给	recharge
径流	runoff
排泄	outflow（discharge）
溢出带	effluence belt
地下水运动	groundwater movement
地下水动态	groundwater regime
地下水均衡	groundwater balance（budget）

汉	英
层流	laminar flow
紊流	turbulent flow
越流	leakage
上升泉	ascending spring
下降泉	descending spring
地下水资源	groundwater resource
补给量	recharge capacity
储存量	storage capacity
消耗量	consumption
开采量	yield，production
允许开采量	allowable yield of groundwater
容积储存量	volumetric storage
弹性储存量	elastic storage
永久储存量	unchangeable storage
暂时储存量	changeable storage
降水入渗量	precipitation infiltration capacity
越流补给量	leakage recharge capacity
水量评价	water quantity valuation
水质评价	water quality evaluation
灌溉系数	irrigation coefficient
钠吸附比	sodium adsorption ratio
盐度	salinity
碱度	alkalinity
酸度	acidity
供水	water supply
废水	waste water
淡水	fresh water
污水	sewage
地下水污染	groundwater pollution
化学需氧量 COD	Chemical Oxygen Demand
生物化学需氧量 BOD	Bio-Chemical Oxygen Demand

舒卡列夫分类	classification of Shukalev	裘布依公式	Dupuit formula
派珀三线图	trilinear chart by Piper	完整井	completely penetrating well
渗流	groundwater flow, seepage flow	非完整井	partially penetrating well
达西定律	Darcy's law		

三、工程地质部分

工程地质学	engineering geology	残余应力	residual stress
岩土工程	geotechnical engineering	抗压强度	compressive strength
岩石力学	rock mechanics	抗拉强度	tensile strength
土力学	soil mechanics	抗剪强度	shear strength
地质力学	geomechanics	内摩擦角	angle of internal friction
工程地质条件	engineering geological condition	内聚力（凝聚力、黏聚力）	cohesive force, cohesion
工程地质问题	engineering geological problems	压缩变形	compression deformation
岩体结构	rock mass structure		
地形地貌条件	geographic and geomorphic conditions	地下洞室	underground cavern
		压力隧洞	pressure tunnel
自然(物理)地质现象	geophysical phenomenon	无压隧洞	non-pressure tunnel
水文地质条件	hydrogeological condition	覆盖层	layer of overburden
		基岩	bedrock
天然建筑材料	natural construction material	坚硬岩石	competent rock, hard rock
水库	reservoir	软弱岩石（层）	weak rock, incompetent rock, hazardous rock
坝址	dam site		
坝基	dam foundation		
坝肩	dam abutment	夹层	interbed
坝趾（脚）	dam toe	破碎带	fractured zone, ruptured zone, crushed zone
坝踵	dam heel		
渗透压力	osmotic pressure		
渗漏	leakage	均质性	homogeneity
稳定	stabilization	非均质性	inhomogeneity, heterogeneity
滑动	slide		
沉降	settlement, subsidence	各向同性	isotropy
位移	displacement	各向异性	anisotropy
变形	deformation	弹性	elasticity
构造应力	tectonic stress	塑性	plasticity

汉	英
脆性	brittleness, fragility
黏弹性	viscoelasticity
刚性	rigidity
韧性	toughness, tenacity
黏滞性	viscosity
压缩性	compressibility
湿陷性	collapsibility
收缩	contraction, shrinkage
膨胀	expansion
冻胀	frost heave
弹性模量	elastic modulus
变形模量	deformation modulus
动弹模量	dynamic modulus of elasticity
泊松比	Poisson's ratio
河谷地貌	valley geomorphy
干流	trunk stream, main stream
支流	tributary
主流	main stream
间歇河	bourne, temporary stream
河床	riverbed
对称河谷	symmetrical valley
不对称河谷	unsymmetrical valley
横谷	cluse, cross valley, transversal valley
纵谷	longitudinal valley
斜谷	diagonal valley
峡谷	canyon, gorge
山脊	ridge
峭壁	cliff (bluff)
山前侵蚀平原	pediment
山麓、山腰	piedmont, mountainside
准平原	peneplain (peneplane)
水库渗漏	reservoir leakage (seepage)
水库浸没	reservoir immersion
水库塌岸	reservoir bank caving
水库淤积	reservoir silting
水库诱发地震	reservoir-induced earthquake (seismicity)
地下水库	groundwater reservoir
静水压力	hydrostatic pressure
动水压力	hydrodynamic pressure
扬压力	uplift pressure
渗透压力	osmotic pressure, percolation pressure
水力梯度（坡度）	hydraulic gradient
孔隙水压力	pore water pressure
流土	soil flow, quick soil
边坡	side slope, slope
边坡稳定性	slope stability
松弛张裂	relaxation and tensional fracture
蠕动	creep
剥落	crumbling, exfoliation
崩塌	collapse
滑坡	landslide
截水墙	cutoff wall
地基（基础）处理	foundation treatment
喷射灌浆	jet grouting
固结灌浆	consolidation grouting
帷幕灌浆	curtain grouting
耗浆量	grout consumption
灌浆盖帽	grout cap
防渗铺盖	impervious blanket
土工膜	geomembrane
排水孔	drainage hole
止水	water stop, water sealing
锚固装置	anchoring device
岩石锚拴	rock bolt
钢锚索	steel cable

汉	英
清基	stripping
爆破（炸）	explosion
岩爆	rockburst
开挖	excavation
工程地质勘察	engineering geological investigation
勘察阶段	exploration phase
踏勘	reconnaissance, preliminary survey
程序（步骤）	procedure
可行性研究阶段	feasibility phase
初步设计阶段	preliminary design phase
技术设计阶段	technical design phase
施工阶段	construction phase
地质测绘	geologic mapping
地形图	topographic map
地貌图	geomorphological map
地质图	geologic map
赤平投影	traction equatorial (stereographic) projection
遥感	remote sensing
卫星图片	satellite photograph
航空图片	aerial photograph
红外图像	infrared imagery
雷达图像	radar image
图像解译（判读）	image interpretation
勘探	exploration
钻探	boring, drilling
回转钻探	rotary drilling
冲击钻探	percussion boring
岩心	core
岩心采取率	core extraction, core recovery
物探	geophysical prospecting
电法勘探	electrical prospecting
地震法勘探	seismic exploration
硐探	exploratory tunneling
竖井	shaft
坑探	pitting, exploring mining
槽探	probing, trenching
岩石试验	rock test
压水试验	packer permeability test, water-pressure test, pumping in test
抽水试验	pumping test
地质报告书	geologic report
地质详图	detail map of geology
地质柱状图	geologic log, drill core
钻孔柱状图	bore log
图例	legend (map symbol)
纵剖面图	longitudinal section (profile)
横剖面图	cross section
节理玫瑰图	joint rose diagram
定性评价	qualitative evaluation
定量评价	quantitative evaluation
鉴定	identification
校核（检查）	verification
地质工程	geological engineering
环境地质问题	environmental geologic problem
地裂缝	ground fissure, geofracture
地面沉降	land subsidence
地面塌陷	land collapse
海水入侵	seawater intrusion
人工回灌	artificial replenishment
固体废弃物	solid waste
填埋	landfill
燃烧	burning, combustion
堆肥	compost
回收	recovery